国家出版基金项目
NATIONAL PUBLICATION FOUNDATION

地球观测与导航技术丛书

偏振遥感物理

晏磊 陈伟 相云 杨彬 赵云升 著

科学出版社
北京

内 容 简 介

偏振信号是地表与大气系统反射信号的重要组成部分，是利用遥感信息反演地表与大气信息的重要信号来源。但目前的光学遥感研究多集中于非偏振遥感，对偏振遥感研究较少，从而忽略了遥感反演中的一项重要数据源。针对此，本书作者进行了长期系统研究，结合多年偏振遥感的成果，从偏振遥感的物理基础、偏振遥感在地物参数反演的应用、偏振遥感在大气参数反演的应用及偏振遥感应用的新领域四个方面展开，系统地介绍了偏振遥感反演地表参数、大气参数及导航等的基础、原理、方法及结果验证。

本书是立志从事光学偏振遥感新领域研究者的入门书，是遥感、地球观测、测绘、国土等领域学者了解偏振遥感全貌的参考书，为相关领域从业人员借助偏振遥感手段解决其自身面临的相关问题提供了一个新视野、新手段、新途径，可作为从事偏振遥感科研、教学人员了解偏振遥感理论、技术和方法的指南，也可为相关技术研究人员提供有价值的参考。

图书在版编目(CIP)数据

偏振遥感物理/晏磊等著. —北京：科学出版社，2014. 12

(地球观测与导航技术丛书)

ISBN 978-7-03-042812-7

Ⅰ.①偏… Ⅱ.①晏… Ⅲ.①偏振-遥感技术-物理学 Ⅳ.①TP7

中国版本图书馆 CIP 数据核字(2014)第 302904 号

责任编辑：朱海燕　苗李莉 / 责任校对：赵桂芬
责任印制：徐晓晨 / 封面设计：王　浩

科 学 出 版 社 出版
北京东黄城根北街 16 号
邮政编码：100717
http://www.sciencep.com
北京凌奇印刷有限责任公司 印刷
科学出版社发行　各地新华书店经销
*
2014 年 12 月第　一　版　　开本：787×1092 1/16
2019 年　2 月第四次印刷　　印张：16 3/4　插页：10
字数：372 000

定价：129. 00 元

(如有印装质量问题，我社负责调换)

《地球观测与导航技术丛书》编委会

《地球观测与导航技术丛书》出版说明

地球空间信息科学与生物科学和纳米技术三者被认为是当今世界上最重要、发展最快的三大领域。地球观测与导航技术是获得地球空间信息的重要手段，而与之相关的理论与技术是地球空间信息科学的基础。

随着遥感、地理信息、导航定位等空间技术的快速发展和航天、通信和信息科学的有力支撑，地球观测与导航技术相关领域的研究在国家科研中的地位不断提高。我国科技发展中长期规划将高分辨率对地观测系统与新一代卫星导航定位系统列入国家重大专项；国家有关部门高度重视这一领域的发展，国家发展和改革委员会设立产业化专项支持卫星导航产业的发展；工业和信息化部、科学技术部也启动了多个项目支持技术标准化和产业示范；国家高技术研究发展计划（863 计划）将早期的信息获取与处理技术（308、103）主题，首次设立为“地球观测与导航技术”领域。

目前，“十一五”计划正在积极向前推进，“地球观测与导航技术领域”作为 863 计划领域的第一个五年计划也将进入科研成果的收获期。在这种情况下，把地球观测与导航技术领域相关的创新成果编著成书，集中发布，以整体面貌推出，当具有重要意义。它既能展示 973 计划和 863 计划主题的丰硕成果，又能促进领域内相关成果传播和交流，并指导未来学科的发展，同时也对地球观测与导航技术领域在我国科学界中地位的提升具有重要的促进作用。

为了适应中国地球观测与导航技术领域的发展，科学出版社依托有关的知名专家支持，凭借科学出版社在学术出版界的品牌启动了《地球观测与导航技术丛书》。

丛书中每一本书的选择标准要求作者具有深厚的科学研究功底、实践经验，主持或参加 863 计划地球观测与导航技术领域的项目、973 计划相关项目以及其他国家重大相关项目，或者所著图书为其在已有科研或教学成果的基础上高水平的原创性总结，或者是相关领域国外经典专著的翻译。

我们相信，通过丛书编委会和全国地球观测与导航技术领域专家、科学出版社的通力合作，将会有一大批反映我国地球观测与导航技术领域最新研究成果和实践水平的著作面世，成为我国地球空间信息科学中的一个亮点，以推动我国地球空间信息科学的健康和快速发展！

李德仁

2009 年 10 月

序

偏振是地表反射信号中的重要组成部分，但光学偏振遥感尚缺乏深入的研究与应用。国际上，从 CZCS1 到 POLDER 都尝试有所突破，但尚未达到目的。目前，美国国家航空航天局（National Aeronautics and Space Administration，NASA）已经认识到偏振遥感的意义，并已研制新型偏振传感器列入上天计划；法国已经在使用偏振遥感探测器，我国也已经在高分辨率遥感等重大专项中部署偏振遥感探测器，国际天文学界对太阳、恒星、行星研究主要采用偏振方法。人们期待偏振在方兴未艾的遥感科学中发挥作用。

然而，应用目标的实现需要理论基础的建立、解释和突破。目前为止，国内外尚未有系统全面介绍光学偏振遥感机理、理论与应用的书籍。该书的面世，填补了这个领域的理论和实验空白，是我国科学家潜心研究基础理论、实现理论突破的重要范例，也是光学偏振遥感应用的物理基础。

作者的研究也已经融入国际重大科学问题解决的重要突破手段探索中。包括：恒星、行星天文偏振观测的客观性启示，以考虑天文领域与遥感领域偏振观测手段的互补与转换；全天空偏振矢量场与人们比较了解的重力场、地磁场的全域性比较与客观性启示，采用偏振观测手段证明遥感辐射亮度月球基准的不可替代性启示；全球植被生物量与 C、N 含量正-负相关的国际争论与偏振遥感独特性甄别启示，以及偏振遥感物理的系统化理论、方法与应用。

该书不仅在理论上有所突破，而且通过一系列的实际实验验证。基于作者研究团队 1988 年以来的 30 余万组野外实验数据分析，集成了 2001～2014 年间光学偏振遥感系列化理论成果，反映了该领域国内外研究的最新进展，系统阐述光学偏振遥感理论及应用发展。该书的主要素材来源于第一著者所带领的研究团队 10 余年来的理论成果和第五著者团队 20 余年实验积累，包括 40 余篇博士后、博士、硕士和学士论文的工作，也包含了少量其他团队的研究成果分析，成果系列化程度高。

北京师范大学

地理学与遥感科学学院 教授

中国科学院 院士

李小文

2014 年 11 月 6 日

前　言

偏振是地表反射信号中的重要组成部分，但偏振信息在目前遥感中并未得到应有的重视。目前，美国 NASA 已经认识到偏振遥感的意义，并已研制新型偏振传感器列入上天计划；法国已经在使用偏振遥感探测器，国际天文学界对太阳、恒星、行星研究主要采用偏振方法。偏振遥感在方兴未艾的遥感学科中必然会发挥巨大的作用。然而，国内外尚未有系统全面介绍偏振遥感理论与应用的书籍。因此，作者分析了国内外偏振遥感研究的现状及趋势，并将自己团队自 1988 年以来 20 余年的研究成果加以汇总整理，完成了本书的全文。

本书内容共 11 章分三大部分：偏振遥感的物理基础（第 1 章），主要针对地物反射波谱强度两端强弱限制和大气窗口的衰减误差效应两大瓶颈问题进行了剖析，给出了利用偏振遥感解决过亮过暗背景下的目标探测、大气窗口探测与偏振遥感的物理原理；第一部分是地物偏振遥感物理，主要阐述了偏振遥感的多角度反射物理特征（第 2 章）、多光谱化学特征（第 3 章）、粗糙度与密度结构特征（第 4 章）、信息-背景高反差比滤波特征（第 5 章）、辐射传输能量特征（第 6 章）；第二部分是大气偏振遥感物理，主要包括全天空偏振模式图规律及物理特性（第 7 章）、大气偏振中性点区域规律与地-气参量分离（第 8 章）、全天空偏振矢量场规律下的大气粒子多角度观测立体层析（第 9 章）；第三部分是偏振遥感物理新领域应用，主要包括基于地球偏振矢量场的仿生偏振自主导航（第 10 章）、先进空间探测与全球变化研究的偏振遥感手段（第 11 章），以证明偏振遥感物理的客观性、独特性和稳定可重复性，以承担起中国在国际偏振遥感物理理论、方法、应用上的引领责任。

本书全部构思、标题确立、各部分及各章前引导、地物偏振遥感五大特性归纳、大气偏振遥感三个规律特征提炼、偏振遥感五个国际前沿合作新领域的开辟由第一作者完成；第二作者陈伟博士创造性贡献主要在第 9 章，并配合第一作者对第 7～10 章进行了统稿；第三作者相云博士（高级工程师）创造性贡献主要在第 3 章，并配合第一作者对第 2～4 章进行了统稿；第四作者杨彬博士、第五作者赵云升教授的创造性贡献主要在第 5、6 章，并由杨彬博士统稿；其余部分由第一作者完成。最后对各章的文稿由第一作者审修均达三遍以上，相当部分超过五遍。

本书是第一作者和第五作者团队长期潜心基础研究与实验、教学积累的创造性成果结晶。本书特别感谢赵虎副教授对本书第 4 章、吴太夏副研究员对本书第 8 章、关桂霞副教授对本书第 10 章做出的创造性贡献，这些成就都是他们在北京大学第一作者团队里博士课题期间完成的。本书还有更多的贡献者，主要列举在书后致谢篇中，作者怀以敬畏之心向他们表示感谢。本书主要得到的国家资助项目也列举在致谢篇中，作者向国家相关部门的支撑表示感恩。

最后还要感谢国家出版基金的资助，感谢《地球观测与导航技术丛书》编委会和专家评委对本书的审核认可；感谢童庆禧科学院院士、刘先林工程院院士、李小文科学院院士对本书的审查、建议和鼎力推荐。感谢焦健楠、贺丽琴、王雪琪三位硕士生和郭锁利副教授、徐振亮博士后、孙岩标博士生等在最后阶段对本书文稿、图表的加工和辛劳加班付出。

本书从2011年开始撰写，虽经近4年修改、筛选与提炼，但由于作者知识水平有限，仍难避免有所错误与偏见。在此，恳切各方专家和广大读者不吝指教。作者电子邮箱：lyan@pku.edu.cn。

作　者

2014年10月于北京大学未名湖畔

目　录

第一部分　地物偏振遥感物理

第二部分　大气偏振遥感物理

第三部分　偏振遥感物理新领域应用

第1章　偏振遥感的物理基础

偏振是与光强、频率、相位并列的遥感电磁波的四个主要物理特性，本章将系统介绍偏振遥感的物理基础。针对目前遥感观测中存在的地物反射电磁波谱强度两端强弱限制和大气窗口的衰减误差效应两大瓶颈问题，给出三个部分突破进展：其一，地物偏振遥感"弱光强化"、"强光弱化"的依据，以极大延伸遥感暗-亮两端探测区，并探索新的偏振遥感地物反演方法体系；其二，大气衰减的偏振手段精确刻画及规律发现，并探索大气偏振遥感的新大气窗口理论依据；其三，给出偏振遥感应用的最新进展，以证明偏振遥感物理的客观性、独特性和稳定可重复性，以承担起中国在国际偏振遥感物理理论、方法、应用上的引领责任。

1.1　光的偏振

近年来遥感科学与技术的发展，进入一个新的发展时期，从理论发展上说，正在从定性向定量迈进，从简单解释辐射测量值与地表现象间的关系到用辐射传输模型定量描述它们之间二向性反射与辐射的关系；从正向辐射传输模型发展到对辐射传输模型的定量反演；从分散(如局限于光学或热红外或微波)发展到集成多个波谱区间。从技术发展上来讲，从单一波段发展到多波段、多角度、多极化(偏振)、多时相、多模式，从单一遥感器发展到多遥感器的结合。偏振遥感也正是在这个大背景下发展起来的，是一个相对新的和待发展的遥感领域。

波的振动方向对于传播方向的不对称性称为偏振(姚启均，2008)，是横波的特有现象。偏振(在微波谱段称为极化)是电磁波的重要特征。地球表面和大气中的目标在反射、散射和透射及发射电磁辐射的过程中，会产生由它们自身性质决定的特征偏振，即偏振特性中蕴涵着目标的多种信息。自然界中到处布满着各种各样的天然反射起偏器，如光滑的植物叶片、土壤、水面、冰、雪、云、雾等，太阳光经过它们反射后均能产生偏振现象。偏振遥感正是利用这一特征为遥感目标提供新的、潜在的信息，偏振遥感也是近来倍受关注的一种新兴的对地观测方法。

光的偏振现象最早是牛顿在1704～1706年引入光学的；马吕斯(Malus)在1809年，首先提出"光的偏振"这一术语，并在实验室发现了光的偏振现象；麦克斯韦(Maxwell)在1865～1873年建立了光的电磁理论，从本质上说明了光的偏振现象。按电磁波理论，光是横波，它的振动方向和光的传播方向垂直。按光振动的轨迹，光的偏振可以分成五种偏振态：自然光(非偏振光)、线偏振光、部分偏振光、圆偏振光和椭圆偏振光(叶玉堂等，2005)。自然光是各方向的振幅相同的光，它的振动方向在垂直于光的传播方向的平面内可取所有可能的方向，没有一个方向占有优势。若把所有方向的光振动都分解到相互垂直的两个方向上，则在这两个方向上的振动能量和振幅都相等。线偏振光是在垂直于传播方向的平面内，光矢量只沿一个固定方向振动。部分偏光可以看成自然光与线偏光混合而成，即它有某个方向的振幅占优势。圆偏光和椭圆偏振光是光矢量末端在垂直于传播方向的平面上的轨迹呈圆或椭圆。一般为了说明偏振光，把与光波传播方向垂直的两个分量(如 x，y 轴分量)的时间平均作为偏振状态。z 方向传播的光，可以认为是由 x 轴(水平轴)和 y 轴(垂直轴)方向振动的两支光波合成的。偏振光电矢量的大小，可用 x，y 轴上两个分量的合成来表示，在一个定态的单一频率的振动中，两个分量也是定态的，且保持一定的相对关系，因此合成的电矢量的端点将描绘出三维的轨迹，其某一瞬间的位置称为时刻迹。

平面电磁波是横波，电场和磁场彼此正交。因此当光沿 z 方向传输时，电场只有 x，y 方向的分量。平面波可以取如下形式：

$$E = E_0\cos(\tau + \delta_0) \tag{1.1}$$

式中，$\tau = \omega t - kz$，写成分量形式为

$$\begin{cases} E_x = E_{0x}\cos(\tau + \delta_1) \\ E_y = E_{0y}\cos(\tau + \delta_2) \\ E_z = 0 \end{cases} \tag{1.2}$$

为了求得电场矢量的端点所描绘的曲线，把上式中参变量 τ 消去即可，这时可得

$$\left(\frac{1}{E_{0x}}\right)^2 E_x^2 + \left(\frac{1}{E_{0y}}\right)^2 E_y^2 - 2\frac{E_x}{E_{0x}}\frac{E_y}{E_{0y}}\cos\delta = \sin^2\delta \tag{1.3}$$

式中，$\delta = \delta_2 - \delta_1$，式(1.3)为一椭圆方程，因其系数行列式大于零，说明电场矢量的端点所描绘的轨迹是一个椭圆。即在任一时刻，沿传播方向上，空间各点电场矢量末端在 xy 平面上的投影是一个椭圆。这种电磁波在光学上被称为椭圆偏振光。其他的偏振态都是椭圆偏振光的特例。图 1.1 即为相位差取不同值时的椭圆偏振示意图。

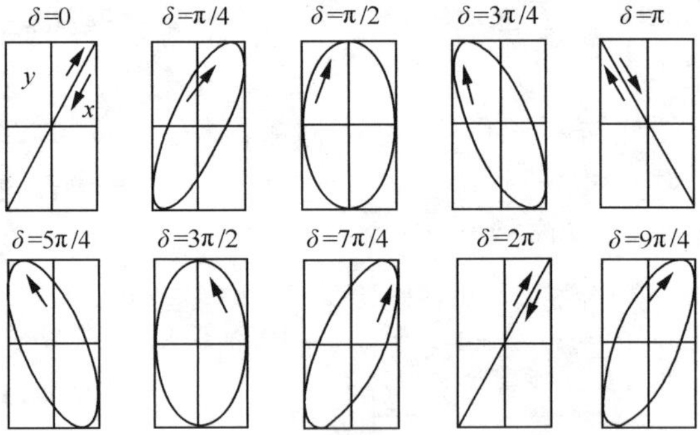

图 1.1　相位差为不同取值时的椭圆偏振

1. $\delta=0$ 或 $\pm\pi$ 的整数倍

当 $\delta = \delta_2 - \delta_1 = m\pi(m = 0 \pm 1, \pm 2, \cdots)$ 时，椭圆就会退化为一条直线，这时：

$$\frac{E_y}{E_x} = (-1)^m \frac{E_{0y}}{E_{0x}} \tag{1.4}$$

电矢量 $\boldsymbol{E}$ 的方向永远保持不变，电矢量 $\boldsymbol{E}$ 就称为线偏振(亦称为平面偏振)。

线偏振光透过线偏振器后，当线偏器以入射光为轴转动时，透射光强度将有变化。根

据马吕斯定律，强度为 I_0 的线偏振光，通过检偏器后，透射光的强度（在不考虑吸收的情况下）为

$$I = I_0 \cos^2\theta \tag{1.5}$$

式中，θ 为检偏器的偏振化方向与入射偏振光的偏振化方向之间的夹角（图 1.2）。

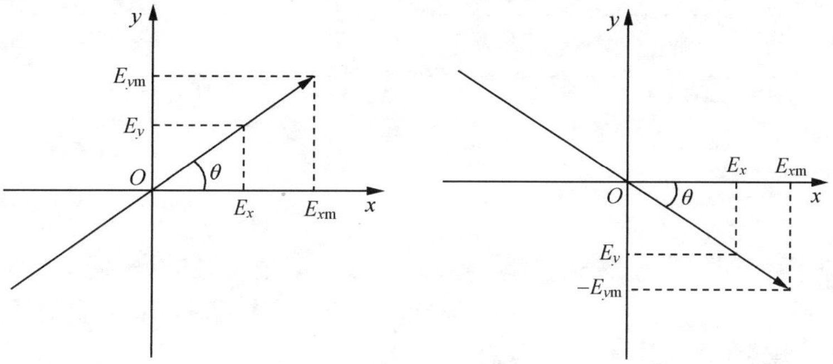

图 1.2　两种形式的线偏振光

2. $\delta = \pm\frac{1}{2}\pi$ 的奇数倍

如果 E_x，E_y 两分量的振幅相等，且其相位差为 $\pi/2$ 的奇数倍，即 $E_{0x} = E_{0y} = E_0$，$\delta = \delta_2 - \delta_1 = m\pi/2(m = \pm 1, \pm 3, \pm 5\cdots)$，则椭圆方程退化为圆，即

$$E_x^2 + E_y^2 = E_0^2 \tag{1.6}$$

此时电场矢量 $\boldsymbol{E}$ 端点轨迹为一圆，电矢量 $\boldsymbol{E}$ 是圆偏振。根据电场矢量的旋转方向还可分为左旋偏振光和右旋偏振光。

按照垂直振动合成的理论，可沿任意一对相互垂直的方向将圆偏振光分解成振幅相等的两个偏振光，其中一个分量不能通过偏振器，另一个分量能通过它。则其通过线偏振器后强度变化与非偏振光的情况相同，光强为入射前的一半。

3. δ 为其他值

当 δ 为其他值时，由合成公式可知，合成光波为任意取向的椭圆偏振光。椭圆偏振光（或圆）有左旋和右旋之分（图 1.3）。

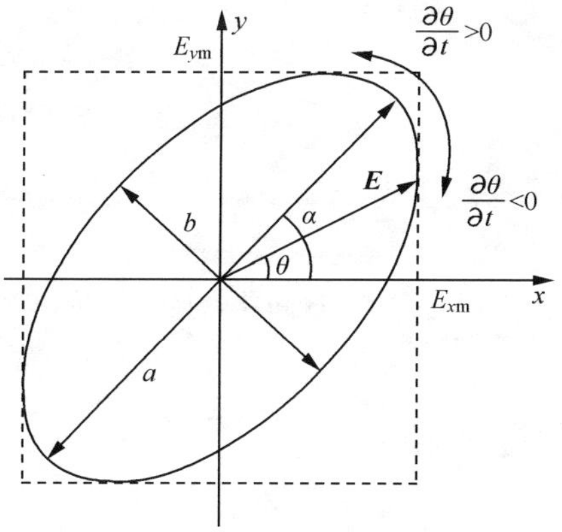

图 1.3　左旋与右旋偏振光示意图

由电矢量 $\boldsymbol{E}(z_0,t)$ 与 $\hat{x}$ 的关系可知二者的方向夹角为

$$\theta = \arctan \frac{E_{ym}\cos(\omega t - kz_0 + \phi_y)}{E_{xm}\cos(\omega t - kz_0 + \phi_x)} \tag{1.7}$$

$\boldsymbol{E}(z_0,t)$ 尾端的旋转速度为

$$\frac{d\theta}{dt} = \frac{\omega E_{xm}E_{ym}\sin(\phi_x - \phi_y)}{E_{xm}^2\cos^2(\omega t - kz_0 + \phi_x) + E_{ym}^2\cos^2(\omega t - kz_0 + \phi_y)} \tag{1.8}$$

当 $0 < \phi_x - \phi_y < \pi$ 时，$d\theta/dt > 0$，电磁波为右旋椭圆偏振光。当 $-\pi < \phi_x - \phi_y < 0$ 时，$d\theta/dt < 0$ 电磁波为左旋椭圆偏振光。

4. 非偏振光(自然光)

普通光源中各个分子或原子内部运动状态的变化是随机的，从统计规律上来说，相应的光振动将在垂直于光速的平面上遍布所有可能的方向，而且所有可能的方向上相应光矢量的振幅(光强度)都是相等的。这种在垂直于光传播方向的平面内沿各方向振动的光矢量呈对称分布的光就称为自然光。由于自然光的对称性，自然光可分解为两个任意垂直方向上的、振幅相等的独立分振动，它们的相位之间没有固定的关系，不能把它们叠加成一个具有某一方向的合矢量，两者的光强度各等于自然光总光强度的一半。

当非偏振光通过起偏器时，与偏振片的透光轴方向平行的线偏振光完全透过，而与偏振片的消光轴方向平行的线偏振光则不能透过。偏振片在这里实际上起着起偏器的作用。因此非偏振光经过偏振片后，它的光强是原来的一半，并且光矢量的振动方向与偏振片的透光轴方向一致。通常用图 1.4 表示自然光，其中图 1.4(a)表示自然光在垂直于传播方向平面内光矢量的分布；图 1.4(b)表示自然光可以用两个互相垂直的光矢量表示；图 1.4(c)表示自然光可等效为相位关系不确定、振动方向互相垂直的两平面偏振光的叠加。

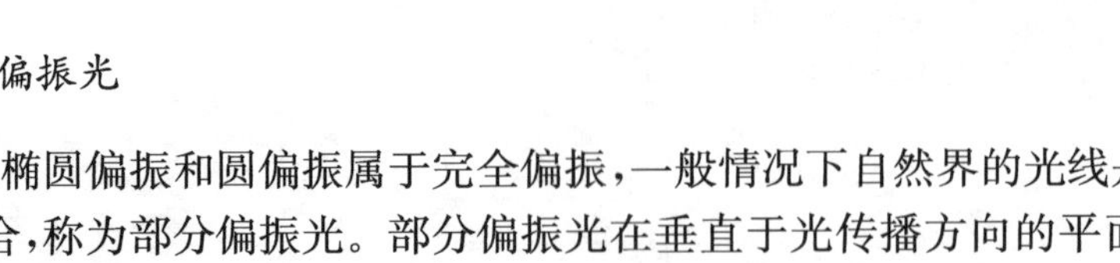

(a) 没有优势方向　(b) 自然光的分解　(c) 互相垂直的两平面偏振光的叠加

图 1.4　自然光的图示法

5. 部分偏振光

线偏振、椭圆偏振和圆偏振属于完全偏振，一般情况下自然界的光线是完全偏振光和自然光的混合，称为部分偏振光。部分偏振光在垂直于光传播方向的平面内沿各方向振动的光矢量都有，但振幅不对称，在某一方向振动较强，而与它垂直的方向上振动较弱。部分偏振光的光矢量可分解为两个振幅不等、振动相互垂直的独立分振动。自然界大部分的偏振光都是部分偏振光。

1.2 光在介质表面的偏振

太阳和普通光源发出的光一般都是自然光。自然光在任意两种各向同性介质的分界面上发生反射和折射时，除去入射天顶角为 90°和 0°的特殊情况下，反射光和折射光皆部分偏振光。反射波、透射波与入射波传播方向之间的关系由反射定律和折射定律描述，而它们之间的相位关系由菲涅耳(Fresnel)公式描述。

反射定律：

$$\theta_r = \theta_i \text{（反射角等于入射角）}$$

折射定律：

$$n_1 \sin\theta_i = n_2 \sin\theta_t \quad (n = \sqrt{\varepsilon_r}\text{，相对介电常数})$$

菲涅耳公式：如图 1.5 所示，将任意振动方向的电矢量分解为垂直于入射面振动的分量(s 分量)和平行于入射面的分量(p 分量)。

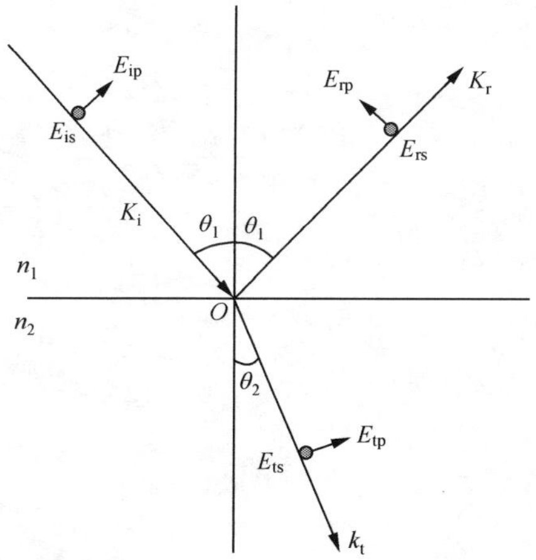

图 1.5　s 分量和 p 分量的正方向

s 分量(电矢量垂直于入射面)的反射系数为

$$r_s = \frac{E_{0rs}}{E_{0is}} = -\frac{\sin(\theta_1 - \theta_2)}{\sin(\theta_1 + \theta_2)} = \frac{n_1\cos\theta_1 - n_2\cos\theta_2}{n_1\cos\theta_1 + n_2\cos\theta_2} \tag{1.9}$$

透射系数为

$$t_s = \frac{E_{0ts}}{E_{0is}} = \frac{2\cos\theta_1\sin\theta_2}{\sin(\theta_1 + \theta_2)} = \frac{2n_1\cos\theta_1}{n_1\cos\theta_1 + n_2\cos\theta_2} \tag{1.10}$$

p 分量(电矢量平行于入射面)的反射系数为

$$r_p = \frac{E_{0rp}}{E_{0ip}} = \frac{\tan(\theta_1 - \theta_2)}{\tan(\theta_1 + \theta_2)} = \frac{n_2\cos\theta_1 - n_1\cos\theta_2}{n_2\cos\theta_1 + n_1\cos\theta_2} \tag{1.11}$$

透射系数为

$$t_p = \frac{E_{0tp}}{E_{0ip}} = \frac{2\cos\theta_1\sin\theta_2}{\sin(\theta_1 + \theta_2)\cos(\theta_1 - \theta_2)} = \frac{2n_1\cos\theta_1}{n_2\cos\theta_1 + n_1\cos\theta_2} \tag{1.12}$$

如果已知界面两侧的折射率和入射角，就可由折射定律确定折射角，再由菲涅耳公式求出反射系数和透射系数。

则入射光的反射率与透射率可以表示为

$$R_s = r_s^2 = \frac{\sin^2(\theta_1 - \theta_2)}{\sin^2(\theta_1 + \theta_2)} \tag{1.13}$$

$$R_p = r_p^2 = \frac{\tan^2(\theta_1 - \theta_2)}{\tan^2(\theta_1 + \theta_2)} \tag{1.14}$$

$$T_s = \frac{n_2 \cos\theta_2}{n_1 \cos\theta_1} t_s^2 = \frac{\sin 2\theta_1 \sin 2\theta_2}{\sin^2(\theta_1 + \theta_2)} \tag{1.15}$$

$$T_p = \frac{n_2 \cos\theta_2}{n_1 \cos\theta_1} t_p^2 = \frac{\sin 2\theta_1 \sin 2\theta_2}{\sin^2(\theta_1 + \theta_2)\cos^2(\theta_1 - \theta_2)} \tag{1.16}$$

当入射光为线偏振光时，有

$$R = R_p \cos^2\alpha + R_s \sin^2\alpha \tag{1.17}$$

$$T = T_p \cos^2\alpha + T_s \sin^2\alpha \tag{1.18}$$

当入射光为自然光时，有

$$R = \frac{1}{2}(R_s + R_p) \tag{1.19}$$

$$T = \frac{1}{2}(T_s + T_p) \tag{1.20}$$

则依据偏振度(degree of polarization，DOP)的定义，反射光的偏振度为

$$\text{DOP}_r = \left| \frac{I_{rp} - I_{rs}}{I_{rp} + I_{rs}} \right| = \left| \frac{R_p - R_s}{R_p + R_s} \right| = \left| \frac{\cos^2(\theta_1 + \theta_2) - \cos^2(\theta_1 - \theta_2)}{\cos^2(\theta_1 + \theta_2) + \cos^2(\theta_1 - \theta_2)} \right| \tag{1.21}$$

折射光的偏振度为

$$\text{DOP}_t = \left| \frac{I_{tp} - I_{ts}}{I_{tp} + I_{ts}} \right| = \left| \frac{T_p - T_s}{T_p + T_s} \right| = \left| \frac{\sin^2(\theta_1 - \theta_2)}{1 + \cos^2(\theta_1 + \theta_2)} \right| \tag{1.22}$$

1.3 偏振的表征

偏振度是表征偏振的最主要参数，其定义：部分偏振光的总强度中完全偏振光所占的比例，即

$$\text{DOP} = \frac{I_P}{I_{总}} \tag{1.23}$$

还可表示为

$$\text{DOP} = \frac{I_M - I_m}{I_M + I_m}$$

其中 I_M 和 I_m 分别为相位不相关且相互正交的两个特殊方向上所对应的最大和最小光强。

为了更好地描述偏振光，有电矢分量方法、琼斯(Jone)矢量方法、邦加球表示法以及斯托克斯(Stokes)矢量表示法。

1.3.1 电矢分量方法

电矢分量方法即为在 1.1 节描述光的偏振态时使用的光的描述方式。以经典波动理论为基础来描述偏振光的方法称作电矢分量方法，在笛卡儿坐标系里，设一束单色平面偏

振波沿 z 轴传播，如图 1.6 所示，可以将三个电矢分量描述为

$$E_x = A\cos(\omega t - kz + \delta_x)$$
$$E_y = B\cos(\omega t - kz + \delta_y) \tag{1.24}$$
$$E_z = 0$$

式中，A、B 代表振幅；ω 为时间圆频率；δ_x、δ_y 是 E_x、E_y 两分量的初相位；k 为波矢大小，又称空间圆频率。

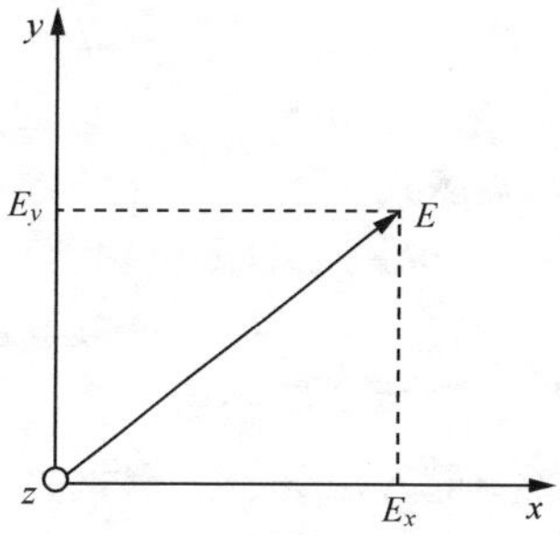

图 1.6　电矢量法表示图

将 E_x、E_y 用复指数表示为

$$E_x = A\mathrm{e}^{\mathrm{i}(\omega t - tz)}\mathrm{e}^{\mathrm{i}\delta_x}$$
$$E_y = A\mathrm{e}^{\mathrm{i}(\omega t - tz)}\mathrm{e}^{\mathrm{i}\delta_y} \tag{1.25}$$

将上述两个矢量进行合成，合成电矢量末端的轨迹是椭圆，即

$$\left(\frac{E_x}{A}\right)^2 + \left(\frac{E_y}{B}\right)^2 - \frac{2E_xE_y}{AB}\cos(\delta_y - \delta_x) = \sin^2(\delta_y - \delta_x) = \sin^2\delta \tag{1.26}$$

当 δ 取不同的值时，合成电矢量的轨迹呈现不同的变化，即可获得不同偏振态的光。从上面分析可得，椭圆的形状和取向可以用 E_x，E_y 和相位差三个参量来决定，从而可以确定偏振状态。电矢分量方法多用在分析和计算偏振光在单只光学器件中的传输问题。

1.3.2　斯托克斯矢量表示法

经过分析，偏振光的一般表现形式为椭圆偏振光，完全描述椭圆偏振光需要三个独立的参量，如振幅 E_x，E_y 和相位差 δ（或椭圆的长、短轴 a，b 及椭圆的取向角 ψ）。英国物理学家斯托克斯于 1852 年提出了斯托克斯参量，成为最常选用描述偏振光的三个宏观可测参量。斯托克斯参量不仅可以表示完全偏振光，也可以表示部分偏振光。

斯托克斯矢量有四个参数（其中只有三个是相互独立的），如下矩阵形式所示，这组参量称为斯托克斯参数。

$$\boldsymbol{S} = [S_0,\quad S_1,\quad S_2,\quad S_3]^{\mathrm{T}} \tag{1.27}$$

以 S_0、S_1、S_2、S_3 为标记的四个斯托克斯参数定义为

$$\begin{aligned} S_0 &= \langle \widetilde{E}_x^2(t)\rangle + \langle \widetilde{E}_y^2(t)\rangle \\ S_1 &= \langle \widetilde{E}_x^2(t)\rangle - \langle \widetilde{E}_y^2(t)\rangle \\ S_2 &= \langle 2\widetilde{E}_x(t)\widetilde{E}_y(t)\cos\delta\rangle \\ S_3 &= \langle 2\widetilde{E}_x(t)\widetilde{E}_y(t)\sin\delta\rangle \end{aligned} \tag{1.28}$$

式中，$\widetilde{E}_x$，$\widetilde{E}_y$ 为电矢量在所选坐标系中沿方向 x，y 的分量；δ 为两振动分量的相位差；符号“〈　〉”表示对时间的平均。用这一四维矢量可以表示包括偏振度在内的任意偏振光的状态。上式中参量 S_0 表示偏振光强度；S_1 表示水平方向（x 轴方向）的直线偏振光分量；S_2 表示 45°方向的直线偏振光分量；S_3 表示右旋圆偏振光分量。

由斯托克斯矢量可以得到任意光的偏振态信息如下：

$$\psi = \frac{1}{2}\arctan\frac{S_1}{S_2} \tag{1.29}$$

$$P = \sqrt{S_1^2 + S_2^2 + S_3^2} / S_0 \tag{1.30}$$

式中，ψ 为椭圆的方位角，即椭圆的取向；P 为描述部分偏振光的重要参量偏振度，其值从非偏振光情况下的 0 到全偏振光情况下的 1 之间变化，对于部分偏振光其值取中间值。有时候，也用 I,Q,U 和 V 四个分量代表 S_0,S_1,S_2 和 S_3。

自然界大多数物体表面的反射中圆偏振的量值很小（吴太夏，2010）。因此在偏振遥感的研究前期及一些场合，经常将上面的 V 分量省略。为了测量斯托克斯参量，常用有三种测量方法（关桂霞，2010）：Pickering 方法（0°，45°，90°），改进 Pickering 方法（0°，45°，90°，135°），以及 Fessenkov 方法（0°，60°，120°）。

1.3.3 琼斯矢量方法

1941 年琼斯首先提出一个二行一列矩阵来表示偏振光，这个矢量被称为琼斯矢量，描述的是沿光传播方向上某点处的偏振态，以复振幅分量表示为

$$\begin{bmatrix} E_x \\ E_y \end{bmatrix} = e^{i(\omega t - kz)} \begin{bmatrix} A e^{i\delta_x} \\ B e^{i\delta_y} \end{bmatrix} = e^{i(\omega t - kz)} e^{i\delta_x} \begin{bmatrix} A \\ B e^{i\delta} \end{bmatrix} \tag{1.31}$$

式中，$\delta = \delta_y - \delta_x$，$\delta$ 的取值范围为 $-\pi \leqslant \delta \leqslant \pi$。反之，当 $0 < \delta < \pi$ 时，x 分量落后于分量 y；当 $-\pi < \delta < 0$ 时，y 分量落后于 x 分量；当 $\delta = 0$ 时，y 分量和 x 分量同相位；当 $\delta = \pm\pi$ 时，y 分量和 x 分量反相位。

系数 $e^{i(\omega t - kz)}$ 是 x，y 分量共有的位相部分，就偏振光光学系统对某一偏振光而言，我们只关心两分量的差别，可以将这一项忽略。但是，对于两分量的位相的比较，必须是在同一地点 z、同一时刻 t，而且，在同一地点 z，x，y 分量的位相在时间上均按 ωt 的形式变化，在空间上均按 $-kz$ 的形式变化。

略去系数 $e^{i(\omega t - kz)} e^{i\delta_x}$ 后，一束偏振光用琼斯矢量描述为

$$\boldsymbol{J} = \begin{bmatrix} A \\ B e^{i\delta} \end{bmatrix} \tag{1.32}$$

发光强度 I 可以用下式体现：

$$I = A^2 + B^2 \tag{1.33}$$

考虑到在许多实际的偏振测量中，对光的总强度并不感兴趣，于是往往将上式进行一些变换，把光强作为一个公共因子，如下式所示：

$$\boldsymbol{J} = \sqrt{A^2 + B^2} \begin{bmatrix} \cos\gamma \\ \sin\gamma e^{i\delta} \end{bmatrix} \tag{1.34}$$

式中，$\cos\gamma = A / \sqrt{A^2 + B^2}$；$\sin\gamma = B / \sqrt{A^2 + B^2}$，而 $\tan\gamma = B/A$ 为振幅比，γ 的定义域为 $(0, \pi/2)$。

那么经过光强归一化后的琼斯矢量为

$$\boldsymbol{J}_n = \begin{bmatrix} \cos\gamma \\ \sin\gamma e^{i\delta} \end{bmatrix} \tag{1.35}$$

当 $\delta = \pm n\pi$ 时，为线偏振光；当 $\delta = \pm(2n+1)\pi/2$ 时，为圆偏振光。当 $A = B$ 和 $n = 0, 1, 2, \cdots$ 时，相应的线偏振光和圆偏振光的归一化矢量分别为 $\begin{bmatrix} \cos\gamma \\ \pm \sin\gamma e^{i\delta} \end{bmatrix}$ 和 $\frac{1}{\sqrt{2}} \begin{bmatrix} \mu_i \\ 1 \end{bmatrix}$，其中，$-i$ 表示右旋圆偏振光，$+i$ 表示左旋圆偏振光。

1.3.4 邦加球表示法

邦加在 1892 年将 $S_0=1$ 的球引入到了斯托克斯空间，光的全偏振态都可以与球面上的各点一一对应，这个球就是邦加球(图 1.7)。

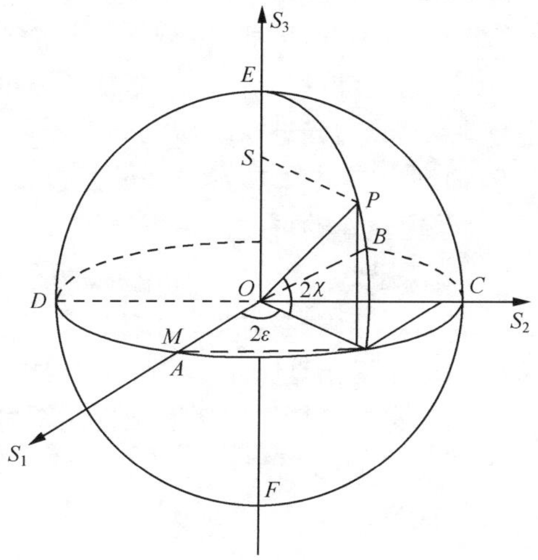

图 1.7　邦加球表示偏振光

如图 1.7 所示，球面上任一点 P 的经度和纬度分别为 2χ，2ε，那么 S_0，S_1，S_2，S_3 可以描述为

$$
\begin{aligned}
S_0 &= 1 \\
S_1 &= \cos 2\varepsilon \cos 2\chi \\
S_2 &= \cos 2\varepsilon \sin 2\chi \\
S_3 &= \sin 2\varepsilon
\end{aligned}
\tag{1.36}
$$

从上式可以看出，球面上的任意点都对应着一种单位强度全偏振光的形式。邦加球上一点代表一个偏振态。方位角表示在邦加球上的经度，椭圆率表示纬度。所以，邦加球赤道上点表示线偏振光，上下极点分别对应右旋圆偏振光和左旋圆偏振光，球面上其他各个点对应椭圆偏振光，其中上半球为右旋椭圆偏振光、下半球左旋椭圆偏振光。球面上表示的是完全偏振光。球心表示的是自然光，球体内其他点表示的是部分偏振光。

1.4　偏振遥感的物理基础及三个组成部分

1.4.1　遥感领域面临的两个瓶颈问题及偏振遥感的提出

常规遥感以被动为主，即被动接受地表反射的太阳光辐射，虽然太阳辐射覆盖的波段很多，而可见光和近红外只占整个电磁波谱的极少一部分，但是却包含了整个太阳光谱 80％的能量，因此，大部分遥感传感器的工作谱段都集中在这个区域。但是，可见光近红外波段的辐射从太阳到地表，经地表反射后再到传感器的过程中，不可避免地出现衰减，并需要和大气相互作用。因而也就存在两大瓶颈问题，即光学弱化效应和大气衰减效应。

1. 光学弱化效应

高分辨率遥感包括辐射、空间、光谱、时间四大分辨率。其中辐射分辨率代表遥感器接收电磁波强度，足够的能量保障了对地物的敏感能力，也直接影响高光谱各波段敏感强度及高空间分辨率像元敏感水平。目前情况是，常规遥感只能在 1/3 光线适中的情况下获取优良影像，其余过亮（如太阳磁暴、恒星天体或水体耀斑）、过暗（如重大自然灾害或远端极弱光行星体探测）难以获取，这成为先进空间探测和地表重大地质灾害等遥感观测的瓶颈。偏振依据观测物不同，物理化学性状具有强烈的反差比，即强光“弱化”、弱光“强化”的物理机理，为破解这一难题提供新的可能。本书通过长达 30 多年，主要在国家自然科学基金自由申请项目的支持下，获取超过 30 多万组的野外实验和 10 万余组的航飞实验数据，经分析研究与十余年理论研究构建，证明了偏振“强光弱化，弱光强化”特性的物理本质，初步建立了地表偏振的多角度物理特征、多光谱化学特征、粗糙度与密度结构反演特征、强反射地表特征信号背景比滤波特征和多次散射的辐射传输能量特征，以及偏振与表面密度的关系模型，极大扩展了地球观测系统动态敏感范围亮-暗两端，为遥感地物偏振反演提供物理探索方法，并逐步进入到偏振遥感应用的国际前沿。

2. 大气衰减效应

大气衰减效应是遥感观测的最大误差源，往往通过实验方法测得，但其精确刻画缺乏理论方法。利用偏振作为大气观测手段，探索大气偏振遥感的理论，并为完善建立新的大气窗口理论奠定基础。分析发现光与地物、大气作用表现出的偏振特性，具有天空偏振矢量场规律，以及大气对偏振光效应为零值域的“大气偏振中性点”区域，可以成为降低大气衰减的新窗口，因此，在引入偏振克服大气衰减瓶颈问题的同时，完善天空偏振模式图和大气偏振中性点理论，进一步研究提炼偏振遥感重要内涵，即全天空偏振模式图规律及物理特性、大气偏振中性点区域规律、全天空偏振矢量场规律下的大气粒子多角度观测立体层析、地-气参量分离与仿生偏振导航（吴太夏等，2010；关桂霞，2010）。

3. 问题的解决——偏振遥感

光强、频率、相位和偏振，是刻画电磁波的四大属性。现有的遥感研究着重于研究地物的光强属性。偏振属性作为遥感的又一信息源，近年来备受关注，该领域研究取得了长足的进展。偏振（在微波谱段称为极化）是电磁波的重要特征。太阳光是电磁波，是具有偏振性的横波，但在各个方向偏振度相同，经过自然界不同地物的吸收、反射、折射，其电矢量垂直分量和水平分量不再相等，因此表现出不同方向的振动强度的差异，这就产生了偏振现象，成为部分偏振光或线偏振光。自然界中，光滑的植物叶片、江河湖海的水面、冰雪、土壤、沙漠、云、鱼鳞和皮革等都充当着天然反射起偏器的作用。物体的表面结构、纹理、化学成分、含水量、光入射角度的不同，都会影响反射光波的偏振状态，即偏振特性中蕴涵着目标的各种信息。此外，物体的热辐射也有偏振效应，蕴涵着目标多种信息的偏振特性，能为目标识别提供大量新的资料，具有很高的利用价值。

对自然物体表面的偏振反射测量始于 1964 年(Talmage and Curran,1986)。从那以后,很多学者对地物的偏振反射特性进行了研究,开辟了一个新的遥感研究领域。1996 年,法国研制的 POLDER(polarization and directionality of the earth's reflectance)传感器搭载在日本的 ADEOS 卫星上发射升空,标志着偏振遥感进入了一个新时代。正在运行的 POLDER-3 是目前唯一在轨的偏振光遥感传感器。国际光学工程学会(The International Society for Optical Engineering,SPIE)不定期举办关于偏振测量、分析及遥感的专门学术会议,至今已出版了 19 本会议论文集。总体来说,偏振遥感目前正从定性研究向定量研究转变及深入。偏振探测从单角度向多角度、从单波段到全光谱、从测量线偏振到全偏振态探测、从单一参数到多参数、从实验室内测量到野外现场测量、从地面测量到高空至卫星平台探测,呈现出各项研究增长点全面开花的研究态势。其中仪器的定标是基础和重要的一环,以保障数据的连续性、稳定性、可靠性,提高偏振遥感的精度及应用水平。

国内对于偏振特性的遥感研究起步较晚,始于 20 世纪 70 年代。中国科学院长春光学精密机械研究所、上海技术物理研究所、安徽光学精密机械研究所从相应的需求出发研制了相关的偏振探测仪器;东北师范大学、北京大学、北京师范大学等对地物的偏振特性进行了探测。近年来国内偏振遥感研究发展很快,许多研究者进入该领域。北京大学、中国科学院遥感与数字地球研究所、中国科学院云南天文台等在天空偏振探测尤其在大气偏振探测方面展开了探测。地表、天空(或大气)作为两个并行的偏振观测方面,为遥感地物反演目标服务并取得进展;不同的是,天空偏振观测基于大气领域的应用引入遥感领域,地表偏振观测是遥感领域的新开拓。在偏振测量仪器平台方面,已研制出偏振二向性反射分布函数(bidirectional reflectance distribution function,BRDF)测量仪、航空偏振成像仪、全偏振测量仪等高精度仪器,偏振的定标工作也已提上日程。在偏振地物特性方面,对土壤、岩石、水体、植物叶片等常见地物进行了偏振反射光谱测量及特征分析,定量模型研究也已起步。研究大气的偏振中性点问题,为实现航空及航天平台对地偏振遥感奠定基础。对偏振导航的研究,描绘了仿生偏振导航的应用远景。随着偏振探测仪器能力的提高、偏振遥感定量模型的发展,偏振遥感正进入一个蓬勃发展的时代(晏磊等,2010)(图 1.8)。

假设入射辐射为单位辐射量,辐射在地表、地表内部及二者之间都会发生多次散射作用,而最后传感器获得的出射辐射,是这三者的总和。一般而言,入射到地表的辐射,或被直接散射回大气中,或被吸收,或进入到地表内部中。进入到地表内部的辐射会与地表内部的物质,如水分等发生生化作用,也会部分被散射,部分被吸收。但是与地表散射不同的是,这部分散射是与地表内部的物质含量相关的,其对辐射的调制作用体现在反射率上,这部分辐射是非偏振的(Knyazikhin et al.,2013a,2013b),如图 1.9 所示。

设地表的散射反照率为 ω,地表直接被反射的概率为 r_s,在地表内部向上散射的概率为 ρ,向下散射的概率为 τ。根据菲涅耳原理,可以知道在地表直接被反射的辐射是部分偏振的,也就是说 r_s 可以进一步分解为

$$r_s = r_{sp} + r_{snp} \tag{1.37}$$

式中,r_{sp}代表线偏振部分;r_{snp}代表非偏振部分。

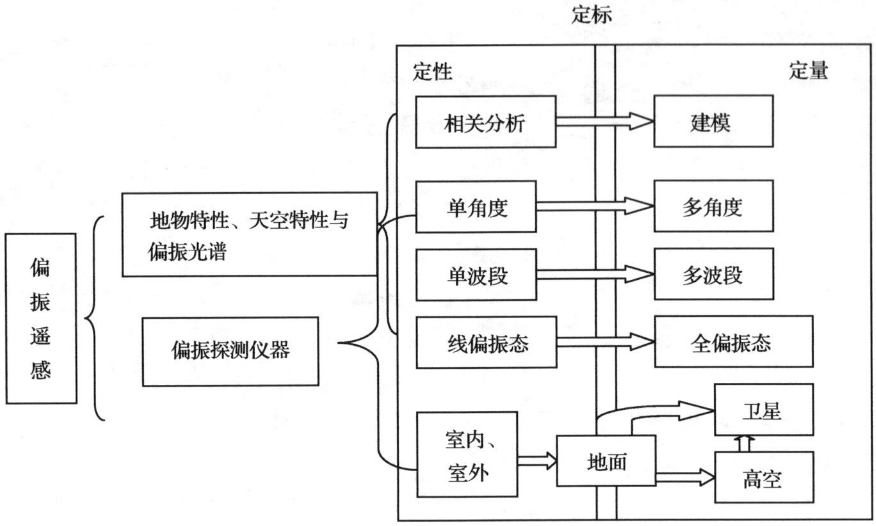

图 1.8　偏振遥感观测分析势态图

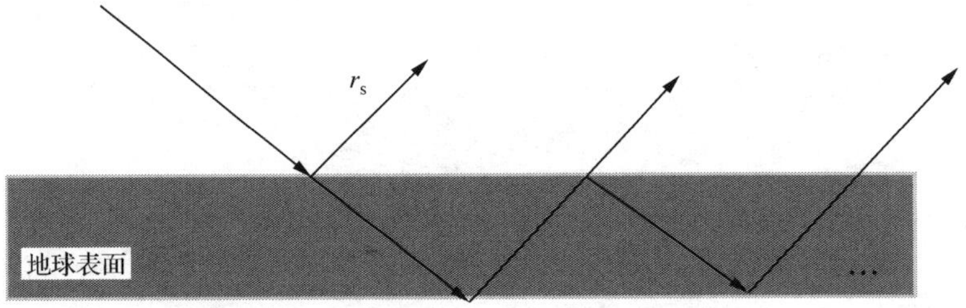

图 1.9　辐射与地表相互作用示意图

进入到地表内部，与其相互作用后，辐射被向上散射的总概率为

$$r_i = (1 - r_s)\omega\rho \tag{1.38}$$

则辐射被吸收的概率 a_i 以及向下透射的概率 t_i 为

$$a_i = (1 - r_s)(1 - \omega) \tag{1.39}$$

$$t_i = (1 - r_s)\omega\tau \tag{1.40}$$

传感器接收到的辐射与地表及内部相互作用后的总能量则可以简单表述为

$$r = r_s + (1 - r_s)\omega\rho \tag{1.41}$$

则传感器探测到的偏振度为

$$\mathrm{DOP} = \frac{r_{sp}}{r_s + (1 - r_s)\omega\rho} \tag{1.42}$$

而一般情况下，r_{sp} 可以认为是常量，即是与波长无关的量。当地表的反射率较低即 $\omega\rho$ 表现为较小值时，从视觉效果来看，目标会显得很暗，则偏振度 DOP 表现为较大值，则实现了“弱光强化”的过程；反之，当地表的反射率较大即 $\omega\rho$ 表现为较大值时，从视觉效果来看，目标会显得很亮，则偏振度 DOP 表现为较小值，则实现了“强光弱化”的过程。

1.4.2 地物偏振遥感四大对象五个特征

地表最典型的地物为水、土、岩和植被，这也是我们研究地物偏振特性的最主要的四大对象。通过对这四大对象的研究，可以获得地物偏振遥感的五个特征，即多角度物理特征、多光谱化学特征、粗糙度和密度结构特征、高信号背景比滤波特征以及辐射传输能量特征。

1. 地物偏振反射的多角度物理特征

由于在反射、散射、透射电磁辐射的过程中，会产生由地物自身性质决定的多角度光谱特征和偏振光谱特征。研究不同地物的多角度光谱特征和偏振反射特性，寻求出它们在 2π 空间内多角度反射光谱规律以及偏振反射规律。这些潜在的规律，以及丰富的角度、偏振特征信息差异都为遥感的应用和研究带来了新的方法和途径。

当入射角以小角度入射时，一般不存在镜面效应，更多的表现为朗伯(Lambert)体特性；但是当光线以大角度入射时，明显存在镜面效应，而且入射角越大，其镜反射越强烈，是镜反射和漫反射的合成体(赵虎，2004)。但是在镜面方向，并没有出现明显的跳跃间断点，而是连续平滑的上升。

通过研究橄榄岩、花岗岩、石灰岩、辉长岩、玄武岩(赵虎等，2003，2004a，2004b)等多种岩石的多角度偏振反射比及二向性反射比，可以得到如下结论：

(1) 反射光是垂直入射面振动占优势的部分偏振光；折射光是平行入射面振动占优势的部分偏振光。随着入射角的增大，反射光中的垂直入射面的光振动所占比例也加大，即反射光偏振程度增加。这表明，反射光在入射面的那个方向上振幅在削弱，而在垂直于入射面的方向上振幅在增强，总是朝垂直与入射面的那个方向发生极化。

(2) 光波经过地物表面反射后产生的偏振特征，理论上受两个因素决定和影响。一个因素是光波的入射角大小，另外一个因素是地物的折射率。对于不同的地物，由于地物的组成和结构不同，它们的折射率也不相同，这样经过它们产生的反射光的偏振特征也随之发生改变。反之，我们可以通过地物反射光谱中的偏振特征来反推地物的物理性质。

(3) 反射光谱的偏振度在 2π 空间内随方位角和探测角的变化不大。反射光谱基本上都在偏振度为 5%的直线处上下波动，并且不同探测角度的曲线都绞合在一起。这说明偏振度这个物理量在整个 2π 空间内相对稳定，并不随方位角和探测角的变化而剧烈变化(赵虎等，2008)。

2. 地物偏振反射的多光谱化学特征

反射比与偏振度的波谱相比，反射比是波峰处，偏振度一般对应是波谷；反射比是波谷处，偏振度一般对应为波峰。这可以由偏振度的基本定义来解释。自然光照射到电介质表面，被物体表面反射及折射，一般变成了部分偏振光。偏振度的基本定义是部分偏振光的总强度中完全偏振光所占的比例。由于完全偏振光随波长不同、测量角度不同均在变化，偏振片的吸收、反射、折射等对光有损失，因此其波谱表现的反比关系并不恒定，即不存在恒定的反比系数。只是在波谱上表现为有峰谷对应相反的定性关系。

(1) 在入射偏振光的偏振化方向与透光轴之间的夹角为 45°时，入射后的光强是入射前光强的一半；透光方向与消光方向的光的光强的算术平均数与入射偏振光的偏振化方向和透光轴之间的夹角为45°时的光强相等(吴太夏等，2009)；

(2) 岩石的45°偏振反射比、二向反射比、透光方向与消光方向光强的算术平均数的反射比，三者在对应的方位角、天顶角、探测角及通道上均相等(吴太夏等，2010)。

上述结论概括了多角度偏振反射与二向反射之间的定量关系，可以提高现有遥感方法的定量精度。反射比与偏振度的定量关系，可以作为检验测量光谱质量好坏的一项标准(相云，2010)。

3. 地物偏振反射的粗糙度和密度结构特征

物体的表面粗糙度、结构纹理、化学成分、含水量、光入射角度的不同，都会影响反射光波的偏振特征。因此可以利用偏振反射光谱来分析地物表面的物理性质和化学性质。地物表面密度就可以通过地物的偏振反射光谱计算得出。

经过推导，岩石表面的反射光谱的偏振度DOP由下式决定：

$$\mathrm{DOP}=\frac{2\cos\alpha\cos\beta\sin\alpha\sin\beta}{\cos^2\alpha\cos^2\beta+\sin^2\alpha\sin^2\beta}=\frac{2}{\dfrac{1}{\tan\alpha\tan\beta}+\tan\alpha\tan\beta} \tag{1.43}$$

利用折射定律，可以用地物的折射率消去式(1.43)中的折射角，于是得

$$\mathrm{DOP}=\frac{2\cos\alpha\sqrt{1-\dfrac{\sin^2\alpha}{N^2}}\sin\alpha\dfrac{\sin\alpha}{N}}{\cos^2\alpha\dfrac{N^2-\sin^2\alpha}{N^2}+\sin^2\alpha\dfrac{\sin^2\alpha}{N^2}}=\frac{2\sin\alpha\tan\alpha\sqrt{N^2-\sin^2\alpha}}{N^2-\sin^2\alpha+\sin^2\alpha\tan^2\alpha} \tag{1.44}$$

上式说明，当入射角已知，偏振度已知的情况下，可以计算地物的折射率。有了岩石的折射率，就可以通过洛仑茨-洛仑兹折射度公式来求得岩石的密度：

$$\frac{n^2-1}{n^2+2}\times\frac{1}{\rho}=\text{常数}=\gamma_{L\cdot L} \tag{1.45}$$

式中，n为折射率；ρ为密度。利用偏振反射光谱来探测自身不发光星体的表面密度。利用该方法计算出地球表面密度为$2.824\mathrm{g\cdot cm^{-3}}$，而目前地球表面密度公认数据为$2.9\mathrm{g\cdot cm^{-3}}$。两种结果非常相近，可见用星体的平均$K$值来估算星体的表面密度结果很可靠。

目前高光谱研究的是不同物体随波长的光谱反射率变化情况，而对于物质的折射率没有探究。我们可以通过探讨地物高光谱的偏振反射光谱特性，就能得到物质的折射率随波长的变化，然后去深入细致地揭示地物的组成。

4. 地物偏振反射的高信号背景比滤波特征

常规式遥感手段在光线太强或光线太弱的情况下很难获取想要的信息，偏振遥感具有"强光弱化"、"弱光强化"的特点，可以有效分析强反射地表的特性。从两个角度对强反射地表的偏振特性进行研究，首先以辐射传输理论、斯托克斯参数与强反射地表反射和发射偏振特征之间的关系为理论基础，系统分析强反射地表偏振信息的方向特征和偏振光谱特性；其次通过可见光近红外偏振反射信息反映出强反射地表的一些性质，建立强反射地表的偏振特性与积雪性质之间的关系(孙仲秋，2013)。图1.10和图1.11分别为偏振

探测下高信号背景比的飞机与水面实验。

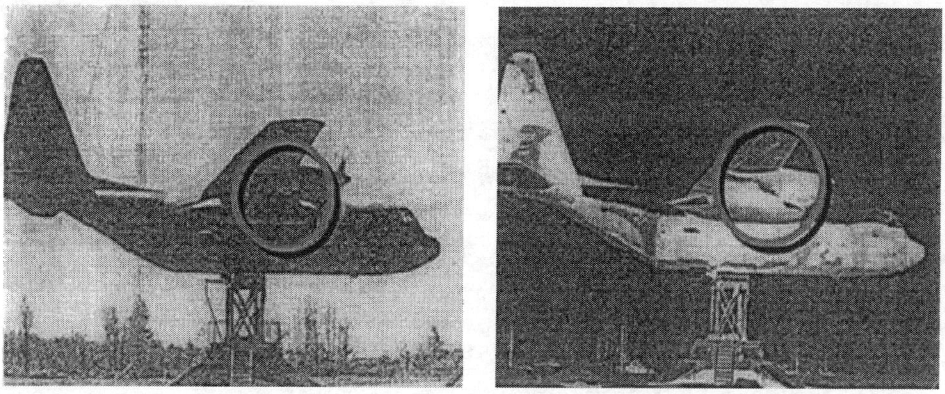

(a) 强度图像　　(b) 偏振度影像

图 1.10　飞机的强度图像与偏振度影像

(a) 旋转偏振片前　　(b) 偏振旋转到一定角度后

图 1.11　在水面上旋转偏振片不同角度的效果

研究结果表明：

(1) 飞机的实验是背景强度大、飞机强度小，在强度图像中表现不明显的飞机细节在偏振度影像中表现十分明显，说明了在这种背景强度大、目标强度小的高信号背景比条件下，偏振能够提取目标细节信息；

(2) 在水面上旋转偏振片，某些特定角度下，反射光强度过大，无法提取水下目标的信息，而在某些特定角度下，这部分反射强光可以通过偏振片滤除，使得水下目标信息展现出来，这说明了在这种水面反射噪声强度大，水下目标强度弱的高信号背景比条件下，偏振也能够提取目标细节信息。

5. 地物偏振反射的辐射传输能量特征

Knjazihhin 2013 年在美国科学院院刊(*Proceedings of the National Academy of Sciences of the United States of America*，PNAS) 上发表论文表明植被在高光谱上的表现除了叶片光学特性、入射/观测方向有关外，还与植被冠层结构有关(Knyazikhin et al.，2013a)。之前发表的一些论文表明植被二向性方向反射因子(bidirectional reflectance factor，BRF)与氮含量的线性相关关系(Ollinger et al.，2008)可能是错误的，而这个错误

的直接原因就是这些研究的样本在阔叶与针叶的分布上基本满足线性关系。而且获得的BRF信息其实是光经过表面及内部散射的结果，要想彻底了解叶片内部化学成分，就必须使用偏振的手段剔除表面镜面散射的影响。

辐射学和光度学的遥感已经开展多年，偏振遥感是这两者结合的空间遥感技术发展新方向。偏振遥感有其独特之处，是它可以解决普通光度学遥感无法解决的一些问题。如不同地表下垫面下云和气溶胶的粒径分布问题；地表目标的偏振测量精度无需准确的辐射量校准就可达到相当高的精度；在取得偏振测量结果的同时，还能够提供辐射量的测量数据。因此，偏振遥感受到极大的关注。

1.4.3 大气偏振遥感的两个理论发现及层析观测

遥感观测所面临的遥感大气窗口衰减瓶颈禁区，是遥感观测最大误差源。常规遥感观测通过大气窗口不可避免地受大气衰减影响，大气窗口的研究使遥感观测有了很大进展，但不管哪个波段，大气对电磁波的衰减都很严重，急需补充和完善大气窗口理论。目前对电磁波的衰减效应的研究主要依赖单纯的测量，缺乏系统的理论模式描述。将偏振引入大气窗口研究，从光波的偏振重要属性入手，反映光与大气、地物作用的本质，是完善大气窗口，使大气窗口理论取得重大进步的必要环节。

进一步地，通过对偶观测剖析气溶胶、大气污染粒子等物理特性，实现地-气分离、大气污染溯源以及在天空偏振模式图矢量场的基础上实现仿生导航。

1. 天空偏振模式图规律探究与大气遥感的偏振物理特性

自然界中很多生物能够利用偏振光进行导航定位，究其原因，首先是其本身具有对天空光偏振方向极其敏感的视觉神经系统，其次最主要的是在天空中存在一个相对稳定的大气偏振模式图(Liang，2004；Schott，2009；Nnen，1985；Chen and Rao，1968)。

在实际情况中，大气天空偏振模式图分布受到的影响因素较多，特别受气候影响较大，所以我们分析了它在不同气候条件下的分布状况，图 1.12 即不同天气条件下天空偏振度与偏振角的分布情况。

1) 不同天气条件下偏振度的测量结果

由于天空偏振光分布与大气粒子对太阳光的散射密不可分，我们对图 1.12 中晴天及多云天气下的偏振度分布情况进行了比较研究。

可以看出，大气偏振度围绕偏振中性点(可以理解为接近太阳的偏振效应最弱的位置)呈现有规律的环状分布，从中性点向外偏振度逐渐变大，达到最大的黑色区域后又逐渐减小至另一个中性点(地球的阳光反镜像点)。从多云状态的图像可以看出，多云天气偏振度大小较无云状态小很多，因为多云状态下由于大气的多次散射造成的退偏效应，将影像的偏振度大大减小了。

2) 不同天气条件下偏振角的测量结果

生物能够利用天空偏振光导航，除了依靠相应的偏振视觉探测到天空偏振光的存在外，还要从天空光偏振角的分布获取方向信息。

分析图 1.12 中偏振角，可以看出，有云状态的影像与晴朗天空的影像相比较有一定的相似之处，天空的偏振角也围绕偏振中性点呈对称分布。偏振角大小较晴朗天空状态

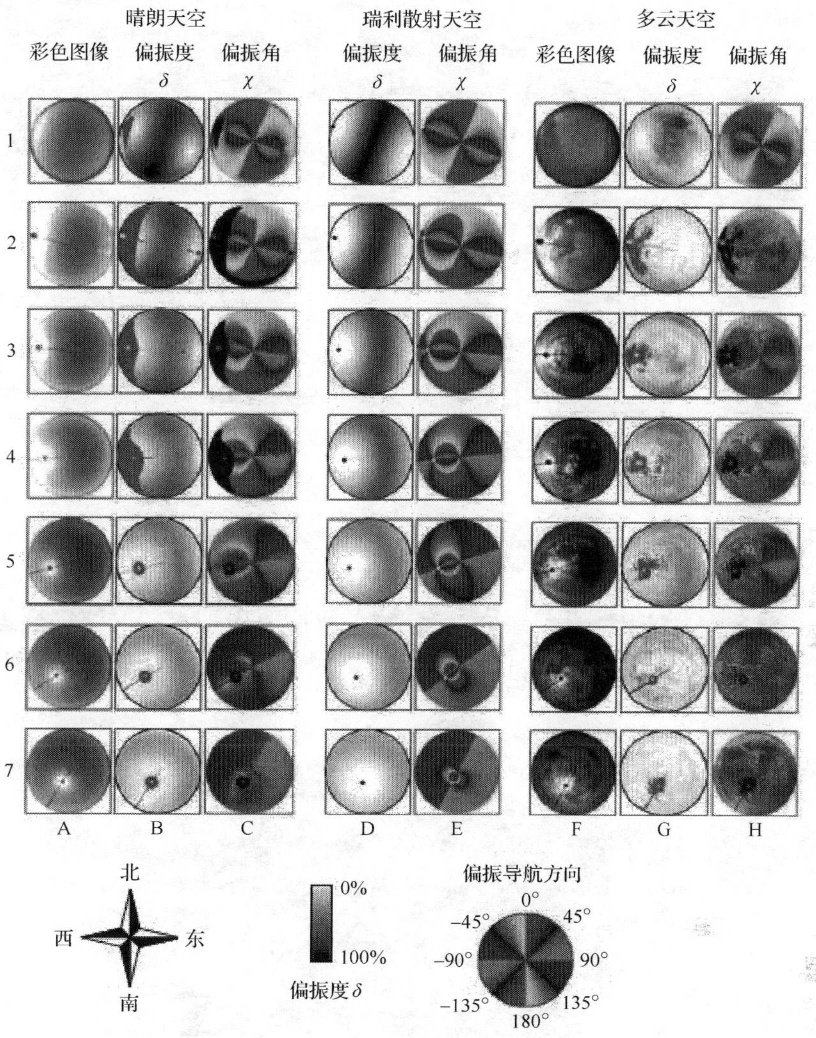

图 1.12　不同天气条件下天空偏振度偏振角分布

有所改变，因为有云状态下大气的多次散射造成的退偏效应，将整个影像的偏振角减小了。

2. 大气偏振中性点区域规律探究与改变遥感大气窗口定论的探讨

1) 大气偏振中性点分布规律

大气中的线偏振度为零的点称为大气偏振中性点。19 世纪初相继观测到天空中三个著名的中性点：Arago 中性点(1809 年)、Babinet 中性点(1840 年)、Brewster 中性点(1842 年)，它们的位置如图 1.13 所示。

其中，Babinet 中性点是偏振遥感对地观测的最理想选择，其位置与太阳高度有一定的函数关系。在光学厚度为 0.10 时，Babinet 中性点曲线有一定的弯曲，为方便起见，将其分成两个线性曲线考虑，即

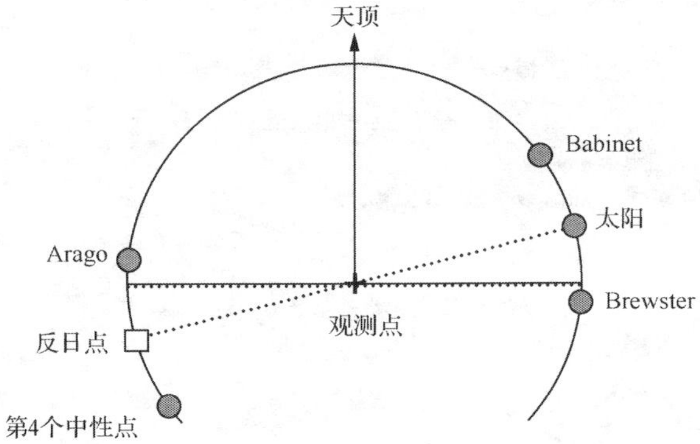

图 1.13 天空中偏振中性点示意图

$$\begin{cases} y = 0.9x + 18, & 0 < x < 30 \\ y = 0.75x + 22.5, & 30 \leqslant x < 90 \end{cases} \tag{1.46}$$

式中，x 为太阳高度角；y 为中性点的高度角。

2）大气偏振中性点探测及对大气窗口衰减率的改变

为了考察大气偏振中性点的实际分布情况，我们对中性点的时间序列进行了分析。图 1.14 是得到的全天空偏振度分布图，可以明显地看到两个偏振中性点，分别是 Babinet 中性点和 Arago 中性点。

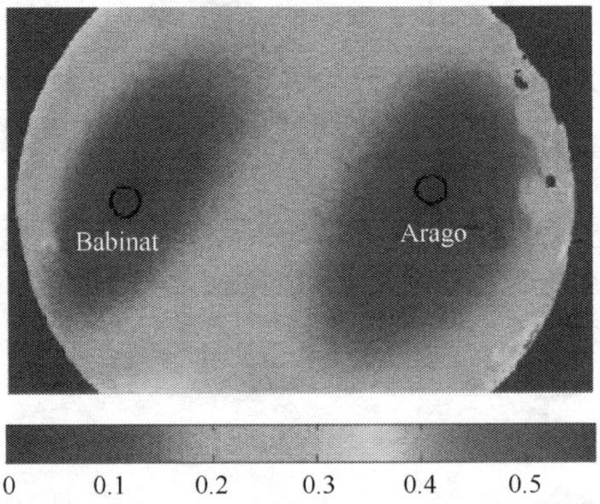

图 1.14 全天空偏振度分布图

如图 1.15 所示，从各个时间的太阳位置及偏振度的分布情况可以看出，全天空的偏振度分布及中性点位置并不是固定不变的，而是随着太阳位置的变化而变化，即与太阳高度角密切相关。偏振度围绕偏振中性点呈环状分布，而整个天空的偏振度分布是两个环状分布的叠加。

从图 1.14 和图 1.15 中可以看出，大气偏振窗口是存在的，偏振度围绕偏振中性点有规律地分布看。这样，由于偏振中性点的线偏振度为零，在该点位置进行对地观测，就能够去除大气的偏振作用，从而可以直接获取地表目标的偏振信息，这为大气窗口衰减率的减小提供了依据。

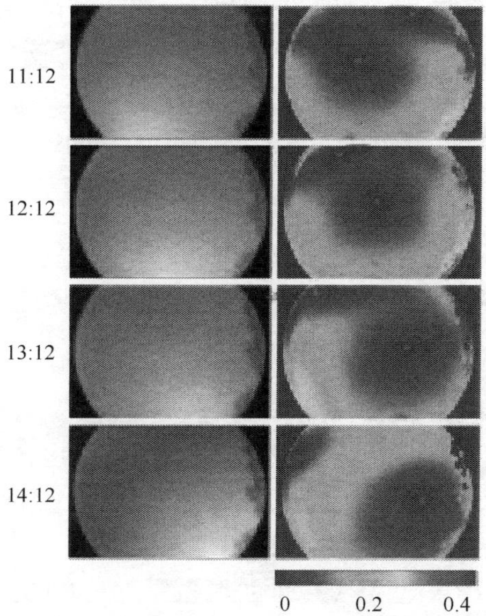

图 1.15 连续观测的全天空偏振度分布图

3. 大气偏振模式图-中性点区域联合大气解译与大气污染粒子层析反演分布

遥感观测分为两类：一类是空基、天基观测（仪器搭载在探空气球、飞机或卫星平台上），另一类是地基观测（用地面光度计等）。空基、天基观测利用大气及地表的反射信号进行大气或地表参数的反演，而地基观测一般直接利用直射或散射太阳光进行大气信号反演。大气的分层特点需要对偶观测实现气溶胶等大气物理特性的剖析（程天海等，2008；孙夏、赵慧洁，2009）。根据较为稳定的天空偏振模式图和大气偏振中性点，进行空基、天基和地基对偶观测，层析大气污染粒子与气溶胶特性。

空基、天基与地基观测得到的对偶偏振信号分布使基于大气偏振模式图-中性点区域联合大气解译与大气污染粒子层析反演分布成为可能。进一步研究分析可得到空基、天基平台观测到的全天空偏振信号与气溶胶光学厚度、气溶胶模型之间的关系，并且理论上预测，利用空基、天基观测到的全天空偏振模式图可以作为气溶胶信息分离反演的重要基础之一。

1.4.4 偏振遥感物理理论及其客观性、独特性及稳定可重复性

1. 偏振遥感的客观性

偏振遥感应用最典型的是在先进空间探测与全球变化研究方面，也是国际重大科学问题解决的重要突破手段。当太阳辐射透过大气层到达地球表面时，经过大气的散射后，太阳辐射具有一定的偏振性，如果大气散射多为一次散射时，这种太阳辐射的偏振现象在天空中就形成了一个稳定的偏振分布，又称为天空偏振模式图。而大气中性点包含两层含义：其一，在实际的大气中，由于多次散射的存在，中性点不是一个独立的点，而是一个天空偏振度为零（或接近于零）的区域；其二，中性点不是天空中固定的一个区域，而是以

观测点为起点，方向对着中性点区域的一个圆锥形的区域，在这个圆锥形区域里任何高度偏振度都为零。而以恒星、行星天文偏振观测的客观性为启示，来考虑天文领域与遥感领域偏振观测手段的互补与转换；以全天空偏振矢量场与重力场、地磁场的全域性比较与客观性为启示，来确定地球第三个全域场可能对不同天象问题观测手段的突破。这些都证明了偏振遥感的客观作用，是实际可行的。

2. 偏振遥感的独特性

月球的亮度是常规太阳的四百万分之一，其辐射特性与地表类似。月相的变化会增加月球定标的难度。但是月球是太空中唯一可行的具有一定亮度，而且其表面几乎不受大气影响的定标源，其在某一相位下表面的辐照度变化较小，平均年变化为 10^{-8}。这使得它成为卫星传感器的理想定标源。另外，在植被的生化含量与 BRF 关系方面，植被 BRF 与氮含量的线性相关关系可能是错误的，而且获得的 BRF 信息其实是光经过表面及内部散射的结果，要想彻底了解叶片内部化学成分，就必须使用偏振的手段剔除植被或叶片表面镜面散射的影响。这些都可以证明偏振遥感具有的独特性。

3. 偏振遥感的稳定可重复性

部分爬行类生物(如蚂蚁)利用天空偏振场矢量线与其身体轴线夹角实现方位导航。这是偏振遥感应用中稳定可重复性的最有效证明。仿生偏振导航是一种新颖的导航手段，国外在这方面的研究起步较早，但多数局限于发现某种生物具有偏振光导航能力，并对其进行行为学验证，真正应用于导航的研究相对较少。国内在这方面的研究起步比较晚，还处于初级探索阶段，同样还没有实用的产品出现。偏振光导航之所以在应用方面还没有发展起来，一是因为其依赖的天空偏振模式图受环境的影响较大，二是因为获取天空偏振光方向信息的传感器还有待于进一步完善，因此迫切需要在理论和应用上进行开拓性研究。

1.5 章节组织及相互关系

本书由三部分共 11 章组成。

第 1 章独立于本书的三个部分，主要阐述偏振遥感的物理基础，阐述遥感领域面临的两个瓶颈问题及偏振遥感破解原理。

第一部分为地物偏振遥感物理，包括 5 章，即第 2～6 章。其中，分别阐述偏振遥感四大典型地物水、土、岩、植被的五大特征：多角度物理特征(第 2 章)、多光谱化学特征(第 3 章)、粗糙度和密度结构特征(第 4 章)、高信号背景比滤波特征(第 5 章)，以及辐射传输能量特征(第 6 章)。

本书的第二部分是大气偏振遥感物理，此部分包括三章，即第 7～9 章。其中，主要阐述大气偏振遥感的重要内涵：全天空偏振模式图规律及物理特性(第 7 章)、大气偏振中性点区域规律与地-气参量分离(第 8 章)、全天空偏振矢量场规律下的大气粒子多角度观测立体层析(第 9 章)。

本书的最后一部分是对偏振遥感物理的应用领域及进展描述，包括第 10 章、11 章。

给出基于地球偏振矢量场的仿生偏振自主导航(第 10 章)、先进空间探测与全球变化研究的偏振遥感手段(第 11 章),以证明偏振遥感物理的客观性、独特性和稳定可重复性,以承担起中国在国际偏振遥感物理理论、方法、应用上的引领责任。

图 1.16 为全书各章节关系图。全书以偏振遥感的物理基础、地物偏振遥感物理、大气偏振遥感物理以及偏振遥感物理的应用领域及进展为主线,介绍了偏振遥感物理的规律、手段、方法和对相关的偏振遥感应用的思考和把握,是迄今为止偏振遥感领域国内外第一部系统化专著。

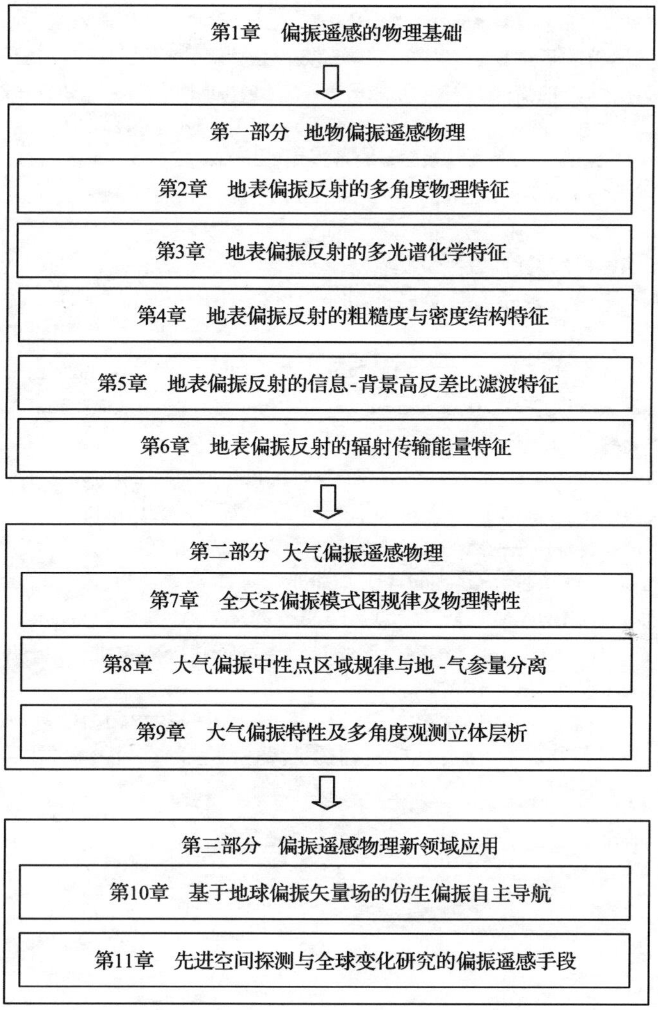

图 1.16　全书各章关系图

参考文献

陈伟. 2013. 非球形气溶胶特性及其光学特性反演方法研究. 北京大学博士学位论文.

程天海,顾行发,陈良富,等. 2008. 卷云多角度偏振特性研究. 物理学报,57(008):5323-5332.

关桂霞. 2010. 仿生偏振导航定向机理及实验验证研究. 北京理工大学博士学位论文.

孙夏,赵慧洁. 2009. 基于 POLDER 数据反演陆地上空气溶胶光学特性. 光学学报,(007):1772-1777.

孙仲秋. 2013. 积雪表面偏振特性及其与积雪性质之间关系研究. 东北师范大学博士学位论文.

吴太夏. 2010 . 偏振遥感中的地物性质及地-气分离方法研究. 北京大学博士学位论文.

吴太夏,晏磊,相云,等. 2009. 垂直观测时水平粗糙地表偏振反射作用研究. 红外与毫米波学报,28(02): 151-155.

吴太夏,晏磊,相云,等. 2010 . 水体的多角度偏振波谱特性及其在水色遥感中应用. 光谱学与光谱分析,30(2): 448-452.

相云. 2010. 岩石多角度偏振光谱测量及相关特性影响初探. 北京大学博士学位论文.

晏磊,相云,李宇波,等. 2010. 偏振遥感研究进展. 大气与环境光学学报,5(3): 162-174.

姚启均. 2008. 光学教程. 第四版. 北京: 高等教育出版社.

叶玉堂,饶建珍,肖峻,等. 2005. 光学教程. 北京: 清华大学出版社.

赵虎. 2004. 岩石的多角度反射光谱与偏振反射光谱特征研究. 北京大学博士学位论文.

赵虎,徐磊,马未宇. 2008. 太阳高度角的变化对地物表面三维 2π 空间反射率的影响研究. 遥感信息,(4): 3-6.

赵虎,晏磊,赵云升. 2003. 玄武岩的多角度偏振反射光谱研究. 地理与地理信息科学,19(4): 81-83.

赵虎,晏磊,赵云升. 2004a. 橄榄岩的多角度偏振反射光谱研究. 地质与勘探,40(2): 51-54.

赵虎,晏磊,赵云升. 2004b. 花岗岩的多角度偏振反射光谱研究. 矿物岩石,24(2): 9-13.

Chen H S, Rao C R N. 1968. Polarization of light on reflection by some natural surfaces. Journal of Physics D Applied Physics, 1(9): 1191-1200.

Knyazikhin Y, Lewis P, Disney M I, et al. 2013a. Reply to Ollinger et al. : Remote sensing of leaf nitrogen and emergent ecosystem properties. Proceedings of the National Academy of Sciences of the United States of America, 110: E2438-E2438.

Knyazikhin Y, Lewis P, Disney M I, et al. 2013b. Reply to Townsend et al. : Decoupling contributions from canopy structure and leaf optics is critical for remote sensing leaf biochemistry. Proceedings of the National Academy of Sciences of the United States of America, 110: E1075-E1075.

Knyazikhin Y, Schull M A, Stenberg P, et al. 2013. Hyperspectral remote sensing of foliar nitrogen content. Proceedings of the National Academy of Sciences of the United States of America, 110: E185-E192.

Liang S. 2004. Quantitative Remote Sensing of Land Surfaces. Washington: Wiley-IEEE.

Nnen G P. 1985. Polarized Light in Nature. Cambridge : Cambridge University Press.

Ollinger S V, Richardson A D, Martin M E, et al. 2008. Canopy nitrogen, carbon assimilation, and albedo in temperate and boreal forests: Functional relations and potential climate feedbacks. Proceedings of the National Academy of Sciences of the United States of America, 105: 19336-19341.

Schott J R. 2009. Fundamentals of Polarimetric Remote Sensing. Bellingham, Washington: Society of Photo Optical.

Talmage D A, Curran P J. 1986. Review article: Remote sensing using partially polarized light. International Journal of Remote Sensing, 7(1): 47-64.

第一部分　地物偏振遥感物理

偏振作为一种新的遥感观测手段，并作为常规遥感的补充，具有“弱光强化”、“强光弱化”的重要物理特征，以极大延伸遥感暗-亮两端探测区。这种能力归纳为地物偏振遥感的五大特征：多角度反射物理特征（第2章）、多光谱化学特征（第3章）、粗糙度与密度结构特征（第4章）、信息-背景高反差比滤波特征（第5章）、辐射传输能量特征（第6章）。

第 2 章　地表偏振反射的多角度物理特征

本章介绍地物偏振遥感的第一个最重要的特征：地物的多角度偏振反射物理特征。具体包括：偏振物理探测几何及与多角度偏振反射的物理基础，以保障地物偏振遥感的定量化研究；多角度偏振反射分析仪器与测量方法，以实现偏振遥感地物样本分析；入射角与地物样本多角度反射光规律及机理，以探究自然光源对地物偏振反射的根源影响；多角度无偏光谱及偏振度特征及规律分析，以探究地表偏振反射的多角度物理特征本质。

2.1　偏振物理探测几何及多角度偏振反射的物理基础

本节从偏振度的计算公式出发，探讨多角度偏振反射光谱测量仪器设计所涉及的物理基础。

2.1.1　偏振度计算

偏振度 DOP 可以表示为(叶玉堂等，2005)

$$\mathrm{DOP}=\frac{I_{\mathrm{M}}-I_{\mathrm{m}}}{I_{\mathrm{M}}+I_{\mathrm{m}}}=\frac{I_{90}-I_{0}}{I_{90}+I_{0}}=\frac{R_{90}-R_{0}}{R_{90}+R_{0}} \tag{2.1}$$

式中，I_{M} 和 I_{m} 分别为相位不相关且相互正交的两个特殊方向上所对应的最大和最小光强。在书中两个方向分别对应偏振棱镜 90°及 0°。利用 90°偏振相对于白板反射比(R_{90})与 0°偏振相对于白板反射比(R_0)计算。

2.1.2　多角度探测几何

进行多角度探测，首先需要确立坐标系系统。探测几何作如下规定。探测天顶角以垂直向下探测为 0°，光的前向为正，后向为负；探测方位角以光源所在方位为 0°，顺时针旋转。其测量几何如图 2.1 所示。

垂直探测和倾斜观测时，探测视场的面积将发生变化，如图 2.2 所示，α 为探测器全视场角的一半，β 为探测天顶角，y 为垂直探测，即探测天顶角 0°时的视场半径，此时视场为圆形。倾斜观测时，即探测天顶角变化时，视场变化为椭圆，此时 y 对应拉长为 z。由示意图可得

$$y = x\tan\alpha \tag{2.2}$$

$$z = h[\tan(\beta+\alpha)-\tan\beta] \tag{2.3}$$

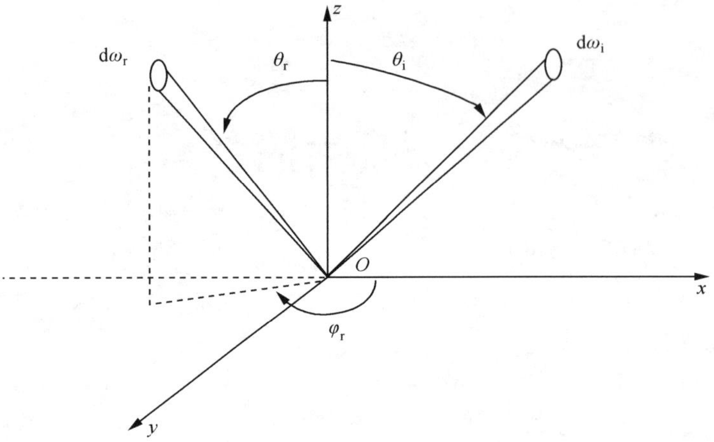

图 2.1　测量几何示意图

θ_i-入射天顶角；θ_r-探测天顶角；φ_r-探测方位角

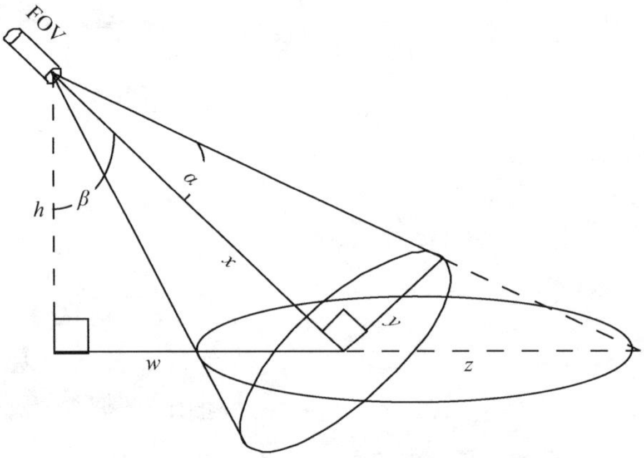

图 2.2　倾斜探测示意图

2.1.3　用于多角度偏振机理验证的偏振反射光谱仪

1. 仪器系统

室内的多角度偏振反射光谱测量仪由中国科学院长春光学精密机械研究所研制。该仪器主要由三大部分组成：光源系统、二向（偏振）反射光度计系统和控制系统。它的外形如图 2.3 所示。下面对各部分进行详细论述。

1）光源系统

在光源系统中，采用溴钨灯为照射光源，加光学成像系统，使光线在被照射的目标物上获得直径为 10～15mm 的均匀光斑。由于溴钨灯发光的色温一般在 3000K 以上，发光稳定，因此适合用作测光强的光源。所采用的溴钨灯的额定功率为 15W。

为了能改变光源入射角，设置了光源支架，光源支架上每隔 10°为一个入射方位，其范围从天顶角算起，在 0°～60°变化，这样光源在支架上可以根据测量需要来调节光源入射角度的大小。同时光源的入射处还安装可以旋转的偏振片，光经过偏振片后形成不同偏振态的偏振光，最后照射在目标地物上。

2）二向性反射光度计系统

二向性反射光度计的探测架是可以转动的，因此其方位角为 0°～360°，并且每隔 10°为一个数据采集点，这样在水平方向上一次可以测到 36 个数据。同时在探测架上设有 7 个探测头，每个探测头的角度间隔也是 10°，这样探测角的范围为 0°～60°。测量时如果不在入射光的位置加偏振片，此时所测的数据就是地物的多角度二向性反射光谱；当配有偏振片时，对准偏振片的 0°，即为透光轴方向，所测数据定义为地物的 0°偏振数据；对准 90°，即为消光轴方向，所测数据定义为地物的 90°偏振数据。

图 2.3　多角度偏振反射光谱仪

3）仪器的波段设置及控制系统

仪器设有 A、B 两个波段，因此存在两个探测架。当测 A 波段时，B 波段水平贴在载物台上，不影响光线的照射。同样在测 B 波段时，A 波段水平放置。A 波段的波长为630～690nm，B 波段的波长为 760～1100nm。

为了进行数据的快速采集，减少人为的干预，制作了自动控制系统，即探测架在载物台上通过计算机控制能自动旋转并采集数据，这样实现了计算机直接对光谱数据进行自动测量、采集、存储和显示。

通过上述对仪器的基本分析，可知在固定一次入射角，固定一种波段的时候，系统可以对地物在 2π 空间内采集 36×7 个方向的数据。在实际测量中，探测架在光源支架的内侧，因此在 0°方位角的位置探测架挡住了入射光线，这样 0°方位角的所有数据失效，所以实际采集的数据是 35×7＝245 个。最后加上 6 个入射角的变化、2 个波段的变化，以及偏振片的三种状态（无偏振片、0°偏振、90°偏振），对每一个地物存在 245×6×2×3＝8820 个数据。

本仪器的转盘半径为 15cm，悬臂半径为 15cm，转盘支架高 12cm。仪器的系统误差为 5％、仪器的精度为 4％。

整个实验工作都在暗室下进行，并且在晚上进行测量，目的是为了防止外界太阳光及室内环境光的干扰。

2. 样本的制作和测量过程

为了标准化岩石样本，并使岩石之间具有可比性，在选择的 20 种岩石样本上刨出一个平整的表面。然后把被测物放置在多角度反射光谱测量仪的中央平台上，调整好水平位置和高度，打开光源，先测量在入射光源不放置偏振片的情形，然后再将光源前的偏振片旋转到所需的角度，对每个样本都按 A(690～760nm)和 B(760～1100nm)两个波段分别测量地物在三态下：不加偏振片、0°偏振、90°偏振时的 2π 空间反射光谱值，同时改变入射光的光源高度角，测定不同高度角时的反射光谱值。这样入射角、探测角、方位角、波段、偏振光特性等5个因子都在变化，形成自变量因子，其中探测角和方位角组合在一起构成了地物的2π空间。这样就可以研究这些自变量因子对样本在整个2π空间的多角度反射光谱和偏振光谱的影响规律。

测量中，从不同天顶角θ方向用白炽光源进行照射，并始终固定光源的方位角位置，令光源方位角$\phi_0=0°$。而探测角沿着不同方位角上的水平平面转动，在360°内以每10°为一个观测方位角间隔划分，同时在垂直平面内划分为7个通道，每个通道相差10°。这样数据就能完全绘制出地物在2π空间上的反射光谱的定向反射详图（由于探测角最大度数为60°，因此严格地说，并不是完整的半球形，而是比这个半球小一些）。为了研究岩石的偏振反射特性，在入射光源的出口处装有可旋转的偏振片。同时规定偏振片的透光轴方向为0°，而其正交方向规定为90°（下面简称0°偏振和90°偏振）。这样又可以得到在0°偏振和90°偏振下的每一个岩石样本在2π空间内的波谱反射详图。

2.2 多角度偏振反射分析仪器与测量方法

多角度偏振反射光谱测量仪可分室内和室外两种，原理上均基于从不同入射探测方位测量2π空间内的偏振光强分布。下面介绍了室内和室外多角度偏振反射光谱测量装置。对室外样本所进行的偏振多角度实验工作首先基于室外（如植被观测）进行；深入物理特性分析则基于室外测量后，进一步采集回标本进行室内精细测量，以排除外界干扰，净化实验条件，得到地物的精细多角度偏振反射规律，岩石或土壤样本分析往往采用这种方式。不失一般性，本节主要以岩石为样本进行多角度特征规律分析。

2.2.1 室外偏振多角度测量装置

室外偏振多角度测量装置一般均由可实现多角度测量的机型装置搭载光谱仪，在光谱仪探头前加载偏振棱镜来实现偏振多角度的测量。中国科学院地理科学与资源研究所发明了一种全方位多角度地面测定平台，虽然可以实现目标物全方位多角度的测量，但是观测架本身的阴影严重影响了观测数据质量，局限于特定遥感观测领域，且无法搭载多种仪器实现同步观测。北京师范大学提出了一种便携式手动多角度观测架，解决了遥感观测中高度唯一、便携性差、阴影干扰大的问题，但是观测平台载重较小。中国科学院安徽光学精密机械研究所设计的多角度测量系统包括一台自动测量架和两台ASD（analytical spectral devices）公司生产的野外型光谱仪（李新等，2008）。一台光谱仪固定在测量架平台上测量目标各方向反射，另一台光谱仪放置在地面上同时测量漫反射板反射。应用该系统进行了室外草地的测量实验，测量整个周期（66个方向点）用时10min，测量主平面（间隔5°，共31个方向点）用时2.5min。测量实验见图2.4。

北京农业信息技术研究中心设计了一种面向作物信息快速获取的地面多角度农业遥感观测装置（GAMOD）及信息采集控制系统（张东彦等，2013），利用该装置同步搭载高清相机和可见-近红外成像光谱仪（VNIHS）进行大田观测，耗时10min（所需时间由观测角度决定），可快速获取太阳主平面（0°，180°）和垂直太阳主平面（90°，270°）下4个观测天顶角（0°，20°，40°，60°）的大豆植被影像数据。其总体结构示意图如图2.5所示。

图 2.4　安徽光学精密机械研究所研制的测量装置(李新等,2008)

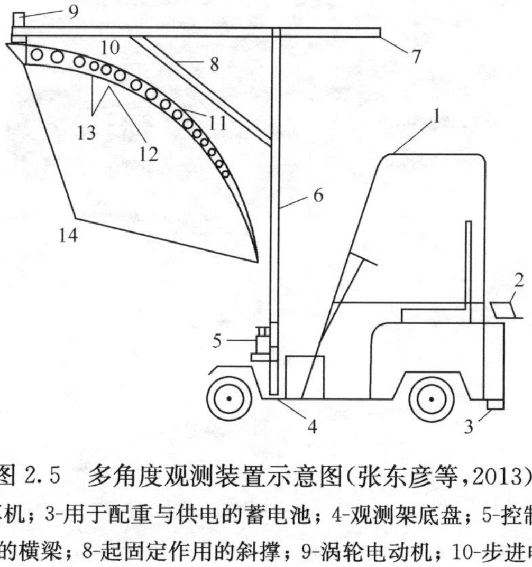

图 2.5　多角度观测装置示意图(张东彦等,2013)

1-四轮驱动车；2-工控计算机；3-用于配重与供电的蓄电池；4-观测架底盘；5-控制观测架移动方向的开关；6-支撑架；7-长度可调的横梁；8-起固定作用的斜撑；9-涡轮电动机；10-步进电动机；11-滑动链条；12-搭载仪器的面板；13-仪器小车；14-弧形轨道

2.2.2　室内大型多角度测量装置

图 2.6 是偏振多角度测量平台，由作者团队联合中国科学院长春光学精密机械研究所研制开发的室内大型 BRDF 测量装置。仪器主要由三大部分组成：光源系统、探测架和控制系统。光源系统、探测架和控制系统都可以以载物平台中心点为球心转动。

1）光源

采用常用的典型实验用可见光近红外光源——卤钨灯为照射光源。光源的功率为 100W。图 2.7 为光源照在白板上的辐射亮度。固定在墙上的光源支架(半径 1.5m)可以保证光源入射角从天顶角 0°～90°任意角度变化，其刻度精确到 0.5°。利用透镜使光线在被照射的目标物上获得直径为 9cm 左右的均匀光斑。

2）载物台和探测架

载物台是固定的，呈圆形，直径为 20cm，样本可以放在上面，上下可以进行调整，以使样本的表面高度在整个探测系统的球心点的水平上。

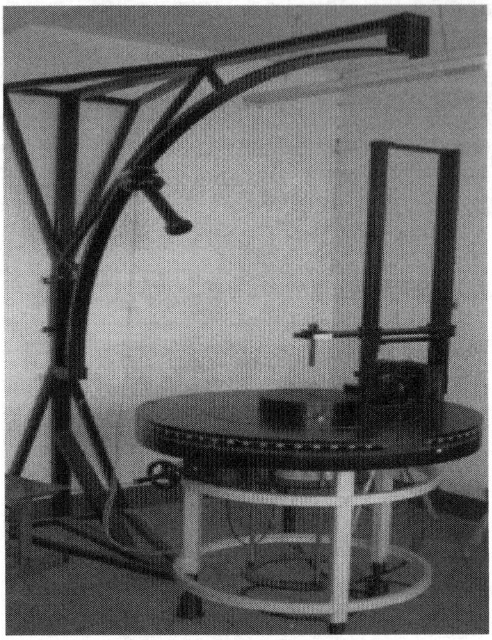

图 2.6　室内多角度测量装置

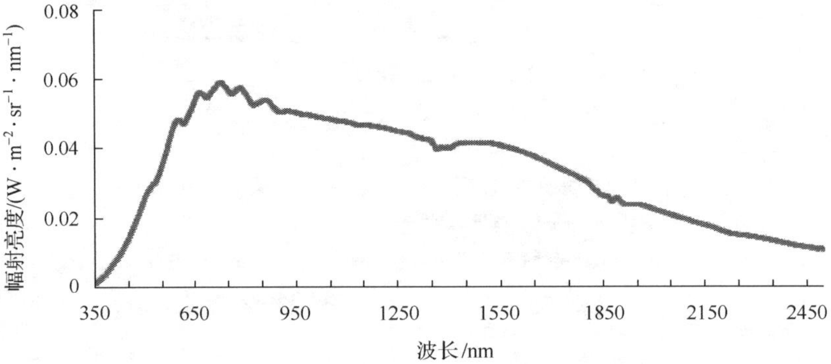

图 2.7　光源照在白板上的辐射亮度

入射天顶角 50°，测量天顶角 50°，相对探测方位角 180°

载物台周围约 10cm 处是可以转动的转动平台。其直径为 1m，重量可观，以保证在转动探测方位角及天顶角的过程中平缓，最大限度地减少装置的振动。转动平台可以实现探测方位角在 0°～360°范围内任意角度探测，刻度精确至 0.5°。同时在转动平台上设有一个可以在探测高度角 0°～90°范围内摆动的探测架。探测架可以在垂直于载物台的平面内转动。探测架上有一个向载物台中心伸展的探测臂。臂上的装置可以固定 ASD 光谱仪、海洋光学光谱仪等的测量光纤。在装置前可以加载偏振片及偏振棱镜等。探测装置理论上可以在距地物中心点 10cm～1.2m 可变半径范围内移动。但具体采用的半径距离，需要根据探测光谱仪器的视场角及地物表面的大小计算确定，以保证地物探测表面能充满光谱仪的视场。

探测架理论上可以从天顶角－90°～90°探测，但在与光源同侧时仪器自身有遮挡，因此部分角度不能探测。同理方位角除与光源有重叠阴影的角度不能探测外，360°范围内其他角度均可探测。

3）控制系统

控制系统采用电机控制，可控制探测架变换方位角及天顶角。天顶角控制完全靠电机，其角度值在控制器屏幕上显示，角分辨力可达 0.01°；变换方位角时需要目视对准转盘上的刻度，刻度精确至 0.5°，但刻度间距较宽，其误差可以控制到 0.1°以内。

2.2.3 实验测量流程及误差分析

1. 实验测量流程

对测量及分析流程总结见图 2.8。由于需要频繁地更换岩石样本和白板，因此岩石样本摆放得前后一致就非常重要。另外由于岩石样本加工条件的限制，很多岩石难以找到较大的成分结构均匀一致的样本，而测量光谱又需要一定的表面面积。最后找到的合适大小的岩石样本在切割时却很难找到合适的工具，切割后岩石表面的水平误差较大，因此给样品的摆放更增加了难度。实验过程中花费了大量的时间来保证样品的水平问题，并通过对几次测量过程中的无偏光谱与偏振光谱的定性及定量关系实验后进行光谱质量检验。最终得到误差较小的满足要求的光谱结果。

2. 误差分析

测量过程的误差分析如图 2.9 所示。在实际测量过程中，几乎所有因素都将引起测量误差(赵忠义等，2007；袁艳等，2010)。在分析和计算误差时，不可能也没必要将所有因素及其引起的测量误差逐一考虑计算，因此只需着重分析引起测量误差的主要因素。

3. 多角度光谱组合测量

多角度测量平台可搭配 ASD FieldSpec 3 光谱辐射仪测定反射光谱。该光谱仪有效波段范围为 350～2500nm，分辨率在 350～1000nm 为 3nm，1000～2500nm 为 10nm。等效噪声 UV/VNIR $1.1\times10^{-9}\,W\cdot cm^{-2}\cdot nm^{-1}\cdot sr^{-1}$@700nm、NIR $2.4\times10^{-9}\,W\cdot cm^{-2}\cdot nm^{-1}\cdot sr^{-1}$@1400nm、NIR $4.7\times10^{-9}\,W\cdot cm^{-2}\cdot nm^{-1}\cdot sr^{-1}$@2100nm。光谱仪光纤镜头前配备有偏振棱镜。测量时如果不加偏振片，此时所测的数据就是地物的多角度二向性反射光谱；当配有偏振片时，可以测量不同偏振态光谱。测量时为减少光线干扰，在暗室进行。

由于 ASD 光谱仪在测量反射率参数时需要利用白板进行初始优化并作为参照，进而测量地物的 DN 值由仪器自动与白板 DN 值相除得到反射率。因此在遇到发生镜面反射时，地物的反射光强大于白板的反射，仪器会出现饱和报警而无法测量。而在测量辐射亮度参数时可以直接对着光源优化，不会出现仪器饱和的情况，所以本实验中光谱仪经过出厂辐射亮度标定，采用辐射亮度(radiance)参数进行测量。

ASD FieldSpec 3 光谱仪可测量的最大辐射值超过 2 倍 0°天顶角处 100%反射白板的辐射。因此对于光滑表面发生的较强镜面反射仪器响应的线性较差，此时测量值误差较大。但是由于地物表面越光滑，镜面反射方位及其附近角度的反射值会远超出其他角

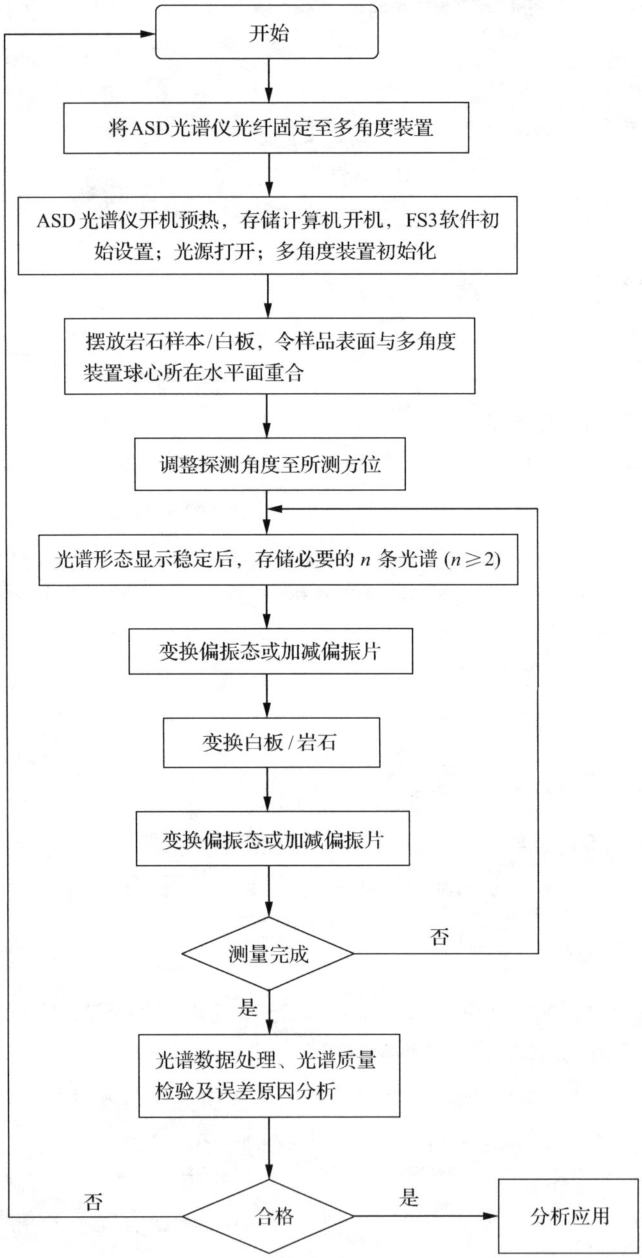

图 2.8　测量流程图

度数倍，因此仪器探测误差对本研究的分析影响较小。

进行光谱测量时，将待测样品放置在多角度测量平台的样品台上，样品下的黑色衬底为黑色绝缘胶布，仔细调整好样品表面的水平位置和高度，ASD 光谱仪采样计数设为 25，并每次光谱测量时重复记录至少 2 次，对噪声较大的曲线再加测 2～4 次。取其光谱平均值作为最终测量光谱结果。

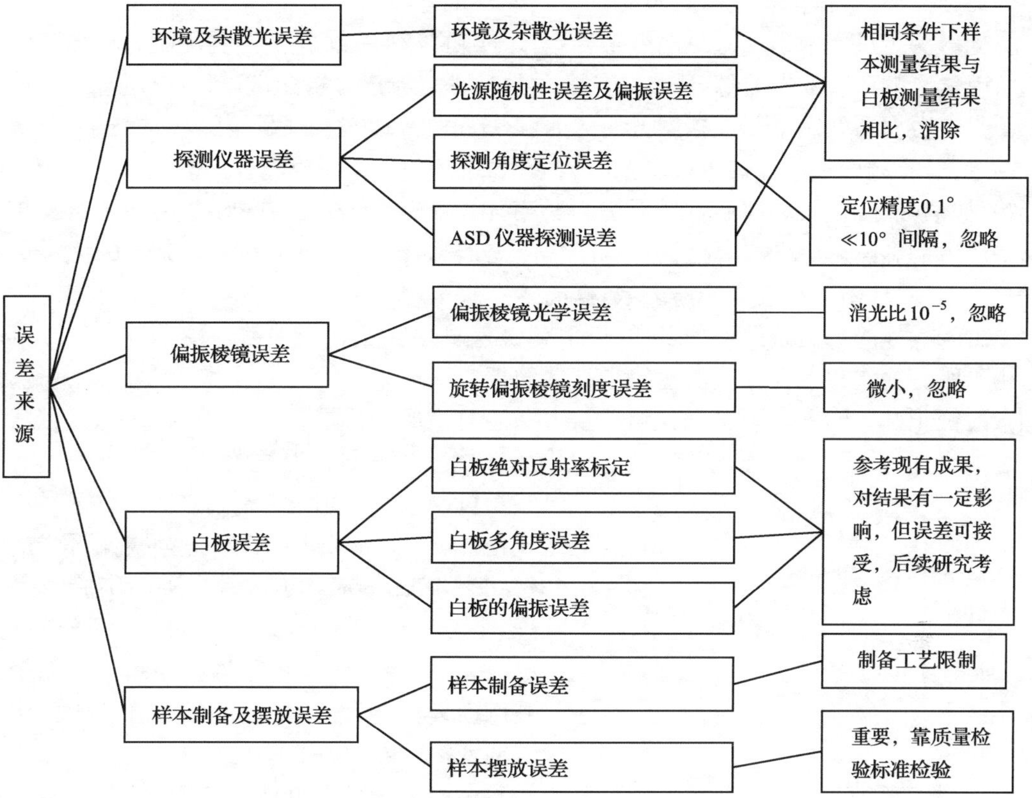

图 2.9 测量误差来源及分析

4. 多角度组合光谱的实验分析

应该指出的是，ASD 光谱仪 350～2500nm 有效波段范围是由三个分光谱探测器构成的，分别是 VNIR350～1000nm、SWIR1 1001～1830nm 及 SWIR2 1831～2500nm，1000nm 和 1830nm 是三段光谱的连接处，有时由于仪器探测性能的影响，在连接处会出现光谱跳跃现象。测量中 SWIR1 波段数据为准进行连接校正的原则，将 350～1000nm 及 1831～2500nm 两段区间的结果与 1001～1830nm 进行连接纠正，达到平滑连接三段光谱曲线的目的。图 2.10 为照射到白板上的辐射亮度光谱校正前和校正后的对比。

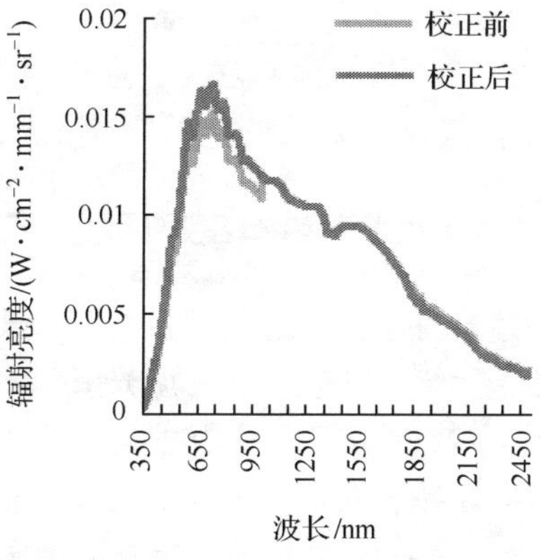

图 2.10 白板曲线的连接匹配

光谱测定完成后，首先需要对每次重复测定的至少 2 次的结果进行比较，如果 2 次结果相差较大，则说明测定时环境没有稳定就进行了存储，肯定是错误的。需要重新进行测量。其次对测定的光谱质量进行检验。检验的标准经过多次实验后，总结见第 4 章。如果标准符合较好，则说明样品的摆放误差微小，光谱的质量合格。如果标准符合不好，说明测量误差较大，这时需要仔细分析原因，在重复测定时避免或尽量减小误差。

光谱测定过程中不可避免地产生误差，这时可以利用数学方法预处理消减光谱中受随机因素影响产生的误差部分，光谱的数学预处理是光谱分析测试过程中重要的一环。

光谱数据预处理主要包括三方面的内容(李民赞，2006)：一是剔除异常结果，所谓异常结果，是指光谱数据存在较大误差的数值；二是消除光谱噪声和其他谱图不规则因素的影响，如消除随机干扰、样品背景干扰、光程变化、测样器件引起的光谱差异等因素对校正结果产生的影响；三是优化光谱范围，净化图谱信息，即对反映样品信息突出的光谱区域进行挑选，筛选出最有效的光谱区域，提高运算效率。

由于具体的测定条件多种多样，噪声和误差也很复杂。一种数学预处理方法不可能适用于所有物质和条件。代表性的光谱预处理方法有 K-M 变换、平滑、微分、归一化、附加散射校正(MSF)。较复杂的光谱变换方法还有主成分分析、傅里叶变换、小波变换等。

本研究中，偏振光谱的测定由于使用了偏振棱镜，减弱了透过的光强，因此光谱有一些随机误差。特别是 0°偏振波谱，由于对应消光条件，一般值很低。对于完全线偏振光的理想状态，0°偏振应为 0。但是实际实验条件下理想状态很难达到。杂散光的影响、仪器的暗电流、光源的稳定误差等都会导致整个系统的基础误差。因此采用一定的光谱平滑算法来减弱或消除噪声的影响是必要的。

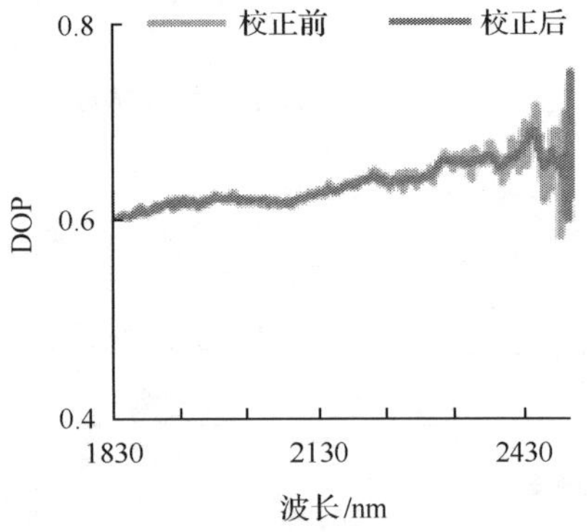

图 2.11　偏振度平滑前和平滑后对比

最简单的平滑方法是滑动平均方法，是将光谱上当前坐标的 k 点 y_k 用前后各 r 点共 $2r+1$ 个点的平均值来代替。

$$y_k = \sum_{i=k-r}^{i=k+r} y_i \tag{2.4}$$

后期对噪声较大的偏振度数据处理使用了滑动平均算法。图 2.11 给出了平滑前和平滑后的情况实例(7 个数平均，对应此处 $r=3$)。

2.3　入射角与地物样本多角度反射光规律及机理

本节将以入射角为主要影响因素，全面讨论入射角对地物样本多角度反射光谱的影响、偏振度随入射角变化的规律及入射角对不同探测角光谱的影响。

2.3.1　入射角对岩石多角度反射光谱的影响定性分析

对 20 种岩石表面(平面)进行测量，这种表面的粗糙程度从肉眼看是平整的，一般在 0.01mm 级。但是对于可见光和近红外波段来说，其表面是很粗糙的。从实验数据来看，大多数的岩石实验数据表明：当入射角是以小角度入射时(一般小于等于 20°)，似乎不存在镜面反射，这与美国学者的观点吻合；当入射角以大角度(一般大于等于 30°)入射时，岩石的表面反射确实存在镜面反射，这与童庆禧(1990)的观点一致，不能一概而论。

现以最常见的玄武岩为例，图 2.12～图 2.17 是在 B 波段，不同入射角(10°～60°)下的玄武岩在 2π 空间中的波谱曲线图。其中横坐标表示方位角 θ，从 0°～360°变化，纵坐标表示岩石的反射光谱强度。每一条曲线表示不同高度的探测角，其变化范围为 0°～60°。

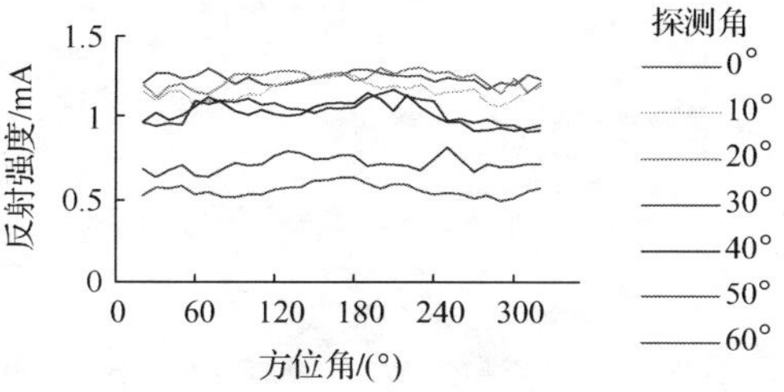

图 2.12　入射角为 10°，B 波段，不加偏振片的玄武岩波谱曲线图

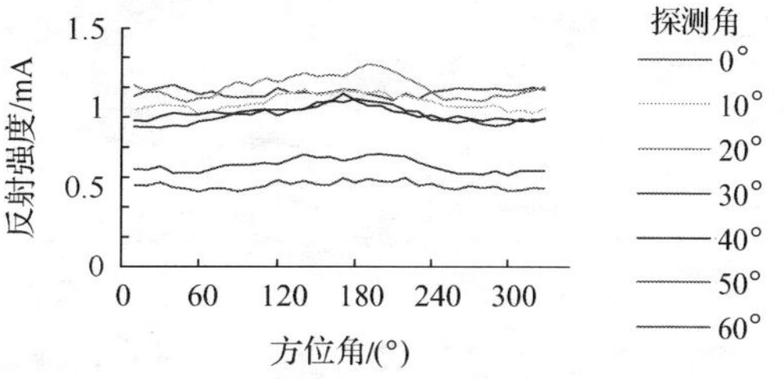

图 2.13　入射角为 20°，B 波段，不加偏振片的玄武岩波谱曲线图

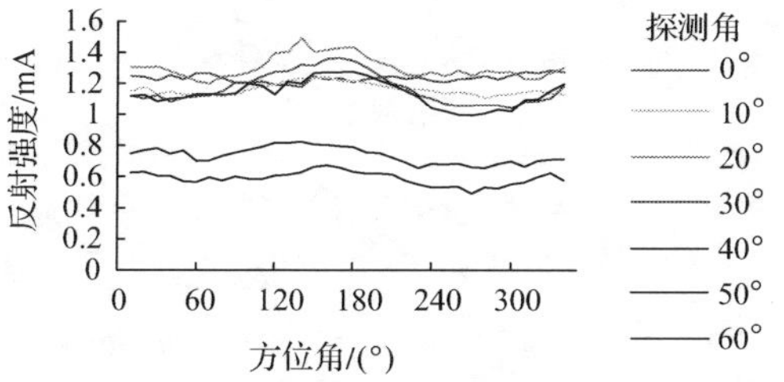

图 2.14　入射角为 30°，B 波段，不加偏振片的玄武岩波谱曲线图

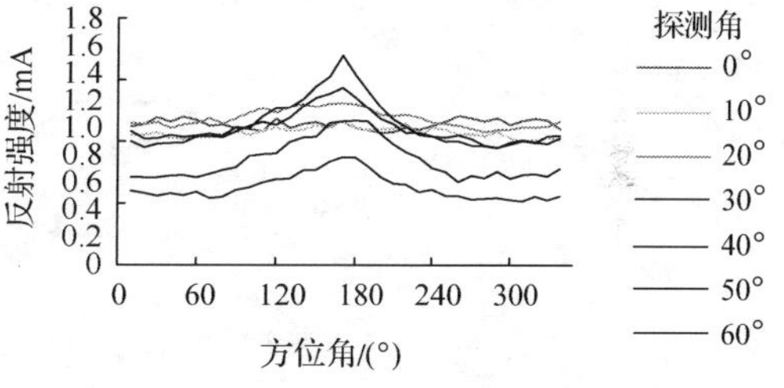

图 2.15　入射角为 40°，B 波段，不加偏振片的玄武岩波谱曲线图

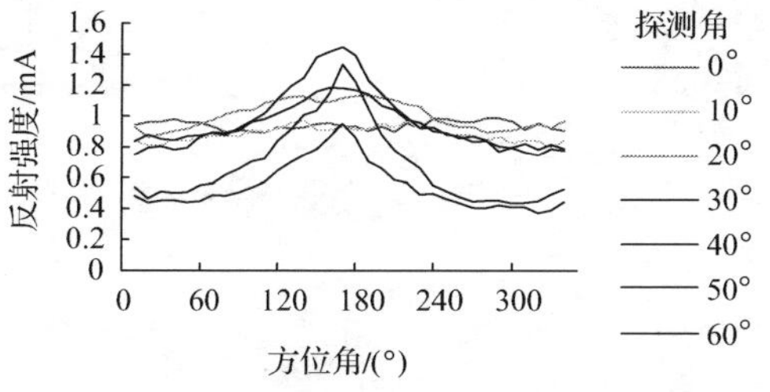

图 2.16　入射角为 50°，B 波段，不加偏振片的玄武岩波谱曲线图

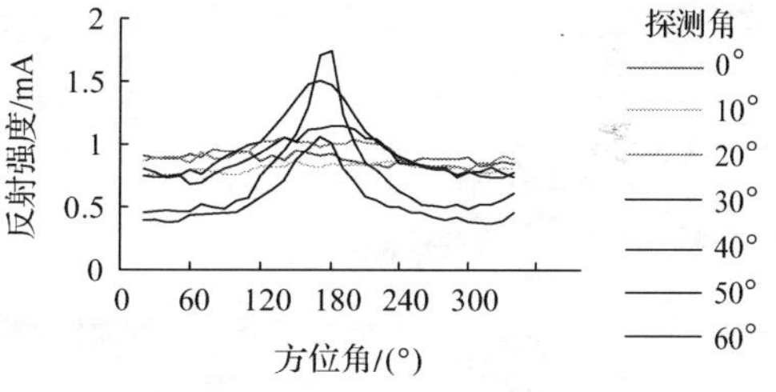

图 2.17　入射角为 60°，B 波段，不加偏振片的玄武岩波谱曲线图

从图 2.12 可以看出，当入射角为 10°时，如果按照童庆禧(1990)的观点，在镜面方向(即探测角为 10°，方位角为 180°)应该能看到反射率增高现象。但是实际上，探测角为 10°的曲线一直很平稳。但是当入射角以大角度入射时，如图 2.15～图 2.17，此时对应的镜面方向都能看到明显的反射率增高现象，这时与童庆禧的观点一致。上述现象表明，岩石表面(平面地物)的反射率是否是镜反射与漫反射的混合产物，这与入射光线的入射角大小有强烈的依附关系。

同时，岩石表面的反射率是否是镜反射与漫反射的混合产物，岩石的组成成分对其也有强烈的影响。现举两个很极端，但很有特点的例子。首先以油页岩为例，图 2.18～

图 2.23是在 B 波段,不同入射角下(10°～60°)的油页岩在 2π 空间中的波谱曲线图。其中,方位角 θ 从 0°～360°变化,探测高度角为 0°～60°。

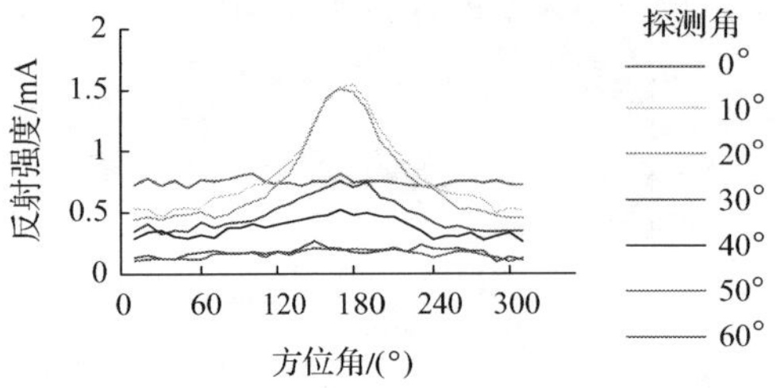

图 2.18　入射角为 10°,B 波段,不加偏振片的油页岩波谱曲线图

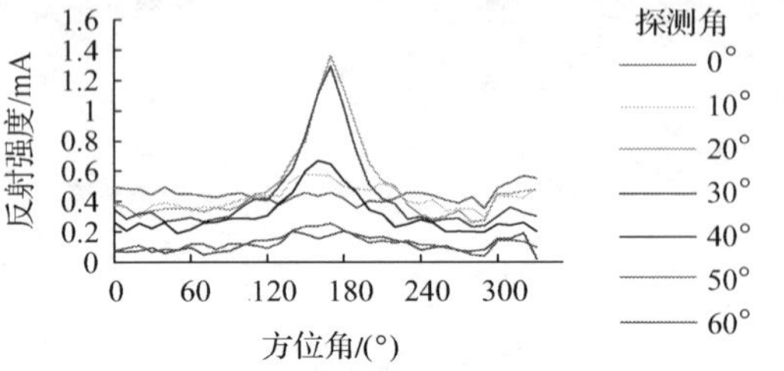

图 2.19　入射角为 20°,B 波段,不加偏振片的油页岩波谱曲线图

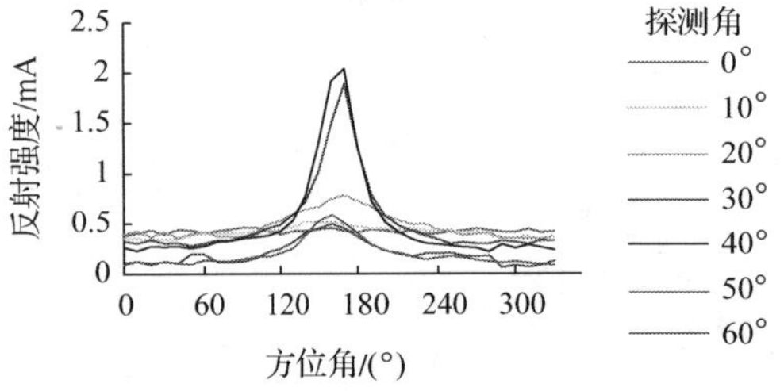

图 2.20　入射角为 30°,B 波段,不加偏振片的油页岩波谱曲线图

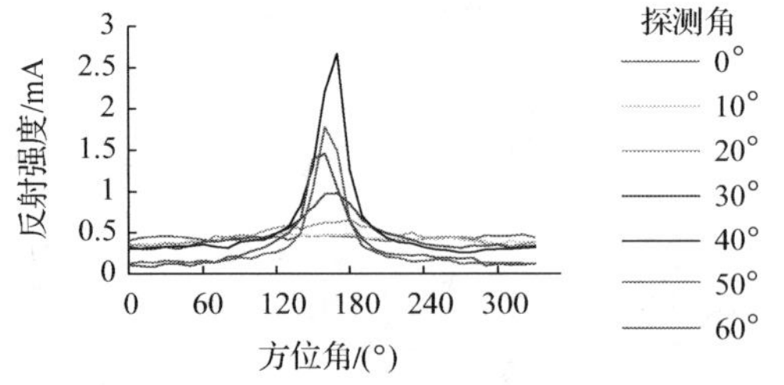

图 2.21　入射角为 40°,B 波段,不加偏振片的油页岩波谱曲线图

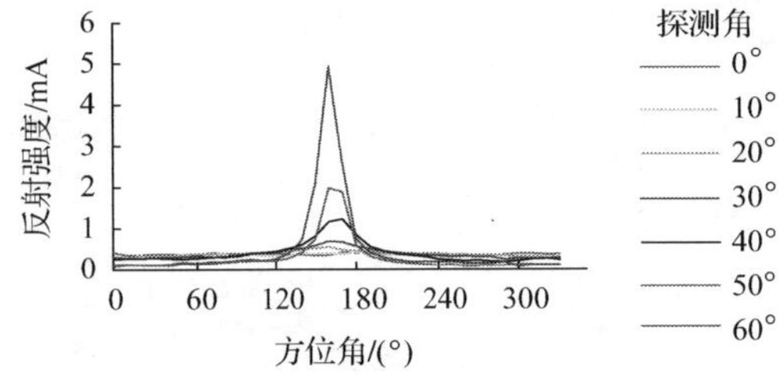

图 2.22　入射角为 50°,B 波段,不加偏振片的油页岩波谱曲线图

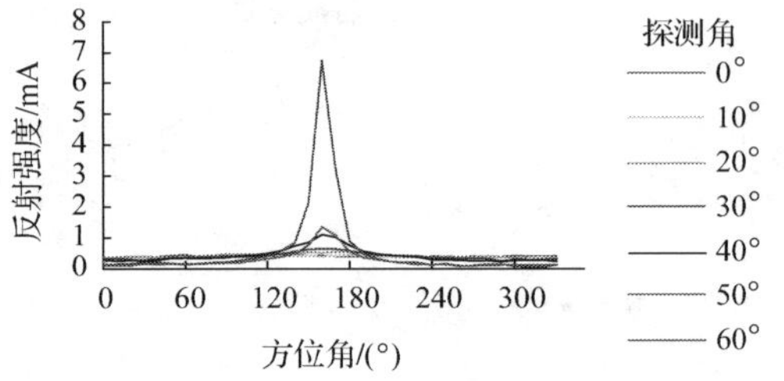

图 2.23　入射角为 60°,B 波段,不加偏振片的油页岩波谱曲线图

从图 2.17～图 2.23 可以看出,不论入射角的大小,在不同的入射角,都出现镜面效应,这完全与童庆禧(1990)的观点一致。例如,图 2.18 中,探测角为 10°曲线也有明显的起峰现象。在图 2.19 中,探测角为 20°的曲线也出现起峰现象,而此时 10°曲线变得平稳。值得注意的是:这种镜面效应与理论并非严格吻合。在图 2.18～图 2.20 中,出现了双起峰现象,即在入射角为 10°时,探测角为 10°、20°的曲线都出现镜面效应。在理论上,仅仅应该只有探测角为 10°的曲线在镜面方向增大。同样对于入射角为 20°、30°的情况,与理论也不完全吻合。

下面再给出另外一个极有特点的岩石样本例子,图 2.24～图 2.29 是 B 波段,不同入射角下(10°～60°)的石英斑岩在 2π 空间中的波谱曲线图。其中,方位角 θ 从 0°～360°变化,探测角高度角从 0°～60°变化。

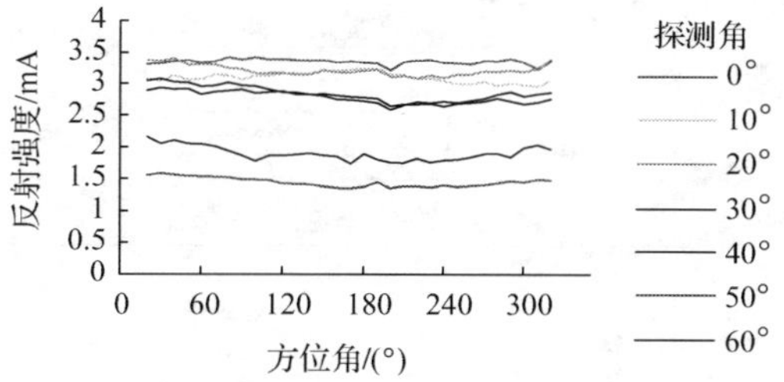

图 2.24　入射角为 10°,B 波段,不加偏振片的石英斑岩波谱曲线图

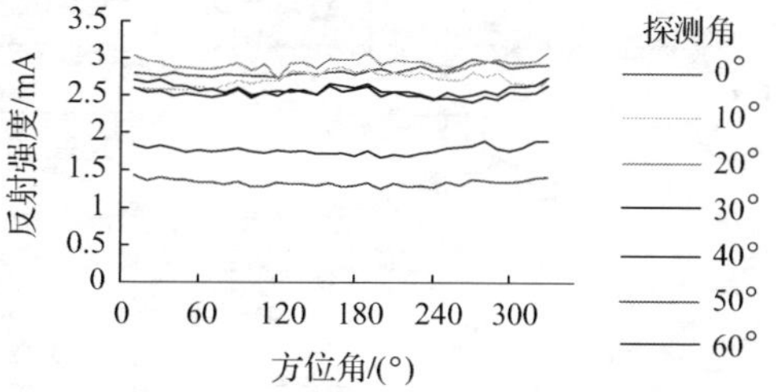

图 2.25　入射角为 20°,B 波段,不加偏振片的石英斑岩波谱曲线图

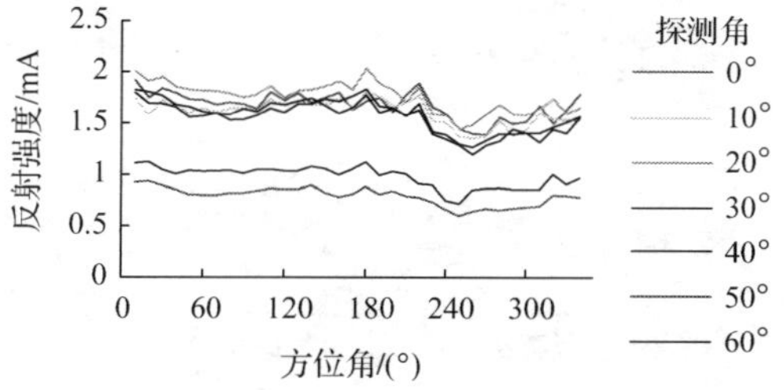

图 2.26　入射角为 30°,B 波段,不加偏振片的石英斑岩波谱曲线图

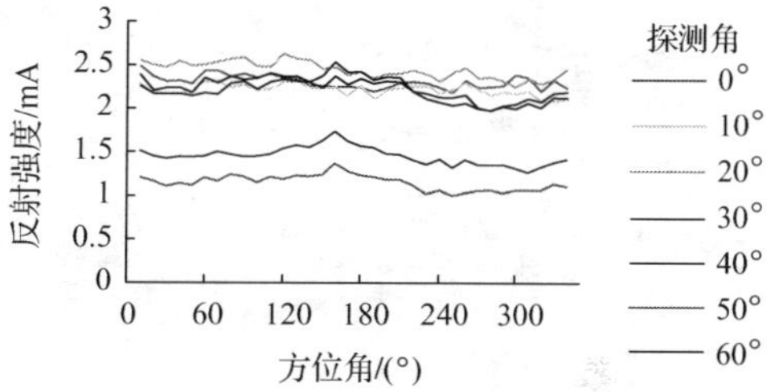

图 2.27　入射角为 40°,B 波段,不加偏振片的石英斑岩波谱曲线图

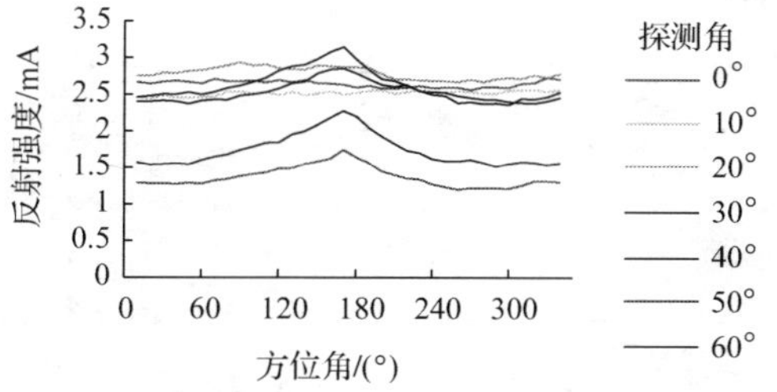

图 2.28　入射角为 50°,B 波段,不加偏振片的石英斑岩波谱曲线图

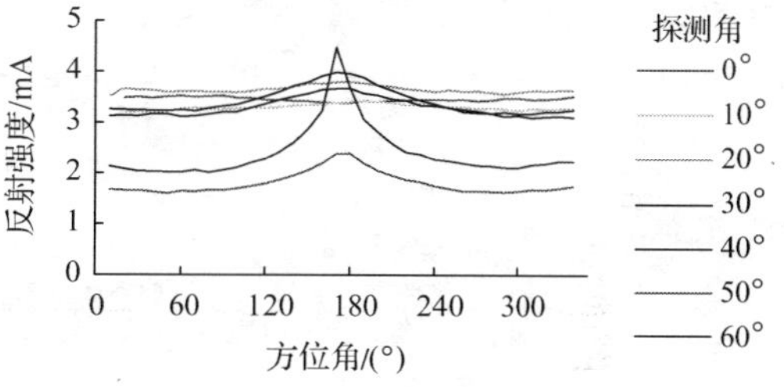

图 2.29　入射角为 60°,B 波段,不加偏振片的石英斑岩波谱曲线图

从图 2.24～图 2.27 中,所有探测角的波形曲线都很平稳,似乎一点都没有镜面效应的现象,这与美国学者的观点似乎一致,而与童庆禧的观点相矛盾。唯有在入射角很大的情况下(大于等于 50°)才出现镜面效应。

上述实验表明,作为岩石平面,其反射是否为漫反射与镜反射的混合产物,与入射角的大小有强烈的依附关系,与岩石的组成成分也相关,不能一概而论。但总的来说,在小角度入射时,一般不存在镜面效应;而在大角度入射时,才存在镜面效应。

2.3.2　岩石偏振探测的偏振度随入射角度变化机理

表 2.1 列出了石英斑岩在不同入射角下的偏振度。可以看出,随入射角的增大,石英斑岩的偏振度随着增大。但是到 60°时,偏振度又开始下降。

表 2.1 石英斑岩在不同入射角下的偏振度

入射角	探测角					
	10°	20°	30°	40°	50°	60°
10°	3.47%	—	—	—	—	—
20°	—	5.53%	—	—	—	—
30°	—	—	7.54%	—	—	—
40°	—	—	—	10.3%	—	—
50°	—	—	—	—	11.61%	—
60°	—	—	—	—	—	9.37%

为了解释上述现象,需要对偏振度函数做进一步的分析。由于光强为电矢量振幅的平方,并利用菲涅耳公式,可以得到

$$\mathrm{DOP}=\frac{I_{\perp}-I_{/\!/}}{I_{\perp}+I_{/\!/}}=\frac{E'^{2}_{10\perp}-E'^{2}_{10/\!/}}{E'^{2}_{10\perp}+E'^{2}_{10/\!/}}=\frac{E^{2}_{10\perp}\dfrac{\sin^2(\alpha-\beta)}{\sin^2(\alpha+\beta)}-E^{2}_{10/\!/}\dfrac{\tan^2(\alpha-\beta)}{\tan^2(\alpha+\beta)}}{E^{2}_{10\perp}\dfrac{\sin^2(\alpha-\beta)}{\sin^2(\alpha+\beta)}+E^{2}_{10/\!/}\dfrac{\tan^2(\alpha-\beta)}{\tan^2(\alpha+\beta)}}$$

当入射光是自然光时,因为光的电矢量方向瞬息万变,从统计学观点看,可以认为垂直入射面和平行入射面振动各占一半,因此有 $E^{2}_{10\perp}=E^{2}_{10/\!/}$,故偏振度公式可以进一步简化为

$$\mathrm{DOP}=\frac{\dfrac{\sin^2(\alpha-\beta)}{\sin^2(\alpha+\beta)}-\dfrac{\tan^2(\alpha-\beta)}{\tan^2(\alpha+\beta)}}{\dfrac{\sin^2(\alpha-\beta)}{\sin^2(\alpha+\beta)}+\dfrac{\tan^2(\alpha-\beta)}{\tan^2(\alpha+\beta)}}=\frac{1-\dfrac{\cos^2(\alpha+\beta)}{\cos^2(\alpha-\beta)}}{1+\dfrac{\cos^2(\alpha+\beta)}{\cos^2(\alpha-\beta)}}=\frac{\cos^2(\alpha-\beta)-\cos^2(\alpha+\beta)}{\cos^2(\alpha-\beta)+\cos^2(\alpha+\beta)}$$

把上式展开得

$$\mathrm{DOP}=\frac{2\cos\alpha\cos\beta\sin\alpha\sin\beta}{\cos^2\alpha\cos^2\beta+\sin^2\alpha\sin^2\beta}=\frac{2}{\dfrac{1}{\tan\alpha\tan\beta}+\tan\alpha\tan\beta}\tag{2.5}$$

此时可以通过函数求导来判断函数式(2.5)的极大值和极小值。通过计算可以得到:

当 $\tan\alpha\tan\beta$ 在区间(0,1)时,DOP 函数的导数大于 0,该函数为单调递增函数;

当 $\tan\alpha\tan\beta=1$ 时,DOP 函数的导数等于 0,此时该函数存在极大值,为 1;

当 $\tan\alpha\tan\beta>1$ 时,DOP 函数的导数小于 0,该函数为单调递减函数;

上面的分析说明,偏振度函数在入射角为(0°,90°)区间内,先是单调增加,然后达到极值,最后开始减小。这从另外一个侧面反映了布儒斯特定律。

布儒斯特定律是说:布儒斯特角的正切等于光波入射的电介质的折射率 N。

根据折射定律,当光波以布儒斯特角入射到交界面上时,有

$$\frac{\sin\theta_{\mathrm{b}}}{\sin\beta}=\frac{N}{N_{\mathrm{s}}}\tag{2.6}$$

而此时有 $\beta=90°-\theta_{\mathrm{b}}$,因此式(2.6)变为

$$\frac{\sin\theta_{\mathrm{b}}}{\sin\beta}=\frac{\sin\theta_{\mathrm{b}}}{\sin(90°-\theta_{\mathrm{b}})}=\frac{\sin\theta_{\mathrm{b}}}{\cos\theta_{\mathrm{b}}}=\tan\theta_{\mathrm{b}}=\frac{N}{N_{\mathrm{s}}}\tag{2.7}$$

同时对于空气,$N_{\mathrm{s}}=1$,于是有

$$\tan\theta_b = N \tag{2.8}$$

式(2.8)就是布儒斯特(Brewster)定律，即布儒斯特角的正切等于光波入射的电介质的折射率 N。由于 N 有色散(随波长改变)，故布儒斯特角也随入射光波长的变化而变化。当入射角等于布儒斯特角时，此时偏振度等于1，说明此时的反射光完全在垂直到振动面上振动，即线性偏振光。而在其他入射角时，都是部分偏振光。

总之，岩石的反射光谱中的偏振度开始是随入射角的增大而增大，到布儒斯特角时达到最大值，然后又开始逐渐减小。

2.3.3 入射角对不同探测角光谱的影响

实验表明：入射角的变化不仅仅影响与之具有相同角度的探测角的光谱，而且对其他角度的探测角光谱也有影响。这与理论不完全吻合。理论表明：入射角多大，反射角就多大，这意味着应当仅仅影响那个方向上的光谱，或者至少是在那个方向上的存在一个小范围的立体角有一个突出，而其他方向都应当没有突起。但实际的情况是，入射角度变化在引起与之具有相同角度的探测角光谱的同时，对其他所有探测角的光谱都有影响，但影响的强烈程度不一样。以图2.15来说明这个问题。图2.15是入射角为40°，B波段，不加偏振片的玄武岩波谱曲线图。按照理论，应当是仅仅只有探测角为40°的波谱曲线出现增大的情况，而对于其他曲线都应当平直。但是只有0°、10°、20°符合这种事实，它们的曲线表现为近似直线，而30°、50°、60°的曲线都有起峰现象。同样比较其他图形，也有这个特点，可见入射角度变化对探测角光谱的影响有裙带关系。

这个现象说明，对于岩石平面，在大角度入射下，并不是只有和入射角相等的高度角存在镜反射，而是所有的高度角都存在镜反射。只是与入射角相等的高度角表现得最为强烈，同时比该角度大的探测角光谱也有较强烈的镜反射。并且镜反射的强烈程度并不随入射角度大小的离散程度而均匀减小，通常大角度的反射光谱的强烈程度比同程度的小角度要表现得剧烈。例如，对于40°的入射角，20°和60°的探测角对于它离散程度相同，但是探测角为60°的光谱受到的影响强烈，但是探测角为20°的光谱曲线受到的影响几乎没有。

其次，在大角度入射条件下，尽管岩石表面在镜面方向出现了镜反射，但并没有出现跳跃间断点(陡增)现象，而是逐渐上升，这与理论也不完全吻合。因为所谓的镜反射，是反射光和入射光在同一平面内，它意味着在方位角180°处出现跳跃间断点，但事实上，光谱在平面方位角度360°内是逐渐上升的。对于水体，就会出现跳跃间断点。

2.4 多角度无偏光谱及偏振度特征及规律分析

双向反射比分布函数随散射角的变化主要由样本表面的粗糙度决定。因此选取了一块粗糙的和一块光滑的同种岩石——黑云斜长片麻岩为样本。该岩石在装饰市场上广泛使用，常被称为花岗岩的一种。一块岩石表面用120＃金刚砂研磨，肉眼分辨表面较平整但粗糙，在此实验中编号为h1；一块岩石表面抛光，具有光滑镜面效果，在此实验中编号为h5。两块岩石具体表面粗糙程度请参看第4章。下面以该两块岩石为例，研究无偏光谱及偏振度的多角度变化的规律。两块岩石测量时光源入射天顶角均限定为50°。

2.4.1 岩石偏振度的多角度特征

图 2.30 为岩石 h1 在入射天顶角 50°，测量方位角 180°时，不同天顶角测得的偏振度 DOP。偏振度在 60°和 70°时达到最大值，两侧均逐渐下降。

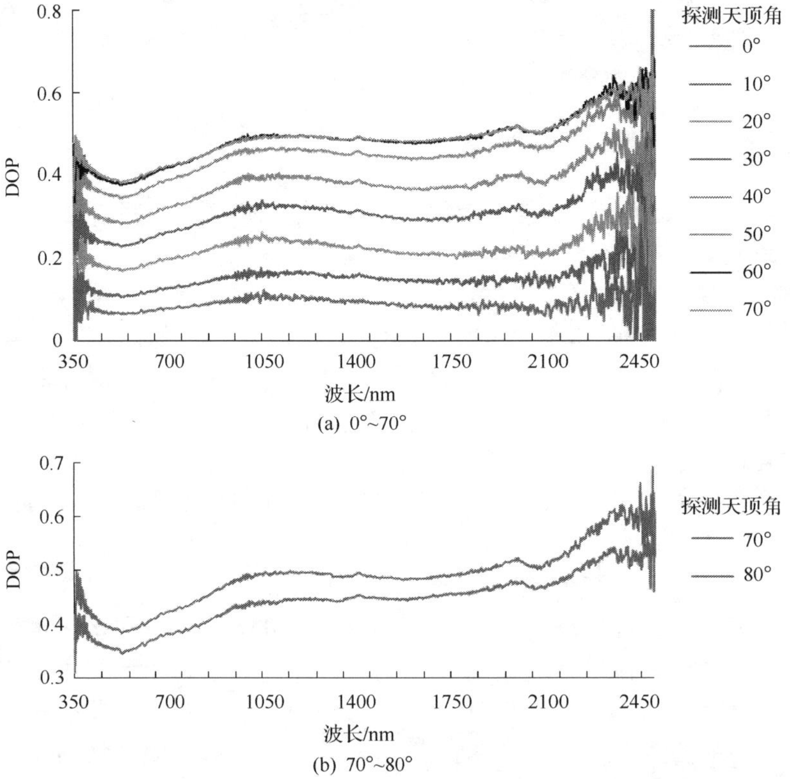

图 2.30　岩石 h1 在入射天顶角 50°、探测方位角 180°时，不同探测天顶角测量的偏振度(彩图附后)

由图 2.31 可以看出，方位角 180°时，天顶角 50°对应发生镜面反射，其偏振度最大。0°～50°偏振度随天顶角增大而增高，50°～80°偏振度又快速下降。天顶角 10°以下偏振度趋于 0，因此传统遥感中一般采用垂直向下探测地表，认为水平均匀地表的偏振度常小于 20%，通常将偏振的影响予以忽略(Zhao et al.，2004；吴太夏等，2009)。就偏振度的光谱形态来说，天顶角越小时，整个波谱的偏振度均越趋于 0，信噪比越低，几乎不反映地物的自身信息。50°时偏振度光谱变化很小，其光谱均值在 350～2500nm 区间为 0.847，最大值为 0.873，最小值为 0.827，差异为 0.046，可见 50°时由于强烈的镜面反射作用，偏振波谱蕴涵的地物自身特性信息也比较少，同样不适宜于地物遥感。偏振遥感对光滑地物表面也应避开镜面反射角度。

图 2.32 为岩石 h1 在探测天顶角 50°时不同方位角 DOP 的变化。偏振度以 180°方位时最大，向两侧逐渐降低，逐渐降到非常小的负数。这主要是系统的背景误差造成的。此时 90°偏振与 0°偏振都非常小，应认为此时偏振度为 0。

由图 2.33 可以看出，天顶角 50°时偏振度随方位角的变化规律为 180°方位最大，两侧距离越远偏振度越小，到 220°附近时已趋近于 0。180°方位角时由于镜面反射的作用偏振度最大。而由于表面粗糙度及探测视场不能达到理想无限小等影响因素，180°附近 10°范围内偏振度均很高，比较集中。光谱形态偏振度越低时信噪比低，光谱形态趋于平缓，值趋于 0。

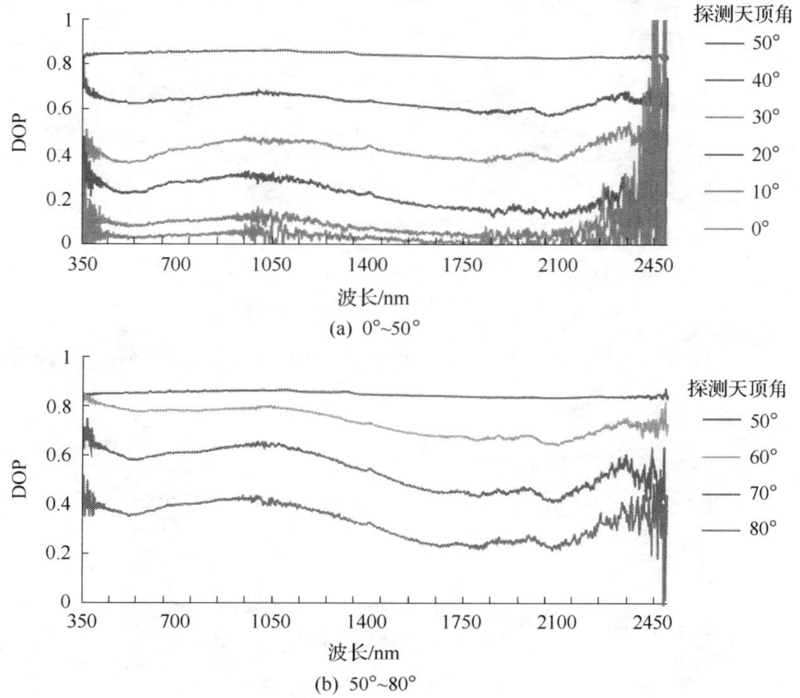

图 2.31 岩石 h5 在入射天顶角 50°、探测方位角 180°时，不同探测天顶角测量的偏振度(彩图附后)

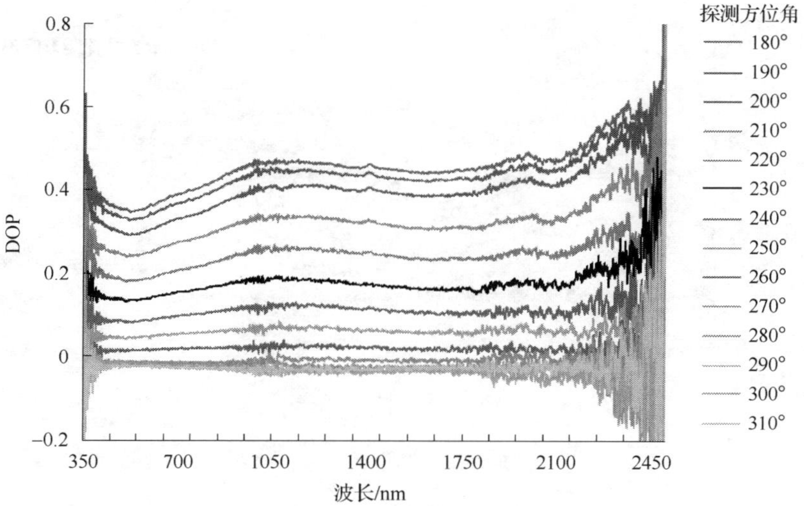

(a) 180°~310°

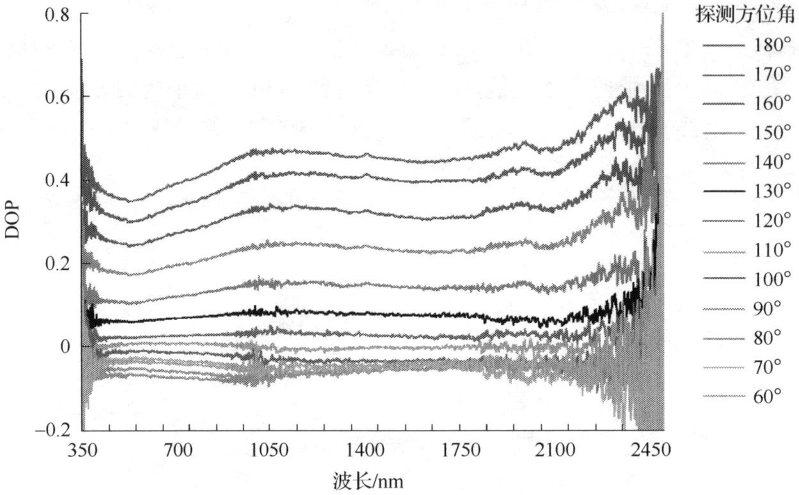

(b) 180°~60°

图 2.32　岩石 h1 在入射天顶角 50°、探测天顶角 50°时，不同探测方位角测量的偏振度（彩图附后）

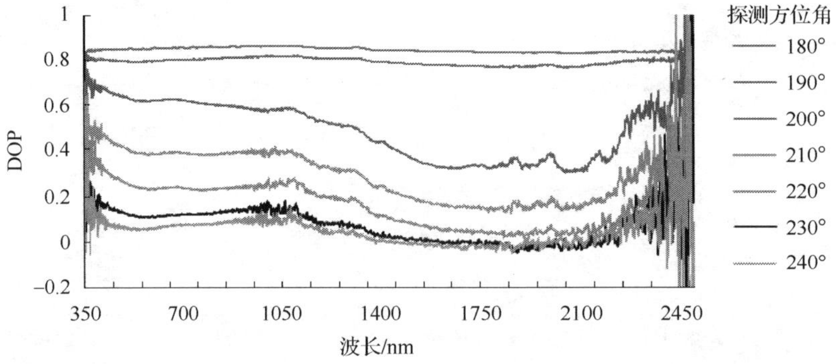

(a) 180°~240°

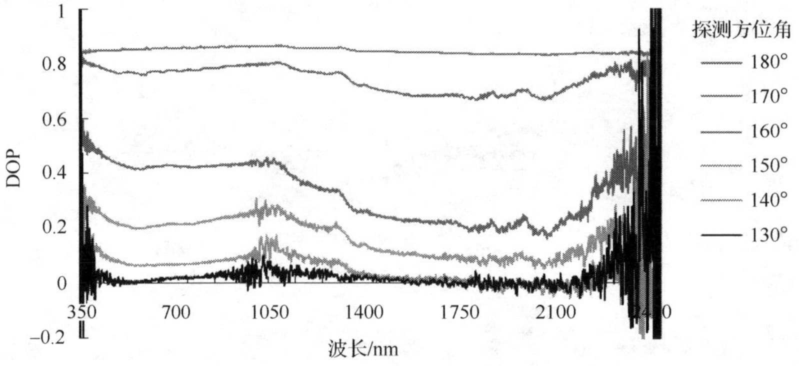

(b) 180°~130°

图 2.33　岩石 h5 在入射天顶角 50°、探测天顶角 50°时，不同探测方位角测量的偏振度（彩图附后）

2.4.2 岩石的无偏反射比光谱的多角度特征

图 2.34 是 h1 无偏反射比光谱随不同探测角变化的曲线。岩石 h1 在测量方位角一定时，天顶角 0°测量反射比最低，随天顶角增高，反射比依次增大。而且天顶角越高，其角度间的量值差异越大；天顶角越低时，角度间的量值差异越小。

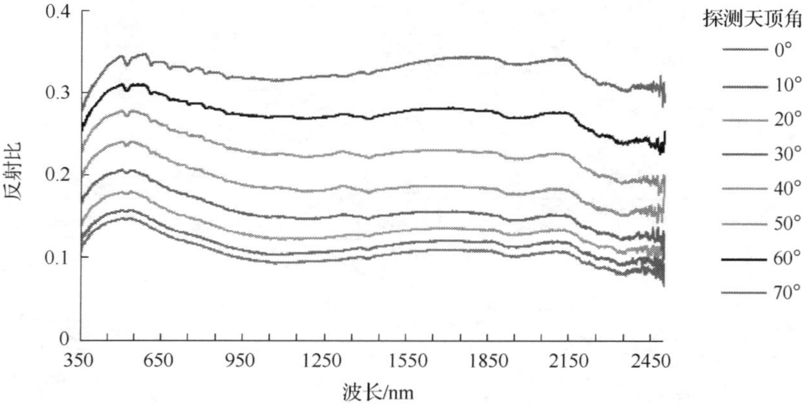

图 2.34 岩石 h1 在入射天顶角 50°、测量方位角 180°时，不同探测天顶角测量的光谱(彩图附后)

图 2.35 给出了探测天顶角固定为 50°时，随探测方位角变化的情况。可以看出，方位角 180°时为镜面反射方位，反射比最大。离该方位越远反射比依次降低。到 270°以后反射比下降缓慢，近乎相等。

理论上方位角 180°～270°与 180°～90°两侧区间以 180°镜面反射方位为中心对应角度一定时反射光强相同，0°～90°与 360°～270°两侧以光源入射方位(0°或 360°)为中心对应角度一定时反射光强相等。由于观测平台在 0°左右很大范围内均有遮挡，因此本实验只测量了大致在前向方位一侧的反射光强。实际探测时由于地物对象为岩石，是由各种矿物组成的混杂体，在本实验探测所涉及的尺度上并不是表面严格均匀一致的，因此 180°方位两侧探光谱存在一些差异，但从图中可以看出随方位角变化的规律是一致的。

图 2.36 为测量方位角固定 180°时，h5 岩石在不同探测天顶角的测量无偏光谱。从图中可以看出，在 180°方位上，探测天顶角 50°附近对应发生镜面反射，突出一个反射比最大值。50°以下反射比随探测天顶角减小而降低；50°以上反射比随天顶角增大而增高。

在－20°～20°区间范围内，反射比差距极小，光谱比较稳定的 400～2400nm 区间其差值最大为 0.030。说明在－20°～20°区间范围空间朗伯性较好。

从光谱来看，天顶角较小时，光谱形态保持较好，不同天顶角只对光谱值的高低发生影响，而不影响其形态。30°天顶角以上，镜面反射分量开始迅速增强，并远大于漫反射分量。而 ASD FieldSpec 3 光谱仪可测量的最大辐射值超过 2 倍 0°天顶角处 100%反射白板的辐射，因此对于光滑表面发生的较强的镜面反射仪器响应的线性较差。但是由于探测角 50°及其附近角度的反射值远远高于其他角度，因此仪器探测误差对本研究的分析影响较小。而镜面反射比太高也使反射光谱中地物自身特性信息所占比例降低。因此传统遥感一般选择避开镜面反射峰所在的方位。

由图 2.37 可以看出，岩石 h5 在固定 50°天顶角时反射比在探测方位角 180°时为最

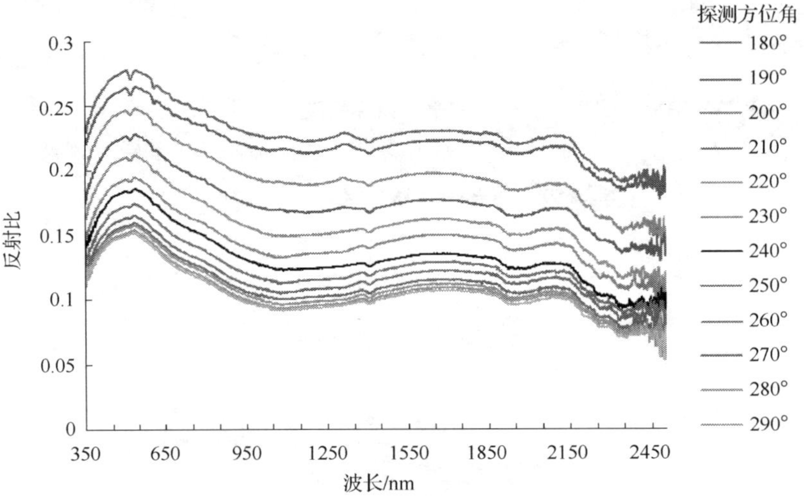

(a) 180°~300°

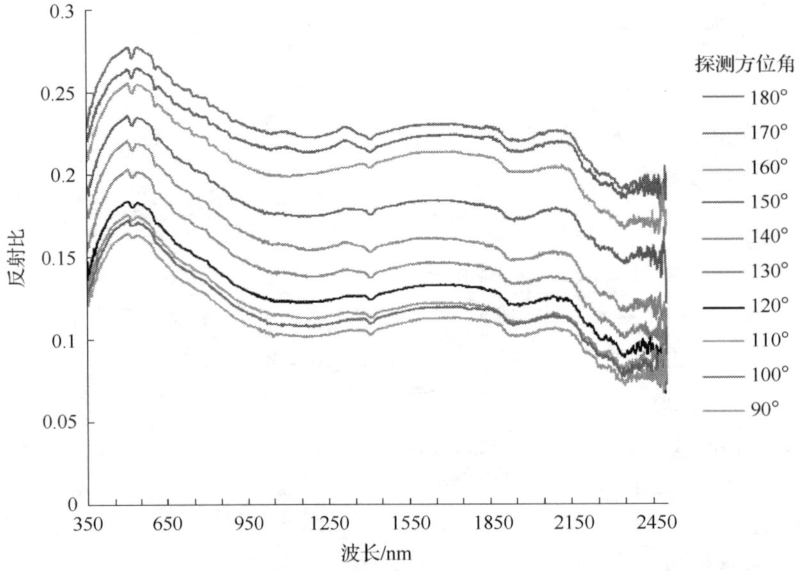

(b) 180°~90°

图 2.35　岩石 h1 在入射天顶角 50°、探测天顶角 50°时，不同探测方位角测量的光谱(彩图附后)

大。离 180°两侧探测方位越远，反射比越低，210°及 150°以后下降非常缓慢，近乎相等，但光谱形态比较一致。

2.4.3　其他角度的情况分析

以上在列举实验结果时，仅列出了典型探测天顶角 50°及典型探测方位角 180°的测量结果。因为这些角度是镜面反射所对应的角度方位，光强较强，具有典型代表性。实验中对前向散射范围内其他探测方位角和其他探测天顶角(30°，40°，60°)一些角度也进行了测量，发现其他天顶角<10°时不同方位角的反射比差异较小；偏振度信噪比低，趋近于0，其他能明显区分的天顶角所表现的随不同方位角变化的规律是一致的。对于其他方位

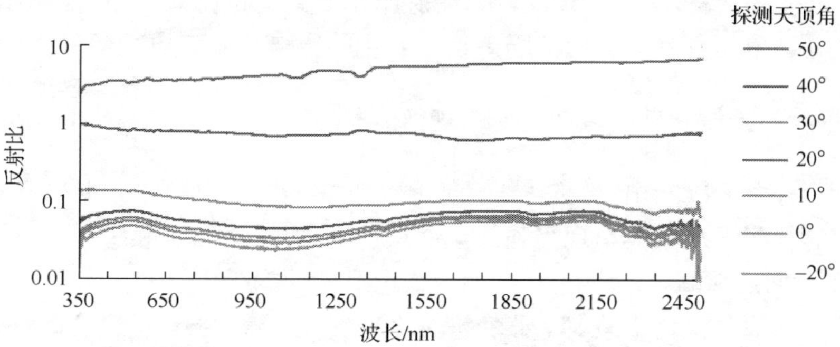

(a) −20°~50°

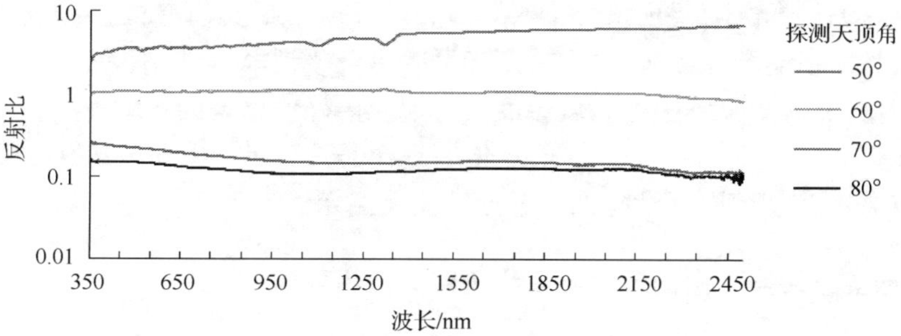

(b) 50°~80°

图 2.36　岩石 h5 在入射天顶角 50°、探测方位角 180°时，不同探测天顶角测量的光谱(彩图附后)

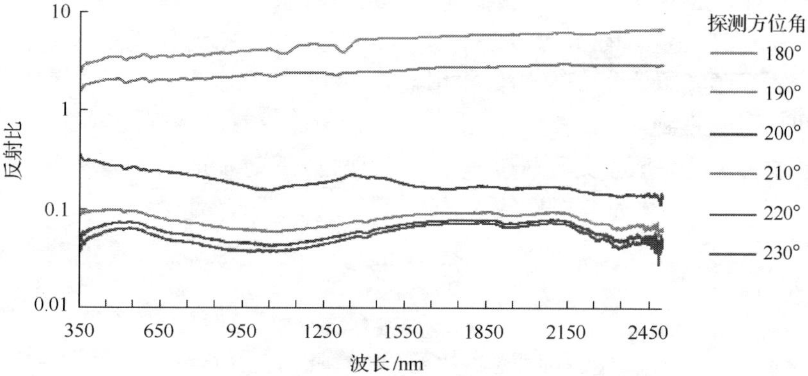

(a) 180°~230°

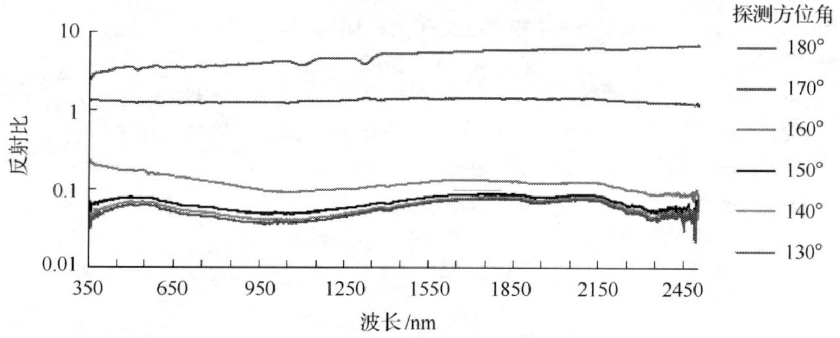

(b) 180°~130°

图 2.37　岩石 h5 在入射天顶角 50°、探测天顶角 50°时，不同探测方位角测量的光谱

角随天顶角变化的情况，>210°方位角时反射比几乎无变化，偏振度很低趋于0。其他能明显区分的方位角其所表现的随不同天顶角变化的规律与180°方位角一样。

2.4.4 偏振度与无偏光谱的多角度变化规律

由上面的分析可以看出，无偏光谱随天顶角变化的规律是对于光滑岩石h5表面与光源入射对应的观测天顶角会出现很强的镜面反射峰，在峰值两侧顺序下降；对于粗糙表面h1观测不到镜面反射峰，在0°至70°之间依次上升。

偏振度随天顶角变化的规律，即在0°至80°之间先是上升，到达最高值后又开始下降。不同表面粗糙度的岩石其达到的峰值和对应角度不同。表面越光滑其峰值越高。

偏振度与无偏光谱随天顶角变化的共同点是天顶角0°时值最低，随天顶角上升值逐渐增大。受表面粗糙度的影响，表面一定光滑时可观测到峰值，再随天顶角下降。表面一定粗糙时，有可能观测不到峰值。偏振度与无偏光谱峰值出现的角度不是完全一致的。

无偏光谱与偏振度随探测方位角变化的规律是一致的，以180°方位时最大，向两侧随探测方位离180°越远而逐渐降低。偏振度比无偏光谱趋于0的速度快。

2.4.5 偏振度与无偏光谱的多角度变化规律的适用范围

地物的多角度反射特征与地物的表面结构、纹理、粗糙度等表面特征关系很大。二向反射比随波长的变化，主要由材料对不同波长的反射率决定，即组成成分影响光谱特征的表达形态。对于表面比较均匀、平整的地物，双向反射比分布函数随散射角的变化主要由样本表面的粗糙度决定。本节对以一种岩石为例的多角度无偏光谱测量也说明了这一点。随着探测天顶角增大无偏光谱依次增高，光谱形态基本保持不变。偏振度的多角度变化的规律也可适推到其他地物种类。当然这些规律是对不透明的岩石矿物而言的。对于透明的矿物岩石，其折射及透射分量占主要地位，反射及散射分量只起非常次要的作用，发生在界面的光的物理过程显然不同。

参考文献

李民赞. 2006. 光谱分析技术及其应用. 北京：科学出版社.

李新，郑小兵，寻丽娜，等. 2008. 多角度测量系统实现室外BRDF测量. 光电工程，35(1)：66-70.

童庆禧. 1990. 中国典型地物波谱及其特征分析. 北京：科学出版社.

吴太夏，晏磊，相云，等. 2009. 垂直观测时水平粗糙地表偏振反射作用研究. 红外与毫米波学报，28(02)：151-155.

叶玉堂，饶建珍，肖峻，等. 2005. 光学教程. 北京：清华大学出版社.

袁艳，孙成明，张修宝. 2010. 空间目标表面材料光谱双向反射分布函数测量与建模. 物理学报，59(3)：2097-2103.

张东彦，王秀，Coburn C，等. 2013. 地面多角度农业遥感观测装置设计与试验. 农业机械学报，44(1)：174-177.

赵忠义，戴景民，李颖. 2007. 双向反射分布函数测量系统的误差分析与标定. 红外技术，(10)：579-583.

Zhao H Y，Zhao H，Yan L，et al. 2004. Model of reflection spectra of rock surface in 2π space. Acta Geologica Sinica，78(3)：843-847.

第 3 章　地表偏振反射的多光谱化学特征

本章介绍地物偏振遥感的第二个重要特征:多光谱化学特征。具体包括:偏振度与无偏光谱的规律关系,以探究地表偏振反射的多光谱化学特征本质,以实现各类典型地物的有效探测;岩石表面在 2π 空间内的反射光谱模型,以获得地表偏振多光谱化学特征的理论表述;岩石参数光谱反演,以利用偏振多光谱化学特征实现对地物的识别;岩石组成成分与偏振度的关系初探,以粗糙度偏振结构特征深化到岩石地质成分规律探究。

3.1　偏振度与无偏光谱的规律关系

偏振是遥感的又一有效信息源,并不是独立存在的,而是与传统测量的光强值有一定的关系。本节就偏振光谱与传统测量的反射光谱(无偏光谱)的关系进行分析并比较,以探究地表偏振反射的多光谱化学特征本质。

3.1.1　偏振度的波谱特征

图 3.1 和图 3.2 为随机列举的两种岩石的偏振度波谱及测量的无偏反射光谱。可以发现偏振度在 350～2500nm 波段上呈现了丰富的峰、谷特征,并且与传统测量的无偏反射光谱有一定的关系。

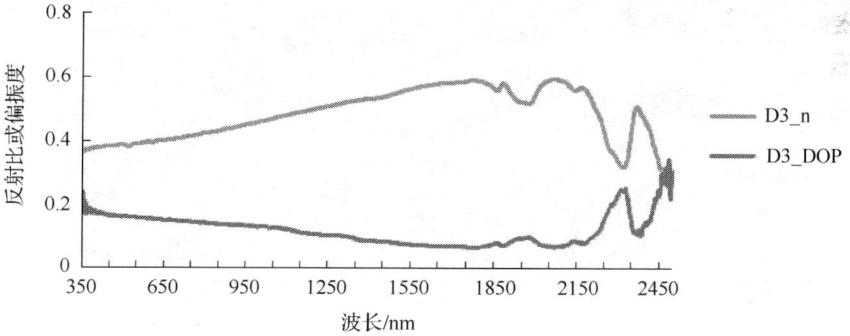

图 3.1　灰质白云岩(D3)的偏振度与无偏反射光谱

3.1.2　偏振度与无偏光谱波谱上的定性关系

仔细观察图 3.1 与图 3.2 中反射比与偏振度的波谱,可发现反射比是波峰处,偏振度一般对应是波谷;反射比是波谷处,偏振度一般对应为波峰。这可以通过偏振度的基本定义来解释。自然光照射到电介质表面,被物体表面反射及折射,一般变成了部分偏振光。偏振度的基本定义是指部分偏振光的总强度中完全偏振光所占的比例。即

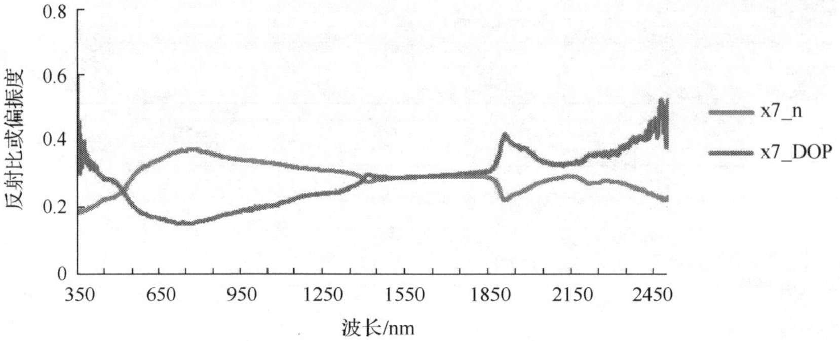

图 3.2　凝灰岩(x7)的偏振度与无偏反射光谱

$$\mathrm{DOP} = \frac{I_{\mathrm{P}}}{I_{总}} \tag{3.1}$$

在此 $I_{总}$ 即为传统测量中的光强。因此偏振度与传统光强反射比存在反比关系。但是由于分子 I_{P} 随波长不同、测量角度不同均在变化，偏振片的吸收、反射、折射等对光有损失，因此其波谱表现的反比关系并不恒定，即不存在恒定的反比系数。只是在波谱上表现为有峰谷对应相反的定性关系。

3.1.3　偏振度与无偏光谱数值上的定量关系

由图 3.3 与图 3.4 可以看出，135°、45°偏振态曲线及无偏高光谱曲线几乎相等，位于 90°及 0°偏振态曲线之间。赵云升等(2006，2005a，2005b)、宋开山等(2007，2005)通过对杨树单叶、玉米叶片、橄榄岩、水面溢油等的观测并从理论上提出了下述关系。

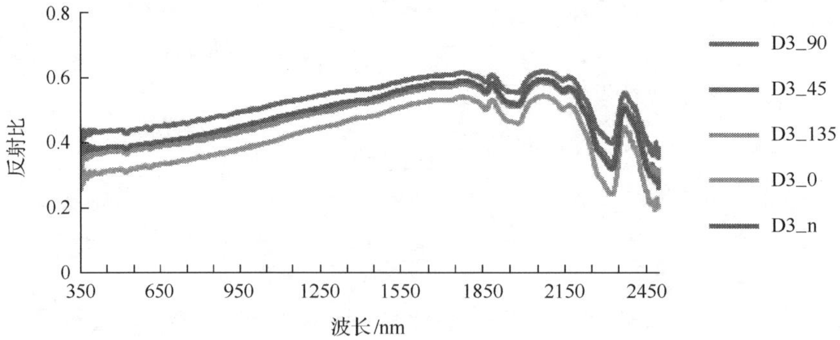

图 3.3　灰质白云岩(D3)的无偏(n)、90°偏振(90)、135°偏振(135)、45°偏振(45)、0°偏振(0)反射光谱(彩图附后)

(1) 岩石在入射偏振光的偏振化方向与透光轴之间的夹角为 45°时，入射后的光强是入射前光强的一半；透光方向与消光方向的光强的算术平均数与入射偏振光的偏振化方向和透光轴之间的夹角为 45°时的光强相等，即

$$I_{45} = \frac{1}{2} I_{总} = \frac{1}{2}(I_0 + I_{90}) \tag{3.2}$$

(2) 岩石的 45°偏振反射比、二向反射比、透光方向与消光方向光强的算术平均数的

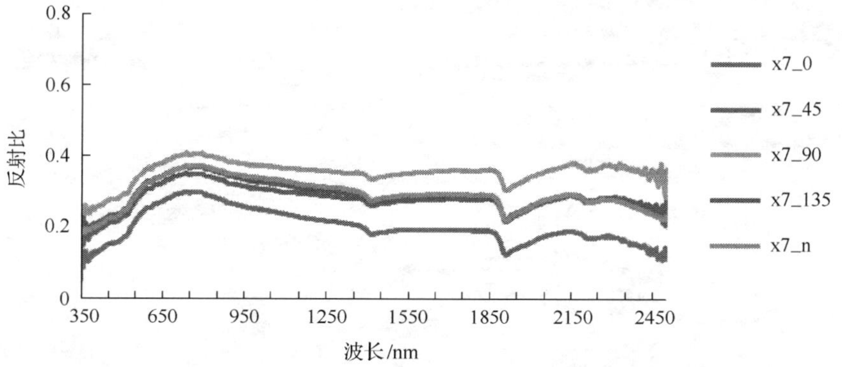

图 3.4 凝灰岩(x7)的无偏(n)、90°偏振(90)、135°偏振(135)、45°偏振(45)、0°偏振(0)反射光谱(彩图附后)

反射比三者在对应的方位角、天顶角、探测角以及通道上均相等:

$$R_{45}=R_{无偏}=\frac{1}{2}(R_0+R_{90}) \tag{3.3}$$

上述结论概括了多角度偏振反射与二向反射之间的定量关系,可以提高现有遥感方法的定量精度,同时为岩石的参数反演开拓新思路。该结论可以作为检验测量光谱质量的一条标准,对于上述关系符合不好的光谱,其测量影响因素增多,不确定性较大,需仔细研究其影响因素。

反射比与偏振度的定量关系,与波谱关系一起,可以作为检验测量光谱质量好坏的一项标准。

3.1.4 多角度偏振观测的特征波段选择

对于无偏光谱与偏振光谱、偏振度之间的定量与波谱的定性关系,在图 3.5、图 3.6 中列举了其他一些常见地物的光谱以检验和验证。

(1) 植物单叶(丁香叶片)光谱与偏振光谱如图 3.5 所示。

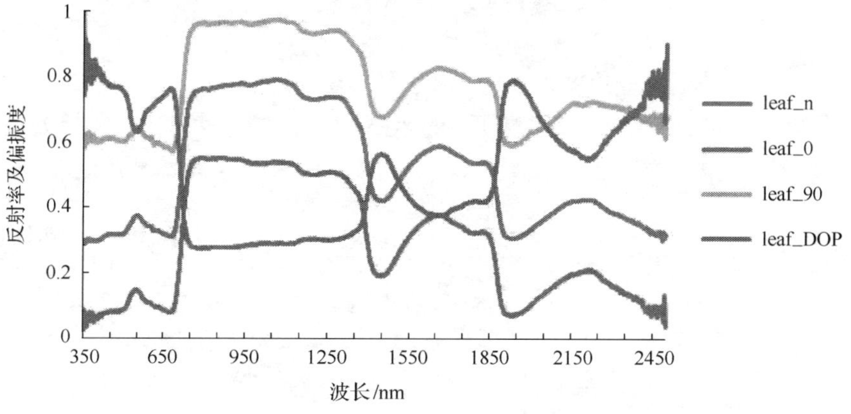

图 3.5 丁香叶片的无偏、90°偏振、0°偏振反射与偏振度波谱(彩图附后)

(2) 水体(清水)光谱与偏振光谱如图 3.6 所示。

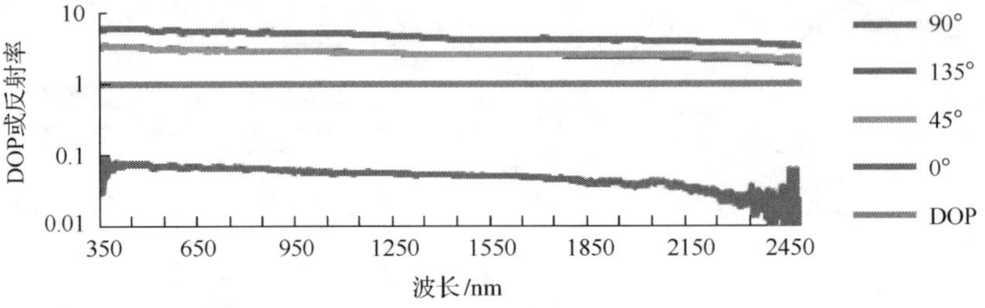

(a)

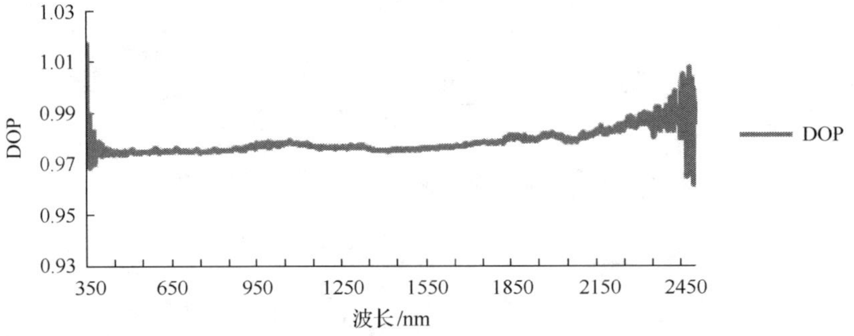

(b)

图 3.6 清水的 90°、45°、135°、0°偏振反射与偏振度波谱

可以发现,以上总结的定量与定性关系在自然界常见地物中是普遍存在的。

地物对光的反射和吸收是反射光谱学用于测量反演地物特性的基础。从以上的分析中可以发现,偏振度波谱和无偏反射比波谱中特征吸收峰谷正好是相反的关系。无偏反射比是反射峰处,偏振度波谱对应是谷;无偏反射比是吸收谷的特征波段,偏振度对应是峰。利用这一关系,在偏振遥感的分析中利用偏振度参数分析地物特性时可以借鉴传统遥感中已归纳的关于特征吸收/反射波段的选择,为偏振遥感的分析提供参考。

3.2 岩石表面在 2π 空间内的反射光谱模型

本节探讨在入射光以大角度入射时,岩石表面在 2π 空间内多角度的反射光谱特征模型(包括入射光无偏振、0°偏振和 90°偏振)的函数关系。即一束光线(包括偏振光和非偏振光)以大于 30°的角入射到岩石表面后,经岩石表面反射后,其反射光谱在 2π 空间内的反射规律。

为了能阐述清楚岩石表面在 2π 空间内的反射光谱模型,先介绍几个在本章用到的物理量。在物理学中,把每秒内从每平方厘米表面垂直地发射在单位立体角内的能量,定义为表面的辐射强度 B。而把每秒内从每平方厘米表面发射到全部 2π 空间立体角的能量定义为辐射功率(或者辐射流密度 W)。通常我们只限于讨论在给定的 λ 和 $d+\lambda$ 之间的波长间隔,因此这种光谱的亮度的单位为 $\mathrm{W \cdot cm^{-2} \cdot nm^{-1} \cdot sr^{-1}}$。

根据上述定义,作者定义反射强度 Z(在单位立体角内接收到反射能量)。它是每秒内从每平方厘米表面直接反射到单位立体角内的能量。它的单位与辐射强度的单位相同，只是表征物体表面的反射能力在 2π 空间的强弱。建立这个变量的意义在于，我们实验测定的就是 Z 值，而不是 B 值，尽管它们相差 $\cos\beta$ 这样一个差值。在实验的探测方，装有光电转换器，把这个 Z 值通过电流计测出，Z 值与电流强度 I 存在常数关系。根据这些变量和定义，建立起岩石表面在 2π 空间内的多角度反射光谱模型。

3.2.1 模型描述与实验数据

图 3.7～图 3.12 是粗粒花岗岩在 B(760～1100nm)波段，不加偏振片，入射角为 10°～60°(以天顶角为 0°计算)，探测角(天顶角为 0°)分别为 0°～60°的反射光谱曲线，横坐标为方位角，从 0°～360°变化，纵坐标为地物的光谱反射强度 Z。

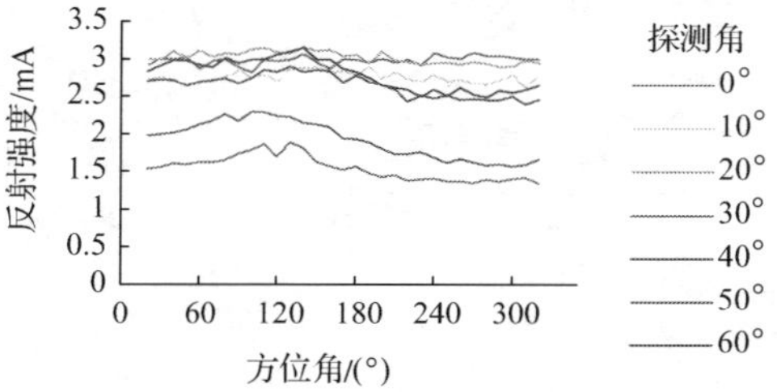

图 3.7　入射角为 10°，B 波段，不加偏振片的粗粒花岗岩波谱曲线图

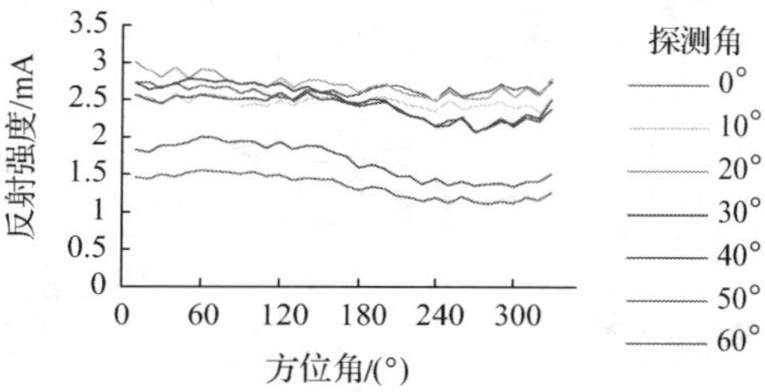

图 3.8　入射角为 20°，B 波段，不加偏振片的粗粒花岗岩波谱曲线图

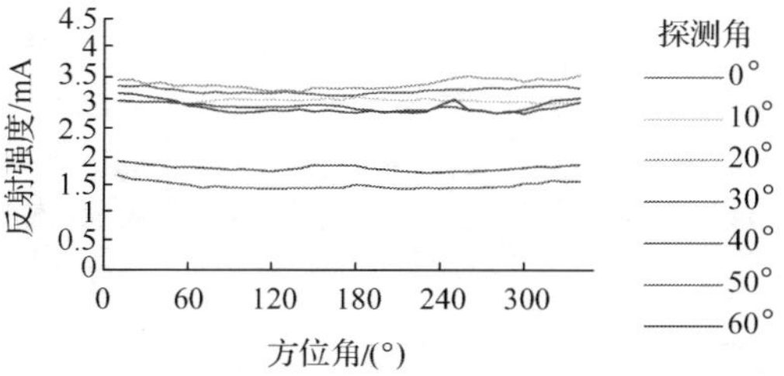

图 3.9　入射角为 30°，B 波段，不加偏振片的粗粒花岗岩波谱曲线图

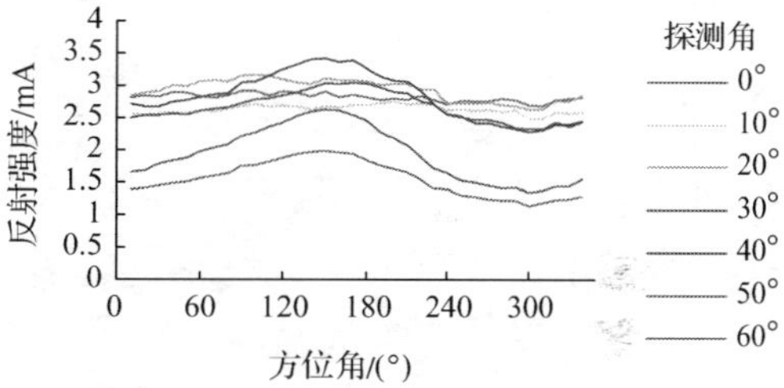

图 3.10　入射角为 40°，B 波段，不加偏振片的粗粒花岗岩波谱曲线图

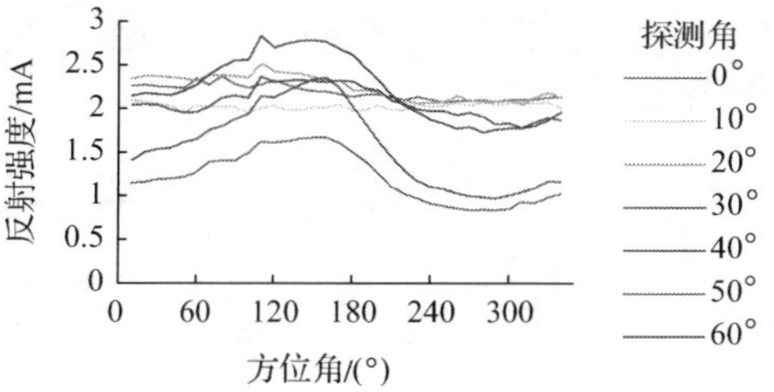

图 3.11　入射角为 50°，B 波段，不加偏振片的粗粒花岗岩波谱曲线图

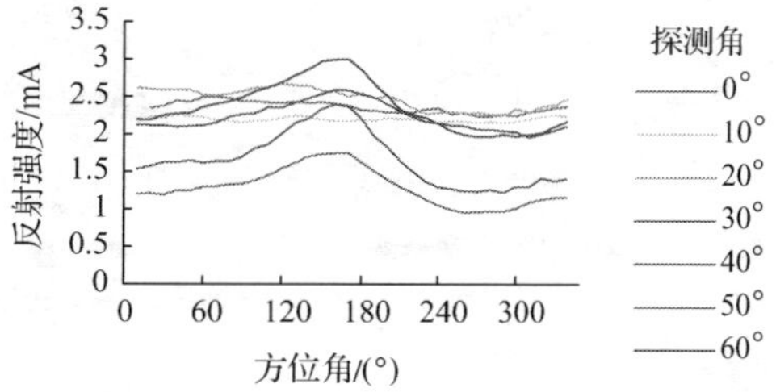

图 3.12　入射角为 60°，B 波段，不加偏振片的粗粒花岗岩波谱曲线图

图 3.13～图 3.18 是粗粒花岗岩在相同条件下的 0°偏振反射光谱曲线，横坐标为方位角，从 0°～360°变化，纵坐标为地物的光谱反射强度，每一种不同颜色的曲线表示不同

的探测角。

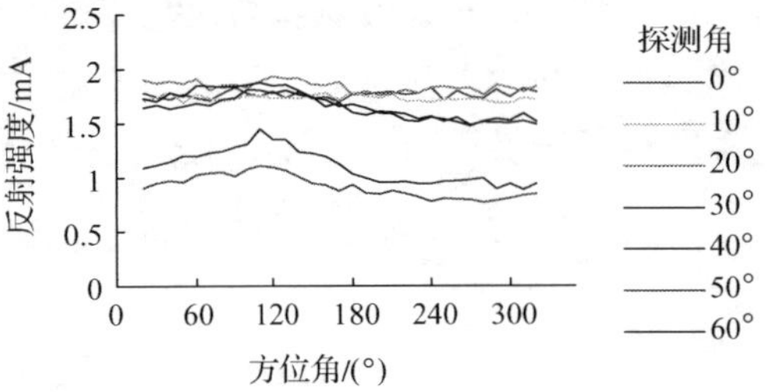

图 3.13　入射角为 10°,B 波段,0°偏振下的粗粒花岗岩波谱曲线图

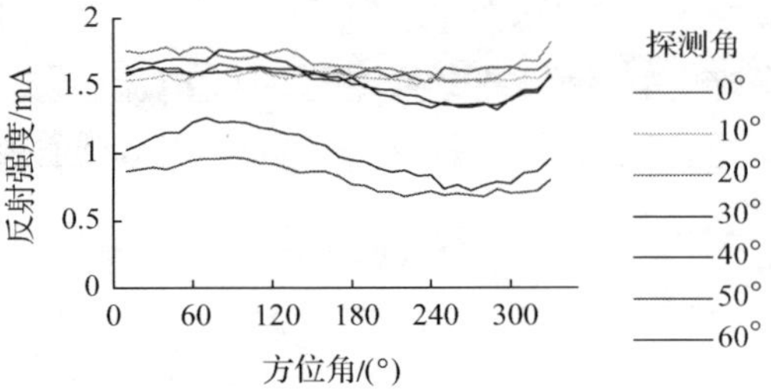

图 3.14　入射角为 20°,B 波段,0°偏振下的粗粒花岗岩波谱曲线图

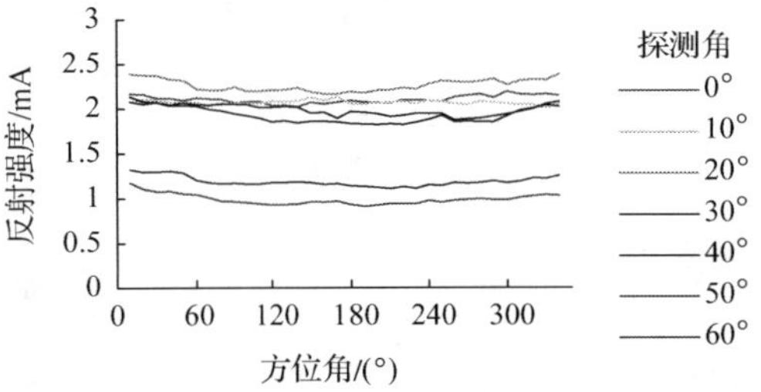

图 3.15　入射角为 30°,B 波段,0°偏振下的粗粒花岗岩波谱曲线图

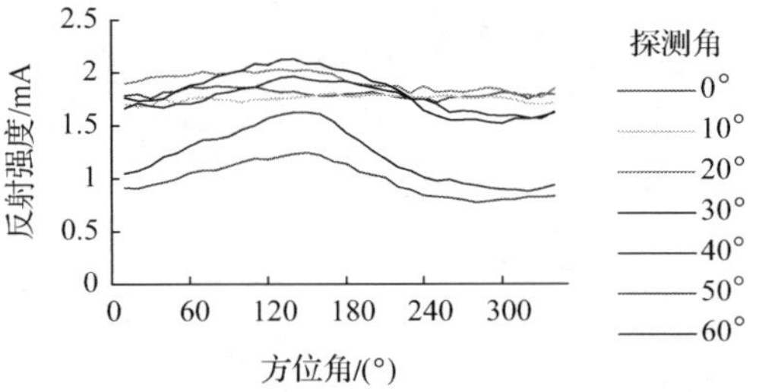

图 3.16　入射角为 40°,B 波段,0°偏振下的粗粒花岗岩波谱曲线图

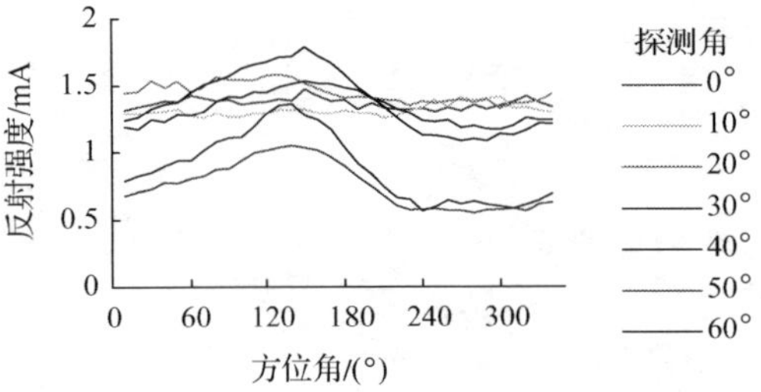

图 3.17　入射角为 50°,B 波段,0°偏振下的粗粒花岗岩波谱曲线图

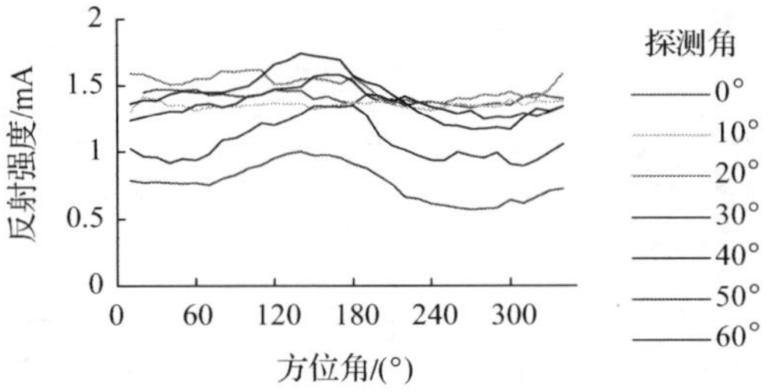

图 3.18　入射角为 60°,B 波段,0°偏振下的粗粒花岗岩波谱曲线图

图 3.19～图 3.24 是粗粒花岗岩在相同条件下的 90°偏振反射光谱曲线,横坐标为方位角,从 0°～360°变化,纵坐标为地物的光谱反射强度。

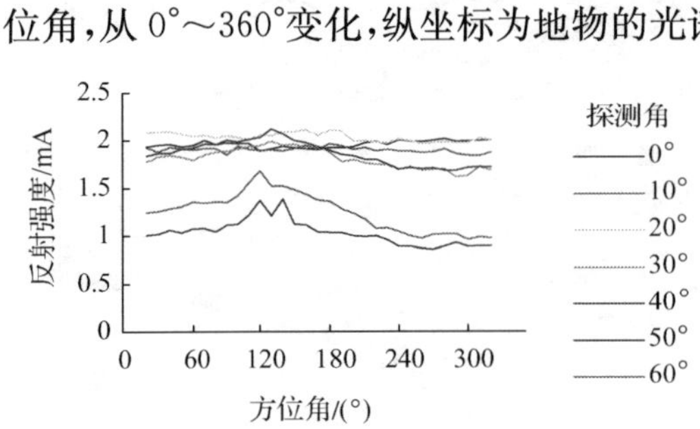

图 3.19　入射角为 10°,B 波段,90°偏振下的粗粒花岗岩波谱曲线图

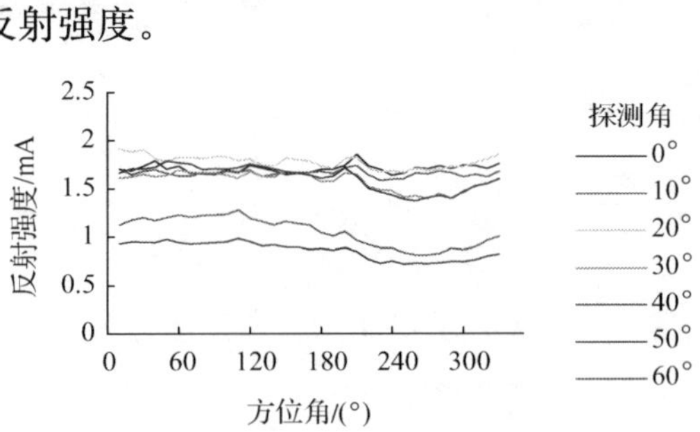

图 3.20　入射角为 20°,B 波段,90°偏振下的粗粒花岗岩波谱曲线图

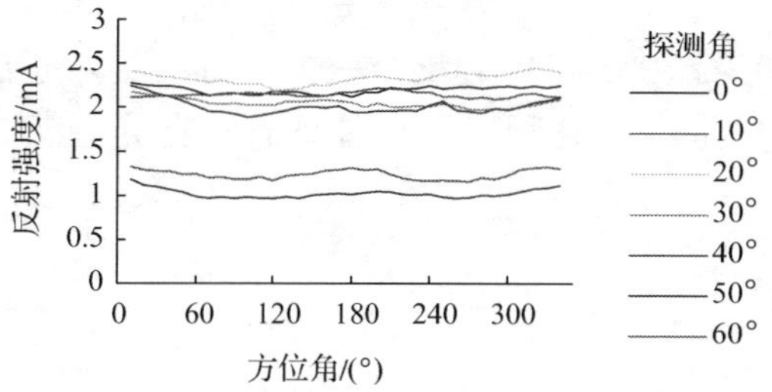

图 3.21 入射角为 30°,B 波段,90°偏振下的粗粒花岗岩波谱曲线图

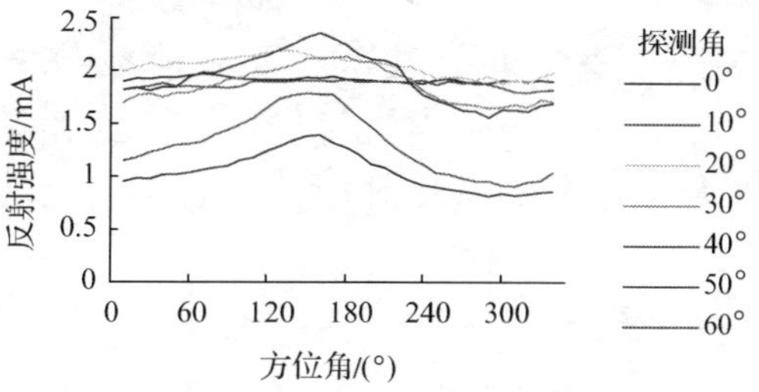

图 3.22 入射角为 40°,B 波段,90°偏振下的粗粒花岗岩波谱曲线图

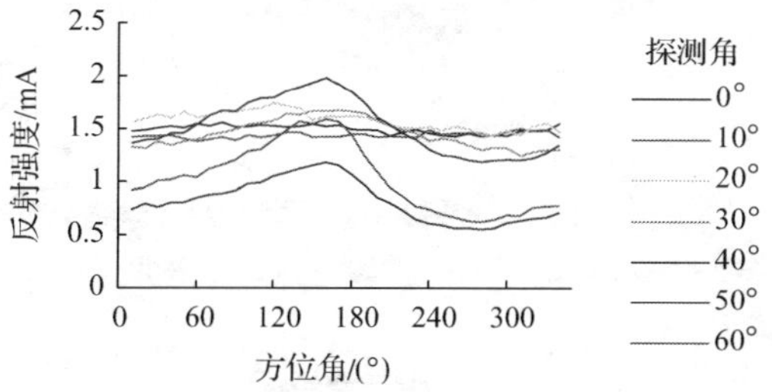

图 3.23 入射角为 50°,B 波段,90°偏振下的粗粒花岗岩波谱曲线图

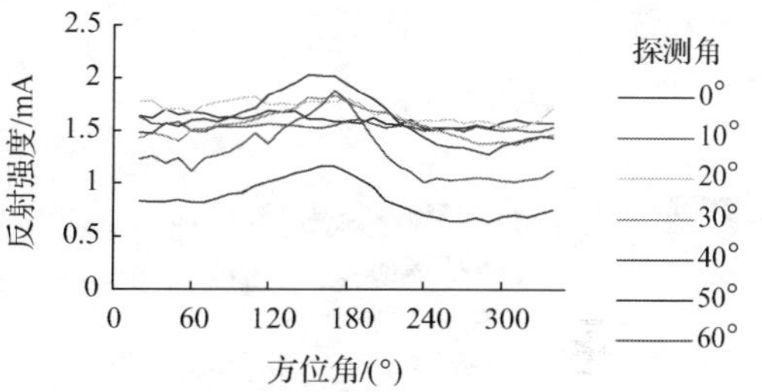

图 3.24 入射角为 60°,B 波段,90°偏振下的粗粒花岗岩波谱曲线图

3.2.2 光谱的反射强度 Z 与方位角 θ 的关系

本节将重点讨论光谱的反射强度 Z 与方位角 θ 的关系,从定性及定量机理方面展开分析。

1. 光谱的反射强度 Z 在 2π 空间的差异特征

从图 3.7~图 3.24 可以看出,粗粒花岗岩在无偏振片、0°偏振、90°偏振下的反射光谱在 2π 空间都存在着明显差异,尤其在大角度入射下,其光谱差异明显。同样,对于其他任何岩石(测量的 20 种岩石),其反射光谱差异性也很明显。但是对于无偏振片、0°偏振、90°偏振的三种状态,其波形曲线没有显著的差异。这表明偏振态对于光谱曲线在 2π 空间内的影响不是显著的。

同时,不论何种岩石,所有的曲线表现出以下特点:某些曲线比较平直,如对于探测角为 0°、10°、20°的光谱曲线,它们的曲线特征都基本上是一条直线,说明它们的反射比不随方位角的变化而变化。从理论上讲,0°波谱曲线是一条毫无波动的直线。这是因为随着方位角的变化,0°探测角的空间位置却始终不变,总是处于天顶。

对于图 3.17,单取探测角 10°的波谱曲线,绘制该曲线与方位角的平面关系图(图 3.25),图中的点值为观测值,连线是用其均值 1.2145 作的圆,可以看出拟合效果非常好。而对于图 3.17,当探测角为 30°~60°变化时,光谱曲线在 160°~200°的区间附近出现了峰值,起伏程度随探测角的不同而变化,30°曲线出现弱小的峰值,40°、50°、60°的光谱曲线出现强烈的峰值,并且表现出一定的非对称性。图 3.26 是图 3.17 中探测角 50°波谱曲线与方位角的平面关系图，奇妙的是，光谱随方位角表现出的图形是一个椭圆。作者估算了这个椭圆的长轴和短轴，长轴 $a=0.825$，短轴 $b=0.672$，扁率 $e=0.58$。同样，对于出现波峰的 40°和 60°的曲线，它们都表示椭圆，只是曲率有所不同。可见岩石在光线大角度入射条件下，其反射光谱在 2π 空间上呈椭圆分布。

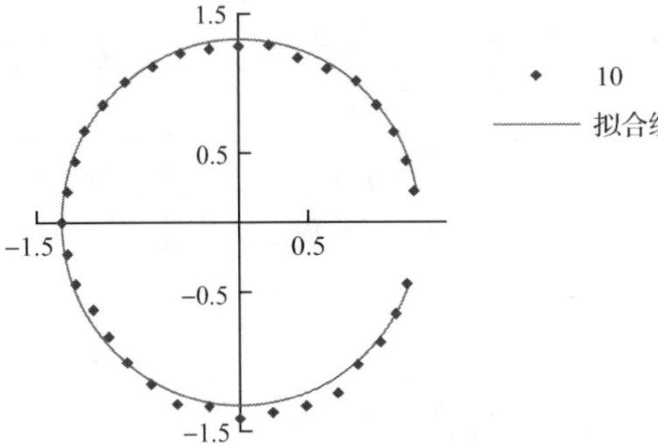

图 3.25 入射角 50°，B 波段，0°偏振，10°探测角的粗粒花岗岩波谱曲线

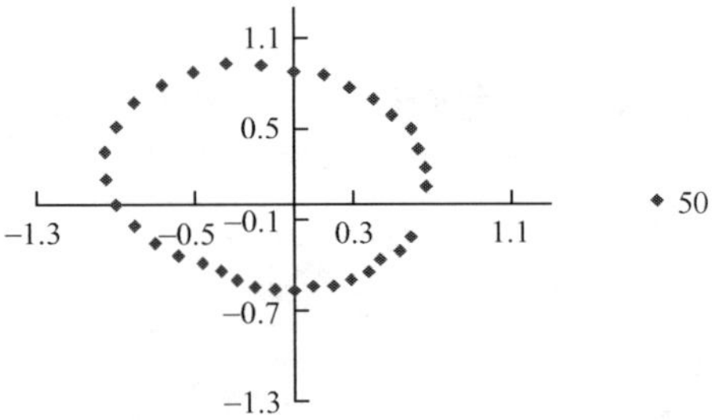

图 3.26 入射角 50°，B 波段，0°偏振，50°探测角的粗粒花岗岩波谱曲线

纵观所有岩石的光谱曲线，这两个特征是明显的，也是共有的，因此可以得出如下规律：在同一高度探测角的反射光谱曲线，它们是呈近似椭圆的方式反射的（圆是椭圆的特例），并不会因为镜面反射而出现跳跃间断点。

2. *在同一高度探测角，岩石反射光谱呈椭圆分布的物理机制*

为什么在同一高度探测角，岩石的反射光谱和偏振反射光谱曲线都是呈近似椭圆的方式反射呢？作者认为，当物体是标准的朗伯表面时，由于它的光谱反射强度是常数，因此在 2π 空间的光谱表现为一个标准的球体。于是它们的曲线在图中表现为直线。然而在大角度入射下，物体的表面同时还存在镜面反射的作用，因此在与入射方向相对的那个方向（反射方向），物体的反射强度增强。于是上述直线在这个区间得到拉伸，这样在图中就表现出反射强度在 160°～200°的区间出现峰值。下面将对其物理模型展开介绍。

利用麦克斯韦的电磁理论可以推导出光在反射方向上的菲涅耳公式。然而在麦克斯韦的理论出世之前（1823 年），菲涅耳就用弹性波的理论推导出菲涅耳公式（张之翔，1985）。这个事件启发我们，把光波视为某种弹性物质是合理的。于是可以设想有一个具有弹性且截面相同的圆环（半径为 a），在直径 AB 的两端，沿直径方向作用一对相反的力 F，这样就等同于把镜面反射合成到全漫反射体上（朗伯反射）。可以证明此时该圆环的形变就是一个椭圆。因为，假设沿水平直径将圆环切开，由载荷的对称性质，截面 C 和 D 上的剪力等于零（直径 CD 与 AB 垂直），只有轴力 F_{N0} 和弯矩 M_0。利用平衡条件容易求得 $F_{N0}=\dfrac{F}{2}$，故只有 M_0 为多余约束力。圆环对垂直直径 AB 和水平直径 CD 都是对称的，可以只研究圆环的 1/4（圆环的第一象限，弧 DA）。由于对称截面 A 和 D 的转角都等于零，这样，可以把 A 截面作为固定端，而把截面 D 的转角为零作为变形谐调条件，建立方程：

$$\delta_{11}M_0+\Delta_{1F}=0 \tag{3.4}$$

式中，Δ_{1F} 是基本静定系上只作用 $F_{N0}=\dfrac{F}{2}$ 时截面 D 的转角；δ_{11} 是令 $M_0=1$，且单独作用时截面 D 的转角。

现在计算 Δ_{1F} 和 δ_{11}。设从圆心出发，且与水平方向 OD 的夹角为 ϕ，则可以求出

$$M=\frac{Fa}{2}(1-\cos\phi) \tag{3.5}$$

$$M_1=-1 \tag{3.6}$$

所以

$$\Delta_{1F}=\int_0^{\frac{\pi}{2}}\frac{MM_1}{EI}a\,\mathrm{d}\phi=\frac{Fa^2}{2EI}\int_0^{\frac{\pi}{2}}(1-\cos\phi)(-1)\mathrm{d}\phi=-\frac{Fa^2}{2EI}\left(\frac{\pi}{2}-1\right) \tag{3.7}$$

$$\delta_{11}=\int_0^{\frac{\pi}{2}}\frac{M_1M_1}{EI}a\,\mathrm{d}\phi=\frac{a}{EI}\int_0^{\frac{\pi}{2}}(-1)^2\mathrm{d}\phi=\frac{\pi a}{2EI} \tag{3.8}$$

将 Δ_{1F} 和 δ_{11} 代入方程(3.4)，求得

$$M_0=Fa\left(\frac{1}{2}-\frac{1}{\pi}\right) \tag{3.9}$$

求出 M_0 后，算出在$\dfrac{F}{2}$ 及 M_0 共同作用下任意截面的弯矩为

$$M(\phi)=\frac{Fa}{2}(1-\cos\phi)-Fa\left(\frac{1}{2}-\frac{1}{\pi}\right)=Fa\left(\frac{1}{\pi}-\frac{\cos\phi}{2}\right) \tag{3.10}$$

这就是 1/4 圆环内的弯矩，在这种弯矩的作用下，圆发生变形，最后在力的平衡下变为椭圆。此时还可以求出在力 F 的作用下，直径 AB 上的长度变化。该长度变化就是 F 力作用点 A 和 B 的相对位移 Δ_{AB}。为了求出这个位移，在 A、B 两点作用单位力。这时只要令 $F=1$，就得到在单位力作用下圆环内的弯矩为

$$M_0(\phi)=a\left(\frac{1}{\pi}-\frac{\cos\phi}{2}\right),\quad 0\leqslant\phi\leqslant\frac{\pi}{2} \tag{3.11}$$

使用莫尔积分求 A、B 两点的相对位移 Δ_{AB} 时，积分应遍及整个圆环，故

$$\Delta_{AB}=4\int_0^{\frac{\pi}{2}}\frac{M(\phi)M_0(\phi)}{EI}a\,\mathrm{d}\phi=\frac{4Fa^3}{EI}\int_0^{\frac{\pi}{2}}\left(\frac{1}{\pi}-\frac{\cos\phi}{2}\right)^2\mathrm{d}\phi=\frac{Fa^3}{EI}\left(\frac{\pi}{4}-\frac{2}{\pi}\right) \tag{3.12}$$

式中，EI 为材料的抗弯刚度。岩石之所以表现出的光谱是具有不同曲率的椭圆，这是由岩石的性质、探测角、入射角等因子决定的。

3. 光谱的反射强度与方位角的数学表达

岩石在三态下的反射光谱的反射强度与方位角的关系是椭圆关系。那么这些椭圆之间又有什么样的联系呢？为此，作者绘制了一系列曲率不同，但具有相同 p(p 为左焦点到右准线的距离，与标准的椭圆方程不同，在小字中详细说明）的标准椭圆曲线（图 3.27）。图 3.27 中的七条曲线是椭圆函数方程

$$y=\frac{ep}{1+e\cos\theta} \tag{3.13}$$

在 $p=8$，离心率 e 分别为 0.2、0.4、0.5、0.6、0.7、0.8、0.9 对应的曲线。可以看出，这些曲线的特征与实验测得的曲线有很好的比照性。而且曲线在 180°附近产生的波峰是随

着离心率的增大而急剧增大的，而对于离心率 $e<0.5$ 的椭圆，其起峰幅度不是很大（舍去离心率 $e=0.1, 0.3$ 的曲线是为了简化图形）。而离心率 $e>0.5$ 时，此时曲线的起峰幅度非常剧烈。

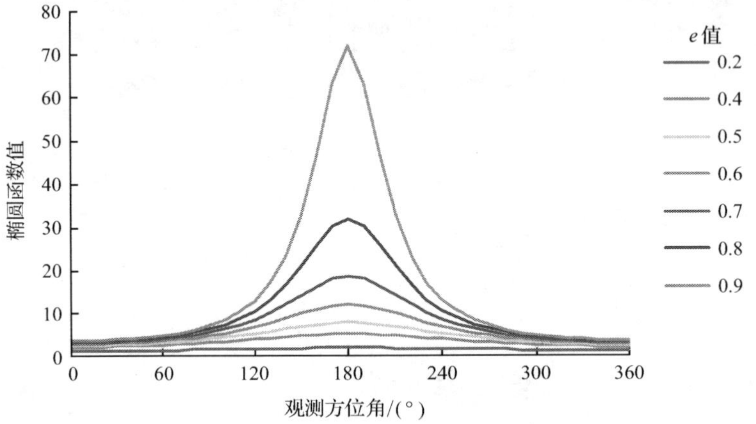

图 3.27　椭圆函数 $y=\dfrac{ep}{1+e\cos\theta}$ 在 $p=8$，离心率 e 分别为 0.2、0.4～0.9 对应的曲线

这里需要注意的是：椭圆函数方程(3.13)在极坐标系并不是椭圆的标准方程，而椭圆函数方程

$$y=\frac{ep}{1-e\cos\theta} \tag{3.14}$$

才是标准的椭圆方程（以左焦点，左准线建立，此时 $p=\dfrac{b^2}{c}$）。但是，如果以右焦点、右准线建立椭圆方程，依据圆锥曲线的定义，可得

$$\frac{r}{p-r\cos\theta}=e \tag{3.15}$$

化简得

$$r=\frac{ep}{1+e\cos\theta} \tag{3.16}$$

此时依然有 $p=\dfrac{b^2}{c}$。显然这个化简后的方程与(3.13)一致。

图 3.28 和图 3.29 是所测岩石中曲线最为平滑的其中两个波谱曲线图，比较图 3.27

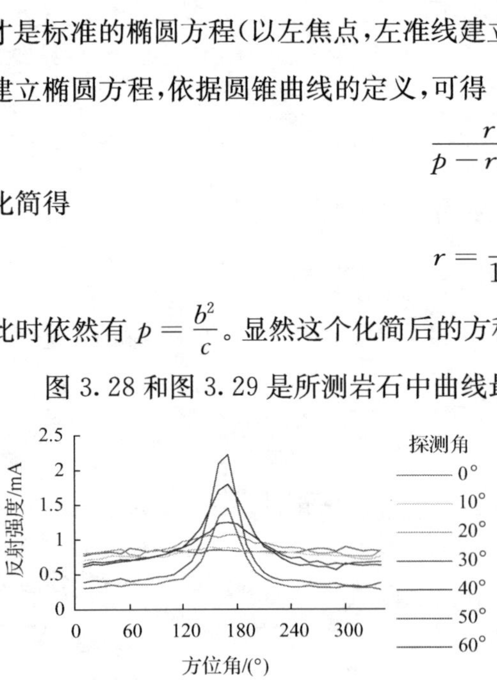

图 3.28　入射角为 50°，B 波段，不加偏振片的花岗斑岩波谱曲线图

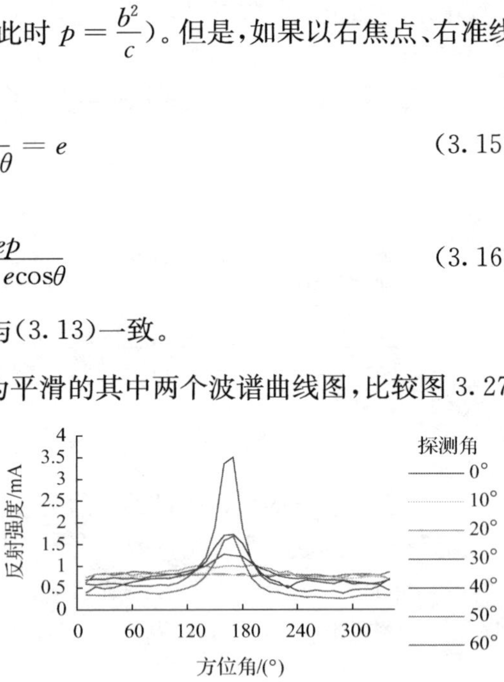

图 3.29　入射角为 60°，B 波段，不加偏振片的花岗斑岩波谱曲线图

与图 3.28、图 3.29 可以看出，在实测的实验数据中，探测角小的波谱曲线可以用离心率小的曲线去拟合，探测角大的波谱曲线用离心率大的椭圆曲线去拟合。

然而这样问题还没有得到彻底解决，仔细观察与比较图 3.27 和图 3.28、图 3-29，可以清楚发现它们有一个明显的区别，即在图 3.27 中，曲率小的曲线总是压在曲率大的曲线的下面，而实测的数据表明，每一条小曲率曲线总是浮在大曲率曲线的上面。

因此作者又绘制了椭圆函数方程式(3.17)在离心率 e 分别为 0.1～0.9 的曲线(图 3.30)。这里的 p 随离心率的不同而不同，但总是让 p 与离心率 e 的乘积保持为 1。

$$y=\frac{1}{1+e\cos\theta} \tag{3.17}$$

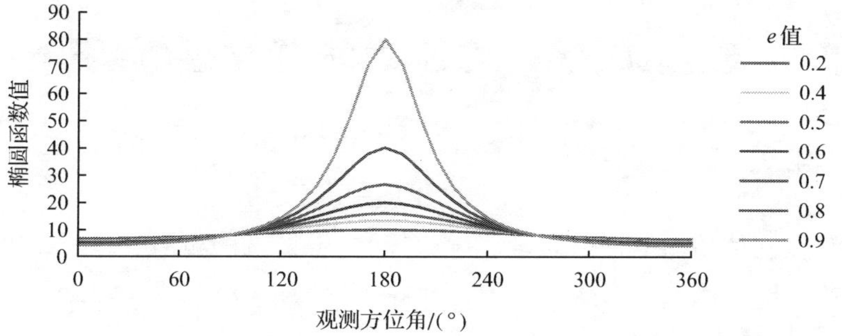

图 3.30　椭圆函数(3.17)在离心率 e 分别为 0.2、0.4～0.9 对应的曲线

此时由于纵坐标最大值较大，其小曲率曲线浮在大曲率曲线的特征不明显。小曲率曲线就上浮于大曲率曲线的上方，但是上浮的特征并不十分明显。这是由于对于离心率 e=0.9 其波峰值太大，而压缩了它们之间的上浮特征。图 3.31 是舍去离心率较大的曲线，留下 e 从 0.1～0.5 对应的曲线，此时小曲率曲线浮在大曲率曲线的上方的特征非常明显。

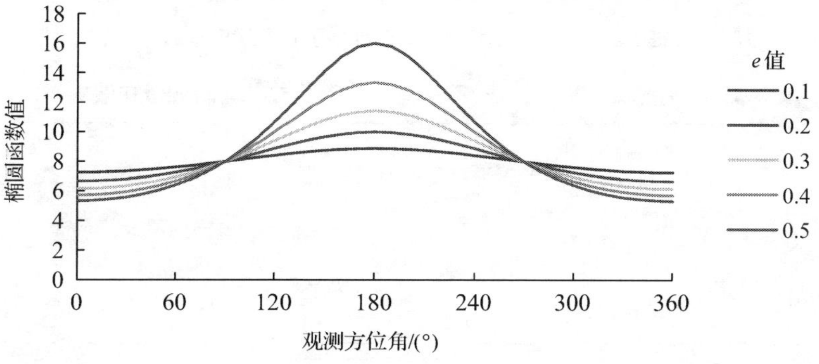

图 3.31　椭圆函数(3.17)在离心率 e 分别为 0.1～0.5 对应的曲线

3.2.3　光谱的反射强度与探测角的关系

本节将重点讨论光谱的反射强度与探测角的关系，就其定性及定量机理方面进行分析。

1. 光谱的反射强度与探测角的数学表达

根据辐射强度的定义:辐射强度为单位立体角、单位时间内、从外表的单位面积上辐射出的辐射能量。而“外表的单位面积”是指从受到辐射的方向上看过去的单位面积,它是以投射到与辐射方向成正交的平面上的正射投影为单位面积的物体表面部分的面积(章孝灿等,1997)。根据定义,辐射强度:

$$L = \frac{\mathrm{d}\phi}{\mathrm{d}w\mathrm{d}S\cos\beta} \tag{3.18}$$

式中,L 为辐射强度;$\mathrm{d}\phi$ 为辐射通量;$\mathrm{d}w$ 为辐射立体角;$\mathrm{d}S$ 为辐射表面的面积;β 为测量方向与表面法线的夹角。

对于朗伯体来说,这个 L 为常数,即无论从哪个方向来观测朗伯面,看到的朗伯表面的强度是一样的。

根据上述公式,得

$$\mathrm{d}\phi = L\mathrm{d}w\mathrm{d}S\cos\beta \tag{3.19}$$

可见在单位立体角内的辐射通量(单位时间内辐射的能量)与 $\cos\beta$ 成正比,而这个 β 就是实验中测定的探测角的大小。而单位立体角内的辐射通量实际上就是本实验测定的反射强度 Z,于是有

$$Z = \frac{ep}{1+e\cos\theta}\cos\beta \tag{3.20}$$

以我们观测到的各种岩石波谱数据,无论什么样的岩石,对于 0°、10°、20°的波谱曲线,它们往往较合在一起。

用图 3.9、图 3.15 和图 3.21 的数据可以归纳为表 3.1、表 3.2 和表 3.3。注意在图 3.9、图 3.15 和图 3.21 中,它们的曲线都不随方位角的变化而变化,表现了很好的朗伯体特性。因此取它们的均值作为表中的观测值,然后根据 0°曲线的值作为理论值,并用建立的模型来导出其他探测角的理论值,最后计算它们的绝对误差和相对误差。

表 3.1 入射角为 30°,B 波段,不加偏振片的粗粒花岗岩波谱曲线数据表

参量	cos0°	cos10°	cos20°	cos30°	cos40°	cos50°	cos60°
理论值	3.575	3.521	3.361	3.096	2.739	2.299	1.788
观测值	3.575	3.374	3.707	3.248	3.247	1.680	2.027
绝对误差	0	−0.147	0.346	0.152	0.508	−0.619	0.240
相对误差/%	0	−4.37	9.34	4.69	15.67	−36.81	11.83

表 3.2 入射角为 30°,B 波段,0°偏振下的粗粒花岗岩波谱曲线数据表

参量	cos0°	cos10°	cos20°	cos30°	cos40°	cos50°	cos60°
理论值	2.103	2.071	1.977	1.821	1.611	1.352	1.052
观测值	2.103	2.068	2.259	1.987	1.923	0.989	1.188
绝对误差	0	−0.003	0.282	0.165	0.313	−0.364	0.136
相对误差/%	0	−0.16	12.5	8.33	16.25	−36.77	11.48

表 3.3　入射角为 30°，B 波段，90°偏振下的粗粒花岗岩波谱曲线数据表

参量	cos0°	cos10°	cos20°	cos30°	cos40°	cos50°	cos60°
理论值	2.194	2.161	2.062	1.900	1.681	1.411	1.098
观测值	2.194	2.141	2.324	2.045	2.004	1.023	1.240
绝对误差	0	−0.020	0.262	0.145	0.323	−0.387	0.143
相对误差/%	0	−0.94	11.27	7.11	16.12	−37.85	11.52

从表 3.1、表 3.2 和表 3.3 这些杂乱无章的数据中并不能看出什么问题，但它们的相对误差却有惊人的相似性，尤其对于后三列数据（探测角分别为 40°、50°和 60°）。而且对于表 3.2 和表 3.3，它们的相对误差在整个探测角范围内误差值的误差都在 1%的范围内。相对误差的相同性表明建立的模型具有一定的合理性，否则不会出现这样的结果。当然建立的模型不一定完备。

其次，在这里存在的问题是对于 50°的波谱曲线，其观测结果与理论结果有明显的出入。理论结果是：该曲线在 60°波谱曲线的上方，而实际结果却在 60°波谱曲线的下方。而且所测的所有岩石都有这种性质。这种存在的可能性有两种：一种是仪器的 50°探测头不准确；另一种是本身的多角度规律作者还没有掌握。由于每组波段是由 7 个不同的探测头组成，作者倾向于前一种可能性。

2. 光谱反射强度与探测角关系的物理机理分析

现在给出上述问题的物理机理解释。为了能解释清楚上述现象，需要阐述反射强度 Z 与辐射强度 B 的关系问题。在物理学上已经把每秒内从每平方厘米表面垂直地发射在单位立体角内的能量，定义为表面的辐射强度 B_0。然而这种定义的结果并不限于来自表面的辐射，同样可以应用于反射、散射或透射的能量。无论如何，把辐射看成由表面发射或吸收，只是理想化的。

假定 P 点和 P' 同时接收从一个小表面 S 发出的辐射，且 $PO = P'O'$（图 3.32），这时辐射对于 P 点和 P' 点，辐射充满各自的一个能量光锥。由于 P 点与表面 S 垂直，因此面元 S 对 P 点的辐射强度为 B_0。而对于 P' 点来说，可以设想辐射来自一个较小的表面 S'，它和光锥轴 $P'S'$ 垂直，并且它的法线就是 $P'S$，此时对于 P' 点，这个光锥的立体角 $d\Omega$ 并没有改变。设 P' 点与 P 成 θ 角，于是在单位时间内面元 S 向 P' 传输的能量 $B(\theta)Sd\Omega$ 等于面元 S' 向 P' 传输的能量 $B(\theta)Sd\Omega$（由于面元 S 非常非常小，因此面元 S' 到 P' 点的距离也为 $P'O$，故辐射强度也为 B_0）。而在单位时间内面元 S 向 P' 传输的能量 $B(\theta)Sd\Omega$ 实际等于 $ZSd\Omega$。于是有

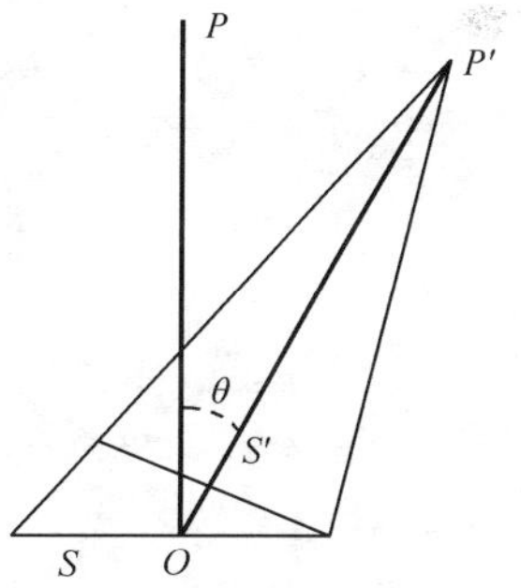

图 3.32　光谱的反射强度与探测角的物理机理分析

$$B(\theta)Sd\Omega = B_0S'd\Omega \tag{3.21}$$

$$B(\theta)Sd\Omega = B_0S'd\Omega \tag{3.22}$$

$$B(\theta)Sd\Omega = ZS'd\Omega \tag{3.23}$$

且 $S' = S\cos\theta$。因此

$$Z = B_0 \cos\theta \tag{3.24}$$

对于同一地物，显然它的辐射强度 B_0 是固定不变的，因此可以得出光谱的反射强度与探测角度余弦成正比。

3.3 岩石参数光谱反演

3.2 节讨论了在大角度入射下，岩石表面在 2π 空间内的多角度反射光谱模型；本节将继续讨论反射光谱模型整体的物理含义，并将拟合效果与实际结果进行了对比。

3.3.1 岩石的反射光谱模型整体的物理含义

前面阐述了岩石的反射光谱模型中反射强度与方位角、探测高度角之间的函数关系，并在物理机理上给予了一定的解释。现在讨论该模型在整体上的物理含义，即 e、p 值各有什么样的物理含义。

在大角度入射下，岩石表面在 2π 空间内的多角度反射光谱模型，可用函数(3.20)来表达。

在几何意义上，e 值表示椭圆的扁率。在这里，如果岩石表面的反射光谱中镜面效应非常明显，那么就会使椭圆非常扁，意味着 e 值较大，趋向于 1；如果反射光谱中镜面效应没有或者不明显，那么 e 值趋向于 0。显然在图像中，e 值刻画了每条曲线的起伏程度。

同样，p 值在该模型中，意味着岩石反射光谱中的起始高度，即岩石反射光谱中的反射率。不同岩石在相同波段下有不同的反射率，有高有低，那么如果该岩石的反射率较高，那么它的 p 值就较大；如果该岩石的反射率较低，那么它的 p 值就较小。

θ、β 的物理含义是非常明显的，它们是指 2π 空间内的方位角和探测高度角。正是这两个因子决定了整个 2π 空间内的每一个位置。

最后，还有两点需要说明：

(1) 该模型对于小角度入射时依然适用。当入射光源以小角度入射时，岩石表面几乎没有镜面效应，多呈朗伯体特征。表现在曲线上，为一些平直的曲线。事实上，该模型完全适应这种特征，只是此时的 e 值很小，曲线很平直，而且随探测角度的增大，光谱强度在减小。

(2) 该模型对于偏振光还是自然光都适用，但在相同探测角下的 e、p 值有所不同。这是因为无论入射光是偏振光还是自然光，其反射的光谱中由于是不加方向性的全部测量，因此其偏振特性就给抹去了。偏振特性的差异不是表现在这个 2π 空间内，而是表现在与反射光垂直的那个平面。为什么在相同探测角下的 e、p 值有所不同，这是因为本身入射光源的强度当加上偏振片时都发生了改变，自然影响到 e、p 的数值。

3.3.2 拟合效果与实际结果的对比分析

选取比较典型的曲线(图 3.33)，即入射角为 50°，B 波段，不加偏振片的花岗斑岩波谱曲线图，做图 3.34～图 3.40 的拟合。

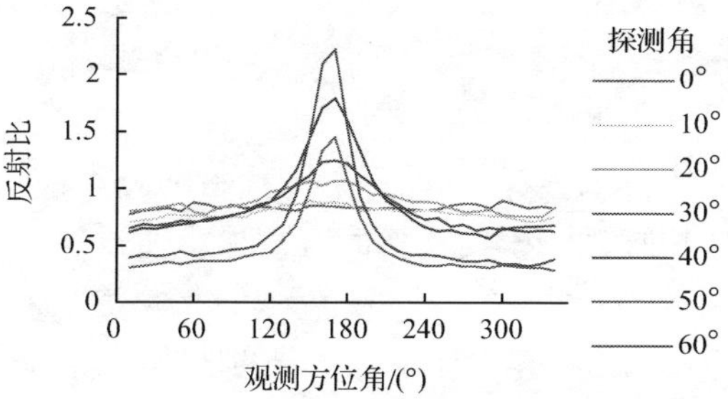

图 3.33　入射角为 50°，B 波段，不加偏振片的花岗斑岩波谱曲线图

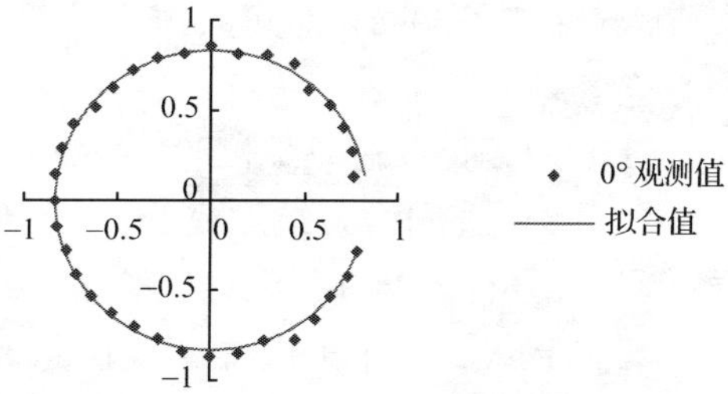

图 3.34　探测角为 0°的波谱曲线拟合图
拟合圆的半径为 0.835

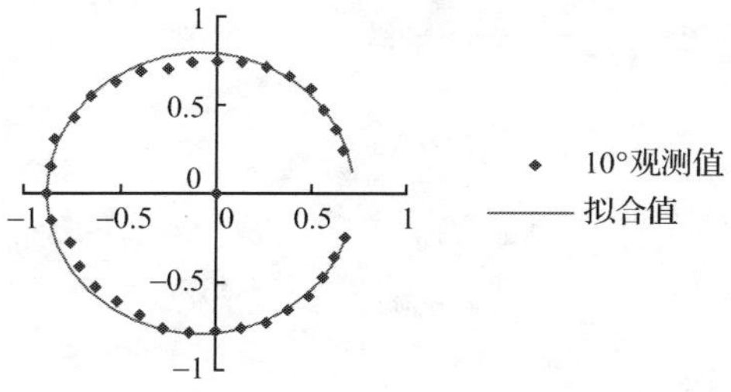

图 3.35　探测角为 10°的波谱曲线拟合图
拟合椭圆的 $e=0.1$，$p=8.05$

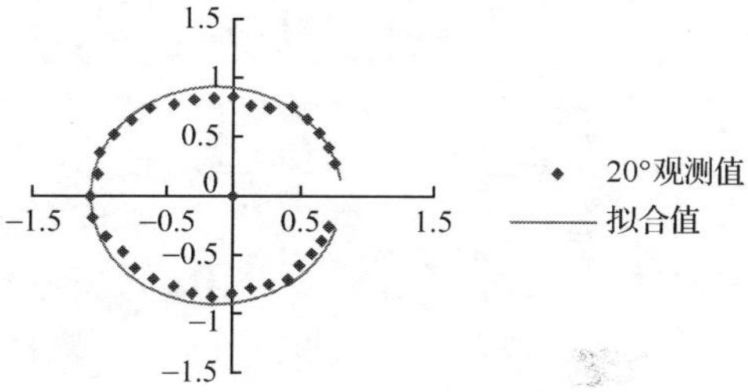

图 3.36　探测角为 20°的波谱曲线拟合图
拟合椭圆的 $e=0.14$，$p=6.969$

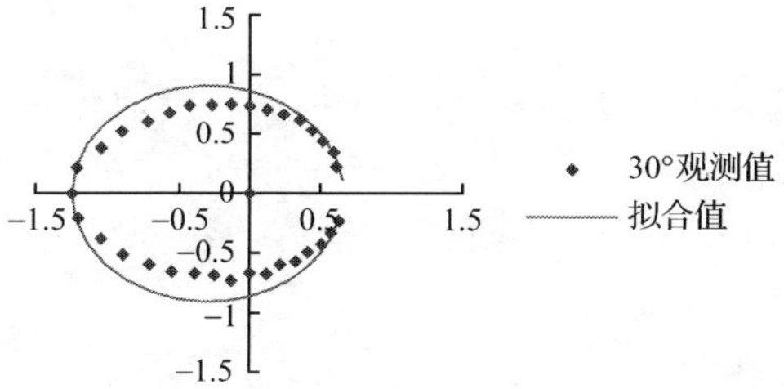

图 3.37　探测角为 30°的波谱曲线拟合图
拟合椭圆的 $e=0.307$，$p=3.25$

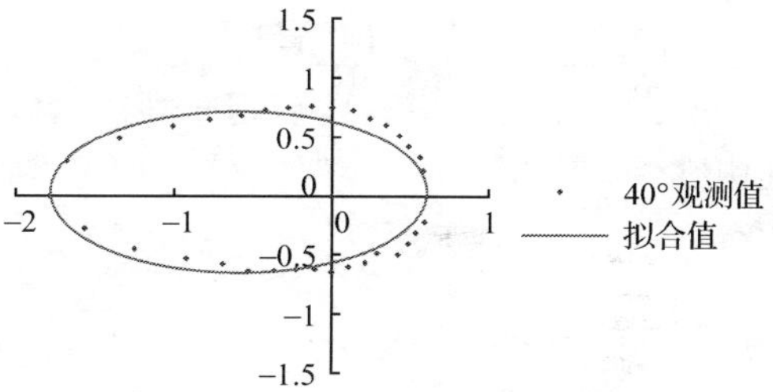

图 3.38　探测角为 40°的波谱曲线拟合图
拟合椭圆的 $e=0.794$，$p=0.76$

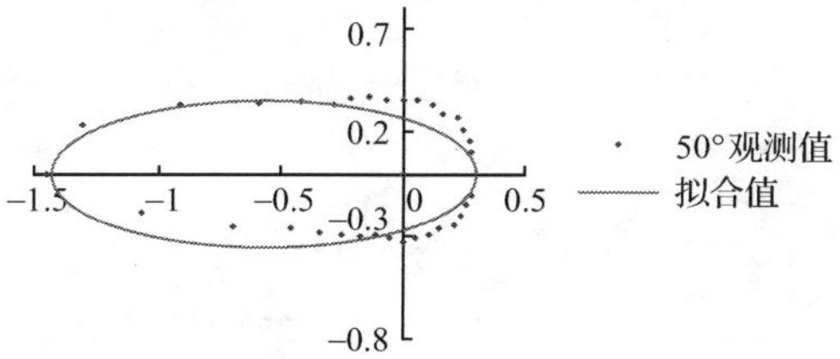

图 3.39　探测角为 50°的波谱曲线拟合图
拟合椭圆的 $e=0.90$，$p=0.28$

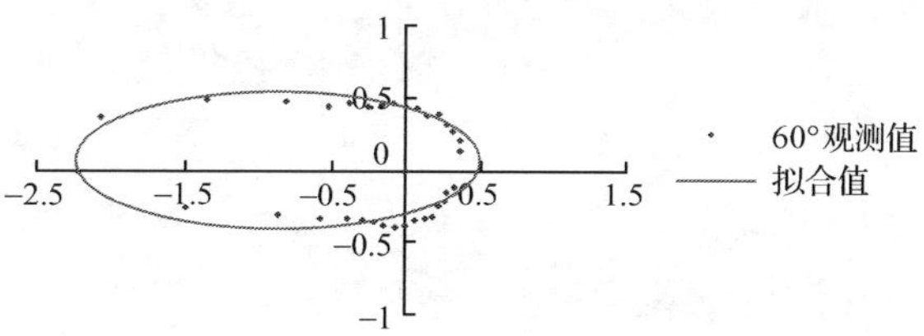

图 3.40　探测角为 60°的波谱曲线拟合图
拟合椭圆的 $e=0.924$，$p=0.414$

3.3.3　*e*、*p* 值的广泛意义

在大角度入射下，岩石表面在 2π 空间内的多角度反射光谱模型，事实上对于偏振光

还是自然光都适用，但在相同探测角下的 e、p 值有所不同。但其基本都可用函数(3.20)来表达岩石表面在 2π 空间内的反射光谱特征。

这个意义在于以下两点：

(1) 可以通过 e、p 值来完整地描述某一地物在 2π 空间内的反射光谱特征。

(2) 由于不同岩石组成成分不同，因此在相同条件下，其 e、p 值有差异。通过这些差异，可以对岩石类型进行区别和分辨。

事实上，对于不同的地物，如土壤、植物、水体、岩石这些有显著差异的地物，其表面在 2π 空间内的反射光谱特征是有显著差异的，因此其 e、p 值也有显著差异。而且对于每一种地物，又受自身条件的制约，其 e、p 值有自身的规律。

3.4 岩石组成成分与偏振度的关系初探

偏振信息包含有目标地物的特性，是遥感、探测的又一有用信息源，已为人们所共识。这些特性是由地物的成分、构成、密度和表面纹理等性质决定的。本节就岩石在可见光-近红外波段的偏振光谱和化学成分的关系进行初步探讨，以回答偏振光谱是否可以用于岩石成分研究。

如上所述，影响岩石偏振光谱的因子很多。为了突出化学成分因子(邢立新、刘嘉宜，1999)的作用，应将其他因子的条件设为一定。岩石样本的选取考虑其中一种或两种主要成分构成变化梯度，其余微量成分变化微小的原则，并将岩石样本表面进行相同条件的打磨，并在相同的测量几何条件下进行测量。

根据上述岩石样本选取的原则，结合现实的采样条件，岩石很多特征吸收谱段都集中在中红外，在可见光、近红外波段较少。最后我们选取了灰岩-白云岩系列岩石样本，属于碳酸岩。其中主要变化的成分是 Ca^{2+}、Mg^{2+}，且在 2300nm 附近有显著吸收特征。

3.4.1 岩石样本成分及光谱特征

灰岩-白云岩系列样本由四种岩石组成，分别为鲕粒灰岩、白云质灰岩、灰质白云岩及白云岩，相应编号 D1、D2、D3、D4(附图 3.1)。鲕粒灰岩和灰质白云岩样本取自河北石家庄鹿泉市大河乡刘庄西山，属于寒武系张夏组；白云岩和白云质灰岩样本取自鹿泉市宜安镇岭口村南，属于长城系高于庄组。石灰岩主要成分为方解石 $CaCO_3$，白云岩中主要成分为白云石 $CaMg(CO_3)_2$，其样本都属于碳酸盐。将四块岩石样本表面切割出一平面，用 120＃金刚砂磨料研磨，中间注意时间及过程保持一致，以备后续测量其高光谱及偏振光谱。截取与测量光谱表面区域尽量一致的一小块样本，在实验室用顺序式 X 射线荧光光谱仪(主元素分析误差$<1\%$)测量其具体成分。表 3.4 为测量结果。

从表 3.4 中可以看出，该系列样本成分主要在 Ca^{2+} 和 Mg^{2+} 的含量上有差异。鲕粒灰岩和白云质灰岩 Ca^{2+} 和 Mg^{2+} 的含量相差无几，灰质白云岩和白云岩 Ca^{2+} 和 Mg^{2+} 的含量有一些差异，但差异不大。光谱测量时采用光源入射天顶角为 50°，测量天顶角为 50°，测量相对光源方位角为 180°，测量的光谱如图 3.41 所示。

由图 3.41 可以看出，白云岩系列样本光谱比灰岩系列样本光谱高，其中白云岩光谱

表 3.4　灰岩-白云岩系列岩石样本成分分析结果　　　　（单位：%）

岩石	SiO_2	Al_2O_3	Fe_2O_3	CaO	MgO	K_2O	Na_2O	MnO_2	TiO_2	P_2O_5	LOI
鲕粒灰岩 D1	0.68	0.24	0.05	54.06	0.95	0.04	<0.01	<0.001	0.008	0.152	43.72
白云质灰岩 D2	1.91	0.58	0.33	54.22	0.82	0.18	0.05	0.007	0.024	0.199	41.72
灰质白云岩 D3	0.95	0.14	0.05	35.04	13.08	0.01	<0.01	0.006	<0.001	0.193	46.24
白云岩 D4	0.56	0.11	0.05	38.29	14.29	0.01	<0.01	0.006	0.002	0.217	46.55

注：LOI 表示烧失量。在测出样品的烧失量后，用 X 射线荧光光谱法(X-ray fluorescence spectrometry)检测出碳酸盐岩中主要金属氧化物的质量百分比。

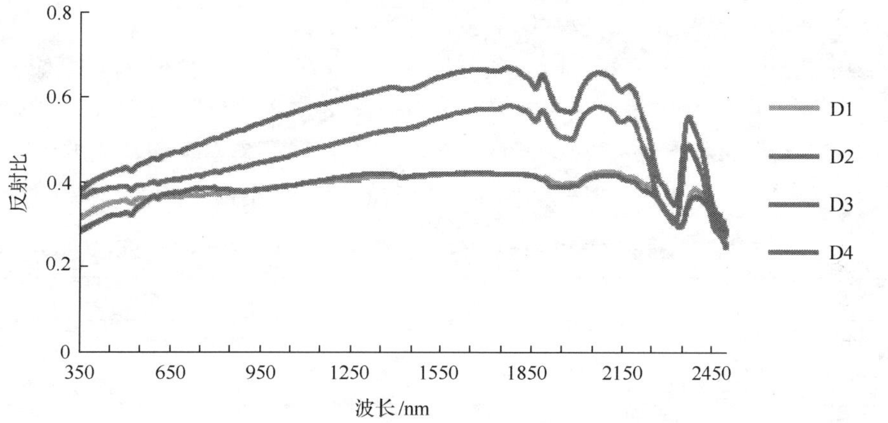

图 3.41　灰岩-白云岩系列样本的光谱(350～2500nm)

显著高于灰质白云岩。灰岩两块岩石样本谱线几乎一致，除了白云质灰岩在 350～1050nm 波段曲线形态有根本差异。样本光谱高低的规律与前面成分表中 Ca^{2+} 和 Mg^{2+} 的含量差异规律有相关关系。即鲕粒灰岩和白云质灰岩 Ca^{2+} 和 Mg^{2+} 的含量较为一致，光谱差异很小；白云岩和灰质白云岩 Ca^{2+} 含量比灰岩低，Mg^{2+} 含量比灰岩高，光谱值也高出较多。

为了详细地说明该相关关系，在波长上取 850nm 以后非特征吸收波段 950nm、1550nm、2050nm 和 2350nm 波长处的光谱值进行分析(图 3.42)。

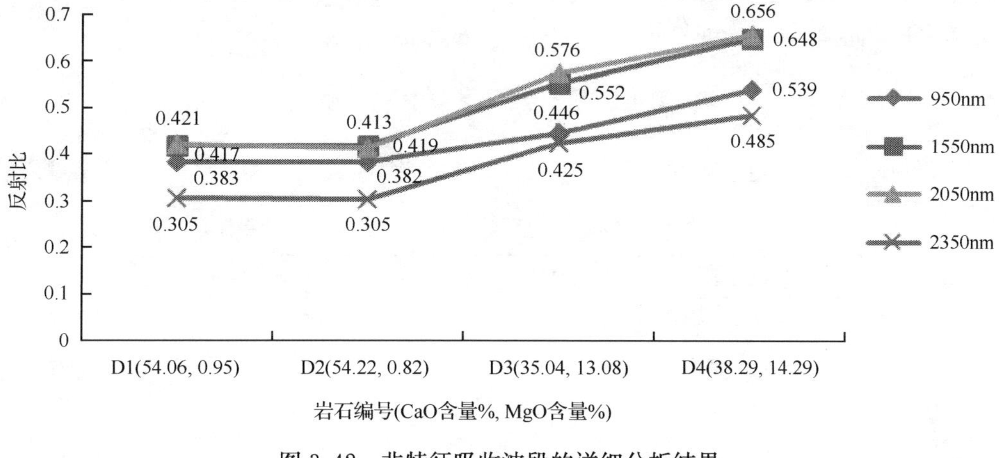

图 3.42　非特征吸收波段的详细分析结果

3.4.2 无偏光谱特征波段分析

从附图 3.1 可以看出，白云质灰岩表面有一块红色的区域，而其他三块岩石表面颜色比较均匀，呈现灰色或灰白色，对应成分表中白云质灰岩的 Fe_2O_3 含量(0.33%)显著高于其他三块岩石(0.05%)。白云质灰岩向蓝光方向的陡降现象较其他三块明显，而且在 870nm 附近有一个较宽的吸收带，这些应该都是 Fe^{3+} 导致(燕守勋等，2003)。

由图 3.41 中可将四块岩石的特征吸收谱段归纳如下：520nm、1400nm、1860nm、1900～2050nm、2130nm、2300～2350nm。520nm 波段从实验过程来看，在观测的很多样本中都会出现，似乎与光源系统有关，在此不做深入讨论。

出现在 1.3μm 以后的谱带，均为振动原因产生，它们都是水或碳酸根离子本身的倍频或合频。水在碳酸盐中很少见。本实验中 1400nm 水吸收谱带非常浅。常见的谱带均出现在 1.6～2.5μm，Hunt 和 Salisbury(1970)认为它们都是由碳酸基团的内部振动的倍频和合频产生的，或者是由这些基团与晶格振动的相互作用产生的(表 3.5)。

表 3.5 Hunt 和 Salisbury 归纳的通常出现的四个显著的特征谱带 (单位：μm)

谱带	Ⅰ	Ⅱ	Ⅲ	Ⅳ
方解石	1.88	2.0	2.16	2.35
白云石	1.86 或 1.87	1.99	2.14 或 2.16	2.33 或 2.34

实验中白云岩四个可见谱带特征非常明显，灰岩 1860nm、2130nm 两个谱带不甚明晰。

最新的其他一些文献中，燕守勋等(2003)和王锦地等(2009)总结鲕状灰岩的光谱特征：水谱带 1.45μm、1.9μm；碳酸根谱带 2.33μm；白云质灰岩：水谱带 1.4μm、1.9μm；碳酸根谱带 2.0μm、2.33μm。其中将 1.9μm 附近特征看成是水导致的。在此倾向于后一种结论。

陈述彭等(1998)在新疆科坪地区的研究表明，白云岩和灰岩在 2.35μm 附近的吸收峰有明显的差异，白云岩的强吸收峰相对于灰岩的强吸收峰向短波方向偏移了 10nm。从图 3.41 中可以大致看出该结论。这个波段也是整个光谱中最强烈的特征吸收波段。下面就该特征波段进行详细分析。

3.4.3 无偏光谱 Ca^{2+}、Mg^{2+} 特征波段与成分含量相关分析

将 2300～2350nm 波段的谷值与对应波长总结如表 3.6 所示。

表 3.6 CaO 含量、MgO 含量与无偏反射比光谱特征波段最低谷值及对应波长

岩石编号	CaO 含量/%	MgO 含量/%	最低谷值	对应波长/nm
D1	54.06	0.95	0.2955	2339
D2	54.22	0.82	0.2952	2338
D3	35.04	13.08	0.3049	2321
D4	38.29	14.29	0.3535	2322

对 CaO 含量、MgO 含量与最低谷值，对应波长进行相关分析。其对应的相关系数(邓勃，1993)见表 3.7。

表 3.7　CaO、MgO 含量与无偏反射比光谱最低谷值及对应波长的相关系数

化合物	最低谷值	波长的相关系数
CaO	−0.60254	0.994879451
MgO	0.747424	−0.992959256

由表 3.7 可看出，最低谷值对应的波长位置与 CaO、MgO 含量相关系数非常高。$\gamma_{0.01,2}=0.990$，波长位置与 CaO、MgO 含量相关系数 $r>\gamma_{0.01,2}$，说明 CaO、MgO 含量是影响波长位置的主要影响因素。波长位置与 CaO 含量呈正相关关系，CaO 含量高则波长位置向长波方向偏移，否则向短波方向偏移；与 MgO 含量呈负相关关系，MgO 含量高则波长位置向短波方向偏移，否则偏向长波方向。但是与谷值反射比的相关关系却不是很高。从图上也可以看出，单纯读谷值对应的反射比混合了光谱基线的影响。

波谱包络线消除方法(Salisbury et al.，1991；徐元进等，2005；Clark，1983)能有效去除基线的影响，得到标准的能反映出地物吸收峰性质的曲线。本节采用了这种方法来提取有效的特征波段。其方法是求出波谱的上包络线 Rup_c(闫殿武，2003)，并将原光谱 *R* 除以该包络线，可提取吸收峰特征，*R*/Rup_c 其值一般介于 0 与 1 之间。本节对四块岩石求出去除包络线后的图谱见图 3.43。

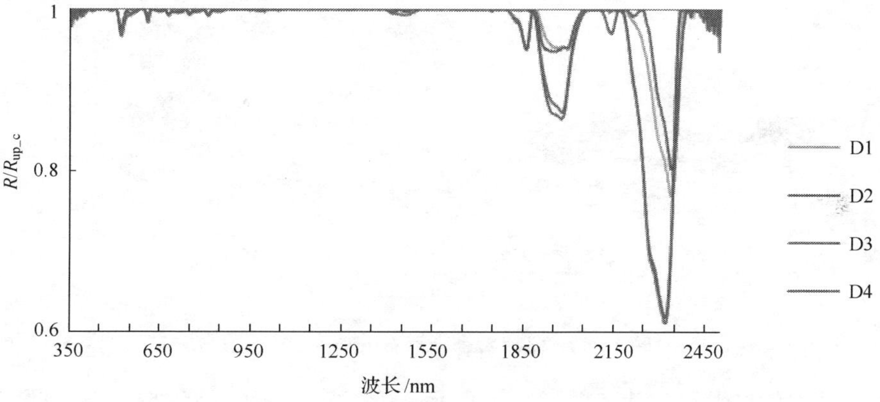

图 3.43　白云岩-灰岩高光谱进行包络线消除后的波谱(彩图附后)

从图 3.43 上读取 2300～2350nm 波段谷的深度，见表 3.8。

表 3.8　去除包络线后 CaO、MgO 含量与无偏反射比光谱特征波段谷的位置及深度

岩石编号	CaO 含量/%	MgO 含量/%	波长/nm	谷深
D1	54.06	0.95	2339	0.231488
D2	54.22	0.82	2338	0.199474
D3	35.04	13.08	2321	0.389827
D4	38.29	14.29	2322	0.381371

将谷的深度与 CaO 含量、MgO 含量再进行相关分析，得表 3.9 结果。

表 3.9　去除包络线后 CaO、MgO 含量与无偏反射比光谱谷深的相关系数

化合物	谷深相关系数 r
CaO	−0.98757
MgO	0.987053

从表 3.9 可以清楚发现其相关性非常高。谷深对应的波长位置与 CaO、MgO 含量相关系数 $r>\gamma_{0.01,2}=0.980$，说明 CaO、MgO 含量是影响谷深的主要影响因素。谷深与 CaO 含量呈负相关关系，与 MgO 含量呈正相关关系。说明 CaO 含量越低，MgO 含量越高，则 2300～2350nm 波段的吸收峰深度越深。

以上着重分析了 2300～2350nm 特征吸收波段的深度和波长位置与 CaO 含量、MgO 含量呈非常强的相关性。下面将分析偏振度的波谱特征。

3.4.4　偏振度对应特征波段与成分含量相关分析

图 3.44 为灰岩-白云岩系列样本的偏振度。由于使用偏振棱镜，探测的光强减弱，而且使用 90°和 0°偏振光谱计算偏振度，客观上增加了偏振度结果的噪声。从光谱上可以看出，特征峰谷与高光谱基本有对应关系。为了减弱噪声，在此使用了滑动平均。

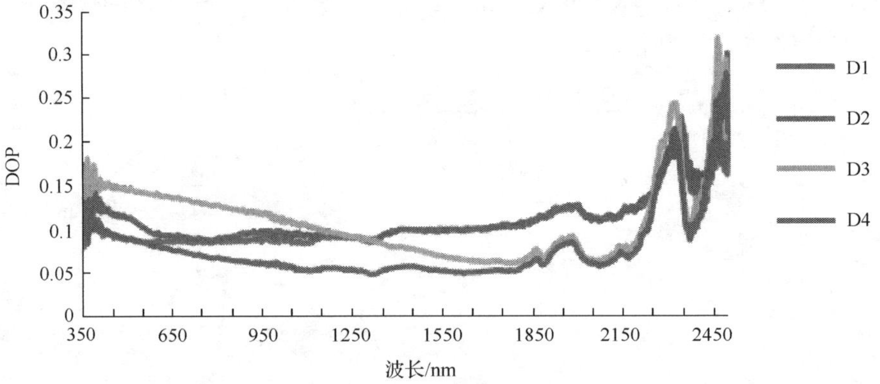

图 3.44　灰岩-白云岩系列样本的偏振度(彩图附后)

对图 3.44 的波谱计算其包络线 DOPdown_c，并用下包络线除以原波谱 DOP，得图 3.45结果。

统计 2300～2350nm 特征吸收波段的谷深及所对应的波长位置，见表 3.10。

将谷的深度与 CaO 含量、MgO 含量再进行相关分析，得表 3.11 结果。

查相关系数临界值表，$\gamma_{0.05,2}=0.950$，$\gamma_{0.01,2}=0.900$。谷深与 CaO、MgO 含量的相关系数 $r>\gamma_{0.05,2}$，说明在 0.05 的显著性水平上建立回归模型是有意义的。波长与 CaO、MgO 含量的相关系数 $r>\gamma_{0.01,2}$，在 0.10 的显著性水平上建立回归模型是有意义的。表明 CaO 含量、MgO 含量与偏振度的峰高与出现波长都有一定的相关关系。CaO 含量越低、MgO 含量越高，则偏振度在 2300～2350nm 波段形成的峰的高度越大，出现峰值对应的波长越偏向短波方向。这与高光谱分析的规律是一致的。不同的是特征波段在高光谱上表现为吸收谷，在偏振度上表现为峰。

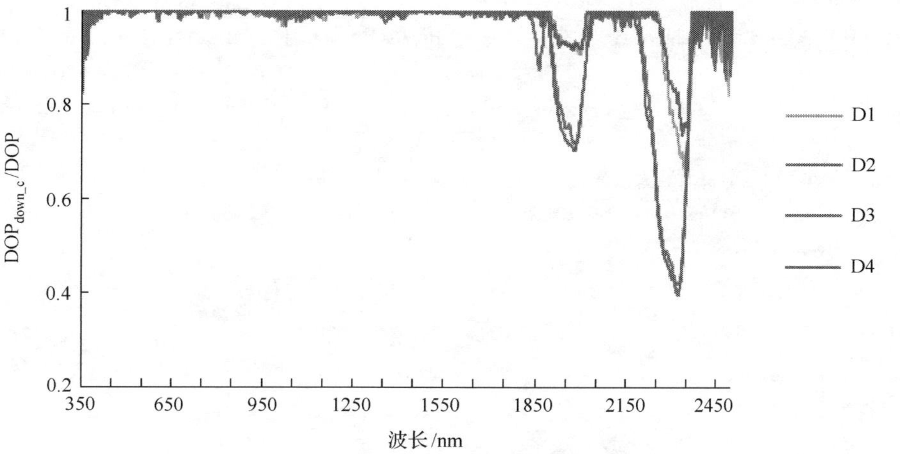

图 3.45　白云岩-灰岩偏振度波谱进行包络线消除后的波谱(彩图附后)

表 3.10　去除包络线后偏振度波谱特征吸收波段的谷深及波长位置

参量	D1	D2	D3	D4
波长/nm	2344	2334	2323	2321
谷深	0.350183	0.264137	0.578864	0.603101

表 3.11　去除包络线后 CaO、MgO 含量与偏振度特征波段谷深及波长的相关系数

化合物	谷深相关系数	波长相关系数
CaO	−0.96139	0.900281
MgO	0.979317	−0.92089

参 考 文 献

陈述彭,童庆禧,郭华东. 1998. 遥感信息机理研究. 北京：科学出版社.

邓勃. 1993. 分析测试数据的统计处理方法. 北京：清华大学出版社.

宋开山,张柏,赵云升,等. 2007. 基于室内光谱测量的玉米单叶偏振与二向性反射关系研究. 遥感学报,11(5)：632-640.

宋开山,赵云升,张柏. 2005. 偏振反射与二向性反射的关系——以不同物候期杨树单叶的室内光谱测量为例. 中国科学院研究生院学报,22(2)：164-169.

王锦地,张立新,柳钦火,等. 2009. 中国典型地物波谱知识库. 北京：科学出版社.

邢立新,刘嘉宜. 1999. 岩石反射波谱与其化学成分关系研究. 遥感技术与应用,14(03)：24-29.

徐元进,胡光道,张振飞. 2005. 包络线消除法及其在野外光谱分类中的应用. 地理与地理信息科学,06：11-14.

闫殿武. 2003. IDL 可视化工具入门与提高. 北京：机械工业出版社.

燕守勋,张兵,赵永超,等. 2003. 矿物与岩石的可见-近红外光谱特性综述. 遥感技术与应用,18(4)：191-201.

张之翔. 1985. 光的偏振. 北京：高等教育出版社.

章孝灿,黄智才,赵元洪. 1997. 遥感数字图像处理. 杭州：浙江大学出版社.

赵云升,吴太夏,胡新礼,等. 2005a. 多角度偏振反射与二向性反射定量关系初探. 红外与毫米波学报,24(6)：441-444.

赵云升,吴太夏,宋开山,等. 2005b. 橄榄岩的多角度偏振与二向反射定量关系研究. 矿业研究与开发,25(3)：63-66.

赵云升,吴太夏,罗杨洁,等. 2006. 水面溢油的多角度偏振与二向性反射定量关系研究. 遥感学报,10(3)：294-298.

Clark R N. 1983. Spectral properties of mixtures of montmorillonite and dark carbon grains: Implications for remote sensing minerals containing chemically and physically adsorbed water. Journal of Geophysical Research. 88(12): 10633-10635.

Hunt G R, Salisbury J W. 1970. Visible and near-infrared spectra of minerals and rocks: I silicate minerals. Modern Geology. 1: 283-300.

Garbung M. 1976. 光学物理. 北京大学激光教研室译. 北京：科学出版社.

Salisbury J W, Walter L S, Vergo N, et al. 1991. Infrared (2.1-2.5μm) Spectra of Minerals. Baltimore: The Johns Hopkins University Press.

第 4 章　地表偏振反射的粗糙度与密度结构特征

本章以地表四大观测对象(岩、水、土、植被)之首的岩石为对象,介绍地物偏振遥感的第三个重要特征:粗糙度与密度结构特征。具体包括:岩石表面粗糙度与多角度偏振度波谱关系,以得到地表粗糙度偏振结构特征规律;表面粗糙度与不同散射角偏振度影响分析,以给出地表粗糙度影响或决定偏振散射角、进而决定偏振度的机理根源;地物反射比与地物密度关系理论,以给出地物密度远端非接触偏振测量的方法依据,为星外体远端探测奠定新的理论基础。

4.1　岩石表面粗糙度与多角度偏振度波谱关系

地物的多角度反射特征与地物的表面结构、纹理、粗糙度等表面特征关系很大。表面粗糙度直接影响了光谱值的高低及多角度散射过程。本节就表面粗糙度与偏振度的关系进行研究。

4.1.1　样本的选择及处理

自然界的表面均介于理想镜面与理想的朗伯面之间。其反射光谱是镜面反射分量与漫反射分量的叠加。岩石所能达到的光滑程度与自身构成斑晶的硬度有关。其表面粗糙度的获得是通过机械加工用不同粒度的磨料研磨得到的。磨料指可用于研磨或抛光的材料,它们是一些具有棱角和一定硬度及韧性的粉状物质,可直接研磨工件并可制成磨具用。在宝石加工中,不同粒度磨料的适用范围见表 4.1,其中粒度号所代表的粒度(粒径尺寸为μm)由上到下是减小的。

表 4.1　不同粒度磨料在宝石加工中的适用范围

粒度号	适 用 范 围
46＃～80＃	大料切割,毛坯倒棱
100＃～120＃	小料切割,毛坯倒棱,预形
150＃～180＃	成型粗磨,预形,穿孔,小石切磨及修整
240＃～W40	成型细磨,穿孔
W28～W14	成型精磨,粗抛光
W10～W0.5	细抛光,精抛光

相同粒度的磨料应用于不同结晶大小和硬度的岩石表面,其研磨后的表面粗糙程度也是不一样的。本实验为了研磨后的表面粗糙度尽量一致,且抛光后光洁度高,要求样本质地较均匀、坚硬,最后选取了装饰市场上常见的一种岩石。

该样本采自河北省石家庄市灵寿县岔头镇牌房村“中山”，当地称为“万年青石”，地质上为黑云斜长片麻岩类。该岩石呈绿色，结构均匀、质地坚硬、抛光后光洁度极高，在装饰市场上被当作一种花岗岩，为建筑装饰所常用。本书将其称为片麻岩。将一大块岩石样本切割为薄板，再分为 5 块，分别用粒度 120＃(粒径 125～100μm)、240＃(粒径 63～50μm)、W40(粒径 40～28μm)、W28(粒径 28～20μm)金刚砂研磨，剩余一块样本进行抛光处理，分别编号为 h1、h2、h3、h4、h5(照片见附图 4.1)。由表 4.1 可以看出，基本涵盖了磨料的几个级别。由于岩石表面不可能均匀一致，因此磨料选取的梯度不能太小。如果梯度太小，岩石表面结构不均匀、研磨过程的不一致、样品的摆放等因素的误差会超过表面粗糙度的级别差，使测量结果难以区分，不能达到实验目的。

有专门的表面粗糙度仪测量样品的表面粗糙度。按检测方法分为机械触针式和光线干涉式两种。机械触针式量程大，应用最广泛。本研究在光谱测量完成后采用针描法表面粗糙度仪测量表面粗糙度，其给出的评定参数为粗糙度(轮廓算术平均差)Ra。轮廓算术平均差 Ra 是指在取样长度 l 内轮廓偏距绝对值的算术平均值(俞汉清，1997)，见图 4.1。定义公式为

$$\mathrm{Ra} = \frac{1}{l}\int_0^l |\, y(x) \,|\, \mathrm{d}x \approx \frac{1}{n}\sum_{i=1}^{n} |\, y_i \,| \tag{4.1}$$

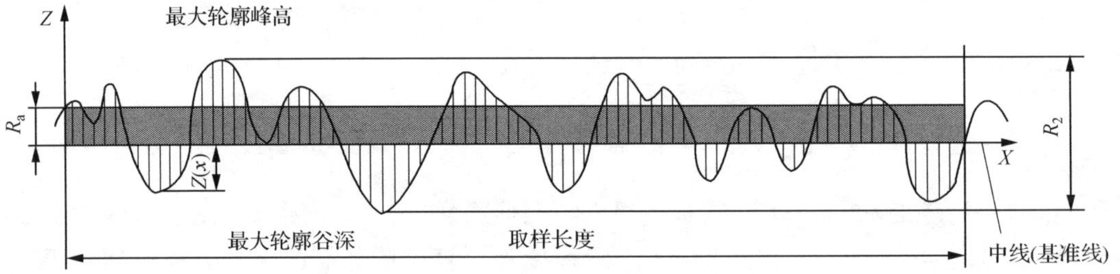

图 4.1　评定表面结构常用的轮廓参数

每块岩石表面选取 7 个测量点，每点测量 10 次，再进行平均，最终得到的表面粗糙度 Ra：h1 的为 4.08μm，h2 的为 2.91μm，h3 的为 1.47μm，h4 的为 0.86μm，h5 的为 0.33μm。

以上的表面粗糙度是依据其本身的几何参数给出的。对表面光滑度的评价与入射光的波长关系密切。人们主要是依据表面的散射特征来判断是“光滑”还是“粗糙”的。例如，产生镜面反射的被认为是光滑的，若呈漫反射现象，则被认为是粗糙的。这种表观粗糙度很难予以统一和定量描述，导致大家提出的标准并不唯一。下面是一种表面粗糙度的划分标准(谢鸣等，2005)：

光滑表面：

$$h < \frac{\lambda}{25\cos\theta}$$

中等粗糙表面：

$$\frac{\lambda}{8\cos\theta} < h < \frac{\lambda}{25\cos\theta}$$

粗糙表面：

$$h > \frac{\lambda}{8\cos\theta}$$

h 表示表面上两点的相对高度；λ 为入射光波长；θ 为入射角度。

上面的判据标准可以用本研究测量的 Ra 来代替 h，对于本节所使用的天顶角 50°，判据计算值见表 4.2。

表 4.2　表面粗糙度划分判据值　（单位：μm）

波长	中等粗糙表面判据 $\frac{\lambda}{8\cos\theta}$	粗糙表面判据 $\frac{\lambda}{25\cos\theta}$
0.35	0.068	0.022
2.5	0.486	0.156

经过比对，h5 对本节使用的部分波段可以被算作中等粗糙表面，其余 4 块岩石是粗糙表面。

4.1.2　偏振度的多角度波谱特征

2.4.1 节已经归纳了偏振度随探测天顶角及探测方位角变化的多角度特征规律。在此补充了其他不同粗糙度表面的偏振度多角度变化情况，以便清晰地验证该规律。

1. 偏振度随探测天顶角变化规律

图 2.30 与图 2.31 列举了最粗糙的 h1 和最光滑的 h5 在 180°测量方位角（镜面反射方位）处随不同天顶角偏振度的变化，并总结了偏振度随天顶角变化的规律。即 0°～80°之间先是上升，到达最高值后又开始下降。不同表面粗糙度的岩石其达到的峰值和对应角度不同。下面图 4.2～图 4.4 补充其他三块岩石的情况。

可以看出，表面粗糙度的大小，影响了镜面反射峰的出现及高低。表面粗糙度越小，岩石越光滑，镜面反射峰的峰值越高，出现的角度越接近于镜面反射角度；表面粗糙度越大，岩石越粗糙，镜面反射峰的峰值越低，对应出现的角度越远离表面法线，偏向 90°天顶角方向。

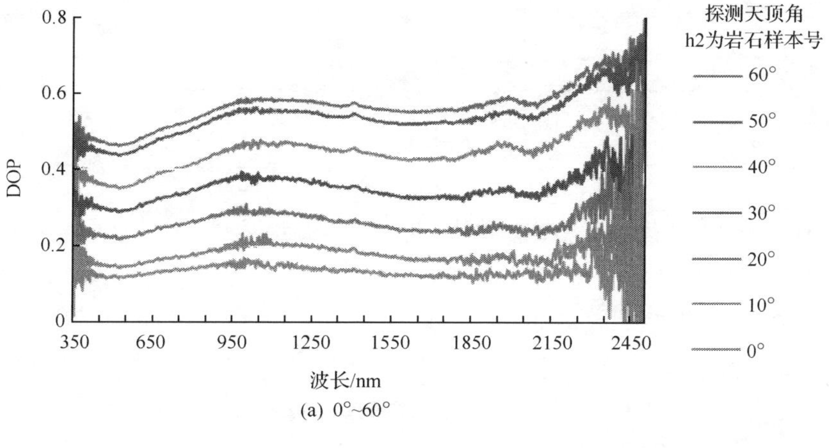

(a) 0°~60°

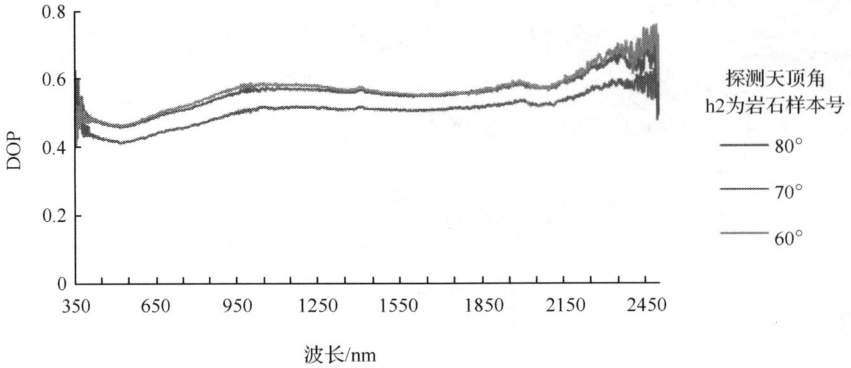

(b) 60°~80°

图 4.2 岩石 h2 在入射天顶角 50°、探测方位角 180°时，不同探测天顶角测量的偏振度（彩图附后）

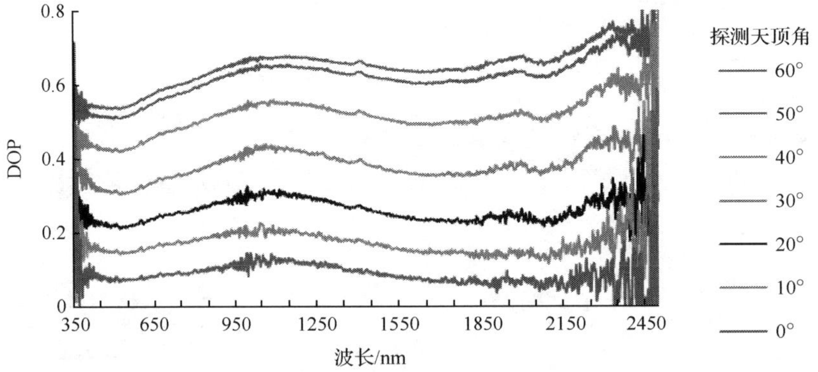

(a) 0°~60°

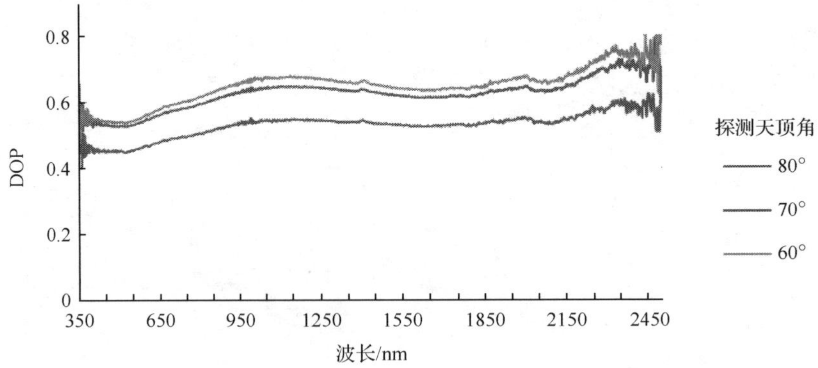

(b) 60°~80°

图 4.3 岩石 h3 在入射天顶角 50°、探测方位角 180°时，不同探测天顶角测量的偏振度（彩图附后）

2. 偏振度随探测方位角变化规律

图 2.32 与图 2.33 列出了岩石 h1 与 h5 在镜面反射方位探测天顶角 50°时偏振度随探测方位角变化的情况，并总结了其变化规律，即偏振度以 180°方位时最大，向两侧随探测方位离 180°越远逐渐降低，并趋于 0。图 4.5～图 4.7 列出了其他三块岩石的情况。

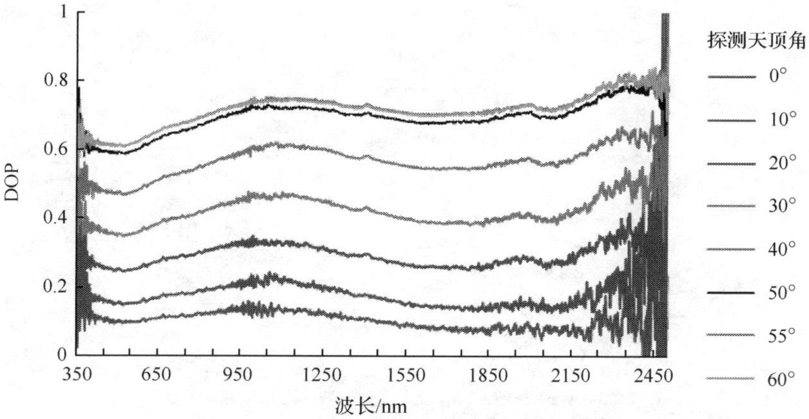

(a) 0°~60°

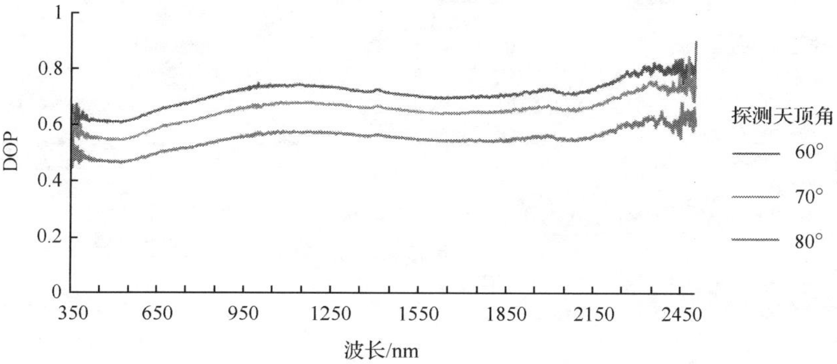

(b) 60°~80°

图 4.4　岩石 h4 在入射天顶角 50°、探测方位角 180°时，不同探测天顶角测量的偏振度(彩图附后)

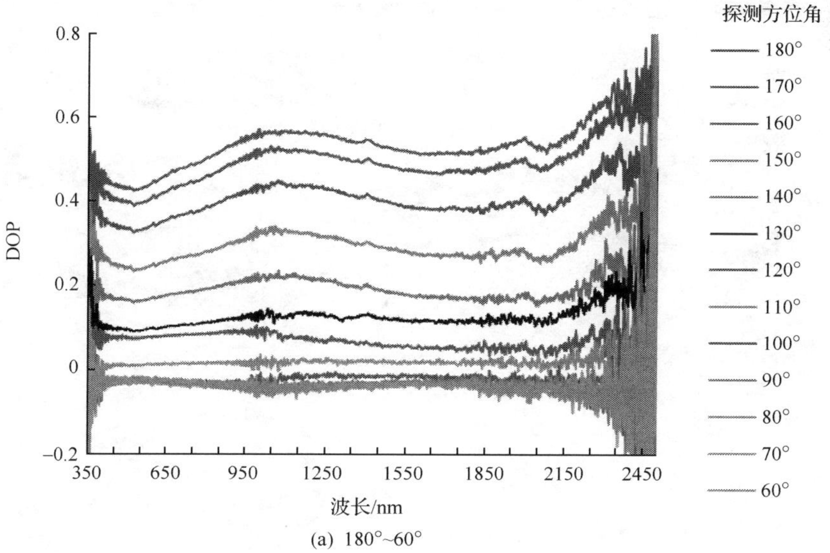

(a) 180°~60°

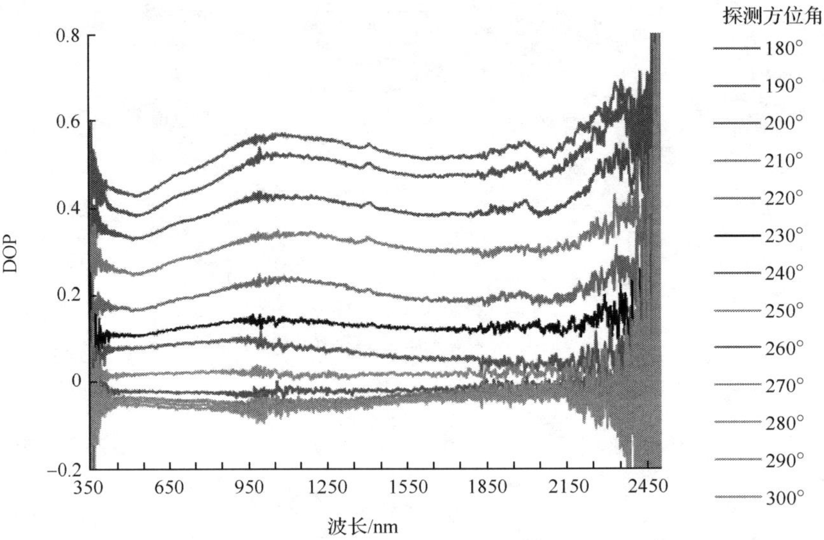

(b) 180°~300°

图 4.5　岩石 h2 在入射天顶角 50°、探测天顶角 50°时，不同探测方位角测量的偏振度（彩图附后）

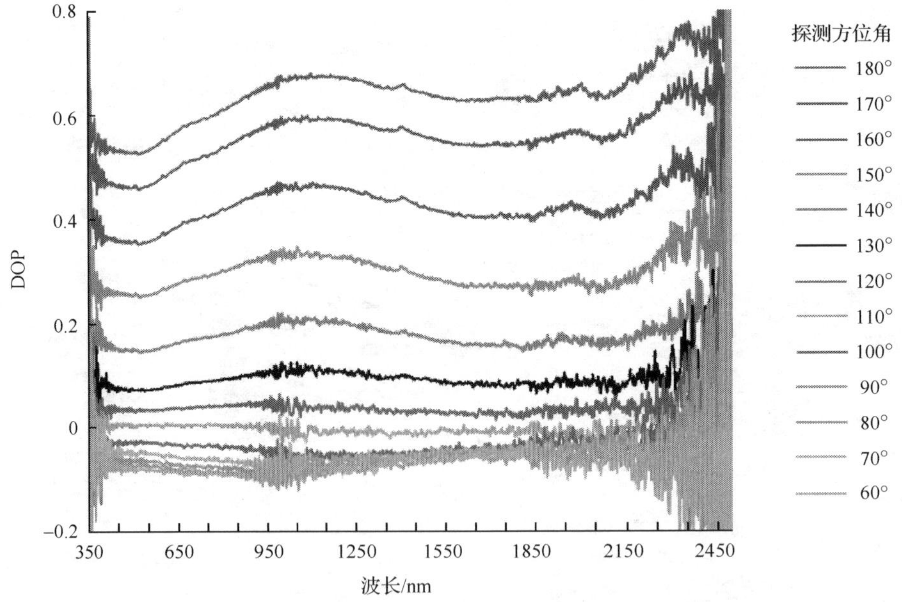

(a) 180°~60°

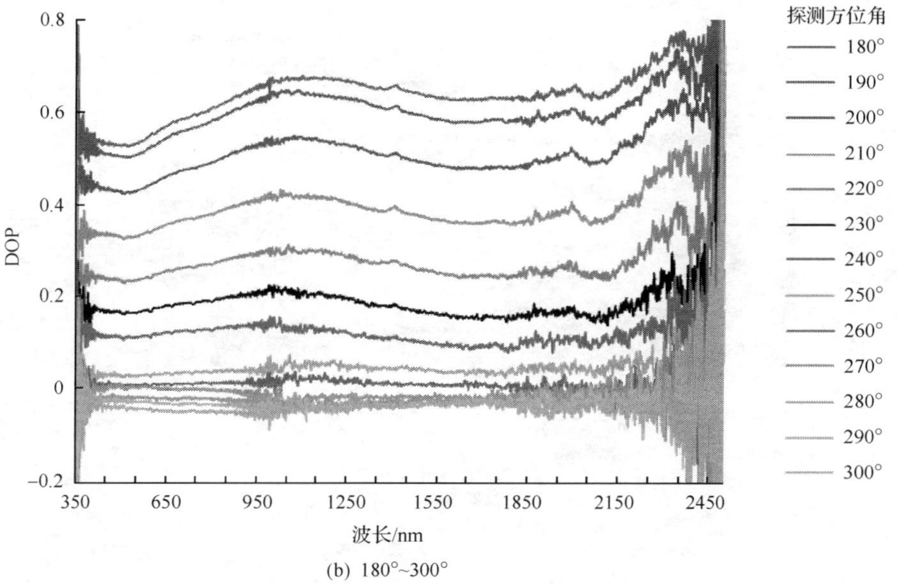

(b) 180°~300°

图 4.6 岩石 h3 在入射天顶角 50°、探测天顶角 50°时，不同探测方位角测量的偏振度(彩图附后)

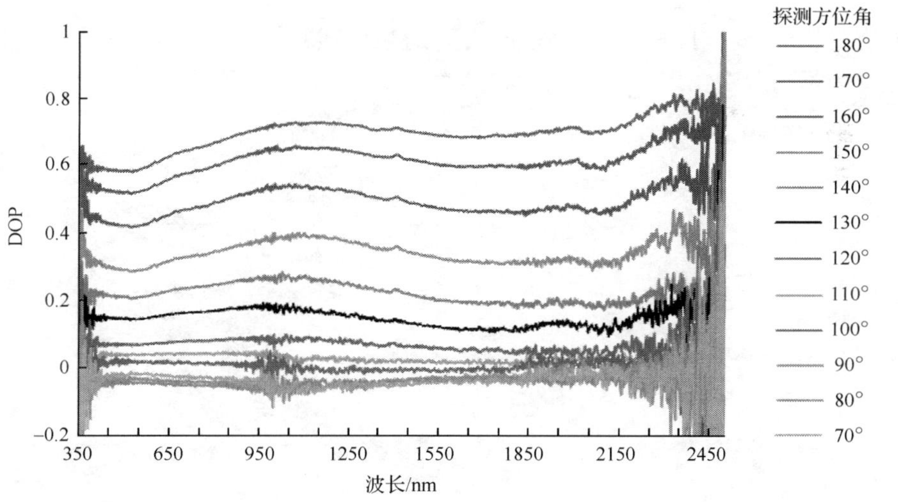

(a) 180°~70°

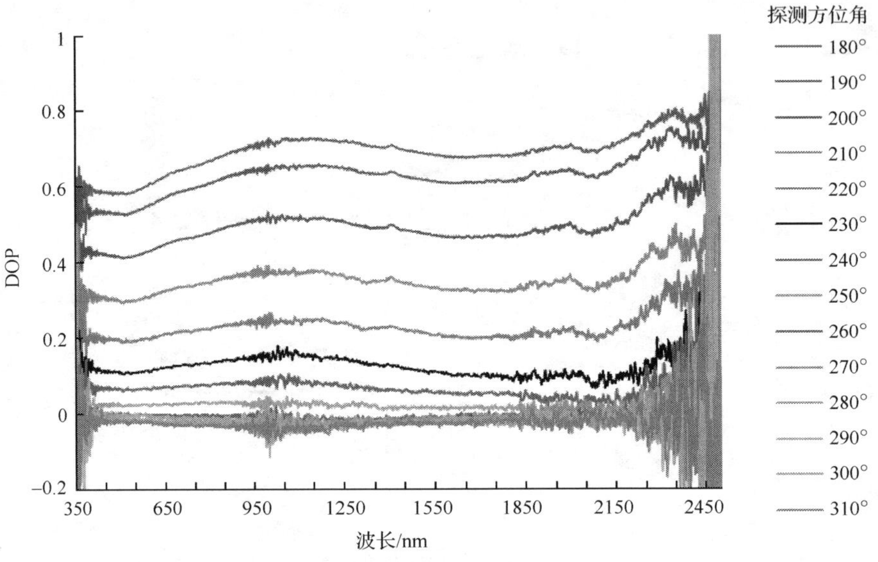

(b) 180°~310°

图 4.7　岩石 h4 在入射天顶角 50°、探测天顶角 50°时，不同探测方位角测量的偏振度(彩图附后)

4.1.3　镜面反射方位所在的典型角度分析

图 4.8 给出了典型镜面反射角度方位，50°探测天顶角、180°探测方位角时 5 块岩石的偏振度对比情况。可以看出，h1～h5 岩石随表面粗糙度减小，偏振度也依次增高。表面粗糙度因子的影响作用非常明显。

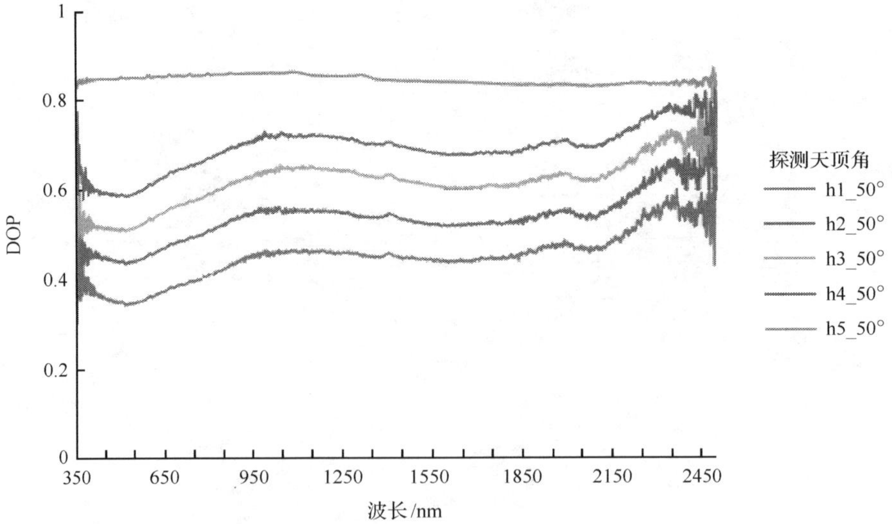

图 4.8　岩石样本在入射天顶角 50°、探测天顶角 50°、探测方位角 180°时，测量的偏振度(彩图附后)

4.2 表面粗糙度与不同散射角偏振度影响分析

本节首先分析表面粗糙度对不同探测天顶角及不同探测方位角偏振度的影响，而后就粗糙表面光散射的物理机理进行了分析。

4.2.1 表面粗糙度对不同探测天顶角偏振度影响分析

本节将定量分析表面粗糙度与偏振度峰值及峰值所在的角度的关系。

1. *表面粗糙度与偏振度峰值的关系定量分析*

为了定量地分析表面粗糙度与偏振度两者的关系，特选取了岩石偏振度波谱的一个特征波段，即 520nm 附近，该波长附近有一个偏振度谷。因为该岩石呈绿色，含有浅绿与深绿的斑晶。将 520nm 附近±10nm 的偏振度值进行平均，以去除测量噪声的影响。5 块岩石在该波长处的偏振度值见图 4.9。由图 4.9 可以看出岩石偏振度受表面粗糙度的影响在不同天顶角表现的一般特征。岩石越光滑如 h5，偏振度峰值越高，在 0°～80°方位角范围偏振度形成的峰的宽度越窄；岩石越粗糙如 h1，偏振度峰值越低，在测量的方位角范围内偏振度形成的峰的宽度越宽。

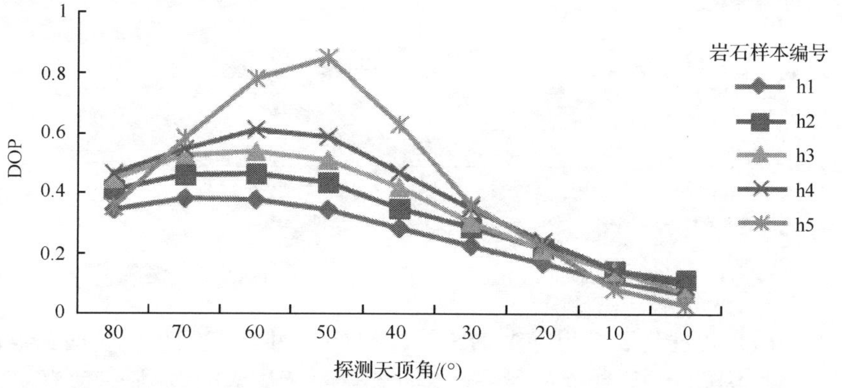

图 4.9 520nm±10nm 波段处 5 块岩石随探测天顶角变化的偏振度

将测量的五块岩石的偏振度峰值与粗糙度进行相关分析，发现它们呈幂函数关系。回归方程为

$$y = 0.604x^{-0.297} \tag{4.2}$$

相关系数 R^2 为 0.9854。对该回归模型进行 F 检验，发现偏振度峰值与粗糙度之间存在显著的相关关系(图 4.10)。

2. *表面粗糙度与偏振度峰值所在角度的关系定量分析*

偏振度峰值所在的角度从图 4.9 中可以读出，h1～h5 依次为 60°～70°、60°、60°、60°和 50°。h1 的峰值为 60°和 70°相等，可插值为 65°，其偏振度值由图 4.11 所示。同样测得 h4 在天顶角 60°时与 55°测量曲线一致，可插值为 57.5°。综合评价峰值的角度精度在 5°以内。

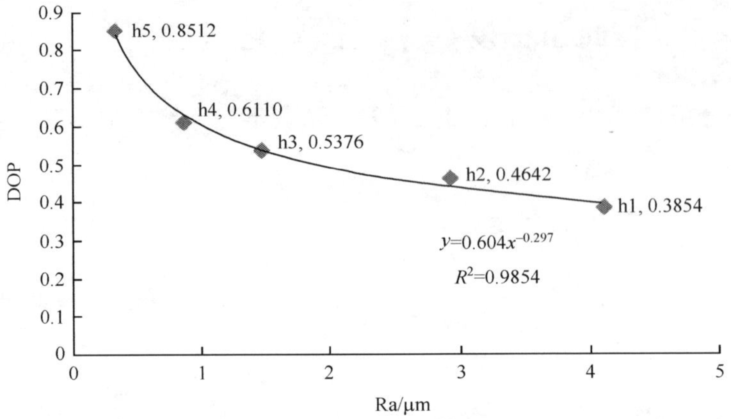

图 4.10　5 块岩石在入射主平面(φ_r = 180°)偏振度峰值与表面粗糙度的相关分析

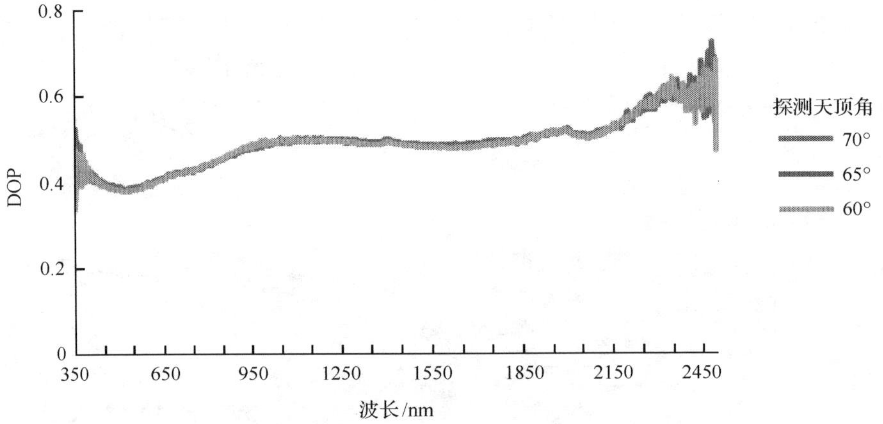

图 4.11　岩石 h1 在探测天顶角 60°、65°、70°时测量的偏振度

分析峰值所在角度与表面粗糙度的关系，表面粗糙度无限趋近于 0 时，其峰值对应角度趋近于 50°时，接近 100%镜面反射。当表面粗糙度无限大时，偏振度表现为无峰值，接近朗伯面。自然界的表面均界于朗伯面与完全镜面之间，一般表现为表面粗糙度越大，峰值对应角度越高，当然角度值需小于 90°。如此峰值所在角度与表面粗糙度相关模型为

$$y = 3.4194x + 51.584 \quad (y < 90°) \tag{4.3}$$

模型可决系数 R^2 为 0.8177(图 4.12)，对该回归模型进行 F 检验，发现偏振度峰值所在角度与粗糙度之间存在显著的相关关系。

4.2.2　表面粗糙度对不同探测方位角偏振度影响分析

为了定量地分析表面粗糙度与偏振度两者的关系，同样选取岩石偏振度波谱的 520nm 附近特征波段。将 520nm 附近±10nm 的偏振度值进行平均，以去除测量噪声的影响。5 块岩石在该波长处的偏振度值见图 4.13。由图 4.13 大致可以看出岩石偏振度受表面粗糙度的影响在不同方位角表现的一般特征。岩石越光滑如 h5，偏振度峰值越

离，在方位角范围偏振度形成的峰宽带越窄；岩石越粗糙如 h1，偏振度峰值越低，在测量的方位角范围内偏振度形成的峰宽度越宽。但峰的宽窄现象对于本研究的 5 块岩石来说不是很明显。可能有两个原因：一是样品制备的梯度不够大，不足以使其宽窄拉开距离；另一个原因就是测量的是偏振度，是由 90°偏振光谱和 0°偏振光谱计算而来，而这两项光谱在离方位角 180°较远的区域，光微乎其微，测量值已落入系统测量误差范围，信噪比太低，导致这些区域光谱值误差较大。因此在此不对其峰的宽度进行定量分析。

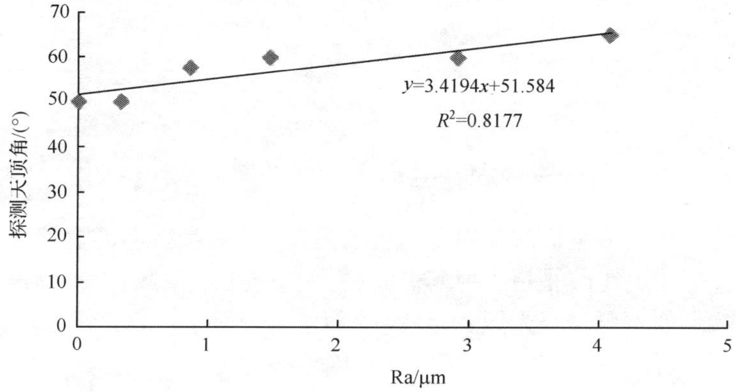

图 4.12　5 块岩石的偏振度峰值所在角度与表面粗糙度的相关分析

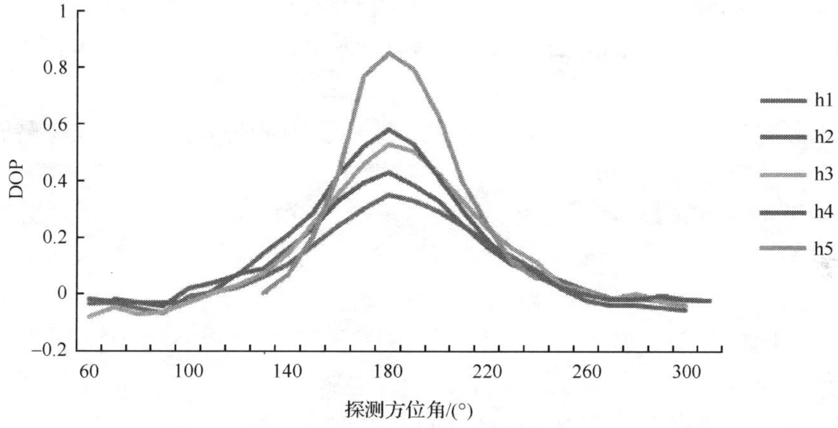

图 4.13　520nm±10nm 波段处 5 块岩石随探测方位角变化的偏振度

将 180°方位的偏振度峰值与表面粗糙度进行相关分析，发现它们呈幂函数关系。回归方程为

$$y = 0.5822x^{-0.333} \tag{4.4}$$

可决系数 R^2 为 0.9843（图 4.14）。对该回归模型进行 F 检验，发现偏振度峰值与粗糙度之间存在显著的相关关系。

4.2.3　粗糙表面光散射机理分析

自然界的表面均介于理想镜面与理想的朗伯面之间。其散射特征是镜面反射和漫反射分量的叠加（郑小兵，1999），表面越光滑则镜面反射所占的比例也越大。前面分析中表

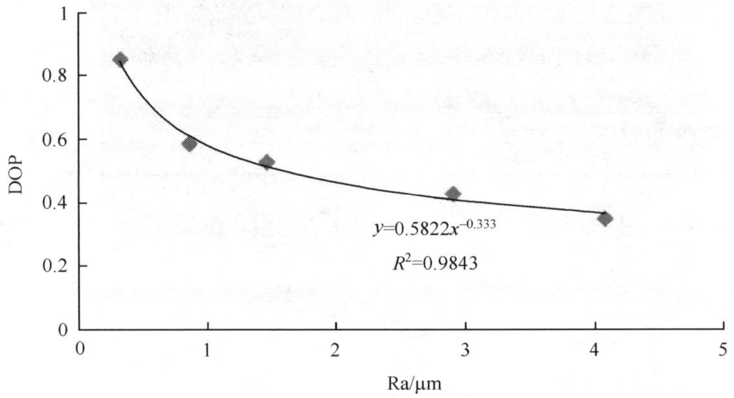

图 4.14　5 块岩石在镜面反射天顶角处($\theta_r=50°$)偏振度峰值与表面粗糙度的相关分析

面粗糙度导致的峰值偏离镜面反射对应角度的现象，是由粗糙面的遮蔽与掩饰效应引起的(杨杰、吴凡，2009)。遮蔽是指入射到微观平面上的光线被截止，掩饰是指反射光线在观测方向上被截住的情况。当光照到粗糙表面上时，表面上一般会存在阴影区，相对于某一观测角(散射角)方向，也有某些被粗糙面遮挡住的散射波不能到达观测点，因此必须考虑粗糙面的遮蔽效应和掩饰效应。并且随着表面粗糙度的增加，遮蔽掩饰效应就会越来越明显。

非镜向峰值现象出现的必要条件是表面粗糙度大于等于光波波长($\delta/\lambda \geqslant 1$)(Torrance and Sparrow，1967；Ourlier et al.，2001)。本章测量的岩石轮廓算术平均偏差 Ra：h1 的为 4.08μm，h2 的为 2.91μm，h3 的为 1.47μm，h4 的为 0.86μm，h5 的为 0.33μm。相对于前面研究的 520nm 波段，h4～h1 应产生非镜向峰值，这与已经观测到的现象符合。本研究中 50°天顶角、180°方位角对应的位置是发生镜面反射处，其反射比最高，偏振度也最大。说明抛光的 h5 岩石表面是比较光滑的，未抛光的岩石在该处就观测不到异常高反射峰。同时该岩石 h5 表面在镜面反射对应角度附近一定范围内峰值也很高，说明抛光的岩石表面其微观起伏若以光波长为单位来衡量还是粗糙的。

岩石表面同样介于理想镜面与理想的朗伯面之间，其散射特征为镜面反射和漫反射分量的叠加。岩石表面的跨度很广，既有接近理想镜面的，也有接近理想朗伯面的。但是同一种岩石受自身物理特性与加工条件的制约，其表面粗糙程度所能跨越的范围是有限的。

4.3　地物反射比与地物密度关系理论

可以通过岩石的偏振反射光谱计算出岩石的密度。先通过偏振反射光谱求得岩石的折射率，然后通过岩石的折射率来求出岩石的密度。

4.3.1　岩石的偏振反射光谱与岩石密度的关系

下面进行阐述偏振度与密度的关系。

首先，岩石表面的反射光谱的偏振度 DOP 由下式决定：

$$\mathrm{DOP}=\frac{2\cos\alpha\cos\beta\sin\alpha\sin\beta}{\cos^2\alpha\cos^2\beta+\sin^2\alpha\sin^2\beta}=\frac{2}{\dfrac{1}{\tan\alpha\tan\beta}+\tan\alpha\tan\beta} \tag{4.5}$$

利用折射定律，可以用岩石的折射率消去上式中的折射角，于是得

$$\mathrm{DOP}=\frac{2\cos\alpha\sqrt{1-\dfrac{\sin^2\alpha}{N^2}}\sin\alpha\dfrac{\sin\alpha}{N}}{\cos^2\alpha\dfrac{N^2-\sin^2\alpha}{N^2}+\sin^2\alpha\dfrac{\sin^2\alpha}{N^2}}=\frac{2\sin\alpha\tan\alpha\sqrt{N^2-\sin^2\alpha}}{N^2-\sin^2\alpha+\sin^2\alpha\tan^2\alpha} \tag{4.6}$$

式(4.6)说明，当入射角已知、偏振度已知的情况下，可以计算岩石的折射率。有了岩石的折射率，就可以通过洛仑茨-洛仑兹折射度公式来求得岩石的密度。洛仑茨-洛仑兹折射度公式如下：

$$\frac{n^2-1}{n^2+2}\times\frac{1}{\rho}=常数=\gamma_{L.L} \tag{4.7}$$

式中，n 为折射率；ρ 为密度，常数通常等于 0.12。例如，普通辉石的折射率 n=1.713，那么通过计算可以得到辉石的密度为 3.330g·cm^{-3}，这个密度在 3.23～3.52g·cm^{-3}之间，因此，可以用折射率来估计矿物的密度。

1880 年洛仑茨和洛仑兹同时提出了方程式(4.7)。洛仑茨是以电磁理论为基础的，而洛仑兹是以光的传播为理论基础的。这个公式有严密的推倒过程。按这个理论折射度是在波长无穷大时测定的，但实际上一般用黄光测定的折射度，该常数近似为 0.12。

有了上述理论基础后，就可以通过偏振度来计算岩石的折射率和岩石的密度了。但是由于测定的偏振度为岩石粗糙表面的偏振度，而不是在光滑平面下的结果，因此两者计算的结果有些出入。另外，往往岩石在镜面方向的偏振度较大，而其他方向的偏振度较小，如果用它们的均值来代替，两者差异减小。这些原因有待于进一步研究。表 4.7 给出 7 种岩石的主矿物密度。

在表 4.3 中，所列数据为主矿物密度。例如，橄榄岩的主要矿物为橄榄石，因此表中主矿物的密度为橄榄石的密度。事实上岩石的矿物成分复杂，不可能为单一的一种矿物，因此计算结果必然有一定的出入。这里需要做更细致的工作。例如，改进仪器，使仪器的性能进一步提高，同时研究在一般情况下，岩石的偏振度与岩石密度之间的函数关系，总之，这些都需要进一步地开展工作。

表 4.3 通过偏振光谱计算的几种岩石密度

参量	橄榄岩	辉岩	辉长岩	闪长岩	石英斑岩	正长岩	蛇纹岩
偏振度 DOP 计算的矿物密度/(g·cm^{-3})	3.3～3.5	3.23～3.52	2.60～2.76	3.1～3.4	2.5～2.8	2.56～2.58	2.5～2.65
地质学实测获得的实际密度/(g·cm^{-3})	3.27～3.48	3.02～3.45	3.02～3.45	2.5～3.3	—	2.5～3.3	～2.57
均值误差/%	0.7	4.1	20.7	10.7	—	12.8	2

总之，研究岩石表面反射光谱的偏振特性有其重要的价值，理论上表明，偏振度与岩石的密度有确定的函数关系，在实际应用中，这种函数关系的变化规律还需要验证。

4.3.2 利用偏振光谱来推算月球表面密度的探讨

首先在理论上提出了一种测定星体表面密度的方法。就其研究提供了一种可行的研究方案。其理论及方法有待检验及验证。

1. 理论基础

通过对地球上大部分岩石进行测定和计算，可以得到地球表层总体岩石矿物的平均比折射度 K 值，这个平均 K 值约等于 0.21。在地球上，尽管各种岩石矿物的折射率和密度不同，但大部分岩石矿物的 K 值都在 0.21 左右。地壳的重要组分 SiO_2、Al_2O_3、MgO、Na_2O、K_2O、CaO、P_2O_5 的比折射度（K 值）都在 0.20～0.23 之间，FeO 的 K 值虽然小一些（0.188），但是 Fe_2O_3 的 K 值为 0.290，H_2O 的 K 值为 0.340（液体），这些组分合成岩石矿物后，其 K 值的平均值为 0.21。

可见平均比折射度 0.21 代表地球表层总体岩石矿物的 K 值水平，根据格拉斯顿-代尔折射度公式和洛仑茨-洛仑兹折射度公式，得到以下两式：

$$\frac{n-1}{\rho} = K_{\text{地球}} = 0.21 \tag{4.8}$$

$$\frac{n^2-1}{n^2+2} \times \frac{1}{\rho} = \text{常数} = \gamma_{L.L} = 0.12 \tag{4.9}$$

联立上述方程(4.8)和(4.9)，可以得到方程

$$4n^2 - 7n + 1 = 0 \tag{4.10}$$

求解得

$$n_1 = \frac{7+\sqrt{33}}{8} \tag{4.11}$$

$$n_2 = \frac{7-\sqrt{33}}{8} < 1 \quad \text{（舍去，空气的折射率等于 1）} \tag{4.12}$$

代入原方程中式(4.8)，得

$$\rho = \frac{n-1}{0.21} = \frac{\dfrac{7+\sqrt{33}}{8}-1}{0.21} = \frac{\sqrt{33}-1}{1.68} \approx 2.824\text{g} \cdot \text{cm}^{-3} \tag{4.13}$$

这个密度与布伦(Bullen)给出的地球表面密度数据相当吻合。布伦在 1963 年给出了一个地球密度深度分布模型(图 4.15)。这个分布满足：①地球的平均密度，地球的平均密度为 5.517g·cm^{-3}；②计算出来的地球绕其旋转轴的转动惯量；③在莫霍面下的超基性岩石的密度；④已经建立起来的 p 波和 s 波的速度-深度曲线；⑤面波资料；⑥在最近的模型中所采用的自由振荡资料。当深度小于 1000m 时，可以认为这层椭球壳体的平均密度为 2.9g·cm^{-3}。他由边界条件和所有的已有观测，特别是对地震间断面的观测资料进行拟合，估算了地球密度分布。

从两种计算结果来看，一个是 2.824g·cm^{-3}，一个是 2.9g·cm^{-3}，两种结果基本一致。可见用地球的平均 K 值来估算地球的表面密度是可行的。事实上这个 K 值也是地球表面总体岩石的反映。可见用星体的平均 K 值来估算星体的表明密度结果很可靠。

上述的推理从理论上是正确的，在实际应用中是否可行呢？单纯的从物质的折射率

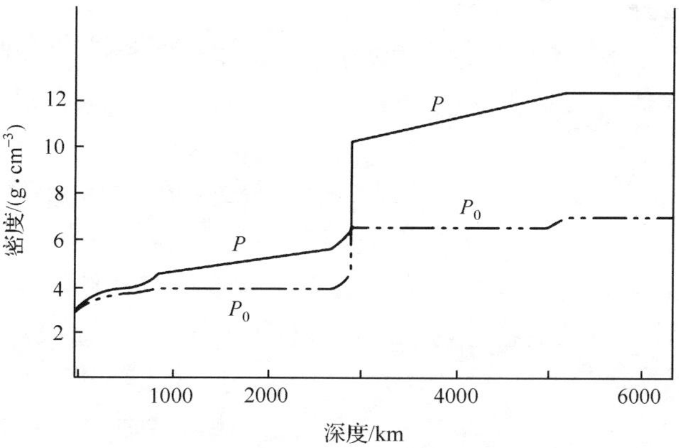

图 4.15　地球内部密度(ρ)和不受压缩密度(ρ_0)随深度的变化

获得物质的密度，前人进行了大量研究，但是从物质的偏振度计算物质的密度，却很少有人研究。因为物质的偏振度，可以远距离地进行测定，而物质的密度，现在通用的方法是接触后才能测定。如果上述理论在实验中是正确的，那么就可以通过遥感的方法获得星体整体的偏振度状态，进而推算出物质表面的平均密度。

下面说明为什么对于月球这样的星体，利用光谱的偏振性来推算其表面密度，其结果更精确。

首先，月球自身不发光，它完全在反射太阳的光辉。根据菲涅耳公式，这就保证了月球上传到传感器的光在垂直传播平面上有不同的偏振性。

其次，月球表面没有水，也没有大气包围(当然大气存在，非常稀薄)，这两个条件保证了观测到的月球上的反射光谱完全是由岩石表面的岩石性质决定了反射光谱的偏振性。

这样，探测器可以在环绕月球时，对月球表面不同点(如 100 个点)进行反射光谱探测，根据其反射光谱的偏振性来确定月球不同点处月岩的折射率和密度(100 种月岩地折射率和密度)。当这个布点比较多的时候，就可以推算出月球表层月岩的平均 K 值。利用这个 K 值，就可以按照上述方法对月球表面密度进行合理估算了。

这种方法的优点在于不接触月球表面就直接估算出月球表面的密度和月球表面岩石的密度。

目前，科学家们已经知道月球的平均密度是 3.33g · cm^{-3}，地球密度是 5.5g · cm^{-3}。在 1976 年出版的《阿波罗的宇宙旅行》一书中，美国航空航天局的科学家莱波特 · 理查德 · 路易斯写道，阿波罗 11 号、12 号宇航员带回的月面岩石标本的密度为 3.2～3.4g · cm^{-3}，它比地球岩石的密度要高得多(地球岩石密度为 2.7～2.8g · cm^{-3})。

这里对于月球有一个异常。目前已经知道地球的表面密度为 2.9g · cm^{-3}，随着地表的深入，由于压力增大，因此密度也随之增大，此时地心的密度更大。这样对整个地球而言其密度为 5.5g · cm^{-3}。总之一句话：一般来说，对于一个星体，其表面密度应当明显小于其平均密度。但是对于月球来说，其月面岩石标本的密度为 3.2～3.4g · cm^{-3}，与它的平均密度(3.33g · cm^{-3})几乎没有差别。也就是说月球表面岩石的密度并不比整个月球的平均密度小很多。

针对这种异常现象，有两种观点进行解释。哈洛德 · 尤里博士等科学家认为这是由于月球“重心”空虚所致(赵虎,2004)。英国皇家天文学会的威尔金斯博士在《我们的月球》一书中甚至估计月球中有体积约 1400 万立方英里①的空洞。所罗门博士是美国麻省理工学院的科学家,他对月球的重力进行了研究并提出,月球内部可能是空的(赵虎,2004)。

还有一种说法是认为因为月球的内部不会是较重的铁镍等元素组成,它可能呈塑性或部分熔融状。

阿波罗 11 号、12 号宇航员带回的月面岩石标本或许有其特殊性,不足以代表整个月球表面的物质。以地球上的岩石矿物为例,当岩石中 Fe_2O_3 含量较高时,其 K 值就大,而且其密度也很大,根据格拉斯顿-代尔折射度公式,可以算出其密度为 $5.34g \cdot cm^{-3}$,这种岩石的密度几乎和地球的平均密度相等。但我们不能认为地球表面的密度就是 $5.34g \cdot cm^{-3}$,因为地球上还有其他密度小的岩石。因此认为阿波罗 11 号、12 号宇航员带回的月面岩石标本的密度不能代表月球整体表面的密度。因为他们获得到样本有限,且样本并没有遍布整个月球表面。

利用偏振光的特性来再次推算月球表面的密度。这样如果从 100 处或者更多的测点推算的结果相同的话,我们有理由相信月球的表面密度就是 $3.2 \sim 3.4g \cdot cm^{-3}$,否则还需进一步的讨论与验证。

由此在理论上提出了一种测定星体表面密度的方法。在实验室通过实验和测量分析地球上各种岩石矿物的偏振度、折射率、密度来探索这种测定方法的正确性和可行性。如果利用岩石的偏振反射光谱能够准确地推算岩石密度,这为推算任何自身不发光的星体上的岩石密度提供了强有力的方法和手段。我们可以不通过接触星球表面,通过遥感的方法就可以得到星体表面的密度、折射率等物理特性。目前,月球的表面密度并没有一种可行的办法计算。如果利用偏振度计算的结果精度很高,那么完全可以根据光谱的偏振态来计算其表面密度,这种密度的估算由于不接触岩石,很适合使用遥感的方法。

2. 可行方案

选取地面上常见的所有典型的矿物岩石作为实验对象,先分别测量它们的偏振度、折射率、密度,然后再研究这三者之间的函数关系,验证是否符合从理论上导出的函数关系式。

总之,本研究以理论为基础,在对前人结果的充分分析和计算的基础上,以现有岩石矿物标本为实体进行试验,需要回答以下几个问题:

能否由矿物岩石的偏振度推算物质的折射率?即从物质表面反射光谱中的偏振度来计算物质的折射率;其计算精度如何?误差如何?

能否由矿物岩石的折射率推算物质的密度?即从物质的折射率计算物质的密度;对于岩石矿物,格拉斯顿-代尔公式和洛仑茨-洛仑兹公式适用性如何?用什么常数更能刻画岩石矿物的特性?能否有更适合的公式来表述呢?

能否直接由矿物岩石的偏振度推算物质的密度?其函数关系如何?精度如何?

上述问题的回答如果都是肯定的,那么在理论和实践上就可以证明这种测定星体表

---

① 1 英里=1.609km。

面密度的方法的所有步骤是正确的，并且可以应用于实际中。

一项可行的研究方案是在分析前人测定结果基础上，对岩石矿物反射光谱进行测定并对获得的数据进行定性与定量分析，找出计算星体表面密度的公式和方法。其基本技术路线如下。

1）对已有资料数据的整理和分析

对于很多一部分，或者相当多的矿物岩石，其折射率和密度都是有数据可查的，只需要测定这些矿物岩石的偏振度。目前就这些资料与成果非常广泛和庞杂，需要系统的整理和分析。这些资料的实验数据本身对结果验证就带来了巨大的裨益。

2）对普遍样本的选取与样本分析

再选取一些地表常见的岩石，如橄榄岩、辉岩、玄武岩、辉长岩、闪长岩、石英斑岩、花岗斑岩、粗粒花岗岩、正长岩；砾岩、火山角砾岩、紫红色页岩、硅藻土、铝土岩、油页岩；蛇纹岩、大理岩、板岩、石榴子石绢云母片岩、黑云母斜长片麻岩等，这些岩石都是地球上常见的岩石类型，对这些岩石进行相应的折射率、偏振度、密度的测定和分析计算，有助于对理论的验证。

3）实验数据测定与分析

利用现有的偏振光谱测量仪器对样本进行测定，并对数据进行分析。在过去的实验中，更多地关注了岩石矿物在 2π 空间的偏振光谱特征，往往都是一些定性的、模糊的特征，很少从岩石矿物的物理特性去考察与研究岩石矿物。事实上，从岩石矿物的物理特性去研究矿物岩石的折射率、密度、折射度三者之间的关系最能说明问题。一旦理论正确，实验合理，那么在理论上和实验中才最能经受住考验，这对遥感学的基础应用研究才能做到真正的推动作用。

4.4 估测月球表面岩石的物质组成

如何利用物质的反射光谱中的偏振特征来反推岩石中的物质组成与含量呢？第3章从实验的角度总结了偏振度与化学成分的统计关系。从物理机理来说依然还需从岩石的折射率入手。因为从岩石的偏振反射光谱中只能得到岩石的折射率数据，并不能得到其他任何信息。

到目前为止，物质的折射率与化学成分及结构之间的关系，很少有人研究。20世纪50年代末到60年代初，一位苏联岩石学家库兹涅佐夫提出比重折射率色散的方法，即认为岩石矿物不同波长的重折射率的比值是与岩石矿物的化学成分和晶体结构有关系（相云，2011）。库兹涅佐夫的比重折射率色散的方法和理论，在国内外都曾引起争议，后来没有得到推广和承认。

为什么物质的折射率的色散问题有助于了解物质的化学组成和物质结构呢？这是因为光的色散现象明显地表示物质的折射率与光波的频率有关。而在麦克斯韦的电磁理论中是没有体现出来的。光的色散有以下特征：

（1）波长越短，折射率越大；

（2）在波长一定时，不同物质的折射率越大，$dn/d\lambda$ 也越大；

（3）不同物质的色散曲线没有简单的相似关系；

（4）反常色散与光的吸收有密切关系。

图 4.16 为折射率随波长的变化曲线示意图。在光谱的非吸收区间，折射率随波长的增大而减小；当波长增加到 R 时，曲线下降开始快起来，到达某一光谱吸收区时，光不能透过。越过了吸收区域，折射率突然增加到很大。当波长继续增加时，折射率又开始降落，并且当波长很大时，折射率几乎保持稳定，此时折射率与波长无关（当波长大于 0.1cm 以后）。

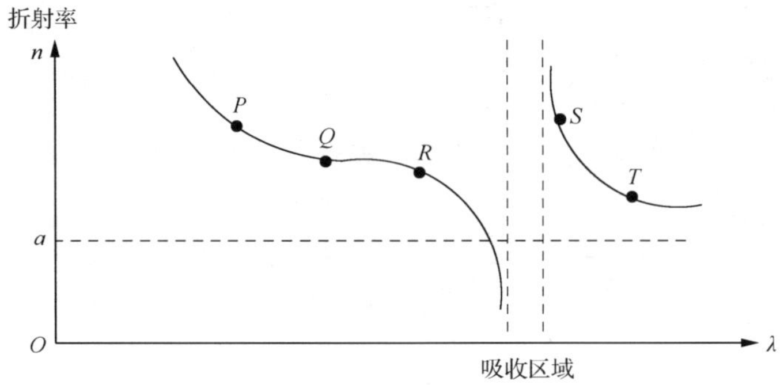

图 4.16　折射率随波长的变化曲线示意图

在这里，不同的元素对应着不同的吸收波段。因此折射率在吸收区域一般出现反常色散。由此可见，物质的折射率随波长的变化曲线与物质的化学组成有关系，不同物质有不同的色散率。

当然上面提到的只是在非常理想的状态下，即岩石只含有一种矿物的条件下。而事实上岩石的矿物成分非常复杂，因此需要我们进一步深入研究岩石的折射率与物质化学成分的关系，为月球资源探测提供理论和技术支持。

从上面的讨论可以看出偏振测量能得到更多的易于区分目标的特征信息，而多角度遥感改变了传统遥感中对地观测的单一方向（近乎垂直），从而使人们能得到物体更立体的三维信息，因此它们的有机结合，为空间探测提供了一个新的研究方向，对于拓展遥感应用领域、提高遥感识别手段、为以后的遥感发展具有重要的推动作用（赵丽丽、赵云升，2006）。

当然，多角度偏振探测技术目前还是一个较新的研究领域，其光学系统的设计还处于探索研究阶段，好多实际问题需要我们去实验研究。

1）结合高光谱的偏振遥感技术

如果要研究岩石折射率与波长之间的关系，必须要把波长进行几纳米的细分，这实际上是对高光谱遥感的补充。目前高光谱研究的仅仅是不同物体随波长的光谱反射率特性，而对于物质的折射率没有深入研究。因此我们完全可以探讨高光谱的偏振反射光谱，通过偏振反射光谱，能得到物质的折射率随波长的变化，这样就可以深入细致地去揭示物质的化学组成，为进一步探索月球表面物质提供更全面、更具体的实验数据。

2）月球波谱的复杂性

太阳时刻改变着自己的高度角和方位角，遥感探测器也不断改变着自己在天空中的位置。这种变化在一定程度上使地物光谱在 2π 空间内的时空变化变得更为复杂。同时月球表面总是有一定的坡度和起伏，这些变化的信息事实上都夹杂在遥感影像中，这需要我们去面对和解决。

3）加强波谱特征信息与图像信息间的研究

随着遥感技术的发展和运用的深入，仅利用波谱信息（一维信息）已不能适应需要。人们不仅要求有详细的波谱信息，也希望能直接获得所需波长范围的图像。这就出现了将光谱信息与图像信息结合起来的新一代成像光谱仪。在月球遥感的研究中，如何运用这种三维图像（平面空间维及光谱维）进行有效的信息处理和分析，是今后的研究任务之一。

4）月球物质偏振波谱特性的物理数学模型研究

根据偏振波谱特性与月球物质的对应关系，建立物理数学模型，通过模型的研究，了解月球物质波谱特性的机理，反演月球环境参量，实现定量化研究，对于提高应用效果有一定的推动作用。

5）建立基于高光谱的月球多角度偏振光谱数据库

通过室内测量，室外校正手段，建立起典型地物的偏振光谱数据库。最后通过测量的数据与数据库内的样本数据的对比，可以为大规模地勘探与识别各种岩石的分布提供捷径；同时充实和完善现有的月球波谱信息系统，逐步发展成为地理信息系统的一个组成部分，以减少重复测量，提高波谱数据的共享性。

参考文献

相云. 岩石多角度偏振高光谱测量及相关特性影响初探. 北京大学博士学位论文. 2011.

谢鸣，徐辉，邹勇，等. 2005. 花岗岩表面双向反射分布函数实验研究. 工程热物理学报，26(04)：683-685.

杨杰，吴凡. 2009. 粗糙表面可见光散射特性的实验研究. 中国测试，35(2)：125-128.

俞汉清. 1997. 表面粗糙度标准及应用. 北京：中国计量出版社.

赵虎. 2004. 岩石的多角度反射光谱与偏振反射光谱特征研究. 北京大学博士学位论文.

赵丽丽，赵云升. 2006. 浅谈多角度偏振遥感技术及其在探测月球资源中的应用. 地球物理学进展，21(3)：1003-1007.

郑小兵. 1999. 随机表面光散射的研究和应用综述. 量子电子学报，16(2)：97-103.

Ourlier C，Berginc G，Saillard J. 2001. The theoretical study of the kirchhoff integral from two—dimensional randomly rough surface with shadowing effect：Application to the backscattering coefficient for a perfectly-conducting surface. Waves in Random Media，11(1)：91-118.

Torrance K E，Sparrow E M. 1967. Theory for off-specular reflection from roughened surface. Journal of the Optical Society of American，57(9)：1105-1114.

第5章 地表偏振反射的信息-背景高反差比滤波特征

本章以地表四大观测对象(岩、水、土、植被)中的水、土为对象,介绍地物偏振遥感的第四个重要特征:信息-背景高反差比滤波特征。具体包括:暗背景下水体信息的偏振反射滤波特性("弱光强化"),以阐述偏振遥感"弱光强化"的信息滤波本质;强水体耀斑的偏振剥离("强光弱化")及水体密度测算,以阐述偏振遥感"强光弱化"的信息滤波本质;土壤的偏振反射滤波特性,以体现偏振遥感高信背比滤波特征;土壤含水量与偏振之间的高信背比滤波关系,以体现偏振遥感高信背比滤波效能。

5.1 暗背景下水体信息的偏振反射滤波特性("弱光强化")

传统的辐射学和光度学的遥感已经进行多年,偏振光遥感的诞生是空间遥感技术发展的必然结果。传统遥感解释的主要依据是目标的个体光谱特征,得到的是二维信息,而偏振光遥感可以获得三维信息,从而为实现目标空间结构的反演奠定基础。

水是生命之源,水对人类生态环境起着至关重要的作用,研究水的偏振反射特征,对于环境保护、水资源的监测具有重大理论意义与广泛的应用前景。水体的偏振反射特性主要与波段和入射探测几何有关,但是主要是在入射相对的反射方向偏振反射最强烈,尤其是平静近似镜面反射的水面,在其他方向的偏振反射信息可以忽略。但是水面波浪引起的偏振反射需要更详细复杂的解释。

在可见近红外波段的水色遥感领域,离水辐射指光进入水体后,经水体内部的后向散射而从水表面出射的上行辐射,即水色。它携带了水体的有用信息,是水体组成信息的光学体现。水色产品中的离水辐射主要包括两个物理量:离水辐射亮度 L_w(刚好在水面上(0+)出射的上行辐射亮度,单位:$W \cdot cm^{-2} \cdot \mu m^{-1} \cdot sr^{-1}$)和离水反射率 ρ_w(刚好在水面上出射的上行辐射亮度与下行辐射亮度的比值),如图5.1所示。离水辐射是水色遥感的基本量,可用于后续水体固有光学量、水色因子浓度等的反演、光合有效辐射、初级生产力、赤潮指数等的计算。然而,卫星传感器测量的大气顶信号中还包含有大气散射和吸收、表面镜面反射、白帽反射等的贡献。这些因素的存在,都会影响利用遥感手段对水体进行监测的精度。

清洁水体光谱在可见光和近红外波段的反射率比较低,其光谱特征不明显,在光学遥感图像上水体一般都表现为暗色调,造成了利用光谱学手段进行水体遥感识别和水质参数反演的困难。在研究水体的偏振波谱时发现,在对水体进行多角度观测时,水体在可见光与近红外波段的偏振度波谱值要远大于其无偏的反射率,表现在图像上即水体的偏振度图像的亮度要远大于其强度图像的亮度,揭示了利用多角度偏振遥感进行水体探测的优势,能够有效解决在利用光学遥感进行水体探测时反射率低的难题,大大提高水体的遥感识别能力和水质参数反演精度。

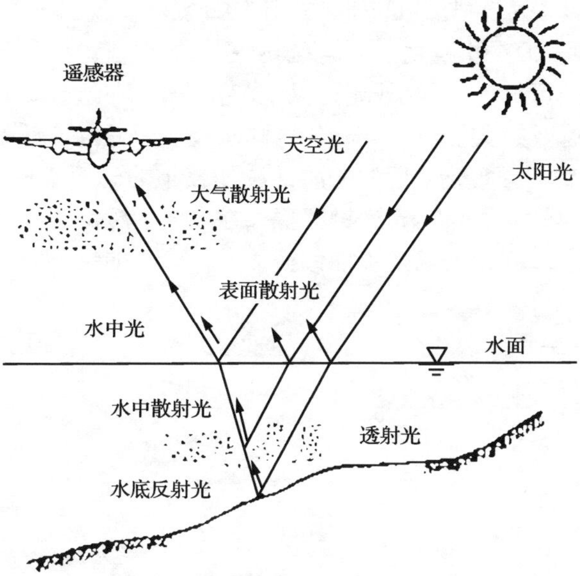

图 5.1　到达卫星传感器的信号组成

当光倾斜地入射到水体表面上时，一部分将发生反射；另一部分将折射入水体内部。设 α 为入射角，β 为折射角，则包括入射光、反射光、折射光的平面构成入射面。不管入射光本身的振动方向怎样，它的电矢量总可以分解为垂直于入射面的分量 $E_{\perp}$ 和平行于入射面的分量 $E_{/\!/}$，设相应的反射光电矢量的分量为 $E'_{\perp}$ 和 $E'_{/\!/}$。

当一束自然光在两种介质界面上反射和折射时，反射光和折射光的传播方向虽由反射和折射定律决定，但这两束光的振动取向，即偏振态，则须根据光的电磁理论，由电磁场的边界条件来决定。

如果不考虑方向，则有

$$\frac{E'_{/\!/}}{E_{/\!/}}=\frac{\tan(\alpha-\beta)}{\tan(\alpha+\beta)}=\frac{E'_{\perp}}{E_{\perp}}\cdot\frac{\cos(\alpha+\beta)}{\cos(\alpha-\beta)} \tag{5.1}$$

当 $\alpha=0°$时，可得

$$\frac{E'_{/\!/}}{E_{/\!/}}=\frac{E'_{\perp}}{E_{\perp}} \tag{5.2}$$

已经知道 $E_{\perp}=E_{/\!/}$，因此上式表明反射光中电矢量的平行分量 $E'_{\perp}$ 值和垂直分量 $E'_{/\!/}$ 值相等。但这两个分量是不相干的，合成后的反射光仍然是自然光。所以当入射光垂直入射到水体表面时，其反射光不存在偏振性。

当 $0°<\alpha<90°$时均有 $|\cos(\alpha+\beta)|<\cos(\alpha-\beta)$，此时

$$\frac{E'_{/\!/}}{E_{/\!/}}<\frac{E'_{\perp}}{E_{\perp}} \tag{5.3}$$

交界面对于入射光的两个分量（$E_{\perp}$ 和 $E_{/\!/}$）的物理作用并不相同。不论入射光的偏振状态如何，式(5.3)表明反射光中电矢量的平行分量的值总是小于垂直分量的值，从内部结构来看，这两个分量是不同方向上的、振幅大小不等的大量偏振光的电矢量在这两个方向上投影的矢量和，因此这两个分量仍然是不相干的，不能合成为一个矢量，是部分偏振

光,因此其偏振状态就与入射光的偏振状态不同了,也就是说当入射光为自然光(非偏振光)时,入射光经水体表面一次反射后,其反射存在偏振现象。

利用ASD公司的可见光/近红外光谱仪(波谱范围350~2500nm)对自然水体进行多角度偏振测量。实验区域为北京大学未名湖,湖水较清晰,无波纹,天气条件晴朗无云,数据采集时间为中午12点。实验采用偏振波谱波动较小的汤姆森棱镜作为偏振器。水体多角度偏振波谱数据采集的过程为:光谱仪探头在不同的探测天顶角的情况下,利用光谱仪分别测量水平偏振、垂直偏振以及不加偏振器三种状态的反射率。探测天顶角0°~45°变化,每15°测量一次。

图5.2所示的是探测天顶角分别为0°(垂直探测)、30°、45°的水体的水平偏振、垂直偏振以及无偏的反射比波谱曲线。

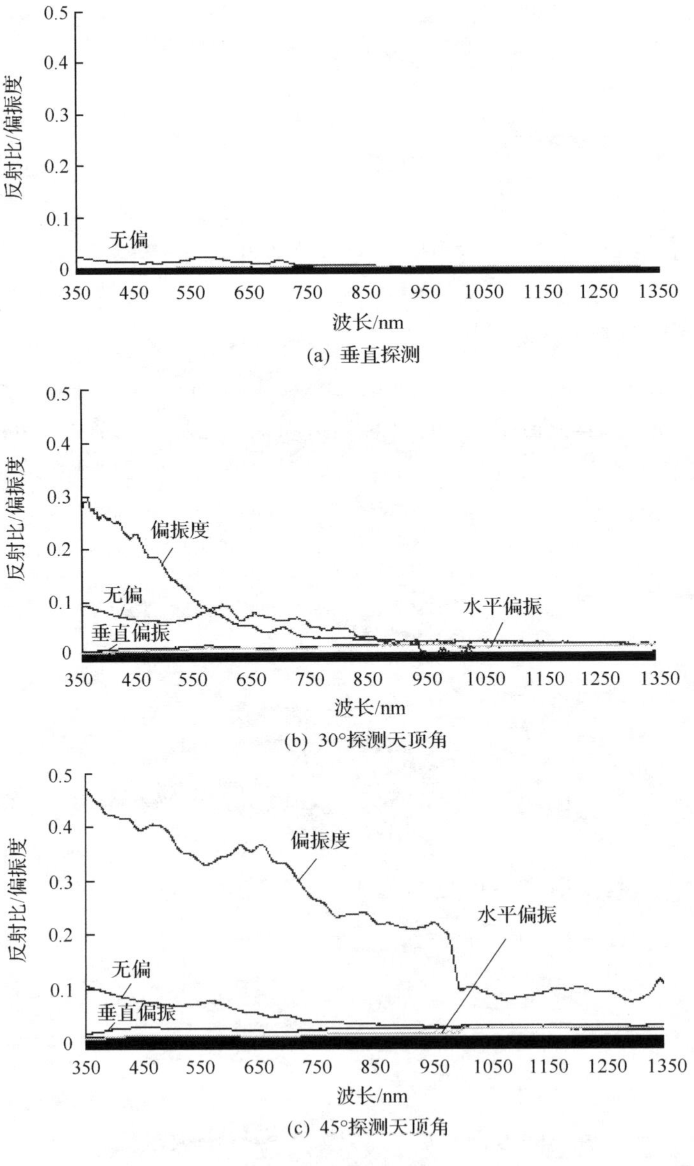

图5.2 水体在不同观测角下的偏振波谱曲线

图 5.2(a)为垂直探测湖水时的水平偏振、垂直偏振、无偏的反射率，其中无偏的曲线也就是常见的水体波谱曲线，在整个波段范围内反射率都很低，在蓝绿光波段有轻微的反射峰。目前在轨的遥感器大多都是垂直探测地表，水体的这种低反射率特性就造成在一般的光学遥感影像上，水体表现为暗色色调，很难利用水体的波谱特性对水体进行遥感识别和水质参数反演。而垂直探测时，水体的水平偏振和垂直偏振都接近于零，即在水体的垂直方向上无偏振反射，偏振度为零。

图 5.2(b)、(c)分别为探测天顶角为 30°、45°时湖水的水平偏振、垂直偏振、无偏的反射率及偏振度的波谱曲线。图 5.2(b)、(c)的无偏反射率在可见光波段较垂直时要大，作者推测是水体表面镜面反射的作用，但也可能是水体的多角度波谱特性之一，说明多角度观测数据也是遥感反演的一维重要信息，具体原因有待进一步考证。图 5.2(b)的偏振度曲线的值在 350～900nm 的波段范围内均大于无偏反射率的值，而图 5.2(c)的偏振度曲线的值在 350～1350nm 的整个波段范围内都大于无偏反射率的值。30°、45°探测时偏振度的值在某些波段比垂直探测时的无偏反射率的值要大出几十倍。

为了验证水体的这种偏振高光谱特性的有效性，还可以利用 PARASOL 卫星数据对此进行了分析。图 5.3 和图 5.4 用到的图像是截取的 2008 年 11 月 29 日位于大西洋某海域的 PARASOL 卫星图像。图 5.3 所示的是不同波长的 PARASOL 卫星的无偏(强度)图像。图 5.3(a)、(b)、(c)分别对应 490nm、670nm 和 865nm 的强度图像。图中白色区域为云，黑色区域为海水。图 5.4 所示的是不同波长的 PARASOL 卫星的偏振度图像。图 5.4(a)、(b)、(c)分别对应 490nm、670nm 和 865nm 的偏振度图像。

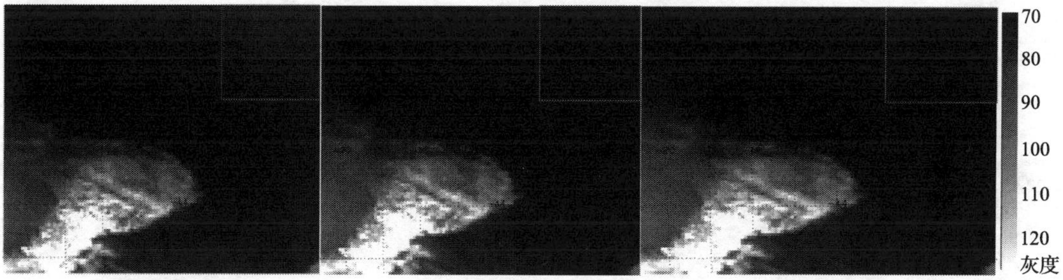

(a) 490nm　　(b) 670nm　　(c) 865nm

图 5.3　不同波长的强度图像

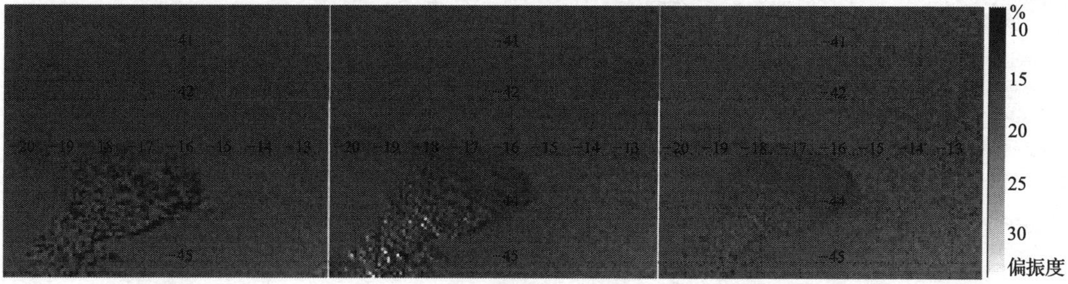

(a) 490nm　　(b) 670nm　　(c) 865nm

图 5.4　不同波长的偏振度图像

从图 5.3 和图 5.4 可以看出，各波长对应的偏振度图像的水体部分亮度都高于强度图像的水体部分亮度。表 5.1 将图 5.3 和图 5.4 的图像中的红框区域(水体)的亮度的平均值进行了统计。亮度倍数是将偏振度图像的亮度平均值除以强度图像的亮度倍数。相同海域 490nm、670nm 和 865nm 的偏振度图像亮度分别是对应波长强度图像亮度的 4.1 倍、18.0 倍和 36.8 倍。490nm 由于大气偏振、水体吸收等因素的影响而倍数较小，但总体上水体偏振度图像的亮度要远大于其强度图像的亮度。分析相同海域不同角度观测的偏振度图像，偏振度图像的亮度仍然大于强度图像的亮度。也就是偏振度图像能够将强度图像上较暗的区域变得更亮，有利于通过亮度分割等手段进行识别与分类，以提高遥感解译与反演精度。

表 5.1　水体的偏振度与强度图像的平均亮度比较

参量	490nm	670nm	865nm
反射率图像的平均亮度	14.07	3.47	1.97
偏振度图像的平均亮度	57.25	62.51	72.49
亮度倍数	4.1	18.0	36.8

从上述分析可以看出，水体的多角度偏振度波谱曲线要大于相同状态水体的无偏光谱。在地面利用光谱仪测量水体的多角度偏振光谱的特性和规律，同样适用于星载多角度偏振遥感器对水体的识别与反演。这或可为低反射率地物的遥感提供了一条重要的观测手段(吴太夏等，2010)。

5.2　强水体耀斑偏振剥离(“强光弱化”)及水体密度测算

为研究偏振对于水体信息提取，本节主要从耀斑偏振剥离与水体密度测算两方面阐述。

5.2.1　水体反射信息中耀光偏振信息

平静的水面可以被近似地看作一面镜子，当太阳光入射时，在与入射线方向关于法线对称的反射线方向上形成强烈的反射辐射，形成太阳耀光。当有风经过时，水面形成倾角，在海浪的顶端形成闪光点，这也是太阳耀光。水表面反射辐射带有少量水体本身的信息，它的强度与水面性质有关，如水面浮游生物、黄色物质、泡沫带等；但是，在受太阳耀光影响的中心区域，太阳耀光的强度非常强，比水体向上辐射量高出几十倍，传感器很可能已经达到饱和，很难从遥感资料中提取水色信息，从而影响了水质信息提取的精度。潘德炉等(1997)对 FY-1-02 批卫星图像的辐射仿真研究结果认为，因太阳耀光而无法用于水色监测的区域占整个区域的 20%～25%，某些能够纠正的区域也是建立在传感器没有饱和的情况下的。在机载遥感资料中，太阳耀光也很难避免。因此，研究如何有效去除太阳耀光的影响，是水质遥感监测的重要问题。

来自大气外层的太阳辐射传输过程中，经过大气的瑞利散射和气溶胶散射，其中一部分返回到卫星携带的传感器，一部分朝前直射和漫反射到达海面。到达海面的直射光，其中一部分由于镜面反射有可能穿过大气到达传感器，另一部分经水面折射进入水面；在水体的次表面，又受到水色因子如叶绿素、黄色物质和悬浮泥沙等微粒的散射，其中后向散射部分经水面折射离开水面，穿过大气到达卫星携带的传感器，而进入水体次表面的另一部分辐射继续向下到达真光层深度，或到达海底又部分反射，经水面折射回到传感器。

关于如何减弱和消除太阳耀光，我国和国外学者进行了大量研究，这些研究结果已经广泛应用到各层次的遥感平台中。季耿善等(1994)提出了引起水体镜面反射的太阳高度角范围，认为对遥感时间、太阳高度、太阳方位与航向等相互关系进行周密的设计可避免镜面反射。毛志华等(1996)讨论了影响太阳耀光的主要因素。Anjum 和 Ghosh(2000)对 1996 年 11 月 7 日印度次大陆的 POLDER 数据进行了分析，发现当观测天顶角为 55°时，水体的反射比明显比其他天顶角时小。

目前，避开或消除太阳耀光最常见的方法主要有两种：一是卫星 CET 尽可能移至中午 12 点，最小化耀光影响范围；二是将传感器设计成垂直、前倾 20°和后倾 20°三种扫描状态，通过拼接图像消除耀斑区域，如装载在美国"SeaStar"卫星上的 SeaWiFs 传感器。

利用偏振技术消除太阳反射光虽在航空遥感中没有前例，但在摄影学中却早有应用。摄影技术中，在有太阳反射光存在的情况，如拍摄汽车玻璃中的人物或水里的鱼，常使用偏振镜来进行过滤处理。另外，Cunningham 等(2002)用船载偏振辐射计从 53°方向观测海面，最小化太阳反射光的影响，来计算离水辐射率。

1. 耀光的形成机理和计算模式

一切物体的反射均遵循反射规律，即入射光线、法线、反射光线位于同一平面内，且入射角与反射角相等。因此，光滑的表面形成镜面反射，粗糙的表面因为有许多个反射面及各点法线方向不同而形成漫反射。水面(尤其是静水面)可以被近似地看作光滑的表面，光源在一定方向入射时，与入射方向关于法线对称的反射线方向上形成强烈的反射辐射，这就是水体的镜面反射。当有风经过时，近似光滑的水面形成倾角而造成耀光，或在海浪的顶端形成闪光点，这也是水体镜面反射造成的。

太阳耀光的辐射强度不仅是波长的函数，同时也是太阳高度角和水色扫描仪观测的方位角以及海面风速的函数。可以通过以下一组方程式来计算由风速 v_w 引起的表面粗糙的太阳直射光的反射系数 g：

$$g = [\rho(\omega)\cos\omega/\cos\theta_v\cos\theta_s]/\exp[(-\tan^2\beta/\sigma^2)/(4\pi\sigma^2\cos^4\beta)] \tag{5.4}$$

式中，各个变量表示为

$$\sigma = 0.003 + 0.00512V_w \tag{5.5}$$

$$\omega = 0.5\arccos[\cos\theta_v\cos\theta_s - \sin\theta_v\sin\theta_s\cos\phi] \tag{5.6}$$

$$\beta = \arccos[(\cos\theta_v + \cos\theta_s)/(2\cos\omega)] \tag{5.7}$$

式中，$\rho(\omega)$ 为太阳光的镜面反射函数；g 为太阳直射光的反射系数；θ_v 为水色扫描仪的高度角；θ_s 为太阳高度角；ϕ 为太阳和传感器之间方位角的差值。

2. 影响太阳耀光的因素

影响太阳耀光的因素主要包括卫星通过赤道时、卫星过境日期以及风速。

卫星通过赤道时(cross equator time，CET)与太阳耀光的关系：卫星 CET 不同时，太阳耀光的中心位置、范围和辐射度大小也不同。当卫星 CET 从上午逐渐向中午 12 点变化时，太阳耀光的中心位置由图像东边缘渐渐向图像中心偏移，耀光覆盖范围由大变小，分布形状由长的瓜子形逐渐变成椭圆形，并且椭圆面积逐渐变小，到中午 12 点变成一小点。发射窗口在中午 12 点的图像因受太阳耀光影响，像元数只是早上 8 点的几十分之一左右，于是大大提高了卫星资料的利用率，当卫星 CET 从中午 12 点往后推迟时，则恰好相反，太阳耀光中心向图像西边缘偏移，图像受太阳影响逐渐增大。

卫星过境日期与太阳耀光的关系：太阳耀光的中心位置随着过境日期的不同，在纬度方向南北移动，但过境日期对太阳耀光的分布形状和大小影响不大。太阳耀光中心的纬度与日期大致成正弦函数关系，春分和秋分时中心落在赤道；冬至时中心落在 24°S 左右；夏至时落在 22°N 左右。

风速与太阳耀光的关系：不同的风速产生不同的海面状况，改变了太阳光的反射条件，从而影响太阳耀光的强度和分布范围。相同的风速在不同的太阳和传感器的高度角和方位角情况下产生的太阳耀光情况也不同。研究表明，在相同的太阳和传感器的高度角和方位角情况下，太阳耀光的强度随风速的增大而增大，且范围也随着风速的增大而增大。

3. 太阳耀光偏振剥离法的方法

自然光以非布儒斯特角入射光滑水面，反射和折射光均变成部分偏振光，而且反射光的主要振动方向一定与入射面垂直，折射光的主要振动方向则在入射平面内。如果入射角为布儒斯特角，则反射波为线偏振波，折射波为部分偏振波。

从物理意义上来讲，任意目标表面在给定波长上发射或反射的非相干光束可用斯托克斯四维矢量(I,Q,U,V)来描述：

$$\boldsymbol{S}=\begin{bmatrix} I=\langle E_x^2\rangle+\langle E_y^2\rangle \\ Q=\langle E_x^2\rangle-\langle E_y^2\rangle \\ U=\langle 2E_xE_y\cos\delta\rangle \\ V=\langle 2E_xE_y\sin\delta\rangle \end{bmatrix} \tag{5.8}$$

式中，I 表示非偏振光强，也就是遥感中的总辐射强度，因而总是正的；Q 表示 x 方向与 y 方向上的线偏振光的强度差，其取值可为正、负或零；U 表示 45°方向与－45°方向上的线偏振光的强度差，其取值可为正、负或零；V 表示圆偏振光强，由于地物目标所产生的偏振效应基本上都是线偏振的，故在遥感探测中通常假设 $V=0$，因此，线偏振光作用于物体的特征研究在遥感中是非常重要的。

被动遥感中，光源为自然光，光线入射到地物表面被反射，这时的地物相当于起偏器。当这些反射光进入探测器时，如果在多角度传感器上装载一个偏振片，就可以得到多角度偏振反射光谱，这时的偏振片为检偏器。如果存在太阳光经过地物后的反射光为线偏振光，我们就可以通过检偏器消除这部分反射光。

由菲涅耳公式知，入射光的偏振态和反射光的振幅有关，对入射光的垂直分量和平行分量分别计算其反射率：

$$R_{\perp}=\frac{\sin^2(\theta_1-\theta_2)}{\sin^2(\theta_1+\theta_2)} \tag{5.9}$$

$$R_{/\!/} = \frac{\sin^2(\theta_1 - \theta_2)}{\sin^2(\theta_1 + \theta_2)} \tag{5.10}$$

式中，θ_1 为入射角；θ_2 为折射角度。当入射角与折射角的和为 90°的时候，平行分量（$R_{/\!/}$）的值为零。并且

$$\tan\theta_1 = \frac{n_2}{n_1} \tag{5.11}$$

上式为布儒斯特角定律，满足上式的 θ_1 为布儒斯特角。即当入射光以布儒斯特角 θ_1 入射时，反射光为完全偏振光（n_1 为入射光介质的折射率，n_2 为折射光介质的折射率），其振动面垂直于入射面（即入射光、反射光和折射光所构成的平面）。水的折射率为 1.333，故水的布儒斯特角为 53.1°。

水面（尤其是平静水面）可以被近似地看作光滑的表面，当强光源入射时，在与入射线方向关于法线对称的反射线方向上形成强烈的反射辐射，这就是水体的镜面反射。当有风经过时，近似光滑的水面形成倾角而造成耀光，或在海浪的顶端形成闪光点。在水色遥感中，由于水面的镜面反射而产生太阳耀光，是影响水色遥感图像质量的关键因素。由水体体散射形成的向上辐射强度很小，而太阳耀光的强度却非常强，受太阳耀光影响的中心区域，太阳耀光的辐射相当于水面辐射的几十倍。当产生太阳耀光时，传感器所接收到的水体信息几乎被太阳耀光所掩盖，大部分像元处于饱和状态，很难从总的辐射量中提取水色信息。从而影响了水色影像资料的利用率。水体的反射光是部分偏振光，通过偏振器的消光作用，可以将耀光中的偏振光部分消除，同时将非偏振光的强度减半，达到剥离水体耀光的作用。

到达水面的入射光为非偏振光，经水体反射后，根据上述讨论，其反射存在偏振现象。这时水体实际上是起偏器，当光线的入射角为布儒斯特角 53°，即太阳高度角为 37°时，其反射光为电矢量垂直于入射面的完全偏振光，在传感器前使用检偏器，调节检偏器的方位角，让偏振方位角与光线反射光的偏振方向相互垂直，此时由于偏振片的阻光作用，反射光全部不能通过偏振片，传感器所接收的信息为大气散射和水体体散射，水体镜面反射的值为零，也就是将太阳耀光全部剥离。

根据公式 $\sin h = \sin\phi\sin\delta + \cos\phi\cos\delta\cos t$ 可求得太阳高度角。式中，ϕ 是地理纬度，太阳赤纬角 δ 可以由天文年历查出，t 为太阳时角，由时间划算为度。根据此计算方法，可计算出地球上任一点（经度、纬度）在任一时刻的太阳高度角。因此可以计算出世界各地太阳高度角等于 37°时的适宜进行水体偏振遥感的时间。因篇幅所限，仅列出春分日的适宜时间，其他时节的数据可以依此类推。春分日时 $\delta=0°$，表 5.2 中时间均以当地时间为准。

表 5.2　春分日世界各地适合水体偏振遥感的时间

南北纬/(°)	0	10	20	30	40	50	60
适宜时间	12+3:32	12+3:29	12+3:20	12+3:03	12+2:32	12+1:22	—

由表 5.2 可以看出，在超过南北纬 53°的地区即使正午也不可能存在太阳高度角等于 37°的情况，也就是说超过南北纬 53°的地区在春分日不能利用偏振反射完全消除太阳耀光。结合各地的正午太阳高度角，在南北纬 0°~30°地区，一年中有 12 个月可能完全消除

太阳耀光；南北纬 40°地区有 8 个月可以完全消除太阳耀光，1 月、2 月、11 月、12 月四个月不适宜；南北纬 30°地区有半年时间完全消除太阳耀光；依此类推，到极地地区由于太阳高度角低于 37°，所以全年都没有能完全消除太阳耀光的时间（罗杨洁等，2006；杜嘉等，2007a，2007b；Luo et al.，2007；赵丽丽等，2007）。

以上是完全消除太阳耀光的情况，其实水体耀光有时也带有一定的水体信息，对某些指标的反演可能有很重要的作用，如水面油膜所产生的镜面反射，如果完全剥离，这部分信息势必会损失；在实际中，由于水体的体散射非常微弱，有时在完全剥离了耀光以后，散射的上行散射信息也由于偏振片的一定吸收作用而使到达传感器接收到的信息量十分小；另外要求偏振遥感都在布儒斯特角这个条件也有点苛刻，也没有必要完全消除太阳耀光。只要耀光的辐射量没有使传感器饱和，在有耀光的情况下水体向上辐射量也能有效识别，就是说太阳入射角度在大于或小于布儒斯特角的一定范围内，反射光由线偏振光和自然光两部分组成，为部分偏振光时，可以通过控制偏振方位角的大小来调节耀光的大小，以达到消除噪声，突出有用信息的作用。

故在任一 xOy 平面，在与 x 轴的夹角为 θ 的方向上，通过线偏振器后观测所得的光强为

$$I(\theta)=\left[(1-p)\cdot\frac{1}{2}+p\cdot\cos^2\theta\right]\cdot I_0 \tag{5.12}$$

式中，p 为偏振度，可通过计算不同太阳高度角时的值得到，θ 的值可通过控制偏振方位角的大小而得到。当 $\theta=0°$时：

$$I(\theta)=\frac{1}{2}(1+p)\cdot I_0 \tag{5.13}$$

即部分偏振光中偏振光部分被完全剥离，只剩下自然光部分，自然光通过线偏振器后的光强变为原来的一半。也就是说部分偏振光通过偏振器后的光强变为入射光强的 0～50%，大大消除了耀光的影响。

由此根据不同的传感器，可以定量给出太阳入射角的适宜区间和偏振方位角的大小以进行偏振遥感，使耀光大小保持在合适的范围内，给出适宜进行水体偏振遥感的时间表，比完全消除耀光的情况下适宜时间要长得多，传感器所接收到的信息也丰富得多。

为了验证以上推论，利用偏振方向光谱测量仪对水体的镜面反射进行了模拟。图 5.5 所示的分别为纯净水体在入射角为 53°、50°、60°时在波段为 670～690nm，方位角为0°～360°时相应探测角时的 0°偏振、二向性反射（不配偏振镜头所测数据）的反射比波谱曲线。

由上述讨论可以发现，只有当多角度探测器在入射面内时才可能产生太阳耀光，其他方向反射比的值都很小。纯净水体在 53°探测角方向的平行入射面的入射能量大部分被折射或吸收，此时的 0°偏振反射比要比无偏反射比小得多，也就是说，当光线入射角为布儒斯特角，传感器前偏振器的偏振方位角为 0°时，水体反射光为完全偏振光，被偏振器完全吸收，全部剥离了太阳耀光。

从图 5.5 上也可以发现，0°偏振反射比还有一定的反射峰，并不是理论上的零值，这跟实验中有一定的杂光干扰以及布儒斯特角的角度控制的精度有一定的关系，由于仪器角度定位的精度只能精确到度，而纯净水体的布儒斯特角应为 53.1°，该突出部分应该是由非偏振光的影响而形成的。

从图 5.6 和图 5.7 可以看出，入射角为 50°、60°，即不是布儒斯特角的时候，相应探测角上 0°偏振反射比的值仍然大大小于无偏时反射比的值，图 5.6 的 0°偏振反射比的值为 1.192，无偏反射比的值为 4.571，其剥离效率为 73.92％；图 5.7 的 0°偏振反射比的值为 2.036，无偏反射比的值为 5.871，其剥离效率为 65.32％。这说明了越接近布儒斯特角，其剥离效果越佳。其原因是越接近布儒斯特角，反射光中的自然光成分逐渐减少，偏振光成分逐渐增多。水体反射光中的偏振光部分均可完全剥离。

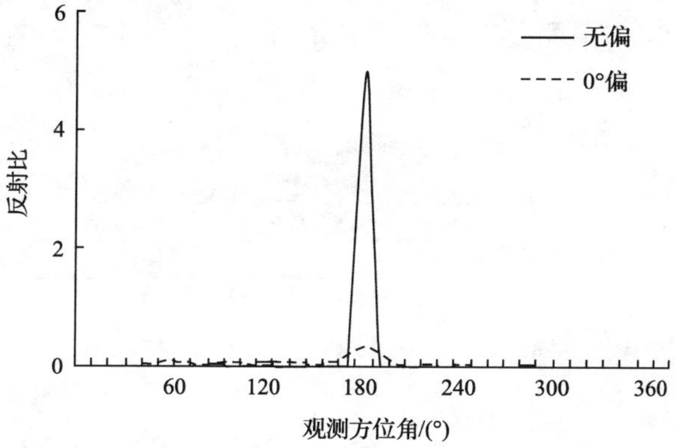

图 5.5　纯净水体在入射角、探测角均为 53°，0°偏振和无偏的波谱曲线图

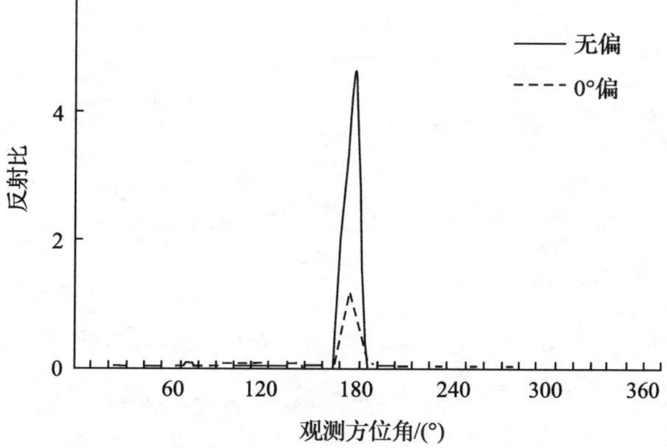

图 5.6　纯净水体在入射角、探测角均为 60°，0°偏振和无偏的波谱曲线图

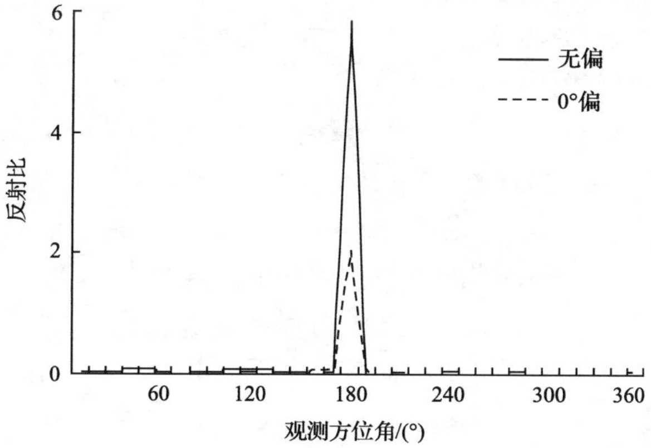

图 5.7　纯净水体在入射角、探测角均为 50°，0°偏振和无偏的波谱曲线图

5.2.2 偏振信息与水体密度反演

偏振度是描述偏振光偏振程度的物理量，它定量表示了线偏振光占全部光的比例，其原始定义为

$$\mathrm{DOP} = \left| \frac{I_{\perp} - I_{/\!/}}{I_{\perp} + I_{/\!/}} \right| \tag{5.14}$$

式中，$I_{/\!/}$ 为反射光中电矢量平行与入射面的光强；$I_{\perp}$ 为反射光中电矢量垂直与入射面的光强。$I_{\perp}$ 对应为 90°偏振（I_{90°），$I_{/\!/}$ 对应为 0°偏振（I_{0°），根据菲涅耳公式对偏振度分析。由光强为电矢量振幅的平方得到

$$\mathrm{DOP} = \left| \frac{\left(-E_{\perp} \dfrac{\sin(\theta_1 - \theta_2)}{\sin(\theta_1 + \theta_2)}\right)^2 - \left(E_{/\!/} \dfrac{\tan(\theta_1 - \theta_2)}{\tan(\theta_1 + \theta_2)}\right)^2}{\left(-E_{\perp} \dfrac{\sin(\theta_1 - \theta_2)}{\sin(\theta_1 + \theta_2)}\right)^2 + \left(E_{/\!/} \dfrac{\tan(\theta_1 - \theta_2)}{\tan(\theta_1 + \theta_2)}\right)^2} \right| \tag{5.15}$$

式中，$E_{\perp}$ 为入射光的电矢量垂直于入射面的分量；$E_{/\!/}$ 为入射光的电矢量平行与入射面的分量；θ_1、θ_2 分别为入射角和折射角。

当入射光为自然光时，$E_{\perp}^2 = E_{/\!/}^2$。利用光的折射定律有

$$\frac{N}{N_s} = \frac{\sin\theta_1}{\sin\theta_2} \tag{5.16}$$

由于空气折射率 $N_s = 1$，即

$$\frac{\sin\theta_1}{\sin\theta_2} = N \tag{5.17}$$

由上面三个公式得到

$$\mathrm{DOP} = \frac{2\sin\theta_1 \tan\theta_1 \sqrt{N^2 - \sin^2\theta_1}}{N^2 - \sin^2\theta_1 + \sin^2\theta_1 \tan^2\theta_1} \tag{5.18}$$

所以光经过液体表面反射后的偏振度由两个因素决定：一是光的入射角，另外一个是液体的折射率。对于不同的液体，由于其物质组成成分、组成结构不同，因此它们的折射率也不相同，经过它们产生的反射光的偏振度也随之发生改变。

对 DOP 函数求导，当 $\mathrm{DOP}' = 0$ 时，$\theta_1 = 53.1°$，此时该函数存在极大值，即反射光为完全线偏振光，此时的入射角 θ_1 为布儒斯特角。当入射角由 0°逐渐增大时，反射光的偏振程度也逐渐增大。到达布儒斯特角时，此时偏振度最大，随后又逐渐减小。也就是说，越接近布儒斯特角，反射光的线偏振性越好。

根据上述讨论，我们可以得出，经水体反射后，反射光存在偏振现象，这时水体实际上是起偏器。当光线的入射角为布儒斯特角 53°，即太阳高度角为 37°时，则平静的水面将使太阳光的反射光线 100%起偏，在传感器前使用检偏器，调节检偏器的方位角，让偏振方位角与光线反射光的偏振方向相互垂直，此时由于偏振片的阻光作用，反射光全部不能通过偏振片，传感器接收到的信息为大气散射和水体体散射，水面镜面反射的强度可以忽略，这样就可以在不受太阳反射光影响的情况下，利用大气、大气水体和水体的辐射传递方程推算水体的参数。

索伯列夫在利用格拉斯顿-代尔公式时，发现在可见光波段，液体的 K 值为 0.340，N

为折射率，ρ 为密度，且有

$$\frac{N-1}{\rho}=K \tag{5.19}$$

则可以得到液体密度与偏振度的关系：

$$\rho=\frac{\sin\theta_1\sqrt{\tan^2\theta_1(2-\mathrm{DOP}^2+2\sqrt{1-\mathrm{DOP}^2})+\mathrm{DOP}^2}-\mathrm{DOP}}{K\mathrm{DOP}} \tag{5.20}$$

光在媒质中的折射率随波长 λ 而异的现象，称为色散。而在正常色散中折射率随波长 λ 的增加而单调下降，且下降率在短波一端更大。海水在可见光范围内属于正常色散，且不同密度的海水的折射率不同。根据在不同光线入射角的情况下，对不同密度海水偏振度的测量，用反向迭代法将计算的密度与实际密度对比，从而可以得出计算海水密度的最佳波段，使偏振技术测量海水密度的精度进一步提高。

平静水面的偏振度随入射角的增加在 10°～50°范围内偏振度逐渐增大。这是由于自然光以非布儒斯特角入射光滑液面时，反射光变成部分偏振光，而反射光的主要振动方向与入射面垂直，所以在反射光中垂直于入射面的光振动多于平行于入射面的光振动，即 s 分量随角度增加而增大，p 分量随角度的增加而减小。在 50°时偏振度趋直线，这是由于入射角临近海水的布儒斯特角，各种颜色的光的偏振度接近最大值。s，p 分量的变化如图 5.8 所示。

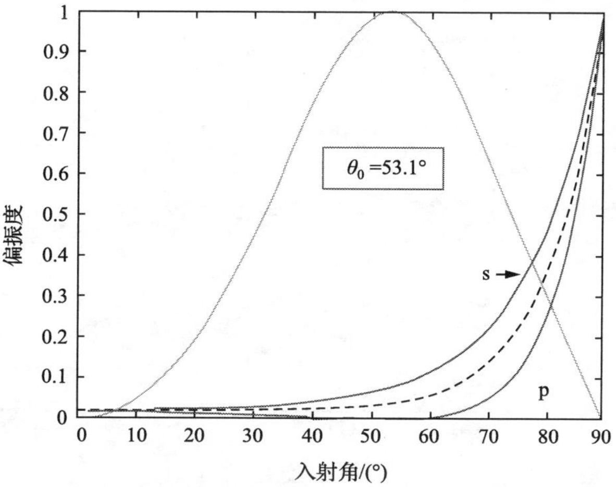

图 5.8　水体偏振度在不同入射角条件下变化的曲线图

而当入射角为布儒斯特角时，此时偏振度 DOP 存在最大值，随后偏振度又逐渐减小。故水体的偏振度在入射角(0°、90°)区间内，先是单调递增，在入射角为由水体性质所决定的布儒斯特角时达到极值，然后又开始递减，呈抛物线形。

通过对 19 个测试样品的偏振度的测量，利用反代法计算海水密度，并与实际海水密度进行比较，在误差较小的范围内确定计算海水密度的最佳波段范围，波段范围内所对应的偏振度是它们的平均值。并利用 6 个检验样品来比较计算值与实际值的误差(表 5.3)。

表 5.3　不同入射角时不同密度海水在最优波段的计算值与实际值对比表

入射角度 /(°)	波长(λ)/nm	偏振度	偏振度标准差 δ	计算值 ρ' /(g·cm^{-3})	实际密度值 ρ/(g·cm^{-3})	误差 $\rho-\rho'$ /(g·cm^{-3})
10	651～671	0.04592927	0.00201022	1.011374	1.011650	0.000276
	650～670	0.04587868	0.001891164	1.015665	1.016138	0.000473
	649～670	0.04583371	0.002025185	1.019489	1.019542	0.000053
	649～671	0.04577823	0.002015186	1.024212	1.024167	−0.000045
	649～671	0.04510776	0.001948184	1.029973	1.029658	−0.000315
	648～670	0.04564836	0.002020110	1.035318	1.035342	0.000024
20	651～670	0.18983991	0.002019826	1.011189	1.011650	0.000461
	651～671	0.18961048	0.002017499	1.015744	1.016138	0.000394
	650～671	0.18938673	0.002022624	1.020197	1.019542	−0.000655
	651～672	0.18914669	0.002018622	1.029524	1.024167	−0.00082
	650～671	0.18891989	0.002137621	1.029524	1.029658	0.000134
	648～670	0.18866382	0.002008622	1.034662	1.035342	0.00068
30	650～670	0.43926218	0.001917146	1.011860	1.011650	−0.00021
	649～670	0.43872696	0.001902630	1.016485	1.016138	−0.000347
	649～670	0.43836763	0.001907396	1.019857	1.019542	−0.000315
	649～670	0.43787016	0.001922294	1.023914	1.024167	0.000253
	648～670	0.43726455	0.001907396	1.029182	1.029658	0.000476
	648～669	0.43658667	0.002019931	1.035096	1.035342	0.000246
40	652～671	0.75617286	0.002018868	1.011011	1.011650	0.000639
	652～672	0.75527228	0.002002117	1.016563	1.016138	−0.000425
	651～671	0.75480716	0.002013755	1.019434	1.019542	0.000108
	650～670	0.75400962	0.002010513	1.024365	1.024167	−0.000198
	650～671	0.75318482	0.002020868	1.029472	1.029658	0.000186
	648～670	0.75212196	0.002013191	1.036066	1.035342	−0.000724
50	650～671	0.98214361	0.001131510	1.011994	1.011650	−0.000344
	650～672	0.98183319	0.001260886	1.016465	1.016138	−0.000327
	650～670	0.98159895	0.001285502	1.019821	1.019542	−0.000279
	650～670	0.98126249	0.001135427	1.024615	1.024167	−0.000448
	649～669	0.98089620	0.001096511	1.029801	1.029658	−0.000143
	648～669	0.98051720	0.001112491	1.035131	1.035342	0.000211

5.3　土壤的偏振反射滤波特性

在利用多波段、多时相、高光谱的遥感数据来提高遥感对地物的识别能力的同时（浦瑞良、宫鹏，2000），人们注意到角度信息在遥感图像识别和分类中起到的影响和贡献（赵云升等,2000),即地物在 2π 空间上的三维光谱特征。早期的遥感主要采取垂直收集对地观测数据,根据不同的地物具有不同的吸收、反射和发射电磁波的能力,来分辨地球表层的地物分布。这里基于一个假定:假定目标地物的反射光谱在 2π 空间内分布是一致的(朗伯体)。随着遥感的深入,这种假定引发的结论与实际相差较大。而且在单一角度下常出现不同地物对应相同的光谱反射率,上述方法存在误判。如果从多个角度来观测地物,不同地物在多角度下具有相同光谱反射率的概率会大大缩小。其次不同地物的物质成分、颜色、结构、构造的不同,其光谱的偏振态以及在 2π 空间的三维光谱特征都存在差异。通过这些差异,对于精确识别地物,提高遥感的实际应用具有重要意义。

土壤的偏振反射模型与植被的不太一致,最大的区别在于无入射与出射的类似于植被冠层内部的衰减,同样的,来自土壤的偏振反射率也是主要来自于土壤表面,这不是说入射光无法透过土壤,而是对于偏振而言,这部分偏振是可以忽略的。Hapke 的土壤二向性反射模型在遥感反演中得到广泛应用,其模型为(Liang and Townshend,1996)

$$\rho(\theta_i,\theta_v,\phi)=\frac{\omega}{4(\mu_i+\mu_v)}[(1+B(\xi))P(g,\xi)+H(\mu_i,\omega)H(\mu_v,\omega)-1] \quad (5.21)$$

式中 $\mu_i=\cos\theta_i$;$\mu_v=\cos\theta_v$;θ_i 为入射天顶角;μ_i 为入射天顶角余弦;θ_v 为观测天顶角;μ_v 为观测天顶角余弦;ω 为单次散射反照率;g 为非对称的相函数;$B(\xi)$ 为计算热点效应的后向散射函数:

$$B(\xi)=\frac{S(0)}{\omega P(g,0)\cdot[1+(1/h)\tan(g/2)]} \quad (5.22)$$

式中,$S(0)$ 为"热点"的大小;h 为"热点"的宽度。$P(g,\xi)$ 是粒子集的相函数:

$$P(g,\xi)=\frac{1-g^2}{(1-2g\cos(\pi-\xi)+g^2)^{3/2}} \quad (5.23)$$

$H(x,\omega)$ 是计算多次散射的函数:

$$H(x,\omega)=\frac{1+2x}{1+2x\sqrt{1-\omega}} \quad (5.24)$$

多角度偏振遥感是利用地球表面和大气中的目标地物,在反射、散射和透射电磁辐射的过程中,产生特征偏振信息,作为偏振化二向反射的遥感信息源。通常考虑具有相速相等沿 z 轴传播的平面波束总能分解为两个分别沿 x 轴和 y 轴取向的线性极化波 $E_x(z,t)$ 和 $E_y(z,t)$:

$$\begin{cases}E_x(z,t)=E_x\sin(\omega t-\beta z-\phi_x)\\E_y(z,t)=E_y\sin(\omega t-\beta z-\phi_y)\end{cases} \quad (5.25)$$

式中,E_x、E_y 为 x 轴与 y 轴振动振幅;ω、β 为振动频率和相位常数;ϕ_x 和 ϕ_y 分别为 x 轴与 y 轴振动初始相位。显然当相位差 $\phi=\phi_2-\phi_1=m\pi(m=0,\pm1,\pm2,\cdots)$ 时,描述的是线偏振光。同样,当振幅和相位差满足相关条件时,可以得到圆或椭圆偏振。

对于来自被探测目标的任一准单色平面波,其偏振状态可以用 4 个斯托克斯参数 I、Q、U、V 来表征。光源的出射光为非偏振光,经土壤一次反射后,根据菲涅耳公式,其反射存在偏振现象。这时地物实际上是起偏器,这里面存在两种情况:一种是到达传感器的光是非偏振光与偏振光的混合,为部分偏振光;另一种是入射光完全起偏,反射光全部为完全偏振光。故反射光经过偏振片后的强度可表示为

$$I(\theta)=\left[(1-\mathrm{DOP})\cdot\frac{1}{2}+\mathrm{DOP}\cdot\cos^2\theta\right]\cdot I \tag{5.26}$$

式中，DOP为偏振度；θ为偏振方位角。偏振度定义为全偏振分量的强度与该光波总强度的比值。光经过偏振片后为部分偏振光，DOP为线偏振光部分的强度，$1-\mathrm{DOP}$为自然光部分的强度。

如果在传感器前加上偏振器，就可以测量地物偏振化二向性反射强度的值。故可以建立土壤的基于Hapker的偏振方向反射模型（bidirectional polarization distribution function，BPDF）如下（Wu and Zhao，2005；杜嘉等，2007a）：

$$P=\frac{\omega}{8(\mu_0+\mu)}\cdot[1+(2\cos^2\theta-1)\cdot\mathrm{DOP}]\cdot[(1+B(g))P(g)+H(\mu_0)H(\mu)-1] \tag{5.27}$$

在任一xOy面，在与x轴的夹角为α的方向上进行观测所得的光强可以表述：

$$I(\alpha)=\frac{1}{2}\cdot(I+Q\cdot\cos2\alpha+U\cdot\sin2\alpha) \tag{5.28}$$

分别取α等于0°、60°、120°的3个观测方向，得到联立方程求解I、Q、U的值，并求得相应的偏振度DOP和偏振方位角θ，进而得出模型的值。

为了对以上模型进行验证，设计并实施如下的土壤探测试验。

1）土壤样本的制作和测量

采用黑土、砖红壤、棕壤、河沙冲积土、泥炭土、黑钙土、黑垆土和暗棕壤8类土壤作为被测土壤样本。为了标准化和具有可比性，把上述土壤样本装入样本盒，用天平称重。然后放在干净的玻璃板上，每次用滴定管向每堆土壤加水搅匀，自然滋润30min，然后在测量时将每一堆土壤样本全部收集到样本盒中，称重并计算其含水量。每一堆土壤样本都如此处理，经测定它们的含水量依次为0%（放在烘干箱里烘干）、12%、18%和22%。用玻璃片成45°把土壤样本刮平、压平后测量。

测量所用的偏振光谱测量仪是由中国科学院长春光学精密机械研究所研制。该仪器由光源系统、二向反射偏振光谱计系统和自动控制系统三部分组成。测量方法是将不同的样品放置在二向光度计中央的样品台上，调整好水平位置和高度，然后打开光源，将光源前的偏振片旋转到所需的角度，对每个样本都按A（690～760nm）和B（760～1100nm）两个波段分别测量其无偏振片、0°偏振、90°偏振的2π空间的反射光谱值，同时改变入射光的光源高度角，测定不同高度角时的反射光谱值，研究它们对土壤在2π空间反射光谱的影响规律。

2）土壤的偏振反射特性分析

图5.9为黑土在A波段，入射角分别为50°和60°，同时加上90°偏振片的反射波谱曲线图。

从图5.9可以看出，其峰值排列顺序都依次为60°、50°、40°、30°、20°、10°。而且在图5.9(a)中，10°和20°曲线几乎重合，而在图5.9(b)中，10°、20°、30°三条曲线也几乎重合在一起。

上述结果表明，光源入射角对波谱曲线影响极大，且在与光源入射角相等的反射角方向，土壤发生了明显的镜面反射。这个作用产生一个以反射光的光轴为主轴的圆锥波谱曲线，因此表现在不同的探测角都有一定的波峰起伏，并且各探测角的光谱波峰值是按圆锥的主轴逐渐向四周减小的。所以随着入射角的增大，其远离入射角的光谱曲线容易重合。

3）土壤模型验证

通过测量棕壤表面在光线入射天顶角为 0°～60°，观测天顶角 0°～60°，观测方位角 0°～360°，A 波段（670～690nm）以及偏振方位角分别为 0°、30°、45°、90°的偏振方向反射比，并将测量值与模型计算的值进行比较。

图 5.10 表示的是 BPDF 模型与测量值间的比较图。从图中可以看出，0°、30°、45°和 90°偏振时其测量值与模型值之间有着很好的匹配，所以显示出该 BPDF 模型可以同时反

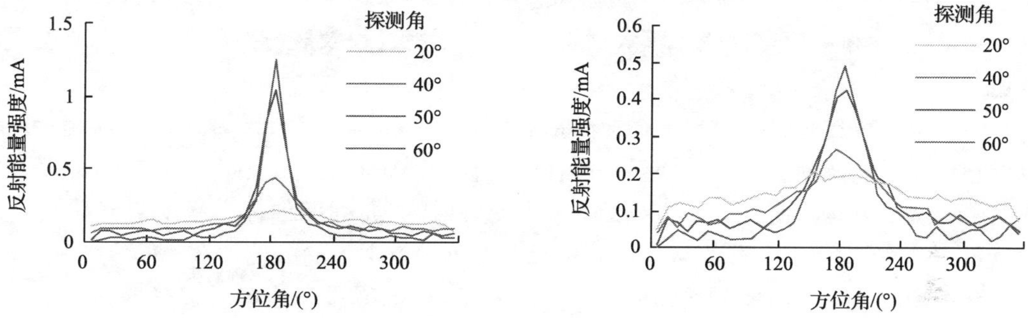

(a) 入射角为50°　　(b) 入射角为60°

图 5.9　入射角为 50°(a)与 60°(b)，A 波段，偏振片为 90°的黑土波谱曲线图

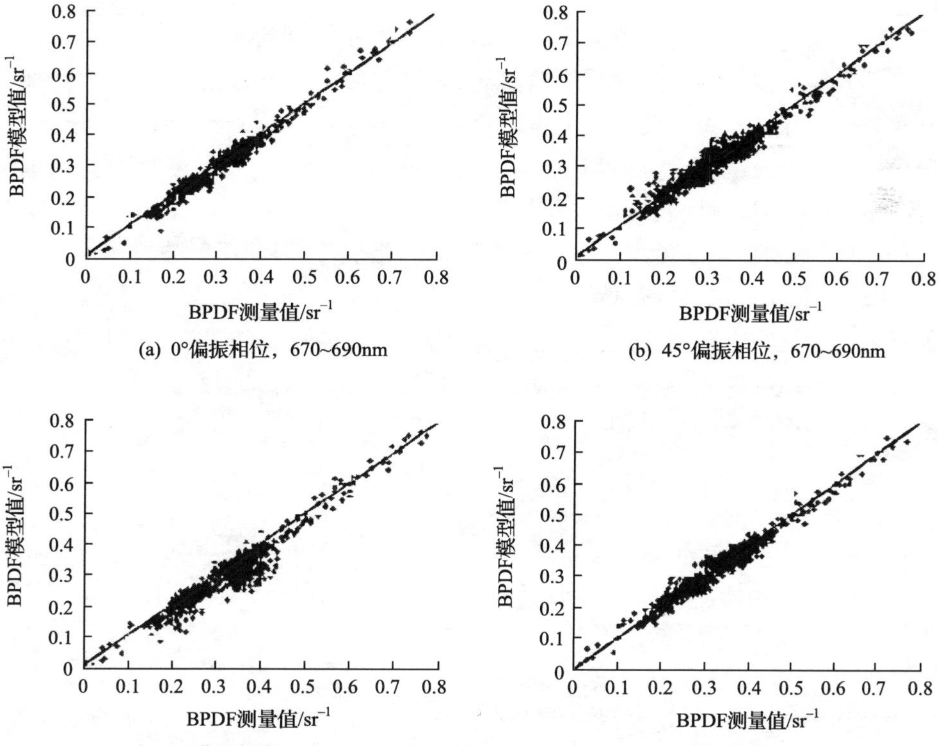

(a) 0°偏振相位，670~690nm　　(b) 45°偏振相位，670~690nm

(c) 30°偏振相位，670~690nm　　(d) 90°偏振相位，670~690nm

图 5.10　BPDF 模型与测量值的比较

映偏振反射与二向性反射特征。实验的结果是根据偏振方向光谱测量仪的 A 波段(670～690nm)而得出的,由于该波段宽度达 20nm,所以进一步的工作是利用高光谱仪如 ASD 来细分波谱宽度以及波段数,以便精确检验 BPDF 模型的精度与适用性。

5.4　土壤含水量与偏振之间的高信背比滤波关系

土壤水分,作为陆地表面水资源形成、转化、消耗过程研究中的基本参数,是联系地表水与地下水的纽带,也是研究地表能量交换的基本要素,并对气候变换起着非常重要的作用。利用偏振手段研究土壤水分含量主要是利用土壤表面反射或发射的电磁波辐射能量进行测量,这个过程中主要受土壤表面粗糙度、光学特性以及观测角度相关。本节主要是阐述土壤的含水量与偏振之间的关系。

实际上多数自然表面对辐射的波长而言都是粗糙表面。当目标物的表面足够粗糙,以致它对太阳短波辐射的反射辐射亮度在以目标物的中心的 2π 空间中呈常数,即反射辐射亮度不随观测角度而变,我们称该物体为漫反射体,亦称朗伯体。漫反射又称朗伯反射,也称各向同性反射。严格讲自然界中只存在近似意义下的朗伯体。

介于漫反射和镜面反射之间反射称为方向反射,也称非朗伯反射。产生方向反射的物体在自然界中占绝大多数,即它们对太阳短波辐射的散射具有各向异性性质,这样的物体我们称其为非朗伯体。当遥感应用进入定量分析阶段,我们必须抛弃"目标是朗伯体"的假设。描述方向反射不能简单用反射率表述,因为各方向的反射率都不一样。

当一束平面电磁波投向光滑界面,如果入射角为布儒斯特角,则反射波为线偏振波,折射波为部分偏振波。因为入射波为自然光的话,它可以分解为相等的两部分,即垂直于主反射面的振动和平行于主反射面的振动;而在反射波中,平行于反射面的振动不存在,如果它存在那么电矢量振动方向与电磁波传播方向相一致,违反了麦克斯韦原理。在非布儒斯特角情况下,反射波具有部分偏振特性就完全可以理解了。如果界面为完全粗糙面,由于从界面不同部位的发射波之间没有固定的相位差,因此反射波总体上也不出现偏振,此时的地物表面表现为朗伯体。

我们知道当地物表现为非朗伯体、入射角为非布儒斯特角的时候,这时的反射中一定发生了镜面反射即反射光中一定含有偏振光并且这时的反射光为部分偏振光。而光的偏振程度可以用偏振度来度量。偏振度的原始定义为

$$\mathrm{DOP} = \frac{I_{\mathrm{p}}}{I_{\mathrm{p}} + I_{\mathrm{n}}} \tag{5.29}$$

式中,I_{p} 和 I_{n} 分别为偏振光和自然光的强度。自然光的 DOP＝0,完全线偏振光的 DOP＝1,因此部分偏振光的 DOP 的范围是 0≤DOP≤1。偏振光在反射光的比例越大,偏振的程度就越大,偏振度也就越大。

研究表明,对于土壤来说土壤湿度越大,偏振度越高。这可以解释成液态水充满土壤,使表面变得光滑。既然这样就一定存在这样一个让偏振度等于 0 的土壤湿度临界值:即当土壤湿度大于它时,土壤的偏振度大于 0,土壤表现为非朗伯体;当土壤湿度小于它时,土壤则表现为朗伯体。这个湿度就是土壤表现为朗伯体的临界值(杜嘉等,2007)。

1. 偏振反射比与土壤湿度临界值

具有一定湿度土壤的偏振测量方法如下：土壤样本分三次装满样本盒，用天平称重，然后把每份干土壤样本放在干净的玻璃板上，每次用滴定管向每堆土壤样本中有规律地加水搅匀，自然滋润一夜，经测定黑土样本的湿度依次为16.2%、18.0%、20.2%、24.6%、25.2%、26.1%、28%、34.8%、36.1%，把上述土壤样本放入样品盒中，用玻璃片成45°把土壤样本刮压平整之后再测量其不同含水条件下的反射比。每次测完土壤样本后，紧接着测白板值，把二者的比值作为测试结果存入数据库。所有测试都在暗室中进行。

图5.11粒径为1mm的黑土在入射角为40°、波长为760～1100nm、方位角为180°、探测角为50°时，不同湿度下偏振度随着土壤湿度变化的情况，由图5.11可见，偏振度随着土壤湿度增加而增加的趋势十分明显，利用统计软件SPSS对所得的数据进行回归分析，得到回归模型：

$$Y=-0.4204+2.3629X-4.6888X^3 \tag{5.30}$$

式中，Y是土壤偏振度；X是土壤湿度；复相关指数$R=0.82563$，$R^2=0.68166$。对上述模型进行F检验，结果发现模型中的土壤湿度和偏振度之间存在显著函数关系。经计算当偏振度为0时，湿度为19.3%。

图5.12粒径为1mm的黑土在入射角为50°、波长为760～1100nm、方位角为180°、探测角为50°时，不同湿度下偏振度随着土壤湿度变化的情况，由图5.12可见，偏振度随着土壤湿度增加而增加的趋势十分明显，利用统计软件SPSS对所得的数据回归分析，得

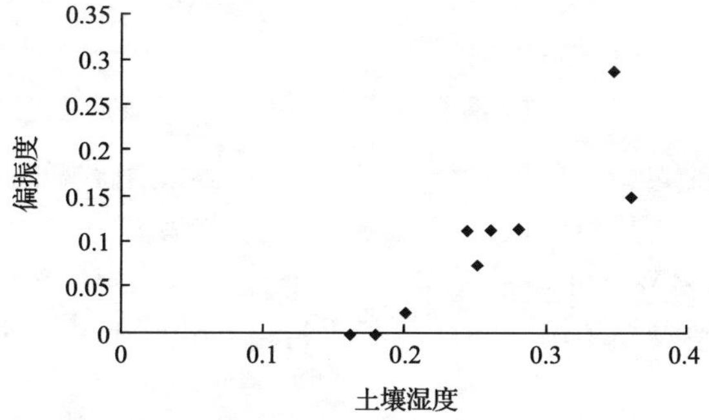

图5.11　黑土在入射角40°不同湿度条件下偏振度变化图

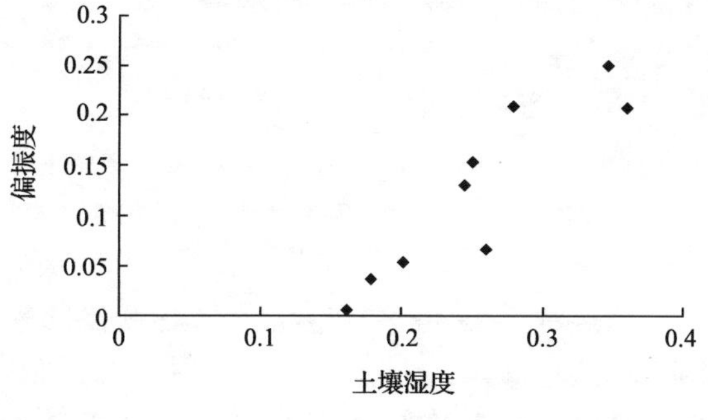

图5.12　黑土在入射角50°不同湿度条件下偏振度变化图

到回归模型：

$$Y = -0.2843 + 1.8526X - 3.239X^3 \tag{5.31}$$

式中，Y 是土壤偏振度；X 是土壤湿度；复相关指数 $R=0.91747$，$R^2=0.84175$。对上述模型进行 F 检验，结果发现两个模型中的土壤湿度和偏振度之间存在显著的函数关系。经计算当偏振度为 0 时，湿度为 16.0%。

图 5.13 所示粒径为 1mm 的黑土在入射角为 60°、波长为 760～1100nm、方位角为 180°、探测角为 60°时不同湿度下偏振度变化图。从图 5.13 可以看出偏振度随着土壤湿度增加而增加的趋势十分明显，利用统计软件 SPSS 对所得的数据进行回归分析，得到回归模型：

$$Y = -0.2144 + 1.4974X - 0.5840X^2 \tag{5.32}$$

式中，Y 是土壤偏振度；X 是土壤湿度；复相关指数 $R=0.95206$，$R^2=0.90642$。对上述模型进行 F 检验，结果发现模型中的土壤湿度和偏振度之间存在显著的函数关系。经计算当偏振度为 0 时，湿度为 15.1%。

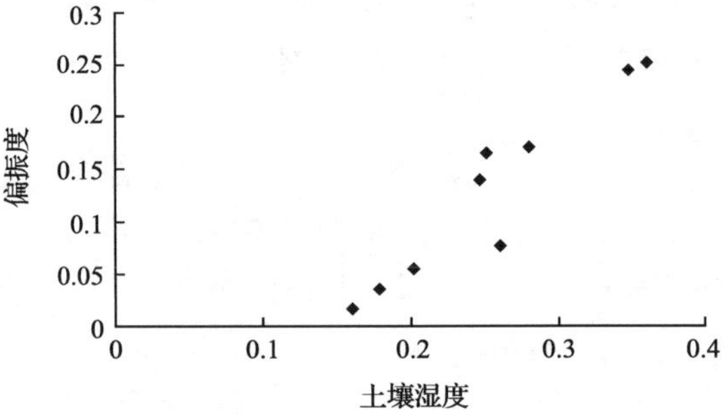

图 5.13　黑土在入射角 60°不同湿度条件下偏振度变化图

从不同的入射角度的实验可以看出，土壤湿度临界值在不同的入射角度条件下，表现出不同的值。将多角度遥感与偏振遥感相结合，发挥二者各自的优势，可以提高现有土壤遥感监测方法的多样性，对于土壤遥感分类、土壤湿度的遥感监测都是有很大的作用的，进而对于现有遥感传感器在土壤多角度遥感进行可行性判断并且对未来传感器的设计提供理论依据。

2. 土壤偏振光谱低谷值与含水量

土壤光谱曲线上有 3 个是由 O—H 引起的吸收峰，其中，在 1450nm 附近和 1940nm 附近的光谱吸收峰是由水分含量的不同造成的，而在 2210nm 附近的光谱低谷值吸收峰是由有机化合物引起的，本部分将主要研究由水分含量引起的土壤光谱在 1450nm 附近和 1940nm 附近的变化规律。

从图 5.14 和图 5.15 可以看出，土壤多角度偏振高光谱反射率随着土壤水分含量的增加，先呈现出下降趋势，当达到一定含水量时，土壤多角度偏振高光谱反射率到达拐点，之后反而呈现增加趋势。Neema 等(1987)将这个反射率变化的拐点归因于土壤颗粒吸湿水分极限值，当继续增加土壤水分时，土壤的镜面反射作用增强，此时的土壤光谱反射率就会随着含水量的增加而增加。通过实验，我们还发现不同的偏振状态下的含水量的拐点均在 30%附近。

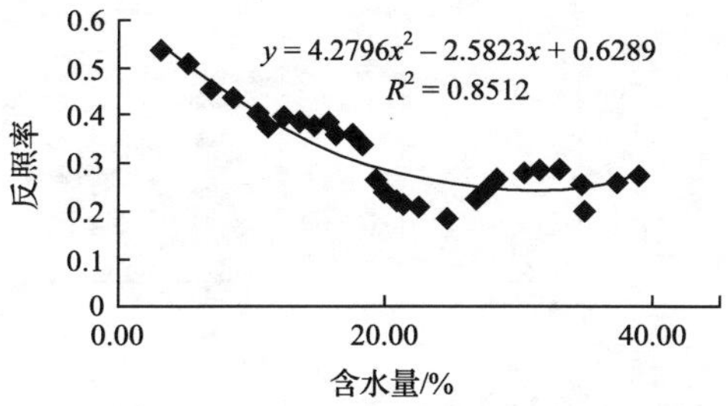

(a) 0°偏振时含水量与偏振反射比的关系

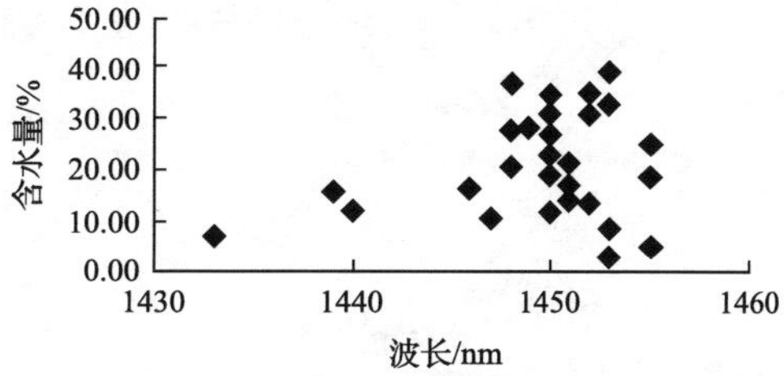

(b) 0°偏振时1450nm附近低谷值位置与含水量的关系

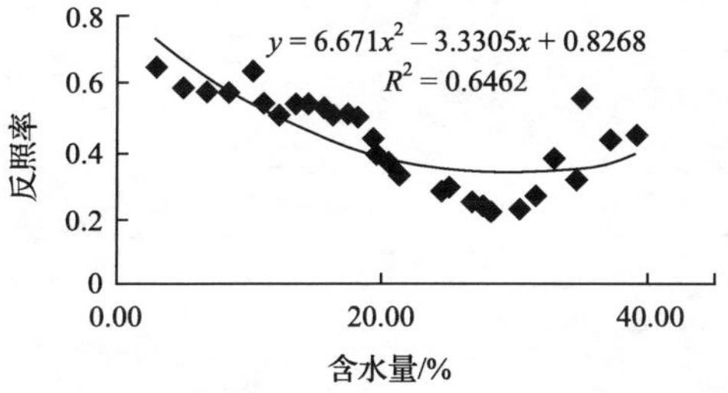

(c) 90°偏振时含水量与偏振反射比的关系

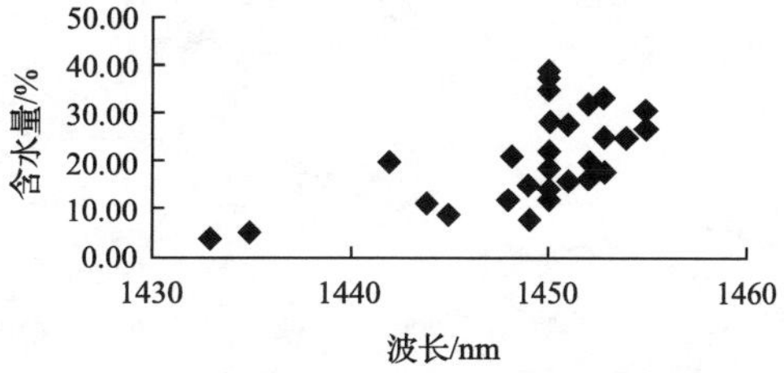

(d) 90°偏振时1450nm附近低谷值位置与含水量的关系

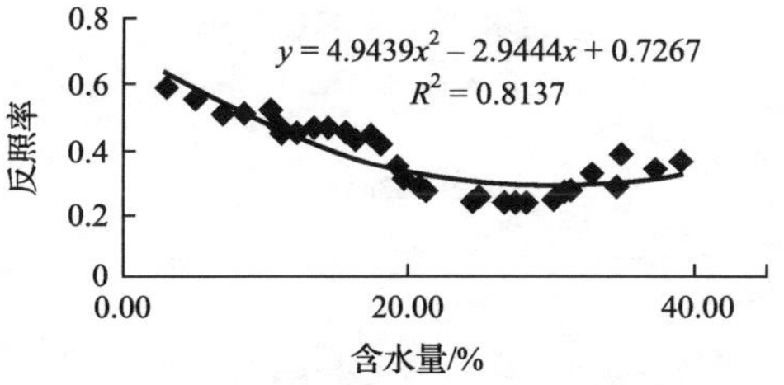

(e) 无偏(45°偏振)时含水量与偏振反射比的关系

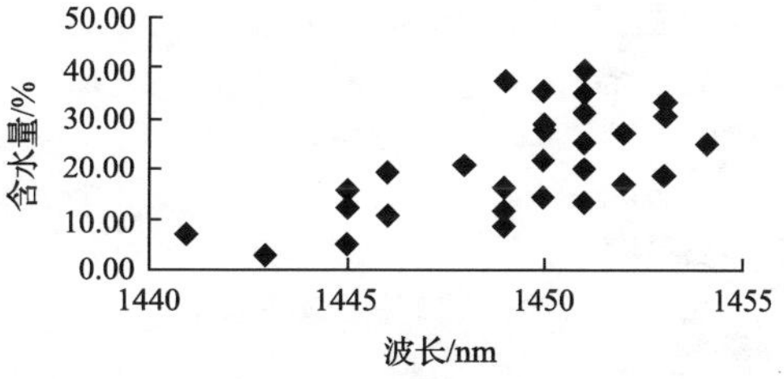

(f) 无偏(45°偏振)时1450nm附近低谷值位置与含水量的关系

图 5.14 1450nm 附近土壤光谱低谷值与含水量的关系

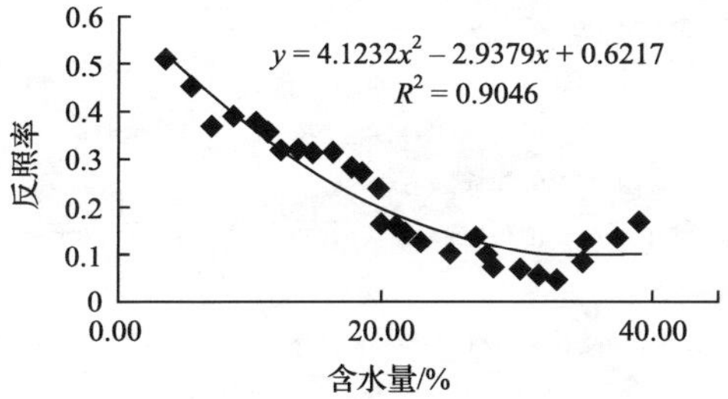

(a) 0°偏振时含水量与偏振反射比的关系

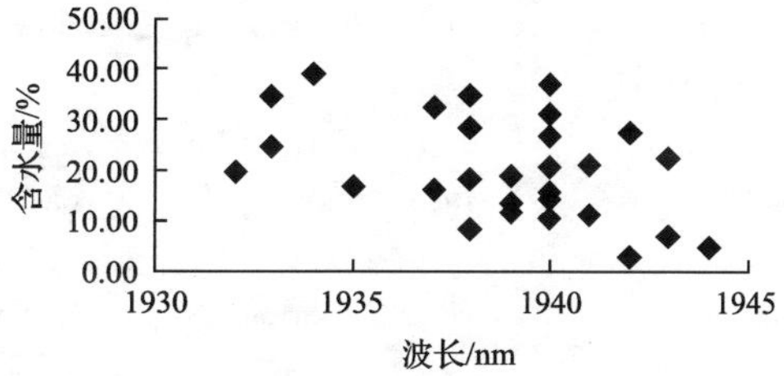

(b) 0°偏振时1940nm附近低谷值位置与含水量的关系

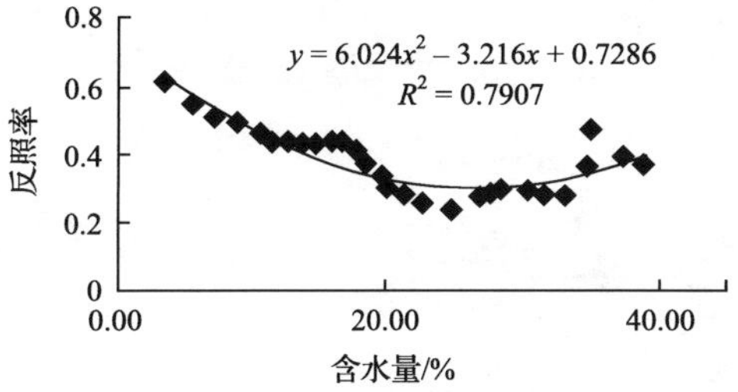

(c) 90°偏振时含水量与偏振反射比的关系

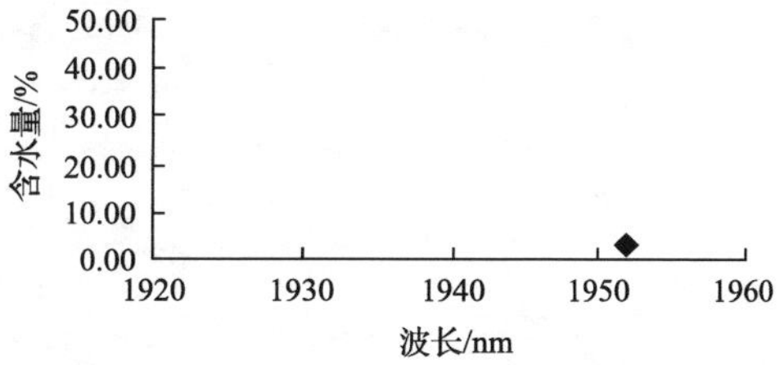

(d) 0°偏振时1940nm附近低谷值位置与含水量的关系

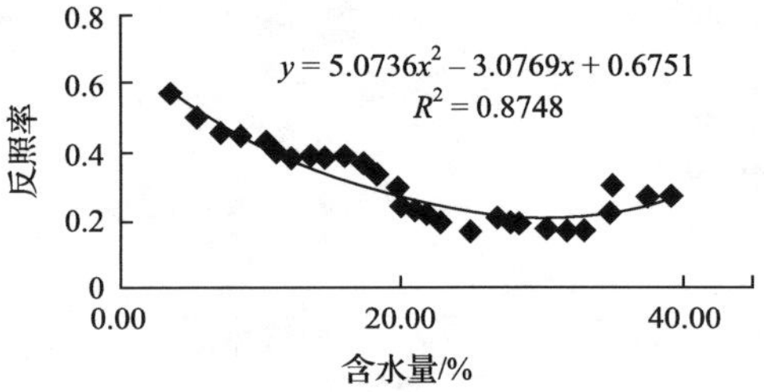

(e) 无偏(45°偏振)时含水量与偏振反射比的关系

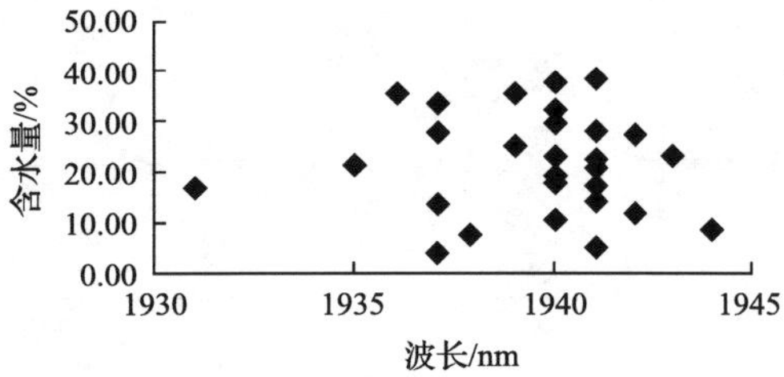

(f) 无偏(45°偏振)时1940nm附近低谷值位置与含水量的关系

图 5.15　1940nm 附近土壤光谱低谷值与含水量的关系

参考文献

杜嘉，赵云升，宋开山，等. 2007a. 土壤表现为朗伯体的土壤湿度临界值的确定方法初探——以黑土为例. 土壤通报，38(2)：220-224.

杜嘉，赵云升，吴太夏，等. 2007b. 偏振在多角度遥感中的太阳耀光消除的应用. 光学技术. ：32(3)，375-378.

季耿善，杨静，傅江，等. 1994. 水体遥感的镜面反射特征研究. 环境遥感，9(3)：195-202.

李淑菁，毛天明，潘德炉. 1997. 太阳反射光对海洋水色卫星遥感的影响研究. 热带海洋，16(4)：76-82.

罗杨洁，赵云升，胡新礼，等. 2006. 偏振与多角度遥感中的太阳耀光剥离. 光学技术，32(002)：205-208.

毛志华，郭德方，潘德炉. 1996. 航空水色遥感中太阳耀光信息提取及消除方法的研究. 遥感技术与应用，11(4)：15-20.

潘德炉，Doerffer R，毛天明. 1997. 海洋水色卫星的辐射模拟图像研究. 海洋学报，19(6)：43-55.

浦瑞良，宫鹏. 2000. 高光谱遥感及其应用. 北京：高等教育出版社.

吴太夏，晏磊，相云，等. 2010. 水体的多角度偏振波谱特性及其在水色遥感中应用. 光谱学与光谱分析，30(2)：448-452.

赵丽丽，罗杨洁，赵云升，等. 2007. 水体镜面反射的多角度偏振特性研究及应用. 中国科学 D 辑：地球科学，37(3)：411-416.

赵云升，黄方，金伦，等. 2000. 植物单叶偏振反射特征研究. 遥感学报，4(2)：131-135.

Anjum V N S，Ghosh R. 2000. Angular and polarization response of vegetation，bare soil and water from ADEOS POLDER data over India. International Journal of Remote Sensing，21(4)：805-810.

Cunningham A，Wood P，McKee D. 2002. Brewster-angle measurements of sea-surface reflectance using a high resolution spectroradiometer. Journal of Optics A：Pure and Applied Optics，2002，4(4)：S29.

Liang S，Townshend J. 1996. A modified Hapke model for soil bidirectional reflectance. Remote Sensing of Environment，55(1)：1-10.

Luo Y，Zhao Y，Li X，et al. 2007. Research and application of multi-angle polarization characteristics of water body mirror reflection. Science in China Series D：Earth Sciences，50(6)：946-952.

Neema D I，Shah A，Patel A N. 1987. A statistical optical model for light reflection and penetration through sand. International Journal of Remote Sensing，8(8)：1209-1217.

Wu T X，Zhao Y S. 2005. The bidirectional polarized reflectance model of soil. IEEE Transactions on Geoscience and Remote Sensing，43(12)：2854-2859.

第6章 地表偏振反射的辐射传输能量特征

本章以地表四大观测对象(岩、水、土、植被)中的植被为对象,介绍地物偏振遥感的第五个重要特征:辐射传输能量特征。具体包括:植物冠层的偏振反射特性,以证明辐射传输能量特征;植被冠层的反射光偏振度模型,以得到偏振辐射传输规律刻画;植被单叶与偏振之间关系,以建立偏振刻画植被单叶的方法;几种农作物冠层对偏振反射的影响,以得到偏振刻画植被冠层结构的有效性证明。

6.1 植被冠层的偏振反射特性

植被是地表最典型的地物之一,本节重点研究植物冠层的偏振反射特性,以证明能量辐射传输能量特征。

当人眼或传感器倾斜观测植被时,会发现植被的部分叶片是白色的,而并非绿色,如图6.1所示。这说明辐射与叶片作用后,大部分光子是在表面直接镜面反射,这部分辐射的强度很大,因而会很晃眼。而白色说明了这部分反射是没有波长选择性的,在可见光范围内的反射率均一。依据菲涅耳原理,这部分光是部分偏振的(Vanderbilt et al.,1985)。

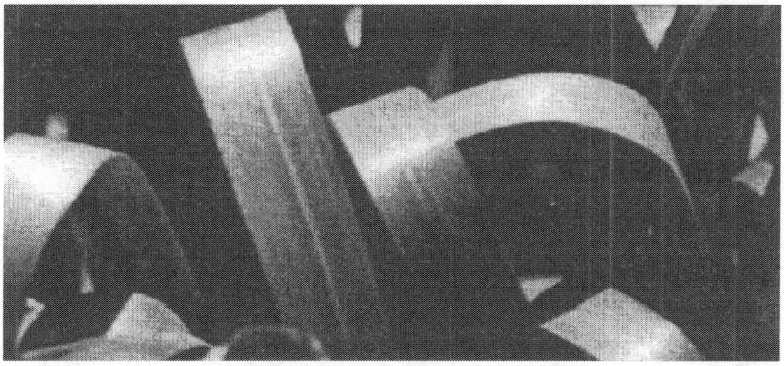

图6.1 玉米的倾斜观测

入射辐射与叶片相互作用后,有部分辐射会在叶表直接反射,这部分辐射没有进入叶片内部,因而不含叶片内部的信息;而另外一部分会进入叶片内部,与内部组织相互作用,部分被吸收,然后剩下的逃逸出叶片内部,这部分辐射包含叶片内部信息(叶绿素含量、氮含量等)(Vanderbllt,1980)。表面反射那一部分只与叶片特性及入射与观测的相对关系有关,具体来说即入射与观测的相对方位、叶表蜡质层的折射率以及叶表粗糙度。

在植被冠层中为了确定作物光合作用的能力,作物冠层结构在早期研究中已经被列为重点。而叶片的倾斜角度是描述冠层几何结构的最重要因素。然而在野外测量是非常困难的。伴随着倾斜仪器和3D数字技术的发展,测量叶间隙已经成为可能。这些技术的缺点就是不能短时间大面积地获取有用信息。尤其是对农业遥感和环境检测时,远距离检测管层结构对于区分作物和植物种类是非常有效的方法。这就使得研究者更加关注遥感技术应用在植物冠层检测的研究。利用偏振信息建立与叶倾斜角度的关系已经被证明了可行性,而且理论和实际研究都已经证明了该说法。

冠层结构与作物冠层偏振反射特性的关系主要体现在叶片倾斜角度与偏振之间的关系。通过研究者的研究发现,不同生长时期的作物冠层结构不同使偏振反射特性有所变化,这就为偏振信息与冠层结构之间的联系提供了依据。图6.2中表示了偏振与各个因素(包括叶面积指数LAI、平均倾斜角度MTA、植物高度PH以及叶片绿程度SPAD)之间的关系。

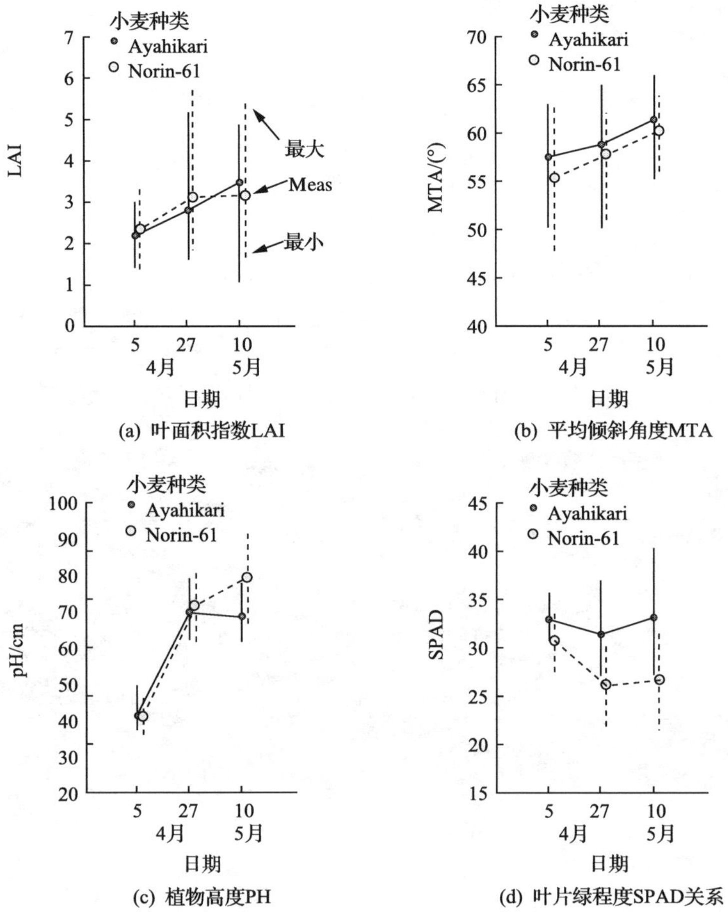

图6.2　两种小麦冠层在不同偏振偏振状态下的参量变化情况

随后,对倾斜角度与偏振直接的关系做了详细的研究。研究中发现,偏振与倾斜角度之间有很好的线性关系。如图6.3所示。通过实际测量值与估算值比较可以发现,利用回归得到的经验模型可以预测实际作物冠层叶片的倾斜角度。

虽然利用回归模型可以计算出叶片的倾斜角度,但是在将来的研究中为了提高模型的稳定性和提供校正实际测量的时候,应该在野外做更多的实验研究。

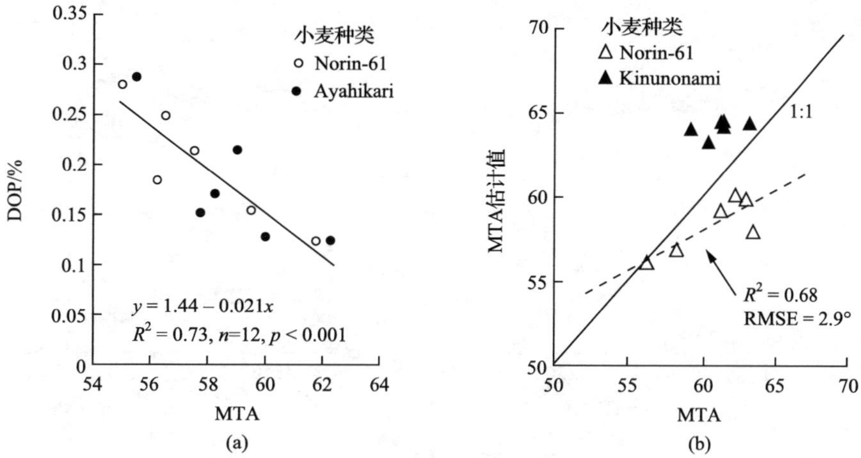

图 6.3 偏振与倾斜角度之间的函数关系(a)与估计值与实际值之间的对比(b)

另外,Roudeaux 还研究了植被冠层内部的叶倾角对于观测到的偏振反射率的影响,并依据这个关系构建了著名的 Rondeaux & Herman 模型(在 6.2 节中详细介绍)。不同的叶倾角分布,使得冠层具有对应的 G 函数,图 6.4 即为竖直型、均一型及水平型植被冠层的 G 函数值与太阳天顶角的关系,其中,Rondeaux 利用高斯分布模拟叶倾角分布,sigma 代表在高斯分布函数中的方差,所以,均一型的观测 sigma 等于 1。在高斯分布函数中,水平型植被冠层的叶倾角设置为 0°,竖直型植被冠层的叶倾角设置为 90°。

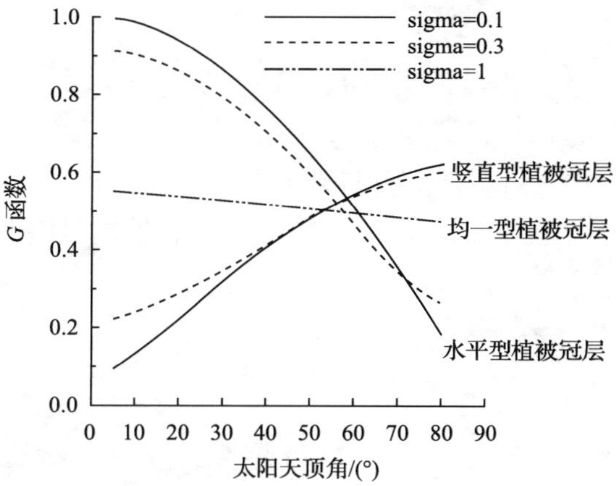

图 6.4 竖直型、均一型及水平型植被冠层的 G 函数值与太阳天顶角的关系

图 6.5 即为 Ronudeaux 模拟获得的两种不同状态下的大豆冠层在不同叶倾角分布情况下的偏振反射率示意图。其中,图 6.5(a)为叶倾角分布以 35°为中心,方差分别为 0.3、0.4 和 0.5 的偏振反射率在主平面随观测角度的变化,尤其是在相对较大的观测角度上。图 6.5(b)所示的大豆处于缺水的状态,叶倾角分布以 30°为中心,也可以得到和图 6.5(a)类似的结论,但是在这种情况下,不同方差带来的差异相对较小。

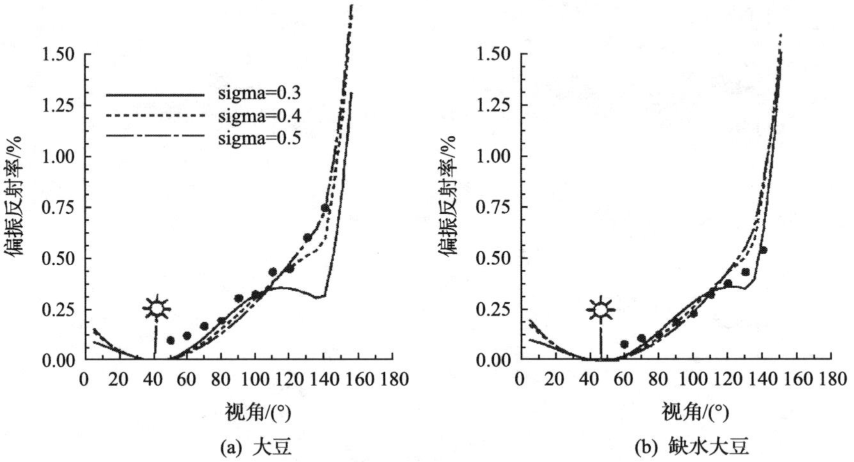

图 6.5　两种不同条件冠层下偏振反射率与叶倾角分布状况

6.2　植被冠层反射光偏振度模型

本节主要是对植被冠层反射光偏振度模型进行分析，对于植被冠层反射光偏振度模型的构建，主要有 Rondeaux & Herman 模型、Breon 模型、Nadal & Breon 模型、Maignan 单参数模型等。

6.2.1　Rondeaux & Herman 模型

对植被冠层反射光偏振度最早且广泛被引用的模型是 Rondeaux 和 Herman 于 1991 年提出的(程天海等，2009)。图 6.6 描述了入射辐射与冠层相互作用，并被人眼/传感器观测到的空间几何关系。通过前面的分析，知道只有表面的镜面反射对于偏振度有贡献，叶片内部的散射是随机的，对偏振无贡献。则进入传感器的具有偏振特性的辐射通量密度为

$$\mathrm{d}\Phi_{\mathrm{r}}(z) = \mathrm{d}A \cdot S(z)\mathrm{d}z \cdot f(\theta_n)\mathrm{d}\omega_{\mathrm{n}} \cdot E(z) \cdot \cos\omega \cdot R(\omega) \tag{6.1}$$

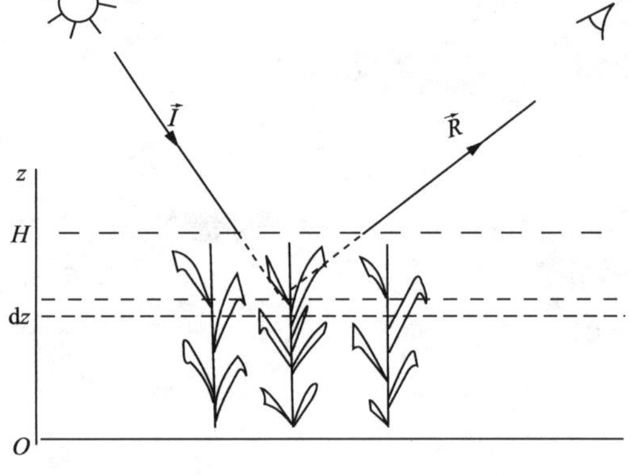

图 6.6　入射辐射-植被冠层-观测之间的空间关系

式中，z 为体积元数；$S(z)$ 为在高度 z 处的叶面积体密度；$f(\theta_n)$ 为叶子取向为 θ_n 的概率；$d\omega_n$ 为叶子法向的微立体角。则 $dA \cdot S(z)dz \cdot f(\theta_n)d\omega_n$ 表示叶子取向在以 θ_n 为中心的微立体角 $d\omega_n$ 内的所有叶子的单面面积之和。$E(z)$ 为投射到水平面上的入射辐射通量密度，$R(\omega)$ 为镜面反射率因子。

则传感器所接收到的辐射亮度为

$$dL_r(z,\theta_r,\varphi_r) = \frac{d\varphi_r(z)}{dA \cdot \cos\theta_r \cdot d\omega_r} = \frac{S(z)dzf(\theta_n)R(\omega)E(z)}{4\cos\theta_r} \tag{6.2}$$

假设冠层内部的叶子是多层的(图 6.7)，则入射辐射到达高度 z 反射后并被观测到的概率是入射的消光系数 τ_r 与反射消光系数 τ_r 之积，即传感器接收到总辐射亮度为

$$L_r(\theta_r,\varphi_r) = \int_0^H dL(z,\theta_r,\varphi_r)\tau_i\tau_r \tag{6.3}$$

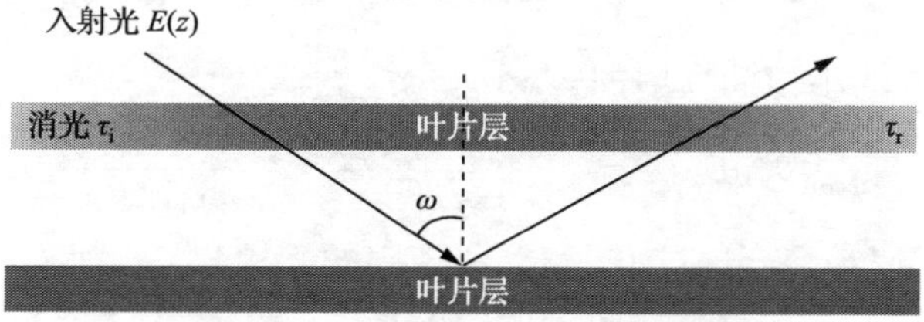

图 6.7　多层叶片对于入射辐射的作用

且有

$$\tau = \exp[(-G(\mu)/\mu)\int_z^H S(z)dz] \tag{6.4}$$

式中，$\mu = \cos\theta$ (求 τ_i 时，$\theta = \theta_i$；求 τ_r 时，$\theta = \theta_r$)，且

$$G(\theta) = \iint f(\theta_n)\cos\omega d\omega_n \tag{6.5}$$

则式(6.3)可以重新表述为

$$L_r(\theta_r,\varphi_r) = \frac{f(\theta_n)}{4\cos\theta_r}R(\omega)E_0 \cdot \int_0^H \exp\left[-\left(\frac{G(\theta_i)}{\mu_i} + \frac{G(\theta_r)}{\mu_r}\right)\int_z^H S(z')dz'\right] \cdot S(z)dz \tag{6.6}$$

对于均匀植被，叶面积体密度为常数，且足够浓密覆盖地表，则

$$L_r(\theta_r,\varphi_r) = \frac{f(\theta_n)}{4\cos\theta_r}R(\omega)E_0 \Big/ \left(\frac{G(\theta_i)}{\mu_i} + \frac{G(\theta_r)}{\mu_r}\right) \tag{6.7}$$

图 6.8 即为利用该模型的理论计算结构与实测值对照图，实验证明了该模型的精确性。

6.2.2　Breon 模型

基于 Rondeaux 模型(Bréon et al.，1995)，Breon 假设叶倾角均匀分布，则该模型可以转化为

$$\rho_P(\theta_s,\theta_r,\varphi) = \frac{\pi L_r(\theta_s,\theta_r,\varphi)}{\cos\theta_s E_0} = \frac{R(\omega)}{4(\cos\theta_s + \cos\theta_r)} \tag{6.8}$$

在此基础上，Breon 更考虑了裸土模型，即植被不可能一直满足浓密条件，将地表考

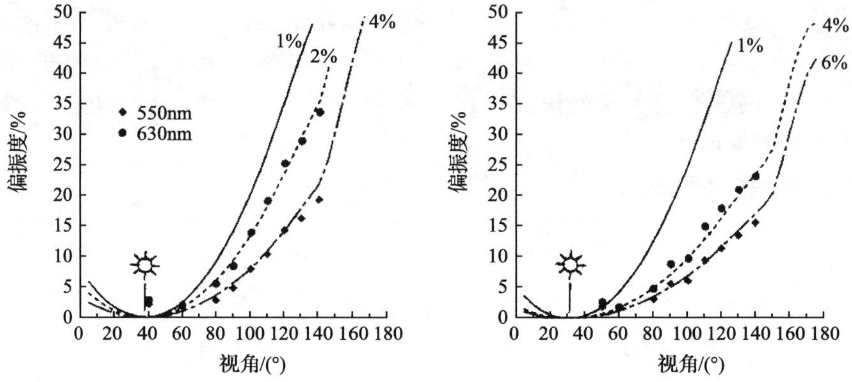

(a) 玉米抽穗前　　(b) 玉米抽穗后

图 6.8　Rondeaux & Herman 模型理论计算结构与实测值对照图

虑为一系列固定朝向的小镜面反射向，获得了裸土的模型

$$\rho_P(\theta_s,\theta_r,\varphi)=\frac{\pi L_r(\theta_s,\theta_r,\varphi)}{\cos\theta_s E_0}=\frac{R(\omega)}{4\cos\theta_s\cos\theta_r}\tag{6.9}$$

式(6.8)、式(6.9)中，Q_r,Q_s 分别为探测器和太阳的天顶角；φ 为太阳和探测器之间的方位角；E_0 为辐照度；L_r 为探测器接收到的辐射亮度；$R(\omega)$ 为镜面反射率因子。

在实际使用中，任意类型地物的反射率可以写为植被与裸土两种模型的加权组合。这个模型反映了地物的偏振反射本质，可以看作是物理模型，只与观测的几何条件有关，不包括其他的未知参数。但缺点是只考虑了植被和裸土两种分布均匀的地物类型，对其他复杂的地物类型的模拟精度较差。图 6.9 即为植被与裸土的模型模拟与实测的对比图。

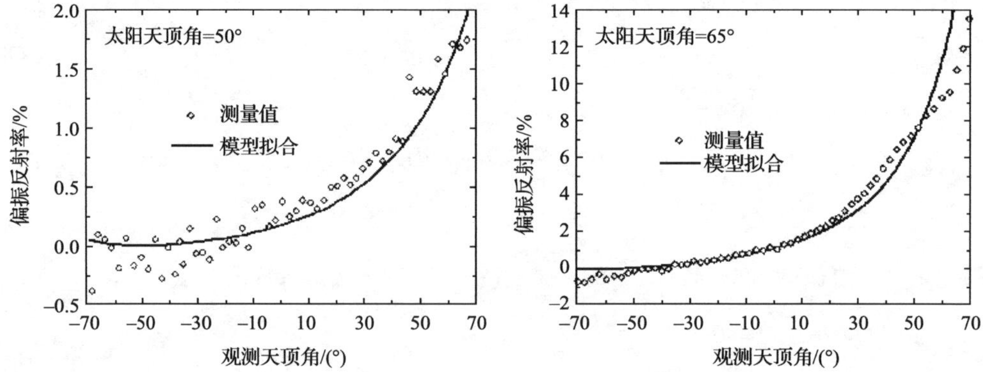

(a) 植被　　(b) 裸土

图 6.9　Breon 模型和实测的对比图

6.2.3　Nadal & Breon 模型

Nadal 和 Breon(1999)在利用 POLDER 数据进行地表偏振率观测时，发现了偏振反射率 $R_P(\theta_s,\theta_r,\varphi)$ 与 $\dfrac{F_p(\alpha)}{\mu_s+\mu_r}$ 存在很好的吻合关系，且偏振反射率在散射角较小时不会一直增大，而是趋于饱和。基于这一发现，他们提出了一种半经验的偏振反射率模型：

$$R_P(\theta_s, \theta_r, \varphi) = \rho\left[1 - \exp\left(-\beta \frac{F_p(\alpha)}{\mu_s + \mu_r}\right)\right] \tag{6.10}$$

式中，$F_p(\alpha)$ 代表 BRDF 值的函数；μ_s 和 μ_r 分别为太阳天顶角和观测天顶角的余弦值；ρ 和 β 是根据测量数据拟合出来的值，且 ρ 代表饱和值，而 $\rho\beta$ 代表了当散射角较大时的斜率。图 6.10 展示了这种线性与饱和的关系。

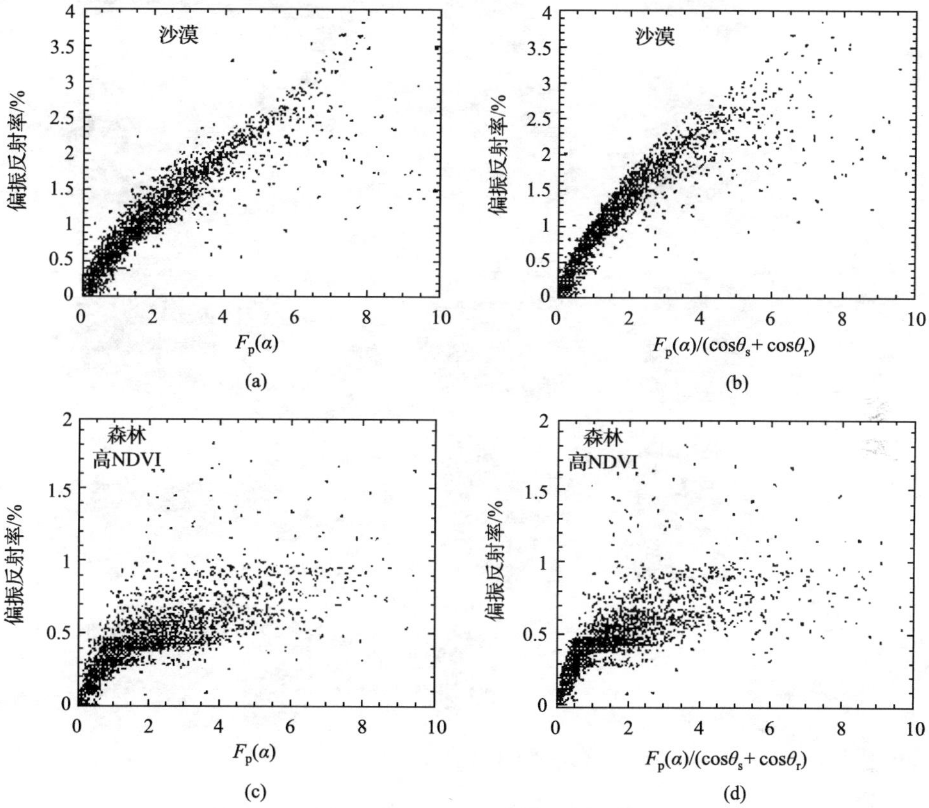

图 6.10　Nadal & Breon 模型中的线性关系

6.2.4　Maignan 单参数模型

Rondeaux 的模型是基于光子与冠层的相互作用获得的。在实际的卫星遥感观测中，还有大气的影响。作为在轨服役时间最长的偏振成像仪器是 POLDER，可以提供 3 个波段的偏振反射信息(443nm、670nm、865nm)。虽然它的作用是对大气进行偏振测量，但是同时也获取地表的偏振反射信息。尤其是偏振对地球表面粗糙程度、含水量或者叶片倾斜角度的研究都有很大的帮助。也就是说，偏振已经成为检测地球表面目标的一种有效手段。与此同时，对于地表双向性偏振反射函数分布的表达，也应该作为表示目标偏振分布的必要方法。而 POLDER 正为建立 BPDF 提供了理论与实际支持。

图 6.11 显示了 5 种主要地物类型在 4 个太阳天顶角的偏振反射分布状况。从图 6.11 中可以看出，偏振反射与观测几何方位有很大的关系。尤其是偏振反射的各项异性性比反射更明显。并且可以看出，偏振度在后向散射方向接近于零，并且随着相位角度的增加而变大。

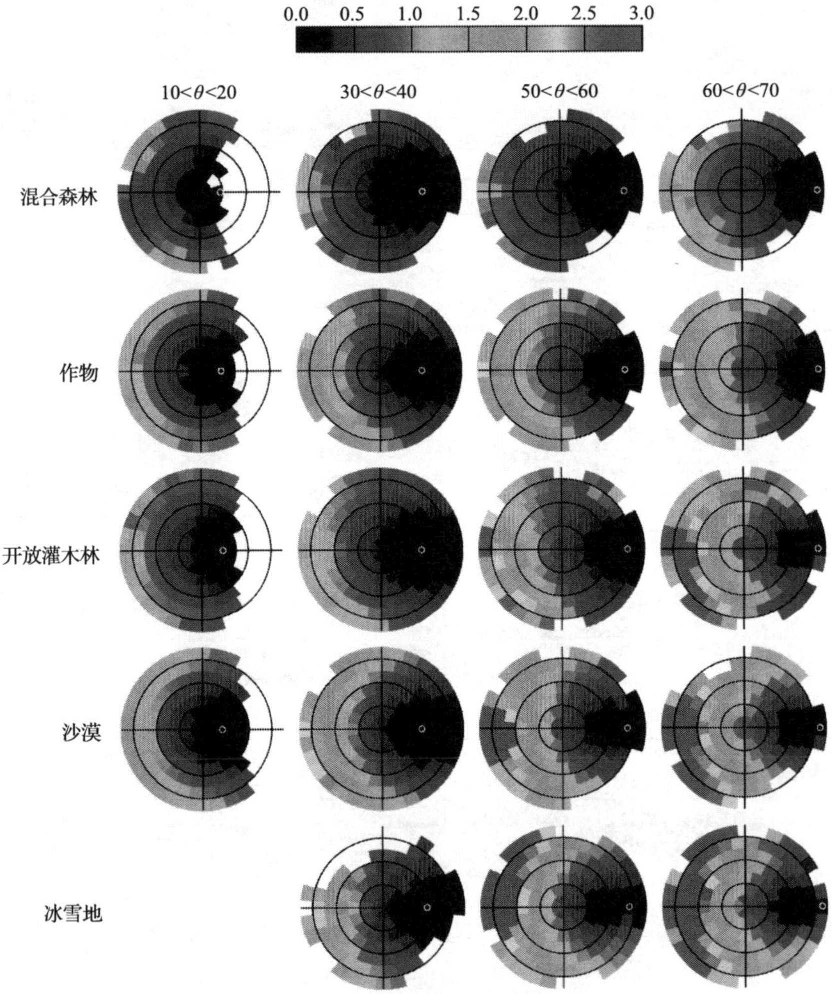

图 6.11　不同地物类型的偏振反射分布极坐标图

Maignan 通过对 Rondeaus-Breon 对于植被的偏振模型、Breon 对于土壤的偏振模型、Nadal 的模型、Waqute 的模型与新建立的偏振反射模型的对比发现，新建立的单一参数偏振反射模型适用于大多数地物偏振反射特性的探究，而且精度也有明显的提高(Maignan et al.，2009)。对比结果如图 6.12 所示，模型为

$$R_p^{\mathrm{surf}}(\Omega_s,\Omega_v)=\frac{C\exp(-\tan\alpha_1)\exp(-v)F_p(\alpha_1,n)}{4(\mu_s+\mu_v)} \tag{6.11}$$

式中，Ω_s 和 Ω_v 分别为入射方向和出射方向的立体角；μ_s 和 μ_v 分别为太阳天顶角和观测天顶角的余弦值；α 为入射角；n 为折射率；F_p 代表 BRDF 的函数。

Maignan 新建立的偏振反射模型将会用在估算气溶胶覆盖地表的偏振反射信息。也会对反演大气参数中的影响因素不确定分析提供很好依据。

Litvinov 等(2010)又提出了一种利用偏振片建立的针对土壤和植被的反射模型，偏振数据的获取是通过偏振扫描仪器获取的。该模型的基础理论是描述地表物体固有反射的双向反射矩阵，他将散射的斯托克斯参量与入射辐射场之间紧密联系起来。为了分别描述表面反射强度和散射辐射的偏振特性，双向反射函数和双向偏振分布函数结合起来

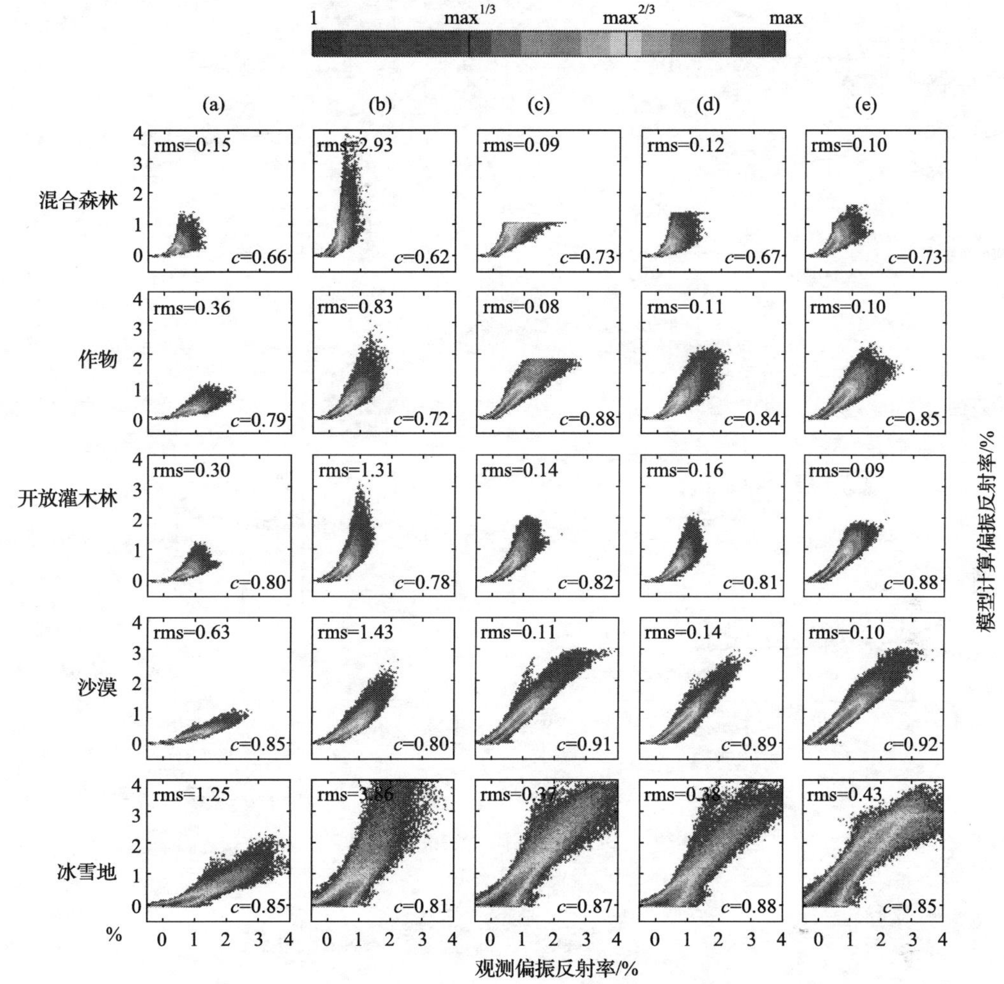

图 6.12　五种不同的模型对于五种地物的拟合效果示意图

(a) Rondeaus-Breon 模型；(b) Breon 土壤偏振模型；(c) Nadal 模型；(d) Waqute 模型；(e) Maignan 模型

代替双向反射矩阵。在这个模型里面，主要集中在可见光和近红外波段区域。

图 6.13(a)代表土壤的反射强度的比率(斯托克斯参量第一分量所占的比率)，图 6.13(b)表示偏振反射所占的比率。其中，1、1′、1″分别代表不同的飞行轨迹下形成的散射角度，同理用于 2 和 3。1、2 和 3 分别代表(670nm 和 1588.86nm)、(1588.86nm 和 2264.38nm)与(670nm 和 2264.38nm)的组合。图 6.14 与图 6.13 的表示是一样的，但代表的是植被的测量结果。

通过对土壤和植被的反射强度比率的对比发现，在可见光和近红外区域随着入射辐射角度的改变和散射几何关系的变化，比率是相同。也就是说，反射强度的比值与散射角度和散射几何关系是独立的。

通过对植物与土壤的偏振反射特性的研究以及对偏振反射模型的回顾可以发现，在偏振遥感技术中，大气偏振与地物偏振是相互制约的，无论从哪个方面提高精度，两者之间的研究都是必不可少的。

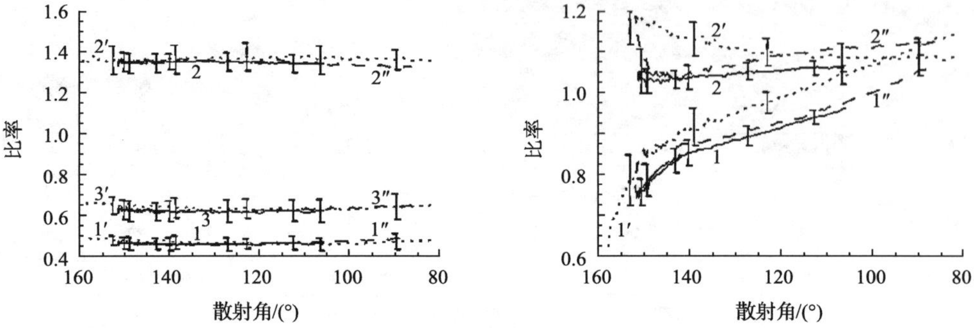

(a) 土壤的反射强度比率　　(b) 偏振反射所占比率

图 6.13　土壤偏振反射的测量结果

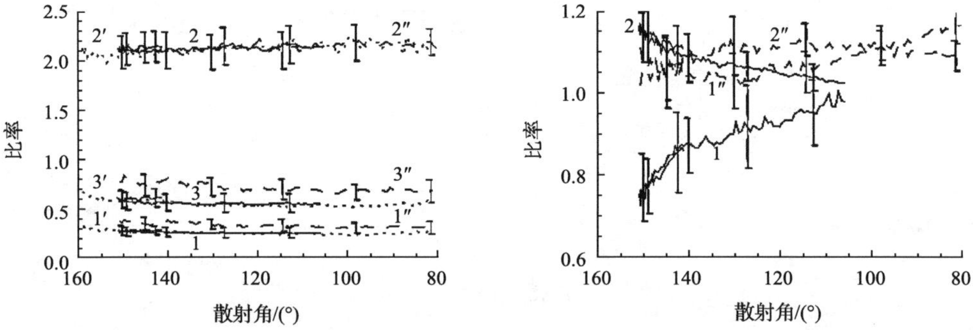

(a) 土壤的反射强度比率　　(b) 偏振反射所占比率

图 6.14　植被偏振反射的测量结果

6.3　植物单叶的偏振反射特性

地物的偏振特性主要与地物的复折射系数、地物表面粗糙度及入射与观测的方位等相关。其中,复折射系数和地物表面粗糙度都是与植物种类相关的因素,将综合起来在 6.3.1 节中进行阐述,而关于入射与观测的方位则在 6.3.2 节中分析。

6.3.1　偏振反射比与植物种类的关系

自然界中的植物千差万别,而它们的叶子形状、厚薄、光滑程度、水分含量等也各不相同。但是它们的反射比是否也不一样呢?下面以旱金莲、海桐和橡皮树单叶为例,比较它们的反射比。被测样品旱金莲单叶近似圆形,半径约 5cm,叶面光滑、中间凹下,灰绿色,叶脉清楚;海桐单叶为流线形,长 14cm,最宽处约 7.5cm,叶面光滑、明亮,绿色,沿主叶脉凹下;橡皮树单叶形状为长椭圆形,长轴为 14cm,短轴为 7.5cm,叶面深亮绿色,与海桐一样沿主叶脉凹下,横剖面呈钝角“V”形。其中,使用的光度计有 A (630～690nm) 、B (760～1 100nm) 两个波段。

从图 6.15 中不难看出不同的植物单叶的偏振反射比值是不一样的。图 6.15 是在光线入射角为 50°,探测角为 50°,方位角为 10°～350°,偏振角为 0°,在 B 波段时旱金莲、海桐、橡皮树单叶的反射比曲线。其共性为方位角150°～220°时曲线变化明显，在方位角180°处有峰值出现，而在其他方位角处，曲线变化均很平稳。因此，把目标方位角在140°～220°范围内的偏振反射特性作为重点研究对象。

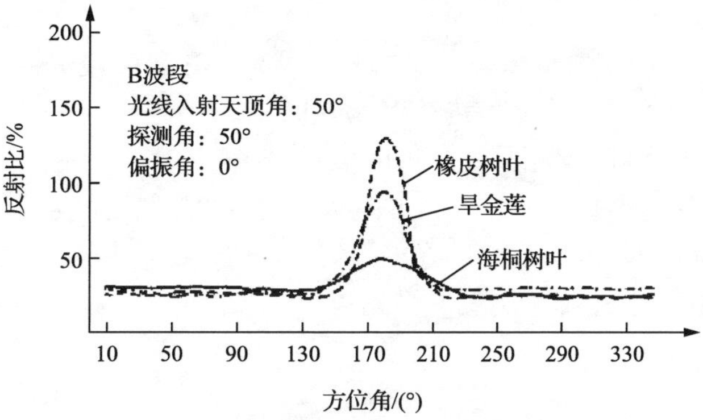

图 6.15　不同植物单叶的偏振反射

利用二向反射光度计实测了6月初东北森林群落中5种主要高大落叶乔木单叶的偏振反射比数据，并对此数据进行了分析，得出了各树种单叶的偏振反射特征，为偏振光遥感、多角度遥感的深入研究与应用提供了科学依据。并且对植被遥感特别是森林遥感提供了一种新的尝试(宋开山等，2004)。

被测的实验样本共有5种，采集时间为2002年6月5日，采集地点为长春市净月潭遥感实验区内。杨树叶为绿色，叶面光滑明亮，叶面积较大，叶脉清晰且与叶肉保持在一个平面上。山榆叶为长椭圆形，淡绿色，有叶毛，叶面较亮、叶脉下凹。白桦叶为淡绿色，叶形与杨树叶相似但较小，表面光滑且较亮、叶脉不清晰。柞树叶绿色，叶面光滑、叶脉不清晰。曲柳叶为绿色，长椭圆形，有少量叶毛，叶面相对粗糙、叶脉清晰且下凹。

从图6.16中可以看出，不同乔木单叶的偏振反射比是不同的。方位角ω在0～140°，220°～350°两个区间各种落叶乔木单叶的偏振反射比曲线平直且差异很小，具有漫反射特征；而方位角ω在140°～220°区间，各种落叶乔木单叶的偏振反射特征差异显著，反射比从大到小依次为杨树、山榆、白桦、柞树、曲柳，并且各树种单叶的偏振反射比峰值都出现在方位角180°处。在改变波段和入射角的情况下，同样可以得到以上结论。

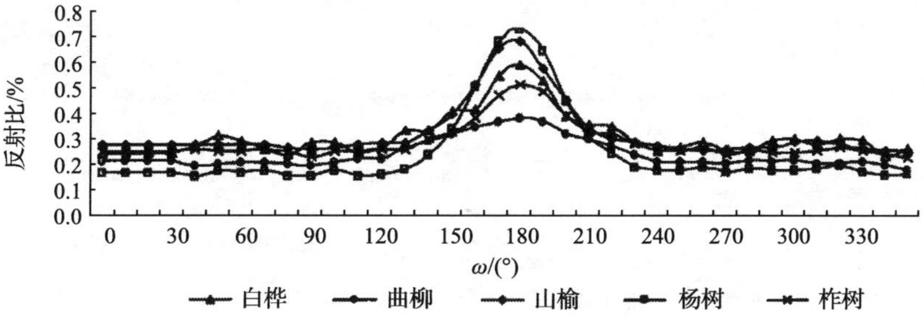

图 6.16　不同乔木单叶在A波段的偏振反射比

通过以往的研究，以及这次数据的分析处理表明，在方位角140°～220°以外处，地物的偏振反射比差异很小，对目标识别以及辐射角度纠正意义都不大，因此在以下的分析中，主要把目标方位角 120°～240°(为了使两种有明显差异的反射区间有承接性而向两侧各延 20°)处的偏振反射特征作为本书的重点研究对象。

6.3.2 偏振反射比与入射、观测相对方位的关系

图 6.17 和图 6.18 分别是旱金莲单叶在 A 波段和 B 波段光线入射天顶角分别为 30°、40°、50°、60°，探测角为 60°时，偏振角为 0°和 90°，以及没有偏振状态下的反射比曲线。从图 6.17 和图 6.18 中可以看出，在探测角相同、光线入射天顶角不同的条件下，随着入射天顶角的增大，偏振反射也随之增大，并且偏振角为 0°，方位角为 180°处(迎光方向) 其比值为最大；而在 90°偏振时虽然也存在峰值，但比值明显变小。二向性反射比的峰值基本上是 0°与 90°偏振反射比峰值的算术平均值。

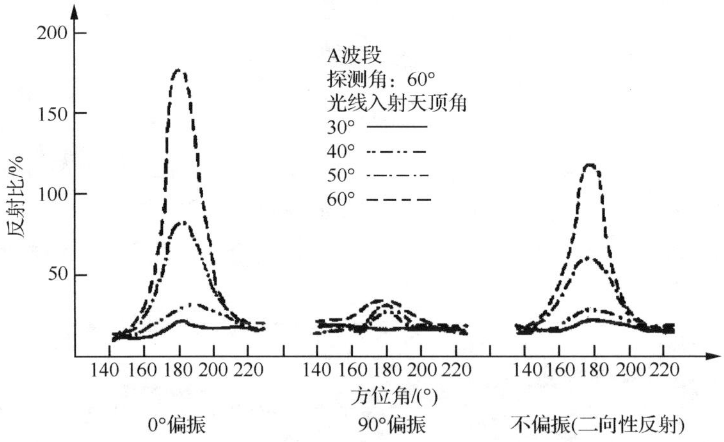

图 6.17 不同光线入射天顶角对旱金莲单叶反射的影响

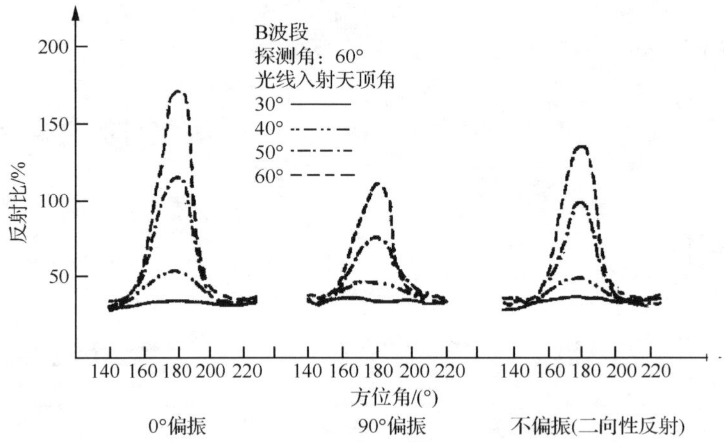

图 6.18 不同光线入射天顶角对旱金莲单叶反射的影响

图 6.19 和图 6.20 分别是旱金莲单叶在不同波段光线入射天顶角为 60°，探测角分别为 30°、40°、50°、60°时，偏振角为 0°和 90°，以及没有偏振状态下的反射比曲线。从图 6.19 和图 6.20 中可知，在光线入射角一定的条件下，旱金莲单叶的偏振反射比随着探测天顶

角的增大而增大，最大值在方位角 180°处。从图 6.19 和图 6.20 中可以看出旱金莲的单叶偏振反射比值，无论是探测角固定，光线入射角天顶角变化，还是光线入射天顶角固定，探测角变化，均在 140°～220°时反射比变化明显，其峰值均在方位角 180°处出现，其他方位角处的偏振反射比值较小，且变化不明显，曲线趋于平稳，并且这两种曲线相同。

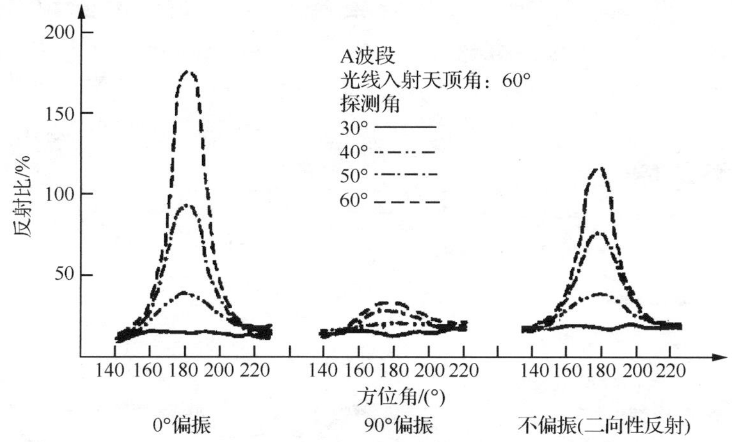

图 6.19 不同探测角对旱金莲单叶反射的影响

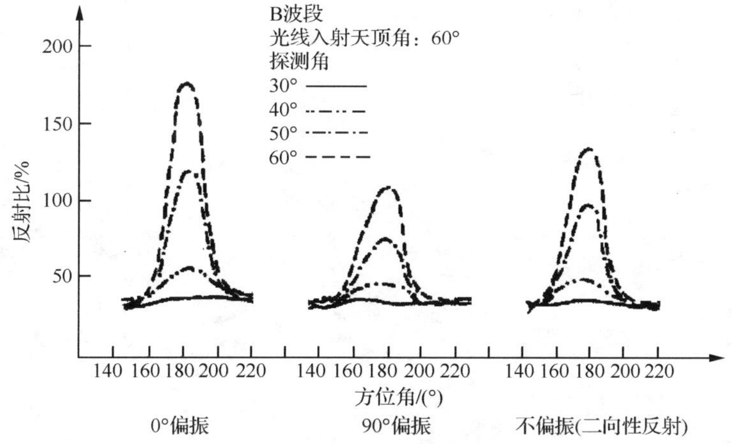

图 6.20 不同探测角对旱金莲单叶反射的影响

以上结论虽然是以旱金莲与海桐单叶等为例归纳整理出来的植物单叶偏振反射特性，但对其他植物来说均具有共性规律和普遍意义。

从图 6.17～图 6.20 可以看出，植被探测到的偏振反射比是与入射、观测的相对方位相关的，不同的相对方位关系，对于同一种植被，其表现出的偏振反射比不一致。

图 6.21 分别是各种乔木单叶在 A 波段，光线入射角 λ 分别为 50°、60°时，探测角 α 为 50°，偏振角 θ 为 90°和 0°时的偏振反射比曲线及二向性反射比曲线。从图 6.21 的横向比较可以看出，各种乔木单叶的反射比的大小关系依次是 90°偏振反射比、二向反射比、0°偏振反射比。以往的研究表明，它们三者基本存在这样的关系：二向性反射比的大小基本是 90°偏振时的反射比与 0°偏振时的反射比和的一半再加上一个微小常数。从图 6.21 的纵向比较可以看出，各种乔木单叶的 90°偏振反射比与二向性反射比随着入射角的增大而

明显增大。当入射角等于大于 50°时，杨树单叶的 90°偏振反射比反超山榆和白桦单叶的偏振反射比；对其他乔木单叶而言，其偏振反射比大小的顺序没有改变。对于二向性反射而言，入射角为 50°时，三者之间的反射比非常接近，难以区分；当入射角达到 60°时，杨树单叶的反射比又反超山榆和白桦单叶的反射比，成为反射比中最大的。随着入射角的增大，白桦和山榆单叶的偏振反射比非常接近，且高于柞树单叶的偏振反射比，而曲柳单叶的偏振反射比最低。在 0°偏振的情况下，各种乔木单叶的偏振反射比随着入射角的增大而略有增大，但偏振反射特征不明显，且各树种之间的反射比差异很小，只有杨树单叶的偏振反射曲线的曲率较大。从图 6.21 中各图的纵向与横向比较可以看出，各种乔木单叶的反射比曲线峰值都出现在方位角 180°处。

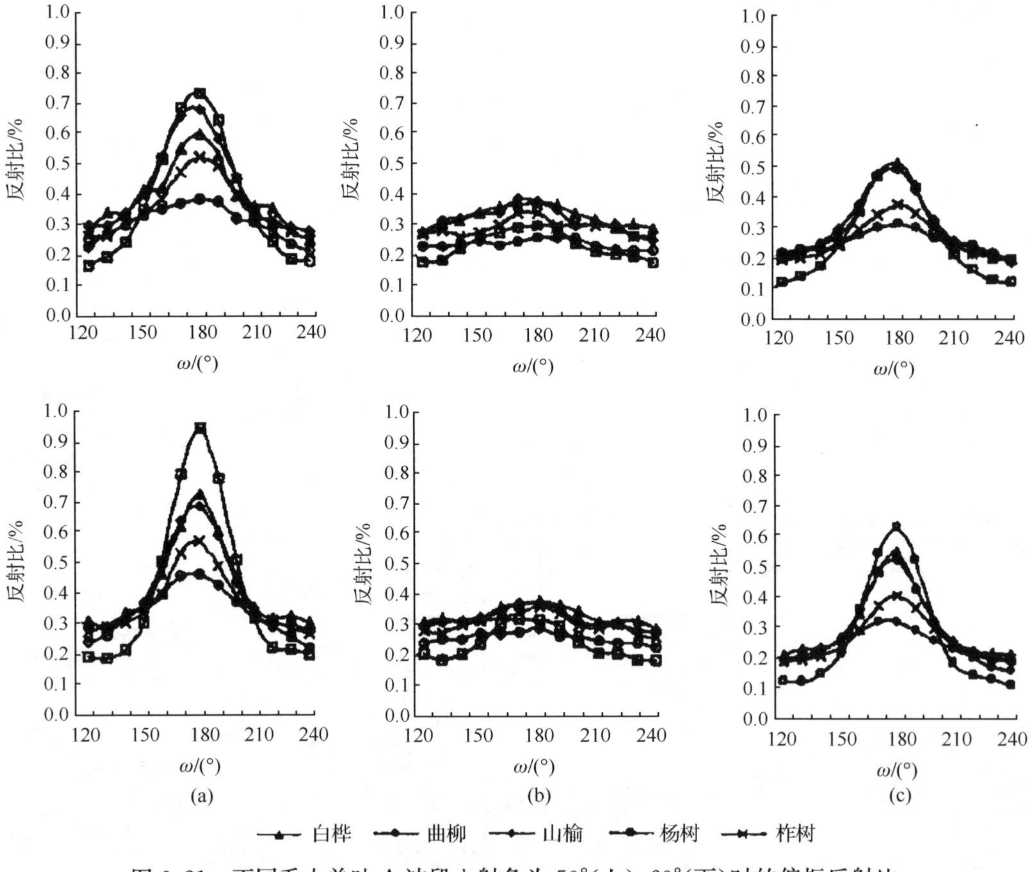

图 6.21 不同乔木单叶 A 波段入射角为 50°(上)，60°(下)时的偏振反射比

(a) 偏振角为 0°的偏振反射比；(b) 偏振角为 90°的偏振反射比；(c) 二向性反射比

图 6.22 是各种落叶乔木单叶在偏振角 θ 为 0°、90°时的偏振反射比曲线及二向性反射比曲线。横向比较图 6.22 可以看出，各种乔木单叶的反射比在光线入射角一定的情况下，其大小顺序为 90°偏振反射比、二向性反射比、0°偏振反射比；由图 6.22 同一偏振探测条件下的反射比的纵向比较可以看出，在光线入射角一定的情况下，随着探测角的增大，各种乔木单叶的反射比也随之增大，但是各种乔木单叶的反射比随探测角增大而增大的速度是不同的。杨树单叶的反射比的增长速度是最快的，且其曲率也是最大的，当探测角大于 40°时，其 90°偏振反射比反超山榆和白桦的偏振反射比。对于二向性反射而言，探

测角为 40°、50°时，三者之间的反射比非常接近，难以区分；柞树单叶的偏振反射比较低，曲柳单叶的偏振反射最低。与探测角固定、入射角变化的情况下类似，在 0°偏振的情况下，各种乔木单叶的偏振反射比随着探测角的增大略有增大，但偏振反射特征不明显。以上的数据分析说明，植物叶片的表面结构，尤其是表面的光滑度对偏振反射及二向性反射比值的高低有着决定性的作用，杨树单叶表面光滑，因此其反射比值较高，而曲柳叶片的表面粗糙，所以其反射比值最低，而其他单叶的反射比值居于二者之间。

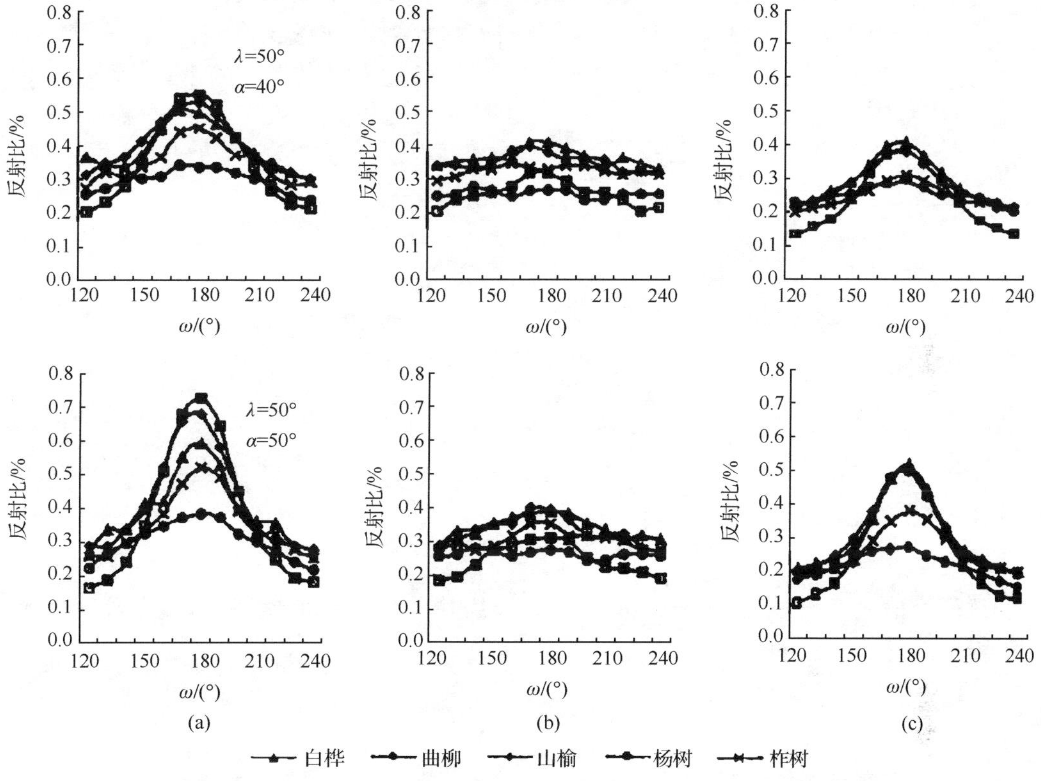

图 6.22　不同乔木单叶在 A 波段，探测角为 40°(上)，50°(下)时的偏振反射比

(a) 偏振角为 0°的偏振反射比；(b) 偏振角为 90°的偏振反射比；(c) 二向性反射比

6.4　几种农作物的偏振反射特性

本节重点介绍几种农作物的偏振反射特性，通过实验证明能量辐射传输能量特征。在倾斜观测玉米、高粱和小麦的冠层的时候，由于叶片形成的镜面反射出现了白色而不是绿色。出现白光是由于镜面反射光与漫反射光不同，没有进入到叶子内部与细胞色素、细胞壁和水作用。而是由叶表皮的反射造成的，叶片表面的特征可以作为识别物种的依据。而表面特性随植物的生长阶段、水分状态和温度等因素有关(Grant L et al.，1987a，1987b；Goel and Strebel，1984)。

在电子显微镜下观看表面角质层不是光滑的，但是反而出现了许多微观构架。角质层是多层的而且包括一个蜡质层。在电子显微镜下观测到四个光学现象，对理解角质层对光的散射起到很大的作用:看起来光滑的角质层存在镜面反射光;角质层表面的针状结构散射光的特性与瑞利和米氏散射理论所确定的颗粒大小有关,这样的散射光是线偏振的;入射到叶子表面的光和传输进入叶子内部的光被大部分的叶子散射,该现象主要是叶子不同结构有不同的折射指数(Shibayama and Watanabe,2007a,2008b)。

叶片,冠层散射光中的偏振部分已经开始试验。并且在实验室和飞机获取了偏振信息,Egan 等(1992)发现利用机载传感器获取的现场线偏振度可以为遥感测量提供额外的信息来区分测量类型,并报道了潜在重要的结论,干燥的叶子通常起到消偏的作用。

Vanderbilt 和 Grant(1985)对小麦冠层的偏振反射特性做了研究,主要是对镜面反射,漫反射和偏振光之间的关系进行了分析。图 6.23 是测量的几何关系。

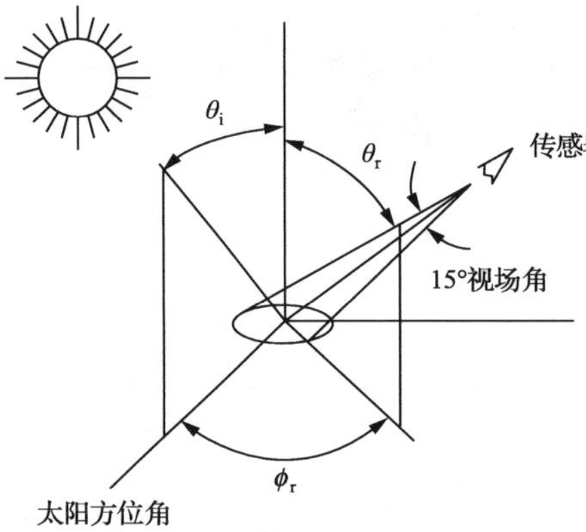

图 6.23　测量的几何关系

该研究的主要波段区域是 0.48～0.72μm。并计算了线偏振度,线偏振度主要是利用下面公式计算出来的:

$$R_I = \frac{R_{\max} + R_{\min}}{2} \tag{6.12}$$

$$R_Q = \frac{R_{\max} - R_{\min}}{2} \tag{6.13}$$

$$\mathrm{DOP} = \frac{R_Q}{R_I} \cdot 100\% \tag{6.14}$$

式中,R_I 和 R_Q 是 I 和 Q 分量反射比;$R_{\max}$ 是光矢量占优势方向的反射比;$R_{\min}$ 是光矢量占劣势方向的反射比。

图 6.24 中从左到右依次表示为:冠层的偏振反射比、反射和偏振反射、漫反射和镜面反射、漫反射与漫反射的比值、线偏振度。图 6.24(c)表示镜面反射中偏振所占的比率在图 6.25 中给出示意。通过图 6.25 中可以看出,偏振在镜面反射中所占的比例于入射角度和折射率有关。对于镜面反射来说,镜面反射中的偏振光与镜面反射光的比率等于斯托克斯第一参量和第二参量的比值。这个值与入射角度和小麦叶片角质层的折射率有关。

利用二向光度计实测了 4 个物候期杨树单叶的偏振反射比与二向反射比数据,并对此数据进行了分析,得出了杨树单叶的偏振反射特征与二向反射特征之间的关系及其对物候变化的响应,为偏振光遥感、多角度遥感的深入研究与应用提供了依据,并且对森林

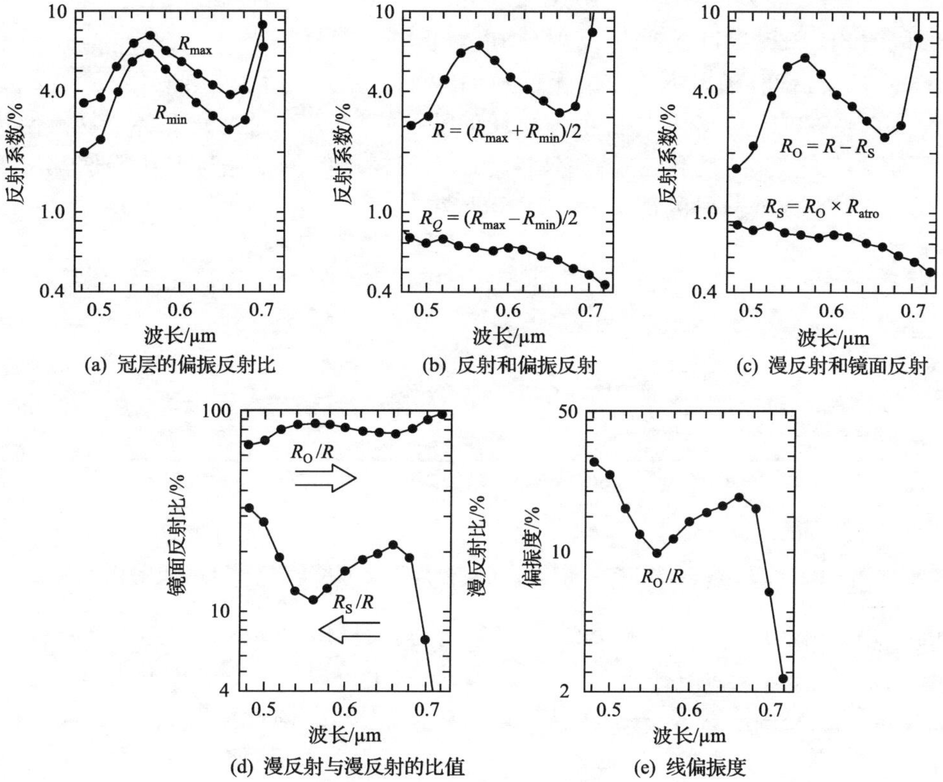

图 6.24　测量得到的值与计算结果

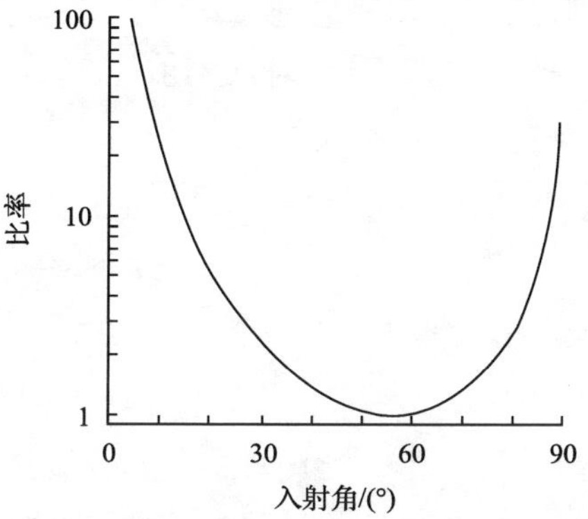

图 6.25　入射角与偏振占总反射的比例之间的关系

遥感也做出了一种新的尝试。

被测的杨树单叶采集于净月潭遥感实验站覆盖区的净月森林公园。采集时间分别为 2002 年 5 月 28 日、7 月 5 日、8 月 12 日、9 月 16 日。每次都于采集日的早上 9:30 左右来到采样区对选定的 4 棵健康的杨树分别采集有代表的树叶并标号，用微湿的毛巾包好放入密封的塑料袋中，大约 1h 后回到实验室。杨树叶在 4 个物候期叶片颜色分别为黄绿色、绿色、深绿、深绿，且随着生长季的推后，叶片厚度有所增加；但后 2 个物候期，它的感官特征差异不大，叶面光滑明亮，叶脉清晰，与叶肉保持在一个平面上。

图 6.26 是入射天顶角为 50°、探测天顶角为 50°时的偏振反射比曲线。从图 6.26 曲线中可以看出，杨树单叶的偏振反射比在 4 个物候期是不同的。在方位角 0°～140°、220°～350°两个区间，杨树单叶的偏振反射曲线平直且差异很小，具有漫反射特征；而在方位角 140°～220°区间，杨树单叶的偏振反射特征差异显著，反射比在各个物候期从大到小依次为四期、二期、一期和三期；并且各物候期杨树单叶的偏振反射比峰值都出现在方位角 180°处。在改变波段的情况下，同样可以得到以上结论。

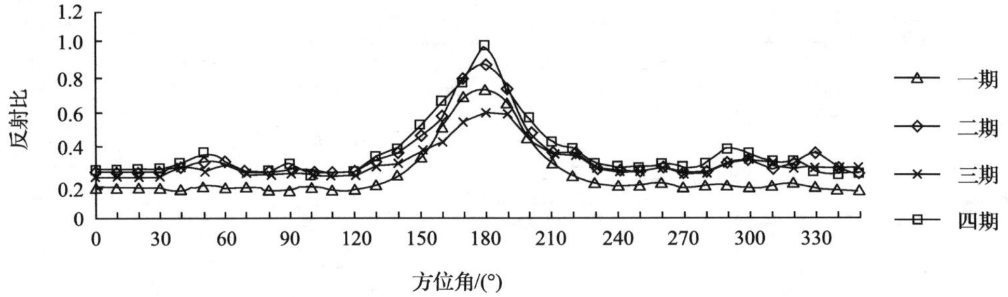

图 6.26　A 波段杨树单叶在 4 个物候期不同方位角的 90°偏振反射比

图 6.27 为杨树单叶在入射天顶角为 50°、探测天顶角为 50°、方位角 180°处，90°偏振、0°偏振、二向性反射及均值在 4 个物候期，A、B 两个波段的反射比变化曲线。经对比发现，在前 3 个物候期中，无论是在 A 波段还是在 B 波段，二向性反射比与 90°、0°偏振的均值的拟合度非常高，因此在一定的精度要求下，可以用偏振反射数据来反演二向性反射数据。对第四物候期而言，二向性反射比与均值略有差异，可能是由于此时的杨树叶片已经处于衰老期，叶片的内部结构及其组成都发生了变化，虽然叶片的偏振与二向反射特征主要由表面结构决定，但是叶片内部结构造成的多次散射也起着一定的作用。正是由于叶片内部的多次散射的贡献率的变化，使得二向性反射比与 90°、0°偏振反射比均值之间出现偏离。

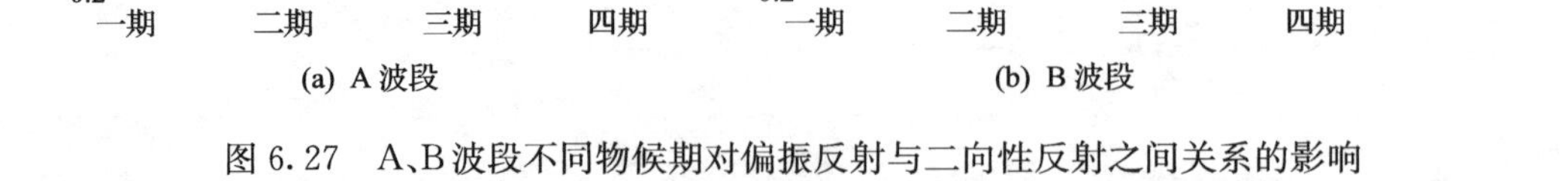

(a) A 波段　　(b) B 波段

图 6.27　A、B 波段不同物候期对偏振反射与二向性反射之间关系的影响

同样的，我们对于不同生长周期的玉米也做了类似的测量。被测玉米叶样品分四个物候期，均采自长春市郊区前进农场，玉米叶片为植株上数第五枚，采集时间在早晨 7 点左右，采后用湿毛巾包好装入塑料袋进行保鲜处理。在实验室里剪取叶片的中部叶脉一侧的部分，用双面胶将其固定在载物台上，正面向上，用手轻轻展平。其中，壮苗期：叶子黄绿色，叶面薄而光滑；吐丝抽雄期：叶片浓绿色，叶面较厚，叶毛多，不光滑；乳熟期：叶片

深绿色，叶面较吐丝抽雄期厚且不光滑；成熟期：叶片褐黄色，叶面较光滑。在测量时，分A、B两个波段，A波段波长为630～690nm，B波段波长为760～1100nm，同时又分0°偏振与90°偏振两种状态，0°偏振是指偏振片透光轴方向，而90°偏振是指消光轴方向。

图6.28是在光线入射角β=50°，探测角γ=50°，方位角α=0°～350°，A波段0°偏振情况下，壮苗期、吐丝抽雄期以及成熟期的玉米单叶的反射比φ曲线，其共性是在方位角为140°～220°时曲线变化明显，在方位角180°左右出现峰值，但是壮苗期的峰值明显大于成熟期的峰值。

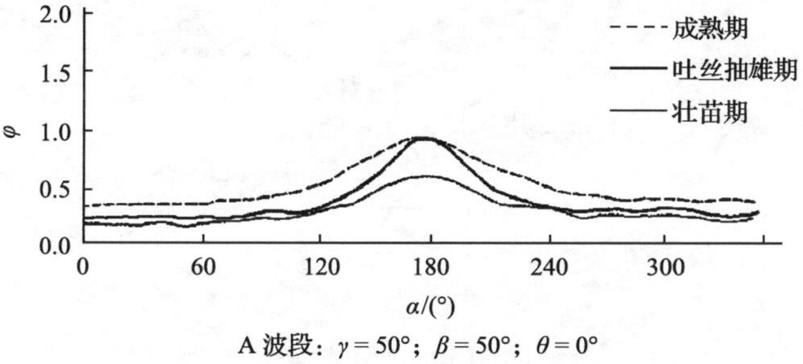

图6.28　不同物候期玉米叶片偏振反射

图6.29是壮苗期玉米单叶在A波段，入射角β=50°，探测角γ为30°、40°、50°、60°，偏振角为0°情况下的反射比曲线。容易看出在方位角为140°～220°时反射比变化明显，其峰值均在方位角180°处出现，同样通过图6.29也可以看出在各种情况下反射比曲线在方位角140°～220°时变化显著，而且在180°处出现峰值，而在其他方位角处的反射比值小，且变化不明显。

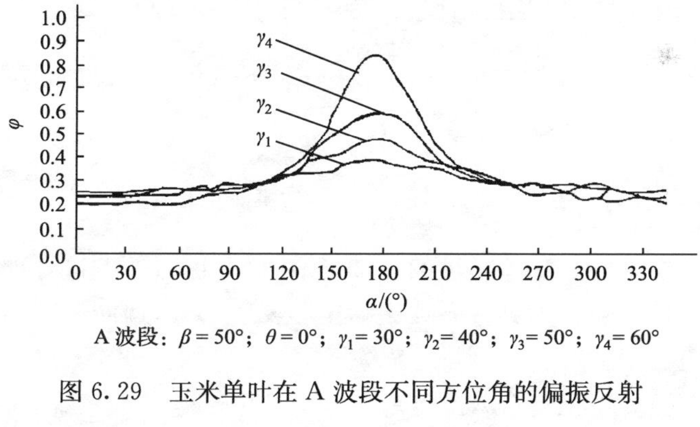

图6.29　玉米单叶在A波段不同方位角的偏振反射

对小麦的反射和偏振反射与波段和观测方向的研究中发现，反射率在小于0.5μm和红光0.66μm区域的波谱特征是由于叶绿素吸收引起的。而在方位角180°(后向散射方向)处出现了反射率的最大值，但是在天底处观测和前向方向(方位角0°)的时候反射率的值最小。与反射率不同的是，偏振反射信息没有因为叶绿素吸收而出现特征光谱形状，如图6.30所示。而与反射率相反的是，在前向方向(方位角0°)出现最大值，后向和天底处出现最小值，如图6.31所示。这就说明，偏振反射没有进入到叶片内部，而是由于叶片表面的镜面反射产生的。

在对小麦抽穗期与抽穗前的偏振反射测量对比中发现，发现了抽穗前的偏振反射大

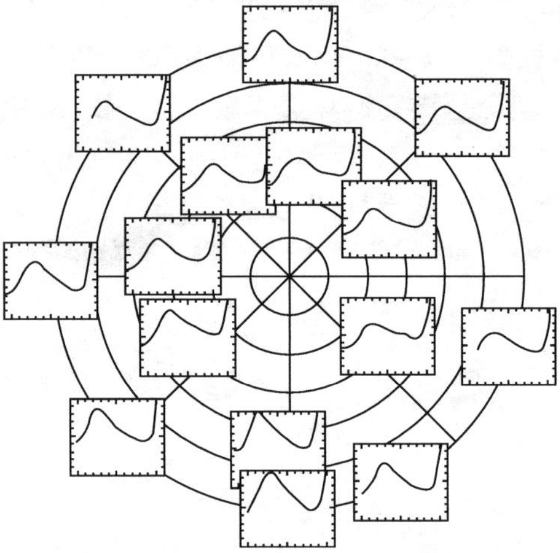

图 6.30　不同方位角的反射率值，最上方代表前向方向，最下方代表后向方向

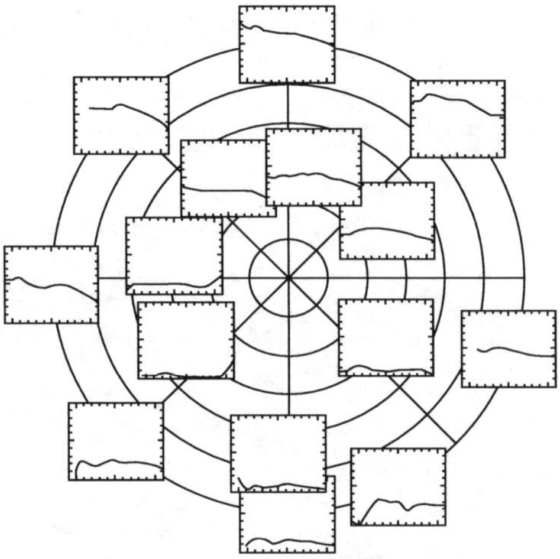

图 6.31　不同方位角的偏振反射值，最上方代表前向方向，最下方代表后向方向

于抽穗后的偏振反射。而且随着角度的增加，偏振反射也增加。这种现象的发生是由于，麦穗阻碍了顶端叶片反射进入到传感器中的镜面反射部分，从而使得偏振反射信息减少。

通过对小麦冠层偏振反射的测量可以发现，小麦冠层的偏振反射信息主要是来自于顶端的叶片。而镜面反射没有进入到叶片内与叶片内部组织或者细胞色素相互作用。在朝向太阳入射方向倾斜观测冠层的时候，抽穗期的偏振反射光信息比抽穗前期的偏振反射光信息要少得多。这说明，偏振测量可以用来作为小麦抽穗的一种指示信息。尤其是偏振测量可以作为一种确定镜面反射和漫反射的有效方法。

参考文献

程天海，顾行发，余涛，等. 2009. 地表双向反射对天基矢量辐射探测的影响分析. 物理学报，58(10)：7368-7375.

宋开山，张柏，赵云升. 2004. 东北主要高大落叶乔木单叶的偏振特性研究. 东北师大学报(自然科学版)，36(1)：88-94.

Bréon F M, Tanre D, Lecomte P, et al. 1995. Polarized reflectance of bare soils and vegetation: Measurements and models. IEEE Transactions on Geoscience and Remote Sensing, 33(2):487-99.

Egan W G, Israel S, Johnson W R, et al. 1992. High-resolution space-shuttle polarimetry for farm crop classification. Applied Optics, 31(10):1542-1548.

Goel N S, Strebel D E. 1984. Simple beta distribution representation of leaf orientation in vegetation canopies. Agronomy Journal, 76:800-802.

Goel N S, Strebel D E. 1984. Simple beta distribution representation of leaf orientation in vegetation canopies. Journal of Agronomy and Crop Science, 76:800-802.

Grant L, Daughtry C, Vanderbiit V. 1987a. Polarized and non-polarized leaf reflectances of Coleus blumei. Environmental and Experimental Botany, 27: 139-145.

Grant L, Daughtry C, Vanderbiit V. 1987b. Variations in the polarized leaf reflectance of Sorghum bicolor. Remote Sensing of Environment, 21: 333-339.

Litivinov P, Hasekamp O, Cairns B, et al. 2010. Reflection models for soil and vegetation surfaces from multiple-viewing angle photopolarimetric measurements. Journal of Quantitative Spectroscopy & Radiative Transfer, 111: 529-539.

Maignan F, Bréon F M, Fédèle E, et al. 2009. Polarized reflectances of natural surfaces: Spaceborne measurements and analytical modeling. Remote Sensing of Environment, 113:2642-2650.

Nadal F, Breon F M. 1999. Parameterization of surface polarized reflectance derived from POLDER spaceborne measurements. IEEE Transactions on Geoscience and Remote Sensing, 37:1709-1718.

Rondeaux G, Herman M. 1991. Polarization of light reflected by crop canopies. Remote Sensing of Environment, 38: 63-75.

Shibayama M, Watanabe Y. 2007a. Estimating the leaf inclination angle of wheat canopies using reflected polarized light. Plant Production Science, 10(3):329-342.

ShibayamaM, Watanabe Y. 2007b. Testing polarisation measurements with adjusted view zenith angles in varying illumination conditions for detecting leaf orientation in wheat canopy. Plant Production Science . 11(4):498-506.

Shibayama M, Watanabe Y. 2008. Testing polarisation measurements with adjusted view zenith angles in varying illumination conditions for detecting leaf orientation in wheat canopy. Plant Production Science, 11(4):498-506.

Vanderbilt V C, Grant L. 1985. Plant canopy specular reflectance model. IEEE Transactions on Geoscience and Remote Sensing, 23(5):722-730.

Vanderbilt V C, Grant L, Biehl L, et al. 1985. Specular, diffuse and polarized light scattered by two wheat canopies. Applied Optics, 24: 2408-2418.

第二部分　大气偏振遥感物理

大气衰减效应是遥感观测的最大误差源，往往通过实验方法测得，但其精确刻画缺乏理论依据。利用偏振作为大气观测手段，探索大气偏振遥感的理论，并为完善建立新的大气窗口理论奠定基础。由此得到大气偏振遥感的重要内涵：全天空偏振模式图规律及物理特性（第7章）、大气偏振中性点区域规律与地-气参量分离（第8章）、全天空偏振矢量场规律下的大气粒子多角度观测立体层析（第9章）。

第 7 章　全天空偏振模式图规律及物理特性

本章给出了受大气影响产生的全天空偏振效应的物理现象，该现象稳定可测，成为大气遥感定量化的一个可行的理论依据，定义为天空偏振模式图。因此系统观测研究天空偏振模式图，为系统而定量地观测大气效应提供了可能。具体包括：天空偏振光模式图理论，以矢量场图模式体现其物理特征；天空偏振模式图测量及参量分布，以实验提炼矢量场理论表征；天空偏振的影响因素分析，以归纳其形成条件；天空偏振模型稳定性及其变化，以证明其理论的可重复性。

7.1　天空偏振光模式图理论

太阳光在大气传输过程中，被大气层中的空气分子、气溶胶粒子散射和吸收，散射光由传播方向、频率、相位角、振幅和偏振等表示。在一天的某一时刻、某一位置，天空中具有相对稳定的偏振模式，这个相对稳定的偏振模式可以为一些昆虫如沙蚁、蟋蟀等提供导航所需的信息(姜景山等，2001；Hartmann and Wehner，1995；Collett et al.，1998)。沙蚁、蟋蟀等昆虫之所以能够利用天空偏振光导航，一方面是天空中存在一个相对稳定的偏振光模式图，另一方面是它们本身具有对太阳偏振光分布极其敏感的视觉神经系统。测量与分析天空偏振光参量分布是本章的重要内容。

7.1.1　天空光偏振理论分析

大气主要成分为分子和气溶胶微粒。分子主要有 N_2(约占 78%)、O_2(约占 21%)，其余是 O_3、CO_2、H_2O 及其他(N_2O、CH_4、NH_3等)。

气溶胶微粒主要由烟、尘埃、雾、小水滴组成。气溶胶是一种固体、液体的悬浮物，有固体的核心，如尘埃、花粉、微生物、海水的盐粒等，在核心外包有液体，多分布在高度 5km 以下。气溶胶作为水滴和冰晶的凝结核、太阳辐射的吸收体和散射体，参与各种化学循环，是大气的重要组成部分。大气中的气溶胶不仅形态各异，而且尺度分布很广。通常把半径小于 0.1μm 的粒子称为爱根核，0.1～1μm 的粒子称为大粒子，大于 1μm 的粒子称为巨粒子。液态粒子的尺度一般都很大，具有可见的形态，分别按其形态称为云滴、雾滴、雨滴、冰晶、雪花、冰雹等。大气浓度一般为每立方米数个至数十万个，质量浓度为每立方米数微克至数克，所有的这些气态成分组成了地球的大气。

在讨论大气散射辐射偏振特性时，从瑞利散射粒子的一次散射过程着手。瑞利散射模型的假设条件是微粒在物理尺度上比光的波长小得多($(x = 2\pi r/\lambda) \ll 0.1$)。氧气、氮气分子的尺寸维度 $x < 0.1$，很好地符合了瑞利散射的假定条件，经常存在气体中的悬浮微粒，云和其他非气体的微粒不包括在瑞利模型中。因此在晴朗无云的条件下，大气对于

太阳光的散射主要是瑞利散射，散射出射的光线主要是线偏振光，由偏振度和偏振方位角来描述(Labhart，1999)。

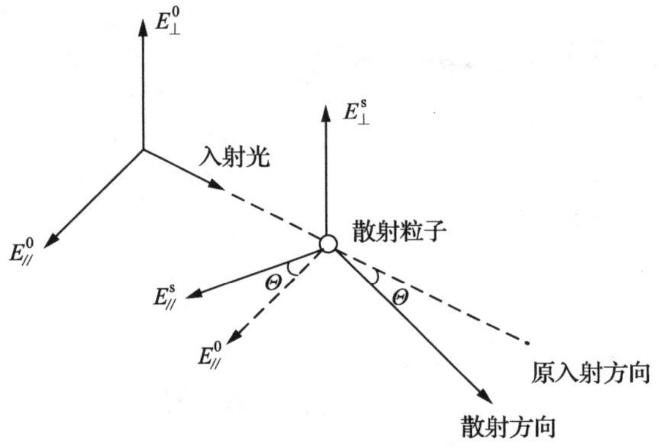

图 7.1　瑞利粒子散射模型

太阳发出的自然光可以分解为正交的两个线偏振分量，即水平分量和垂直分量，其强度为总光强的一半，入射到瑞利散射粒子上，如图 7.1 所示。

散射过程改变了光的偏振状态，用偏振度可以定量描述光的偏振态。对于瑞利粒子散射而言，在入射光为自然光的条件下偏振度为

$$\mathrm{DOP}(\Theta)=\frac{1-\cos^2\Theta}{1+\cos^2\Theta}=\frac{\sin^2\Theta}{1+\cos^2\Theta} \tag{7.1}$$

由式(7.1)可以看出，在散射角 Θ 为 90°和 270°时，偏振度最大为 $\mathrm{DOP}_{\max}$，理想状况下最大偏振度是 100%，散射出射的光线为完全线偏振光；在散射角为 0°和 180°时，为无偏振光，出射光线仍是自然光；其他位置是部分线偏振光。然而，由于分子和粒子的多次散射以及地表反射，在白天无云的天空中亦存在很多中性点，并且不会有偏振度为 100%的点出现。

辐射传输方程是描述电磁波在介质中传播和分配方式的基本方程(廖国男，1985；姚弘轶，2006)，平面平行大气中单色光辐射传输方程可写为

$$\begin{aligned}\Delta L_\lambda =&-L_\lambda(z,\theta,\varphi)k_{ex,\lambda}\Delta l+\pi F_{\lambda,0}\mathrm{e}^{-\sec\theta_0\int_z^\infty k_{ex,\lambda}(z')\mathrm{d}z'}\beta_\lambda(z,\theta,\varphi,\theta_0,\varphi_0)\Delta l\\&+\int_0^{2\pi}\int_0^{\pi}L_\lambda(z,\theta',\varphi')\beta_\lambda(z,\theta,\varphi,\theta',\varphi')\sin\theta'\mathrm{d}\theta'\mathrm{d}\varphi'\Delta l\\&+B_\lambda[T(z)]k_{ab,\lambda}(z)\Delta l\end{aligned} \tag{7.2}$$

式中，太阳光的入射方向为 (θ_0,φ_0)；$\pi F_{\lambda,0}$ 为大气外界太阳单色辐射度，观测方向为 (θ,φ)，考察某一波长的光亮度 $L_\lambda(z,\theta,\varphi)$ 在经过一段气柱 Δl 后的变化 Δl_λ，由上式右边的四项决定，即 l_λ 经过 Δl 这段气柱后受到衰减、单次散射的贡献、多次散射的贡献和热辐射项。对于短波辐射波段，热辐射项一般不予考虑。

式(7.2)可改写为

$$\mu\frac{\mathrm{d}L_\lambda}{\mathrm{d}\delta}=L_\lambda-J_\lambda \tag{7.3}$$

其中，源函数：

$$\begin{aligned}J_\lambda =&\frac{\widetilde{\omega}_{0,\lambda}}{4\pi}\left[\pi F_{\lambda,0}\mathrm{e}^{-\delta/\mu_0}p_\lambda(\delta,\Theta_0)+\int_0^{2\pi}\int_{-1}^{1}L_\lambda(\delta,\mu',\varphi')p_\lambda(\delta,\Theta')\mathrm{d}\mu'\mathrm{d}\varphi'\right]\\&+(1-\widetilde{\omega}_{0\lambda})B_\lambda[T(\delta)]\end{aligned} \tag{7.4}$$

式中，Θ_0 和 Θ' 分别表示从 (θ_0,φ_0) 方向和 (θ',φ') 方向到观测方向 (θ,φ) 之间的夹角；δ 为光学厚度；$\mu=\cos\theta$；$p_\lambda(\delta,\Theta)$ 为相函数 (Θ 为入射太阳方向和散射光方向之间的夹角，即散射角)；$\widetilde{\omega}_{0\lambda}$ 为单次散射反照率。

式(7.3)为平面分层大气中的辐射传输方程简化形式。其中，源函数 J_λ 包括单次散射、多次散射和热辐射项。

由于偏振过程会改变光的偏振状态，所以天空散射光也具有一定的偏振度分布。下

面从分子大气且只考虑单次散射这一简单情况出发，讨论天空散射光偏振度分布的规律。

若只考虑单次散射，即

$$J_{\lambda} = \frac{\widetilde{\omega}_{0,\lambda}}{4\pi}\pi F_{\lambda,0}\mathrm{e}^{-\delta/\mu_0}p_{\lambda}(\delta,\Theta_0) \tag{7.5}$$

利用辐射传输方程的形式解

$$L_{\lambda}(\delta,\mu,\varphi) = \int_0^{\delta} J_{\lambda}(\delta')\mathrm{e}^{-(\delta-\delta')/\mu}\frac{\mathrm{d}\delta'}{\mu} \tag{7.6}$$

设相函数 p_{λ} 不随高度而变，可得到辐射传输方程单次散射时的解

$$L_{\lambda}(\delta,\mu,\varphi) = \frac{\widetilde{\omega}_{0,\lambda}}{4\pi}F_{\lambda,0}p_{\lambda}(\Theta_0)\frac{\mu_0}{\mu_0-\mu}(\mathrm{e}^{-\delta/\mu_0}-\mathrm{e}^{-\delta/\mu}) \tag{7.7}$$

分子大气的散射相函数为

$$p(\Theta) = \frac{3}{4}(1+\cos^2\Theta) \tag{7.8}$$

散射光两个偏振分量可写为

$$L_{\mathrm{r}}(\delta,\mu,\varphi) = \frac{\widetilde{\omega}_0}{4}F_0\,\frac{3}{4}\,\frac{\mu_0}{\mu_0-\mu}(\mathrm{e}^{-\delta/\mu_0}-\mathrm{e}^{-\delta/\mu}) \tag{7.9}$$

$$L_{\mathrm{l}}(\delta,\mu,\varphi) = \frac{\widetilde{\omega}_0}{4}F_0\,\frac{3}{4}\cos^2\Theta\,\frac{\mu_0}{\mu_0-\mu}(\mathrm{e}^{-\delta/\mu_0}-\mathrm{e}^{-\delta/\mu}) \tag{7.10}$$

由偏振度的定义，得天空偏振度分布为

$$\mathrm{DOP}(\Theta) = \frac{1-\cos^2\Theta}{1+\cos^2\Theta} = \frac{\sin^2\Theta}{1+\cos^2\Theta} \tag{7.11}$$

当 $\Theta=0,\pi$ 时，散射光的偏振度 DOP＝0，为自然光；当 $\Theta=\pi/2$ 时，DOP＝1，为线偏振光，在其他角度为部分偏振光。

图 7.2 为非偏振光入射时，由分子单次散射产生的线偏振度的角分布图。图形相对于入射光传播方向具有轴对称，在前向和后向，散射光保持完全非偏振，而在 90°散射角方向，散射光变成全偏振光。在其他方向，散射光为部分偏振，偏振度从 0 到 100％。

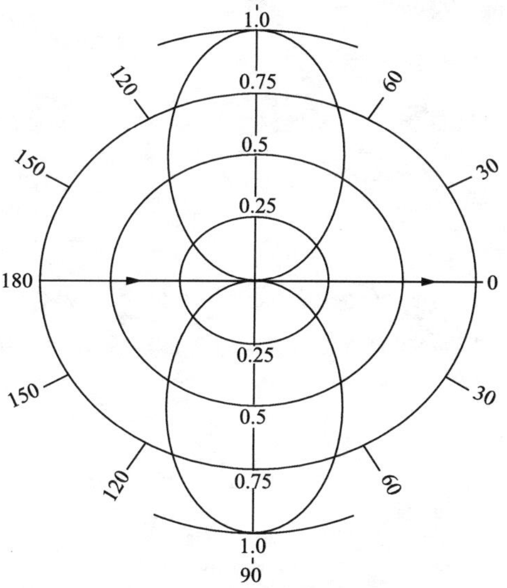

图 7.2　单次散射天空线偏振度的分布图

式(7.8)表明天空散射光的偏振度分布与单位体积空气散射光偏振度的分布是一样的。在单次散射假设下,解的形式简单,因而易于定性地分析某些问题,但因它忽略了多次散射,和真实情况就有差异。

7.1.2 天空偏振光分布的数学模型

在天文学中,将我们头顶上的天空称为天球。天球是以地球为中心、半径无限大的想象球体。所有天体不管其距离地球的远近,一律把它们投影到天球的球面上。日月星辰都在天球上做着各自的运动。确定天体的位置,就是确定天体在天球上的位置。日月等天体的位置除了可用众所周知的直角坐标系表示外,还可用以下几种坐标系表示:黄道坐标系、时角坐标系、赤道坐标系、地平坐标系(杨继先、张树侠,1988;盛裴轩等,2003)。

本书建立天空偏振模型图采用地平坐标系。在地平坐标系中,观测者所在的地平面无限扩展与天球相交的大圆成为地平圈,通过天顶和天底的无数个与地平圈相垂直的大圆为地平经圈,而与地平圈平行的小圆成为地平纬圈。在地平坐标系中用方位角和高度角表示天体的位置。所谓方位角,就是通过天体的地平经圈与午圈之间的夹角,以午圈(正南方)为起算点,由南向东向北为负,由南向西向北为正,如太阳在正东方,方位角为-90°,在正北方时为±180°。所谓高度角,就是天体中心和观测者所在地的连线与地平圈的夹角,以地平圈为起算点,由地平圈向天顶为正,由地平圈向天底为负。当天体的中心直射到当地子午线时,其方位角为0°,同时时角也为0°,这个时刻就是天体上中天的时刻。

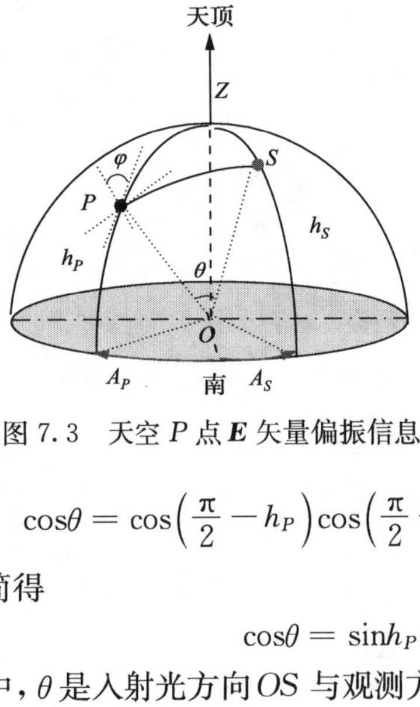

图 7.3 天空 P 点 $\boldsymbol{E}$ 矢量偏振信息

图 7.3 所示的地平坐标系中,S 表示太阳,OP 表示天空中观测的方向,Z 表示天顶。由瑞利散射理论知,待测光束的 E 矢量振动方向垂直于太阳 S、地面观察点 O 和观察方向 OP 所构成的平面。偏振方位角 φ 定义为天空中观察方向 P 点的 $\boldsymbol{E}$ 矢量振动方向与过 P 点子午线(弧 ZP)的夹角。而 P 点的 $\boldsymbol{E}$ 矢量振动方向垂直于 PS,$\varphi = 90° - \angle ZPS$。

在球面三角形 ZPS 中,由球面三角形的余弦定理知

$$\cos\theta = \cos\left(\frac{\pi}{2} - h_P\right)\cos\left(\frac{\pi}{2} - h_S\right) + \sin\left(\frac{\pi}{2} - h_P\right)\sin\left(\frac{\pi}{2} - h_S\right)\cos(A_S - A_P)$$

化简得

$$\cos\theta = \sin h_P \sin h_S + \cos h_P \cos h_S \cos(A_S - A_P) \tag{7.12}$$

式中,θ 是入射光方向 OS 与观测方向 OP 的夹角;h_S 是太阳的高度角;A_S 是太阳的方位角;h_P 是球面天空中观察点 P 的高度角;A_P 是观察点 P 的方位角。这里正南方向代表着方位角 0°,正西方向代表方位角 90°。

在球面三角形 ZPS 中,由球面三角形的正弦定理知

$$\frac{\sin\angle ZPS}{\sin(90° - h_S)} = \frac{\sin(A_S - A_P)}{\sin\theta}$$

即

$$\frac{\sin(90^\circ-\varphi)}{\sin(90^\circ-h_S)}=\frac{\sin(A_S-A_P)}{\sin\theta}$$

化简得

$$\cos\varphi=\frac{\sin(A_S-A_P)}{\sin\theta}\cos h_S \tag{7.13}$$

由式(7.11)和式(7.13)可以计算出天空中观测方向光束的偏振度 DOP 和偏振方位角 φ，如图 7.4 所示。

图 7.4 所示的是不同太阳高度角时天空中的偏振模式图，黑色虚线的方向表示偏振方向，而虚线的宽度表示偏振度，即偏振强度的大小，阴影部分表示的是人眼可观测到的天空部分。可见，天空中的偏振模式图与太阳高度角(即时刻)密切相关，不同太阳高度角其偏振模式图并不相同，偏振光的强度与方向都有差异，太阳高度角低的时候，天空中的偏振强度相对较大，也就是说傍晚或早晨的时候天空中偏振强度比中午时大。还可以看出，偏振模式图有两条鲜明的对称线：一条是与太阳或反太阳点相距 90°角距的大圆，在该圆上偏振度最大；另一条是太阳与反太阳点的连线，在这条对称线上，偏振角是 90°。

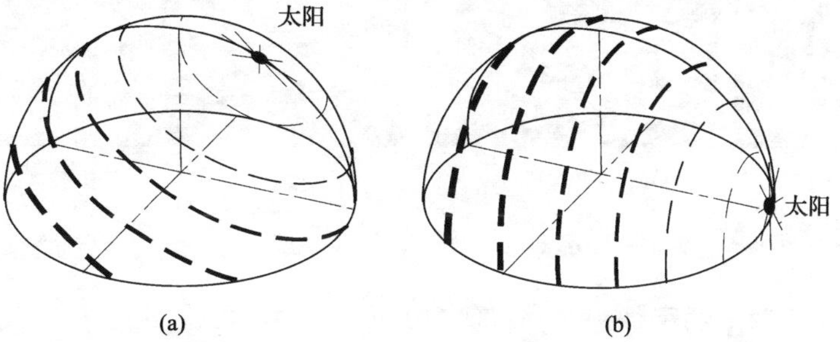

图 7.4　不同时刻天空中的偏振模式图
黑色虚线的方向和宽度分别代表偏振方向和偏振度

相对于偏振度而言，偏振角也是偏振模式图的重要组成部分，并且生物主要是依靠偏振角的分布获取方向信息的。多云天气下云粒子和云下大气对太阳光的散射和偏振使得多云天气产生的偏振角模式图和晴天条件下偏振模式图有所不同。这些偏振模式是由大气的自身性质(介质特征、结构特征等)决定的。

因此，可以得知，天空偏振光的分布可以矢量场图模式体现其物理特征，表现其随时间、空间等因素变化的规律。

7.2　天空偏振模式图测量及参量分布

天空偏振模式图的分布需要用实际测量来表征，因此本节将阐述如何进行全天空偏振模式图的静态与动态测量方法，并给出实际测量中全天空偏振模式图的分布结果。

7.2.1　斯托克斯参量分布的测量研究

图 7.5 是在添加偏振片的情况下对天空相同区域拍摄的原始影像。在拍摄中，每拍摄一次后就将偏振片顺时针旋转 45°。

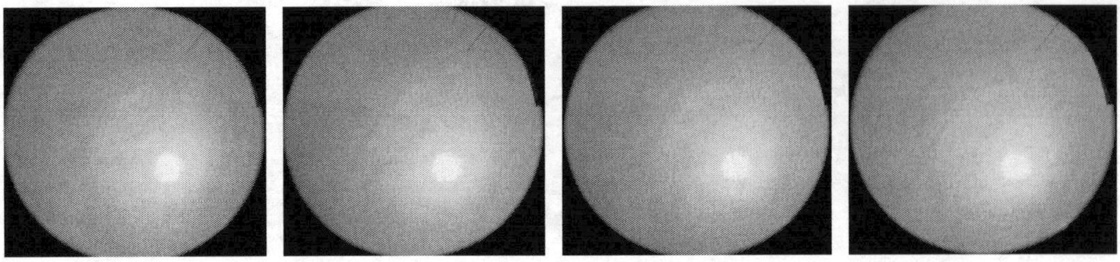

(a) 最初时影像　(b) 旋转45°后影像　(c) 旋转90°后影像　(d) 旋转135°后影像

图 7.5　原始影像(彩图附后)

图 7.6 表示对原始影像进行亮度分割以后的图像，从亮度分割图像可以看出一些明显的差异。

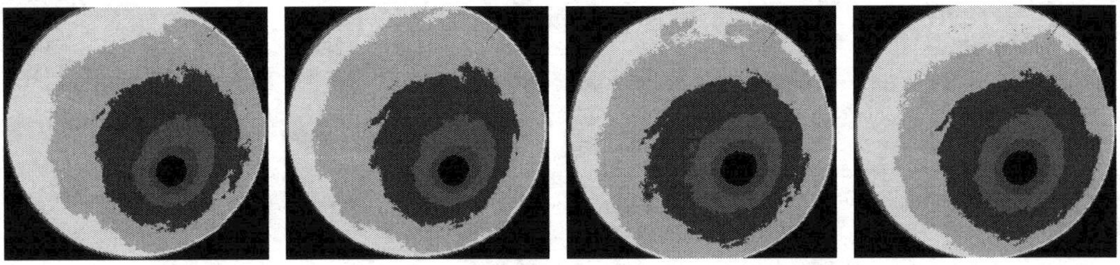

(a) 0°图亮度分割　(b) 45°图亮度分割　(c) 90°图亮度分割　(d) 135°图亮度分割

图 7.6　亮度分割图(彩图附后)

添加偏振片后拍摄的影像任一点的亮度值可以写成 $0.5I_g + I_{max}\cos^2\alpha$（$\alpha$ 表示线偏振光起偏方向与偏振片方向之间的夹角）。那么任意两幅影像在某一点处的差异便是 $I_{max}(\cos^2\alpha - \cos^2\beta)$，这就说明了 I_{max} 的存在，图像上一些大的差异也说明了 I_{max} 的值并不小。因此，在全天空测量范围内，线偏振度的值是不可忽视的。

图 7.7、图 7.8、图 7.9 分别是通过上面四幅影像计算出的斯托克斯参量中的 I、Q、U 分量的分布图。通过比较发现 I 分量的分布总体上与原始图像的亮度分割图像分布相差不多。

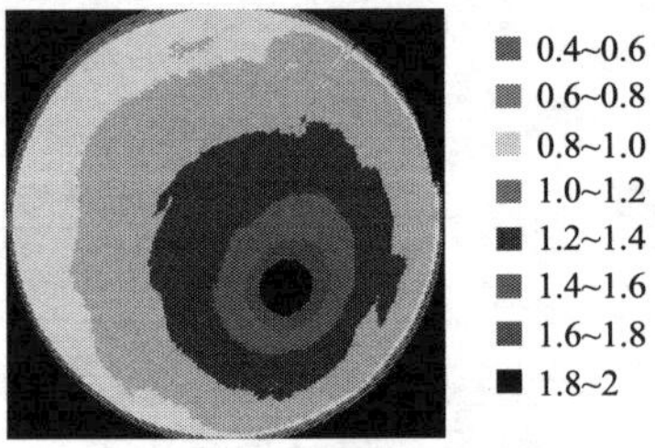

图 7.7　I 分量分布图(彩图附后)

图 7.8　$|Q|$ 分量分布图(彩图附后)

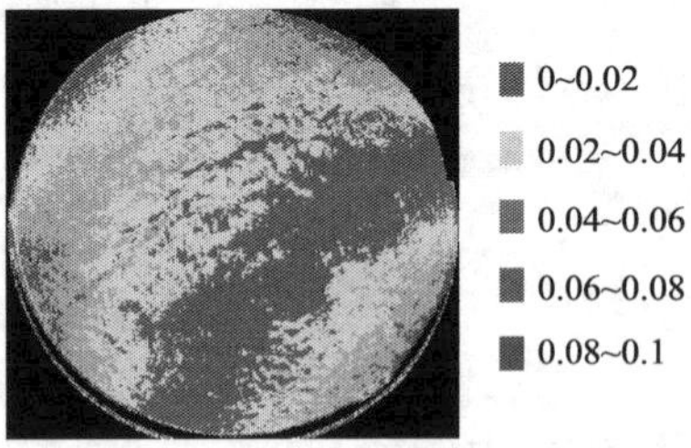

图 7.9　$|U|$ 分量分布图(彩图附后)

总光强 $I = I_g + I_{max}$，这便解释了 I 分量的分布总体上与原始图像的亮度分割图像分布情况相类似的原因。分析斯托克斯参量 Q、U 分量的分布发现，Q、U 两个分量的分布没有明显的规律可言。为了进一步的分析 Q、U 分量的分布情况，我们继续测量。

图 7.10 和图 7.11 是 2008 年 5 月 7 日下午 4 点在北京大学遥感所 5 楼天台拍摄的图像经过处理以后得到的 Q、U 分量的分布。综合比较两组图后发现 Q、U 分量的分布似乎很随机。唯一可以知道的是在靠近太阳的部分 Q、U 分量都比较小。

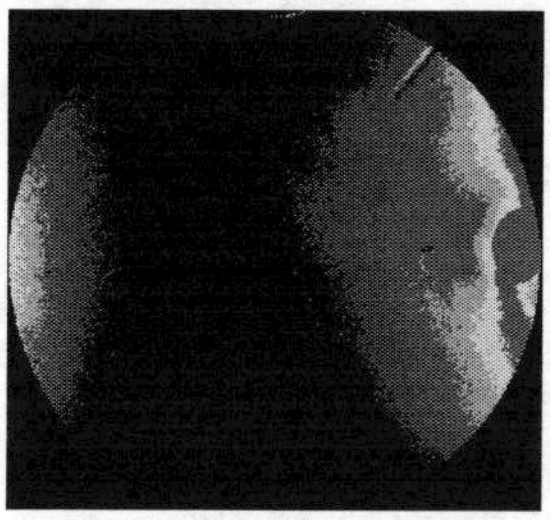

图 7.10　$|Q|$ 分量分布图(彩图附后)

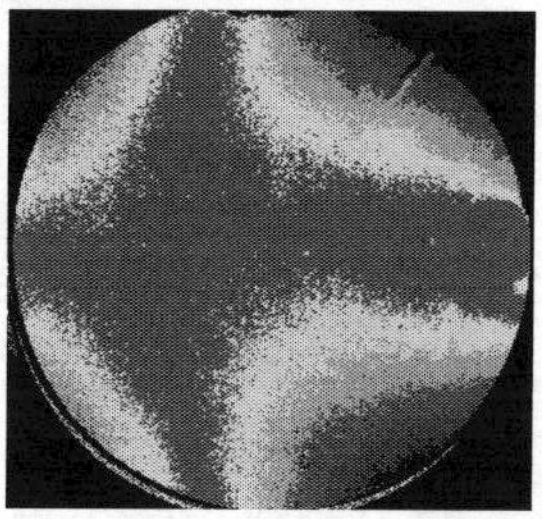

图 7.11　$|U|$ 分量分布图(彩图附后)

根据 Q、U 分量的计算式

$$Q = I(0^\circ) - I(90^\circ), \quad U = I(45^\circ) - I(135^\circ)$$

发现 Q、U 的值其实是随最初时偏振片摆放的角度变化而变化的，所以这两个分量的分布是没有规律的。在太阳附近的点，因为过度曝光的原因，在各个角度拍摄出来的图片上的亮度值都很相近，因而在这些地方的 Q、U 分量值都比较小。

7.2.2　偏振度及偏振方位角参量分布的测量研究

图 7.12 是全天空偏振度的分布图。红色区域部分是太阳及边上过度曝光的部分，从图中可以看出全天空的偏振度分布大体上成环状分布。从理论上来说，全天空的偏振呈对称分布。实际测量的结果大体上也表现出了偏振度分布的一些对称关系。当然，也可以从其他时间拍摄的偏振分布图上看出对称分布的情况。

图 7.13 是对 2008 年 5 月 7 日下午 4 点与 2008 年 5 月 21 日下午 1 点在北京大学遥感所 5 楼拍摄的数据进行处理后的偏振度分布图。两幅图中偏振度的分布也大致呈对称分布，这种对称分布的情况与理论相符合。

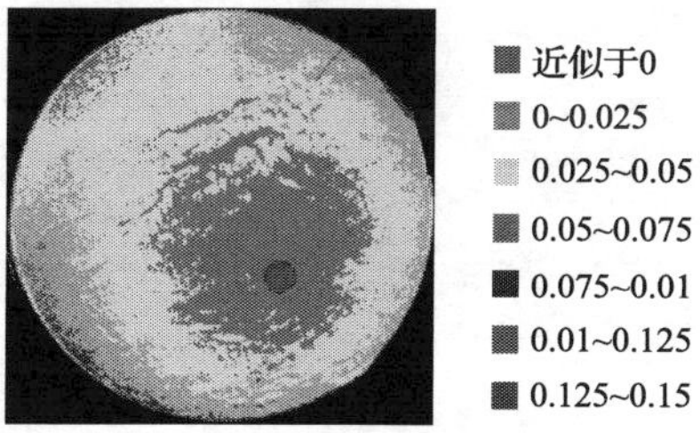

图 7.12　偏振度分布图(彩图附后)

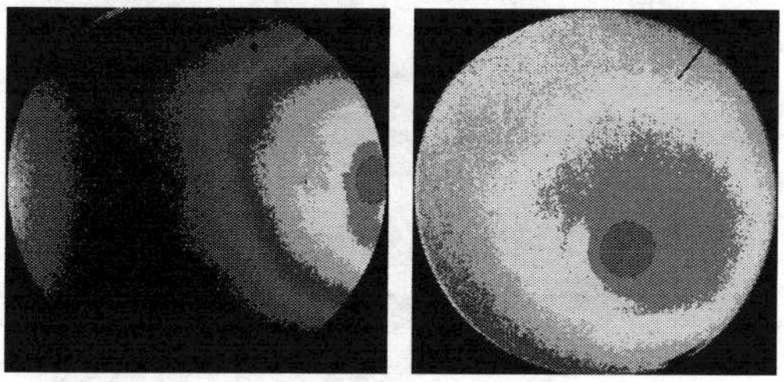

图 7.13　偏振度分布图(彩图附后)

某一点的偏振方位角是指该点的线偏振光的起偏方向与偏振片初始方向的夹角。图 7.14 是天空中晴朗天空和有云天气时偏振方位角的分布图。

可以看出，晴朗天空条件下的偏振角分布比较有规律，而有云状态下的偏振方位角由于受到多云天气多次散射的影响，其分布相对于晴朗天空有所变化，但总体来看，其对称分布的特性没有改变。

为了得到全天空偏振光在一段时间内的分布规律，在 2008 年 5 月 30 日中午 11 点至下午 17 点于北京大学遥感所 5 楼天台进行了连续观测实验，实验中每隔 1h 对全天空拍摄 1 次。图 7.15 是实时拍摄的照片及偏振度、偏振方位角的分布对比图。

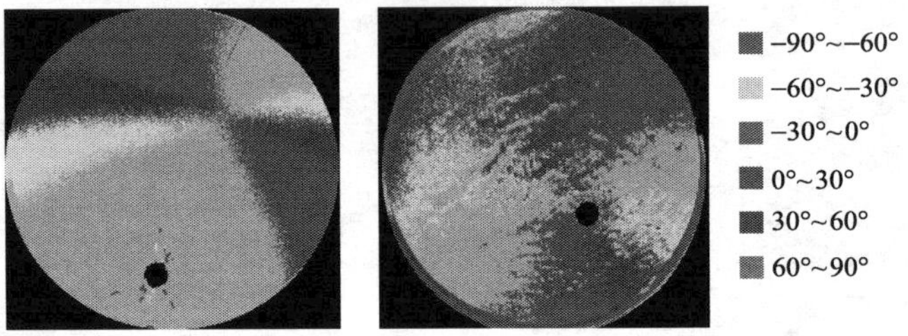

(a) 无云状态　　(b) 有云状态

图 7.14　偏振方位角分布图

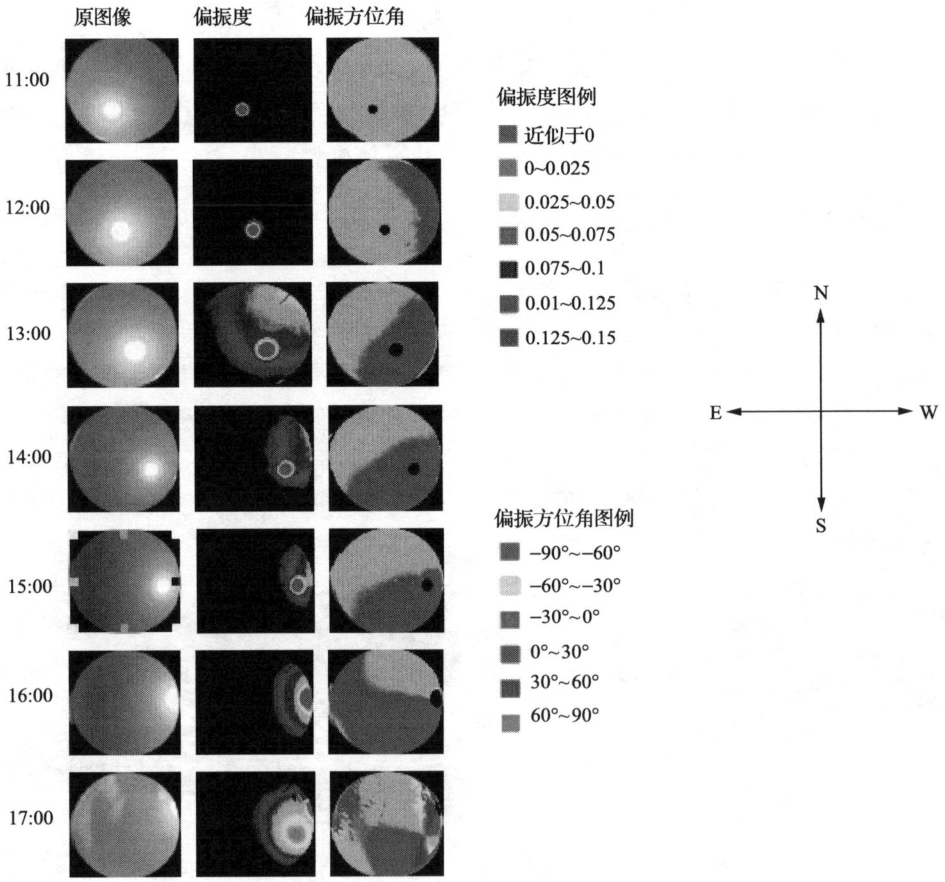

图 7.15　连续实验效果图

本次实验天空情况良好，基本无云。其中，对 17:00 偏振度分布图做了小量处理，剔除了图像左半部分云层的影响。

从实验结果可以得出一些关于全天空偏振光分布的规律：

首先，从各个时间的太阳位置及偏振度的分布情况可以看出，全天空的偏振度分布并不是固定不变的，而是随着太阳位置的变化而变化的。

从偏振度分布图上还可以明显地看到偏振度呈环状分布，在太阳高度角较高即接近中午的时候，天空中可以观测到一个环状分布，而随着时间的推移可以发现出现了另外一个环形分布，而整个天空的偏振度分布是这两个环状分布的叠加。

综合看各幅偏振方位角分布图可以看出偏振方位角的分布也有着一定的分布规律，主要与太阳的位置有关。本章的实验结果可以进一步表征用矢量场理论表征天空偏振分布理论的可行性与有效性。

7.3 不同条件下天空偏振度的影响因素分析

偏振光导航是一项较新的研究，生物之所以能够利用天空偏振光分布模式进行导航定位，首先是其本身具有对天空光偏振方向极其敏感的视觉神经系统，同时在天空中存在一个相对稳定的大气偏振光模式图。然而，可见光波长、天气条件及太阳的位置对天空偏振光分布都有一定的影响（Waterman，1954，1955，2006；Ivanoff and Waterman，1958，1985；房建成、宁晓琳，2006），这些条件对导航的适用性影响如何，这是本章的研究重点。因为天空偏振光分布主要是通过偏振度和偏振角两个参量来描述的，因此，通过实验手段分析以上因素对偏振度和偏振角分布的影响是本章的主要内容。

7.3.1 不同天气条件的测量结果

由于天空偏振光分布与大气粒子对太阳光的散射密不可分，对晴天及多云的分布情况进行了比较研究。图 7.16(a)为晴朗无云的天气条件下利用全天空偏振测量方法得到的全天空偏振度影像，图 7.16(b)为多云状态下全天空偏振度影像。

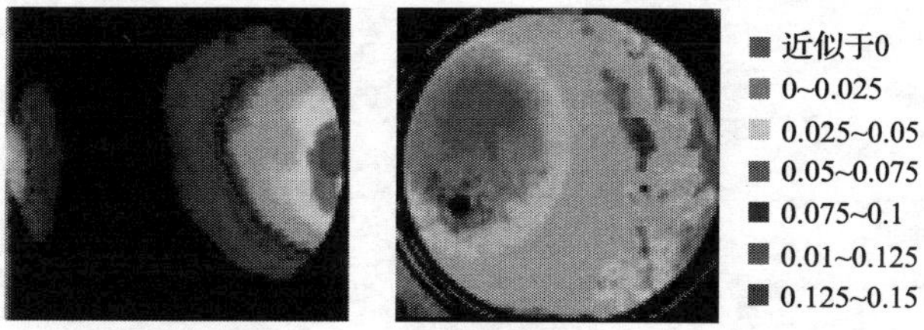

(a) 晴朗天空　　(b) 多云状态

图 7.16　偏振度在不同天气条件下的分布情况(彩图附后)

图 7.16 中红色区域为天空中大气偏振度为零的点。从无云状态的图像可以看出，大气偏振度围绕此点呈现有规律的环状分布，向外偏振度逐渐变大，达到最大的黑色区域后又逐渐减小。图 7.16(b)多云状态的影像与无云状态的影像有一定的相似处，天空偏振度也是呈环状分布，但这个分布不是十分的规则，在图像的右下角有一个偏振度较低的灰色区域；整个影像的颜色大多是黄色或绿色，也就是说其偏振度大小较无云状态小很多，这是因为多云状态下由于大气的多次散射造成了退偏效应，将影像的偏振度大大减小了。

7.3.2 不同太阳高度角的测量结果

为了得到全天空偏振度及偏振角在一段时间内的分布规律，对天空偏振光分布进行了连续观测实验。图 7.17 为 2008 年 9 月 1 日(天气晴朗)上午 10:30 至下午 15:00 每隔一段时间对全天空进行拍摄，连续近 6h 观测到的中关村地区天空偏振光分布情况。实验地点为北京大学遥感所 5 楼平台。不同太阳高度角的偏振度分布的形状和大小都是不同的，在太阳高度角较高即接近中午的时候，天空中可以观测到两个环状分布，整个天空的偏振度分布是这两个环状分布的叠加，而随着时间的推移可以发现另外一个环形逐渐消失。

对图 7.17 的各个偏振度影像分别进行亮度统计，取整个影像偏振度的平均值，得到图 7.18 的结果。

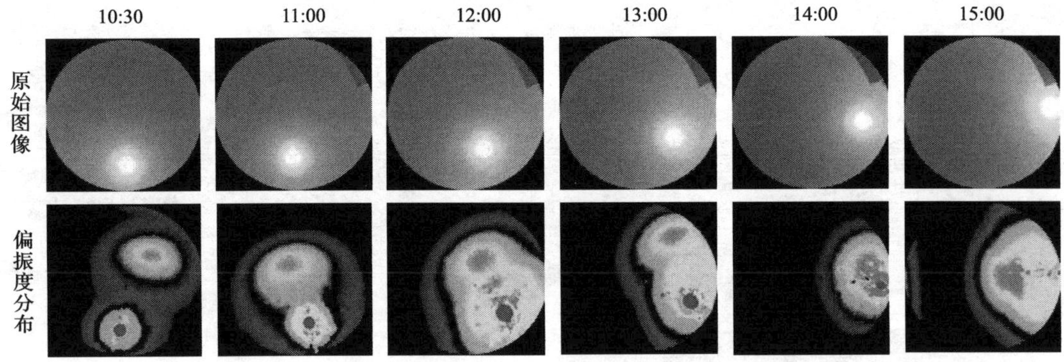

图 7.17 晴朗天空偏振度随太阳高度角变化情况(彩图附后)

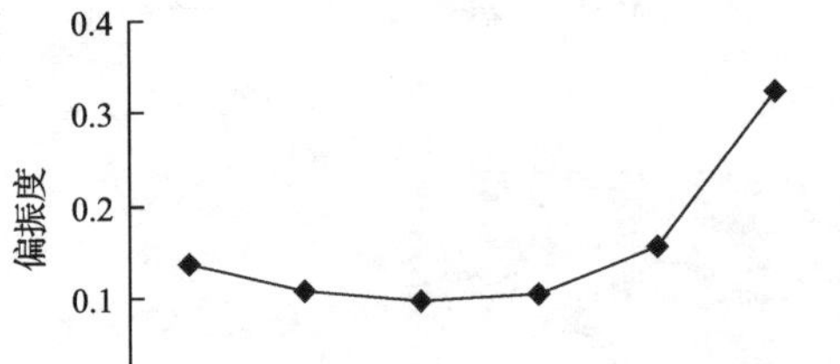

北京时间	偏振度平均值
10:30	0.1370
11:00	0.1073
12:00	**0.0971**
13:00	0.1023
14:00	0.1555
15:00	0.3225

图 7.18 偏振度平均值与太阳高度角的关系图

从图 7.18 中可以看出，从上午 10:30 到 12:00，偏振度影像的平均值逐渐变小，至太阳高度角最大(12 点)时偏振度平均值达到最小，然后随着时间推移，偏振度影像的平均值又逐渐变大。从图 7.17 和图 7.18 的结果可以得出，天空偏振度分布与太阳高度角密切相关，随着太阳高度角的变化，天空偏振的形状和大小都发生着变化。太阳高度角越低，偏振度平均值越大；反之，偏振度平均值越小。这一结果和理论分析完全一致。

7.3.3 不同观测波段的测量结果

图 7.19 是晴朗天气条件下天空偏振度在紫、蓝、红三个波段的分布情况。每组图中的三幅图像拍摄的时间大致相同，前后相差不到 1min。

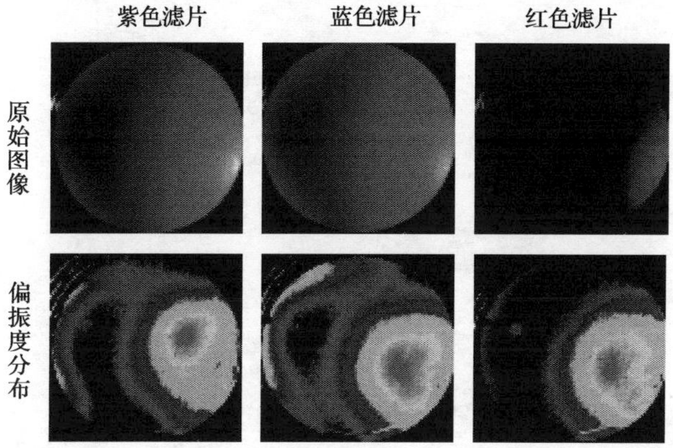

波段/nm	偏振度平均值
400	0.136
450	0.152
650	0.360

图 7.19 晴朗天空不同波段的天空偏振度分布

从图 7.19 晴朗天空条件下的偏振度分布可以直观看出，紫、蓝、红三波段的偏振度分布不完全相同，天空偏振度均分布规律，最大偏振度(图中黑色区域)出现的区域也不相同，这说明可见光波段对偏振度的分布也有一定的影响。通过计算不同波段偏振度的平均值，发现晴朗天空条件下偏振度的大小随着可见光波长的增大而增大，红波段偏振度最大。

图 7.20 是阴雨天条件(天空阴沉，伴有细雨)下天空偏振度在紫、蓝、红三个波段的分布情况。每组图中的三幅图像拍摄的时间大致相同，前后相差不到 1min。通过计算不同波段偏振度的平均值，发现阴雨天条件下偏振度的值相对于晴朗天空明显减小，而且长波段红色波段偏振度平均值明显减小，这说明可见光波长越长，退偏效应越明显。

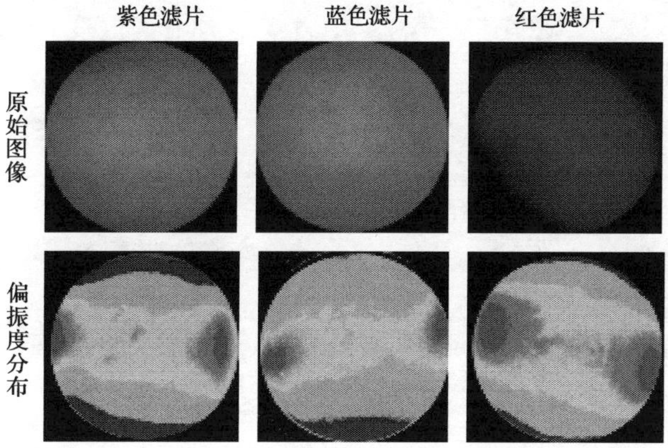

波段/nm	偏振度平均值
400	0.109
450	0.136
650	0.102

图 7.20 阴雨天气不同波段的天空偏振度分布

为了说明不同观测波段天空偏振度的强度大小，分别将图 7.19 和图 7.20 中不同波段的偏振度影像的偏振度取平均值。统计结果如下：晴朗天空在紫、蓝、红三个波段偏振度影像的偏振度平均值分别为0.136、0.152、0.360；阴雨天空在紫、蓝、红三个波段偏振度影像的偏振度平均值分别为0.109、0.136、0.102。如图7.21所示，晴朗天空的偏振度随着观测波长的变长，其偏振度的值在增长；而阴雨天气蓝波段偏振最大，紫波段和红波段相对较小。

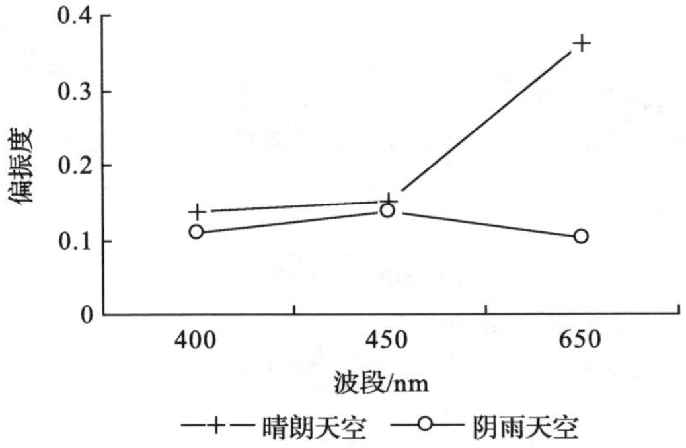

图7.21　不同波段偏振度影像的偏振度平均值

从图7.21中还可以看出，三个波段在多云天气条件下的平均偏振度均小于晴朗天气条件下的平均偏振度，这说明在阴雨条件下，由于大气粒子的多次散射产生比较强烈的退偏效应，致使整个影像的偏振度有所降低。对于利用偏振光进行导航的动物而言，只要偏振度大于动物偏振视觉的探测门限，天空偏振模式的分布就能够被用来作为导航的信息源。研究表明，成功导航需要偏振度的大小至少是5%～10%，而在我们上述的实验中，无论晴朗天空或阴雨天气，其偏振度平均值均高于这个值，这说明以上条件天空偏振光分布均可作为偏振导航的信息源。这样，如果我们设计的偏振光测角传感器能够敏感到5%以上的偏振度分布，就有可能利用其获取导航所需的方向信息。

除此之外，天空偏振度的分布还与观测波段密切相关。2010年1月22日(天气晴朗，有3～4级风)上午10点至下午16点每隔1h对全天空进行拍摄，连续7h观测到的中关村地区天空偏振光在不同波段的分布情况。对此组数据各个偏振度影像分别进行亮度统计，取整个影像偏振度的平均值得到表7.1的结果。为了更直观地看出偏振度与观测波段的关系，将表7.1的数据绘制成图7.22的形式。

表7.1　偏振度平均值与观测波段的关系

北京时间	偏振度(红色)	偏振度(蓝色)	偏振度(紫色)
10:00	0.1439569	0.12530330	0.07400164
11:00	0.09539123	0.07921814	0.03204104
12:00	0.09601002	0.08403128	0.02421901
13:00	0.09074238	0.08914048	0.03130787
14:00	0.10416720	0.08769692	0.01189412
15:00	0.08474455	0.07150745	0.010632205
16:00	0.09664912	0.08455271	0.04264618

从图7.22中可以看出，天空偏振度分布与观测波段密切相关，可见光波段越长，偏振

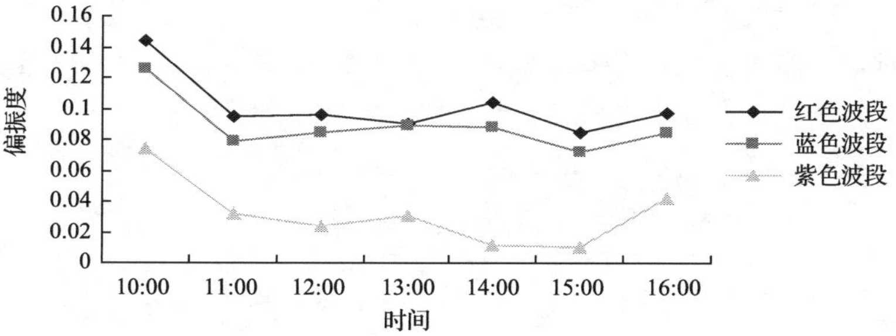

图 7.22　偏振度平均值与太阳高度角的关系图

度平均值越大；反之，偏振度平均值越小。还可以看出，从上午 10 点到 12 点，相同观测波段偏振度影像的平均值逐渐变小，至太阳高度角最大(12 点)时偏振度平均值达到极小，然后随着时间的推移，偏振度影像的平均值又逐渐变大，在 14 点和 15 点重新变小，这和理论分析有一定的偏差，应该是由当时的大风天气引起的大气湍流造成的。从表 7.1 的数据可以看出，大气湍流对短波段的影响较大，对长波段的影响较小，这说明在晴朗天气条件下，长波段更适用于导航。

以上测量结果表明，晴朗天空偏振度随波长减小而降低，但在湍流、多云天气，长波段退偏效应比较明显，偏振度随之减小，较短波段基本不受影响或影响很小。综合考虑以上各种因素，认为蓝色波段是最适用于导航的波段。

7.4　不同偏振角的适用性分析

天空偏振光对导航的适用性如何？我们进一步测量天空偏振光在不同天气条件下的分布情况，通过全偏振测量方法得到了天空偏振光在晴朗、林荫遮挡、微云以及多云(太阳被云层遮挡)四种条件下的分布情况，如图 7.23 所示。

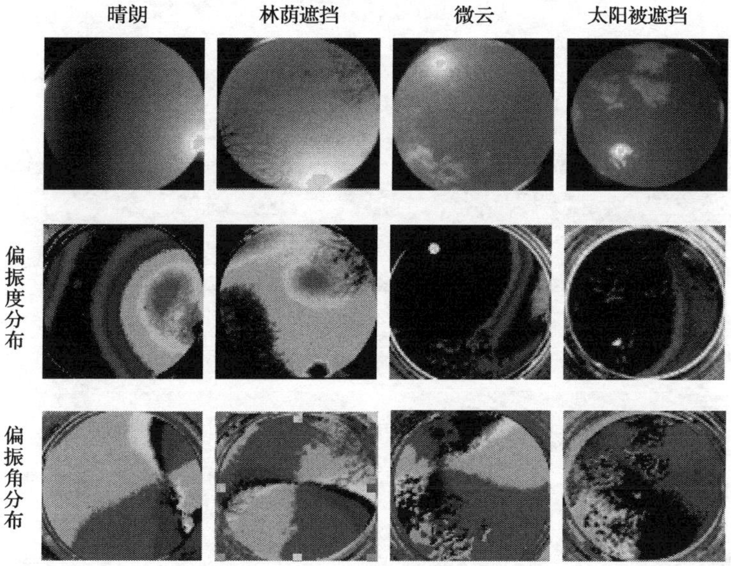

图 7.23　不同条件下天空偏振光的分布情况

对图 7.23 偏振度分布分别求取平均值，得到表 7.2 的结果。从表 7.2 中可以看出，尽管天气条件对天空偏振度的分布有较大的影响，但偏振度在各种天气条件下的平均值均大于 10%，满足偏振导航的要求。同时，各种条件下天空偏振角也具有比较规则的分布，可以从不同天气条件下偏振角的分布获取方向信息。

表 7.2 不同条件下偏振度平均值

天气条件	晴朗天气	林荫遮挡	微云天气	多云天气
偏振度平均值	0.2087	0.1257	0.1320	0.1562

7.4.1 不同天气条件的测量结果

生物能够利用天空偏振光导航，除了依靠相应的偏振视觉探测到天空偏振光的存在，还要从天空光偏振角的分布获取方向信息。因此，分析天空光偏振角在不同条件下的分布尤为重要。图 7.24 是在不同天气条件下观测到的天空偏振角分布情况。由于天空偏振光分布与大气粒子对太阳光的散射密不可分，对晴天及阴天的分布进行了比较分析。图 7.24(a)为晴朗无云的天气条件下全天空偏振角影像，图 7.24(b)为有云状态下全天空偏振角影像。全天空偏振影像由上述天空偏振模式图测量模型生成。

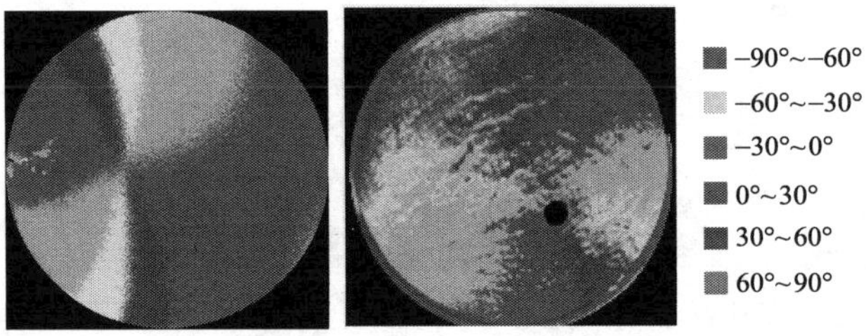

(a) 晴朗天空　　(b) 多云状态

图 7.24 偏振角在不同天气条件下的分布情况

从晴朗天空的图像可以看出，天空光偏振角围绕汇聚点(图 7.24(a))呈有规律的对称分布，有云状态的影像与晴朗天空的影像相比较有一定的相似之处，天空的偏振角围绕汇聚点呈对称分布，但这个分布不是十分的规则，角度不是渐变的，而是有大小交叉出现。也就是说其偏振角大小较晴朗天空状态有所改变，这是因为有云状态下大气的多次散射造成的一种退偏效应，将整个影像的偏振角减小了。尽管如此，偏振角分布对称于太阳子午线的特征并没有改变，仍然可以利用其分布获取导航所需的方向信息。

7.4.2 不同太阳高度角的测量结果

为了得到全天空偏振角在一段时间内的分布规律，对天空偏振光分布进行了连续观测实验。图 7.25 为 2008 年 9 月 1 日(晴天)中午 11 点至下午 16 点每隔 1h 对全天空进行拍摄，连续 6h 观测到的中关村地区天空偏振光分布情况，实验地点为北京大学遥感所 5 楼平台。从单个的偏振角分布影像来看，偏振角分布与图 7.24 的分布有一定的相似之处，但不同太阳高度角时偏振角分布的形状和大小都是不同的。可以看出，随着太阳高度角的变化，整个天空的偏振角分布绕天顶旋转。

从图 7.25 的各个偏振角影像分别提取太阳子午线方向，通过计算发现图像中某点处偏振角由小到大、然后又由大到小变化，如图 7.26 所示，这也符合了天空偏振模式图绕天顶旋转的理论。

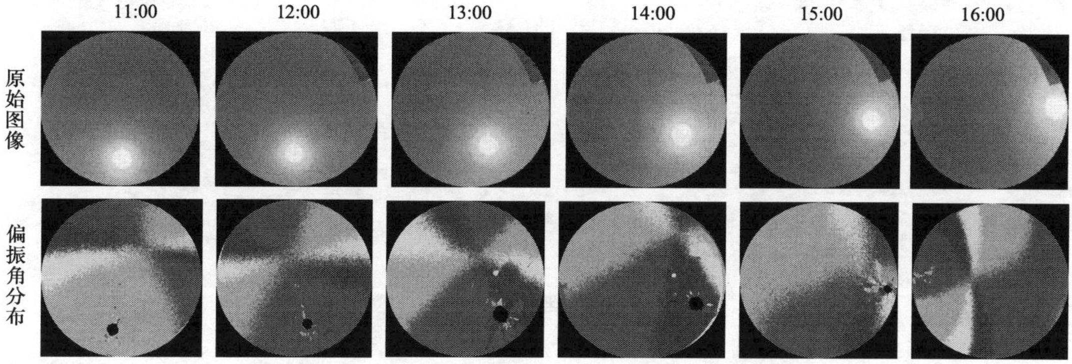

图 7.25　晴朗天空偏振角随太阳高度角变化情况

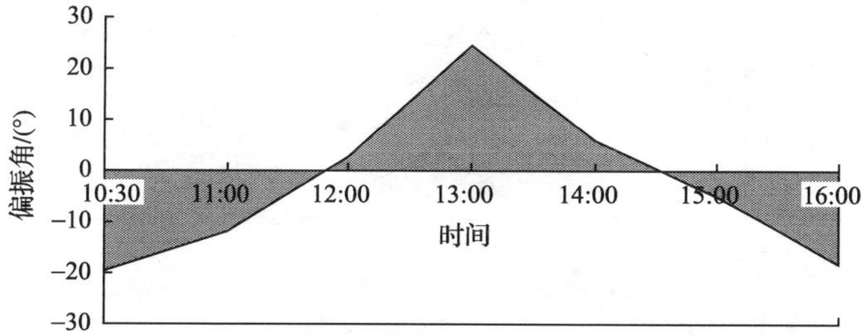

图 7.26　晴朗天空影像中某点处的偏振角变化情况

7.4.3　不同观测波段的测量结果

图 7.27 是晴朗天气条件下天空偏振角在紫、蓝、红三个波段的分布情况。每组图中的三幅图像拍摄的时间大致相同，前后相差不到 1min。

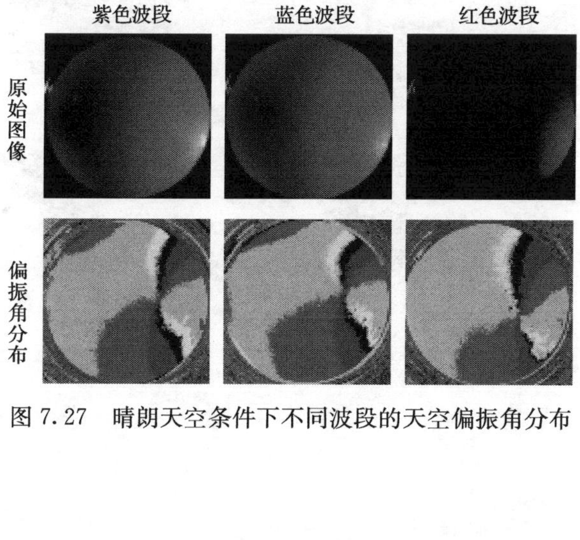

图 7.27　晴朗天空条件下不同波段的天空偏振角分布

从图 7.27 晴朗天空条件下偏振角的分布可以直观地看出，紫、蓝、红三波段的偏振角分布基本相同，天空偏振角围绕汇聚点有规律地分布，与模型结果相近。

从图 7.27 偏振角的分布中获取太阳子午线方向如图 7.28 所示，可以看出不同波段太阳子午线的方向基本一致，而且比较稳定。结合偏振度的分布情况，可以从晴朗天空蓝色波段偏振角的分布获取航向信息。

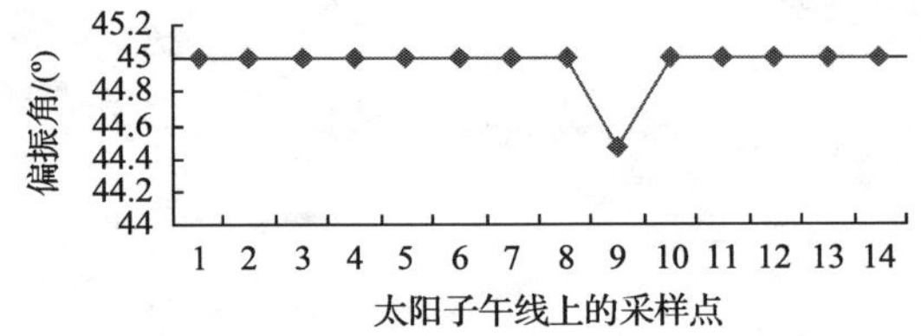

(a) 紫色波段

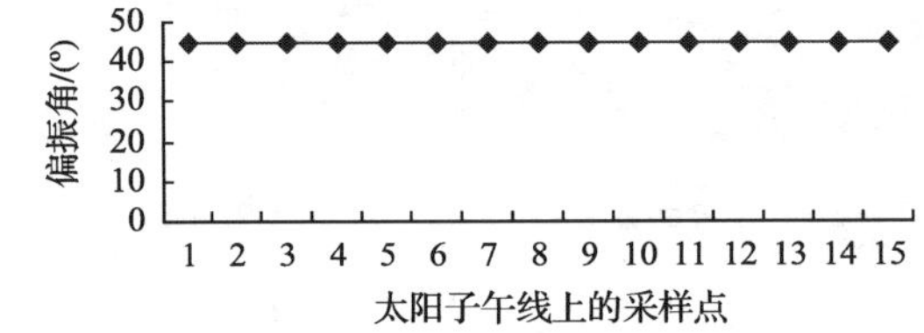

(b) 蓝色波段

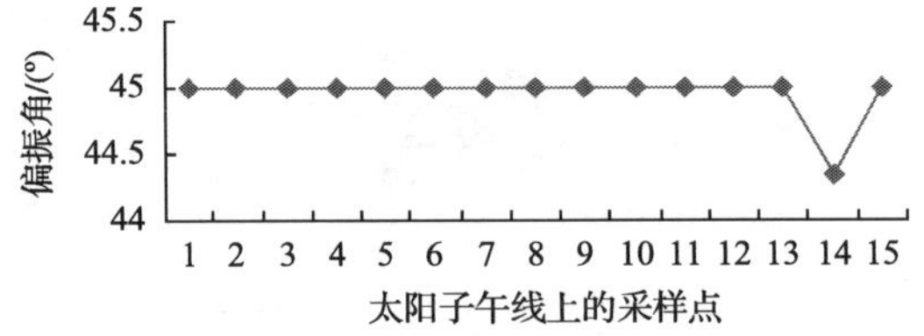

(c) 红色波段

图 7.28　晴朗天空条件下偏振角与波段的关系

图 7.29 是晴朗天气林荫遮挡条件下天空偏振角在紫、蓝、红三个波段的分布情况。每组图中的三幅图像拍摄的时间大致相同，前后相差不到 1min。

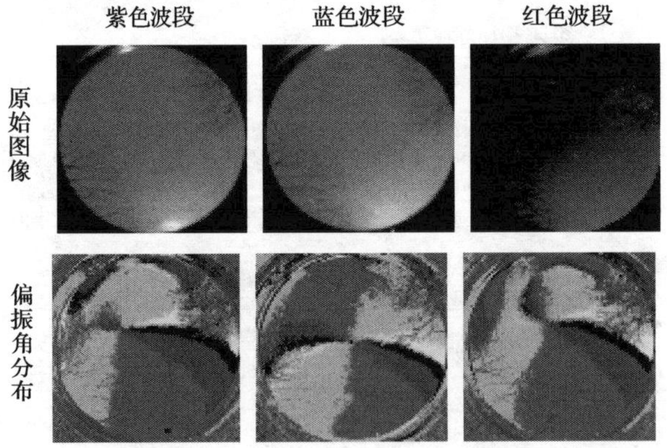

图 7.29　晴朗天气林荫遮挡条件下不同波段的天空偏振角分布

从图 7.29 晴朗天空林荫遮挡条件下偏振角的分布可以直观地看出，紫、蓝、红三波段的偏振角分布基本相同，天空偏振角围绕汇聚点有规律地分布，与模型结果相近，从紫色波段和红色波段偏振角的分布可以看到绿色区域较大，说明偏振角在这两个波段的分布角度偏小，尽管如此，最大偏振线的位置几乎没有变化，在林荫遮挡条件下可以稳定的获取方位信息。

从图 7.29 偏振角的分布中获取太阳子午线方向如图 7.30 所示，可以看出不同波段太阳子午线的方向基本一致，而且比较稳定。结合偏振度的分布情况，可以从蓝色波段偏振角的分布获取航向信息。

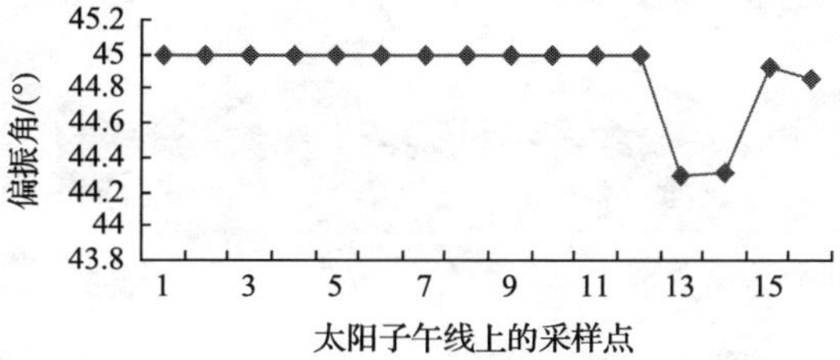

(a) 紫色波段

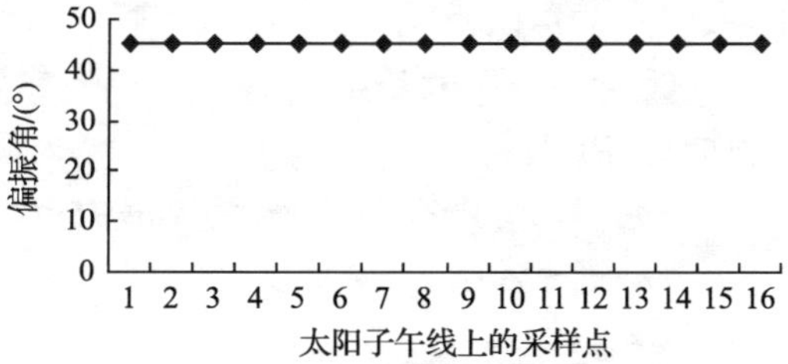

(b) 蓝色波段

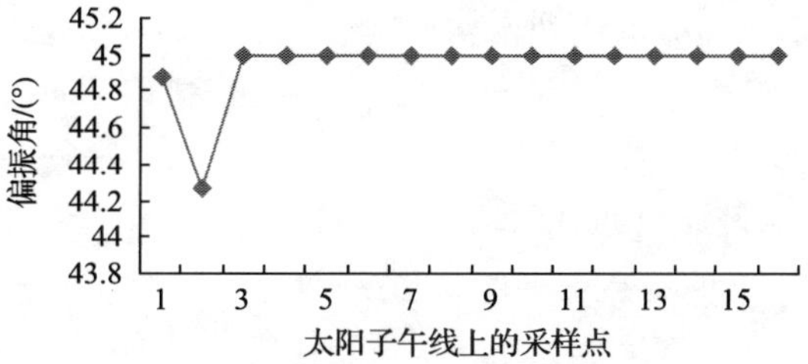

(c) 红色波段

图 7.30　晴朗天空林荫遮挡条件下天空偏振角在紫、蓝、红三个波段的分布情况

每组图中的三幅图像拍摄的时间大致相同，前后相差不到 1min

为了说明不同观测波段全天空偏振角在一段时间内的分布规律，对天空偏振光分布进行了连续观测实验。图 7.31 为 2010 年 1 月 22 日(晴天)上午 10 点至下午 16 点每隔 1h 对全天空进行拍摄，连续 7h 观测到的中关村地区天空偏振光分布情况，实验地点为北京大学遥感所 5 楼平台。在红色波段和蓝色波段不同太阳高度角时偏振角分布的形状和大小都是不同的。可以看出，随着太阳高度角的变化，整个天空的偏振角分布绕天顶旋转，但紫色波段偏振角的分布很不规律，几乎不能利用其获取方向信息，这进一步的说明晴朗天空下可见光波长越长，偏振角的分布越稳定。

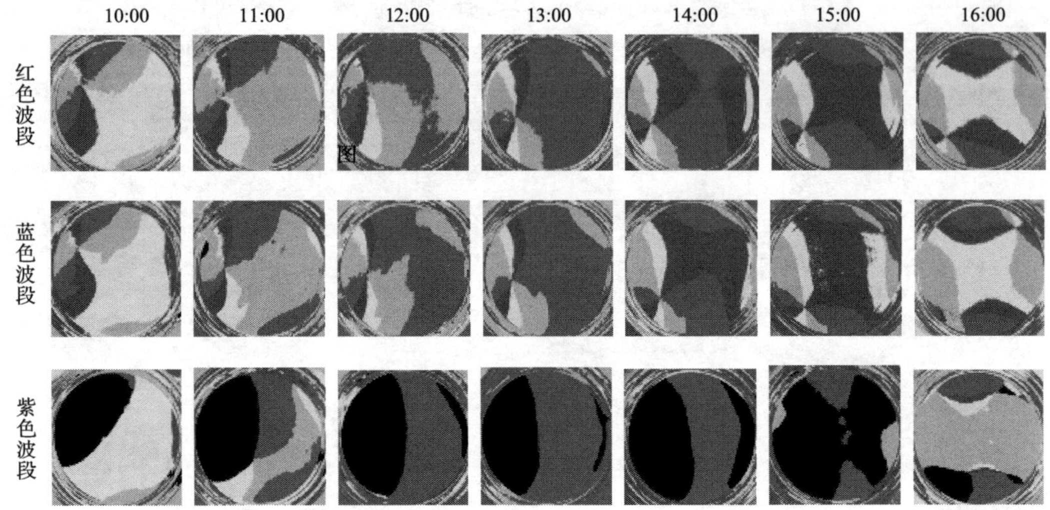

图 7.31　晴朗天气条件下不同波段的天空偏振角分布(彩图附后)

综合考虑天气条件、太阳高度角以及观测波段的影响,认为蓝色波段的偏振角分布绕天顶旋转以及关于太阳子午线对称分布的特征在各种条件下基本不变。因此,可以利用蓝色波段偏振角的分布获取导航所要的方向信息。

上述结果可以证明,天空偏振模式图的分布受到时间、空间与天气条件的共同影响,且具有理论上的规律性,可以应用于大气遥感研究中。天空偏振不仅可以提供方向信息,还可以被其他导航系统用来校正航向参数,其变化具有一定的稳定性与规律性,可以为生物导航提供重要的信息。因此,昆虫等动物采用天空偏振信息以辅助导航,对其生存具有重要意义,相关内容将在第 10 章详细说明。

参 考 文 献

房建成,宁晓琳. 2006. 天文导航原理及应用. 北京:北京航空航天大学出版社.

姜景山,王文魁,都亨. 2001. 空间科学与应用. 北京:科学出版社.

廖国男. 1985. 大气辐射导论. 北京:气象出版社.

盛裴轩,毛节泰,李建国,等. 2003. 大气物理学. 北京:北京大学出版社.

杨继先,张树侠. 1988. 导航基础. 哈尔滨:哈尔滨船舶工业学院出版社.

姚弘轶. 2006. 面向仿生微纳导航系统的天空偏振光研究. 大连理工大学硕士学位论文.

Collett M, Collett T, Bisch S, et al. 1998. Local and global vectors in desert ant navigation. Nature, 394(6690): 269-272.

Hartmann G, Wehner R. 1995. The ant's path integration system: A neural architecture. Biological Cybernetics, 73(6): 483-493.

Horvath G, Wehner R. 1999. Skylight polarization as perceived by desert ants and measured by video polarimetry. Journal of Comparative Physiology A-neuroethology Sensory Neural and Behavioral Physiology, 184(1): 1-7.

Ivanoff A, Waterman T. 1958. Factors, mainly depth and wavelength, affecting underwater polarized light. Journal of Marine Research, 16: 283-307.

Ivanoff A, Waterman T. 1985. Elliptical polarization of submarine illumination. Journal of Marine Research, 16: 255-282.

Labhart T. 1999. How polarization-sensitive interneurons of crickets see the polarization pattern of the sky: A field study with an optoelectronic model neurone. The Journal of Experimental Biology, 202: 757-770.

Waterman T. 1954. Polarization patterns in submarine illumination. Science, 120: 927-932.

Waterman T. 1955. Polarization of scattered sunlight in deep water. Deep Sea Research 3(Suppl), 426-434.

Waterman T H. 2006. Reviving a neglected celestial underwater polarization compass for aquatic animals. Biology Review, 81: 111-115.

Waterman T, Westell W. 1956. Quantitative effects of the sun's position on submarine light polarization. Journal of Marine Research, 15: 149-169.

第8章 大气偏振中性点区域规律与地-气参量分离

本章给出了以太阳为中心的一个区域其大气偏振效应为零，即称大气偏振中性点区域。该区域反映了一个新的“大气窗口”，即地物偏振遥感反射光在该区间驻留不住，较小衰减地被偏振遥感传感器获得。由此为弱化大气衰减效应、强化地物偏振信息、实现地-气分离提供一种新的有效手段。具体包括：大气偏振中性点区域理论及其性质，以给出其物理推导与表征；基于大气偏振中性点区域的地-气分离方法，以给出其物理实现手段；基于中性点的地-气分离基本实验，以获得实际观测依据；基于偏振的地-气分离观测手段探索，以考虑太阳同步轨道卫星及相关方法。

8.1 大气偏振中性点区域理论及其性质

太阳辐射通过大气层时，被大气粒子散射，产生偏振现象。一般来讲，大气粒子的一次散射使天空偏振产生正值，而多次散射使天空偏振产生负值，天空中的正负偏振的交点为零偏振点，这个点即所谓的大气中性点(neutral point)，也就是天空中偏振度为零的点。19世纪初相继观测到天空中三个著名的中性点：Arago中性点(1809年)、Babinet中性点(1840年)、Brewster中性点。大气中性点发现及其性质的研究是当时大气光学界的一件大事，其研究工作主要集中在利用大气中性点在不同天气条件下的位置变化来反映大气的状况。

作者利用自制的“全天空偏振测量仪”对天空偏振的偏振分布作了研究，发现大气中性点并不是严格意义上的点，而是一个围绕中性点分布的区域，这个区域的偏振度都接近于零。于是提出利用大气中性点的理论来解决对地偏振遥感中大气偏振效应对地表偏振的干扰问题。天基观测的大气中性点性质与地基观测的大气中性点性质在一定条件下是相同的，鉴于地基观测比天基观测更方便，所以有必要对地基观测的大气中性点性质进行研究，以获得天基观测的大气中性点性质。

8.1.1 大气中性点概述

1809年法国天文学家Arago发现了天空偏振的现象。很快他发现天空中有一个零偏振的点，这个点我们今天称其为Arago中性点。大约30年后，法国气象学家Babinet发现了第二个中性点，一些年后苏格兰物理学家Brewster发现了第三个中性点。这些中性点在19世纪和20世纪都有人作为课题在研究。晴朗天空的最重要的光学参数能够很好地被瑞利散射理论来描述，然而晴天的天空光偏振与理想的瑞利模型不同。这种不同称为偏振缺陷，是由于气溶胶颗粒的多次散射、分子的各向异性以及气溶胶的粒子分布、粒子形状以及地面的反射光造成的。这个缺陷中的一个最显著的特征是中性点，在这个地方天空散射的偏振现象消失了(Coulson et al.，1960)。

正常的晴空的天气条件下，在太阳的垂直面上，天空中出现三个大气中性点，即 Arago 中性点、Babinet 中性点和 Brewster 中性点(图 1.13)。对于这些点的观测比天空偏振的其他特征观测得更多。Arago 点位于反太阳点上方 20°～30°的位置。它在天空中的位置比较方便被观测到，这也是为什么 Arago 中性点比别的中性点更多地被观测的原因。Babinet 中性点位于太阳上方约 20°的位置，由于与太阳在同一方向，Babinet 中性点比 Arago 中性点不容易被看到。Brewster 中性点位于太阳下 25°～30°的位置。太阳和地平线之间的部分是天空中最亮的区域，同时地平线附近的雾霾也常产生低的偏振值，所以 Brewster 中性点最难被看到。在正常的大气条件下，只有两个点——Babinet 中性点和 Arago 中性点(图 8.1(a))或者 Babinet 中性点和 Brewster 中性点(图 8.1(b))——能够同一时间被看到。当太阳升得比较高时，Babinet 中性点和 Brewster 中性点之间比较接近，当太阳达到天顶时它们差不多就合并为一个点。考虑到中性点的对称性，理论上，在反日点的下方也会出现第 4 个中性点，该点最近也确实被科学家通过探空气球发现(Coulson，1988)，并对天空的大气中性点进行了模型模拟(Horvath et al.，2002)。

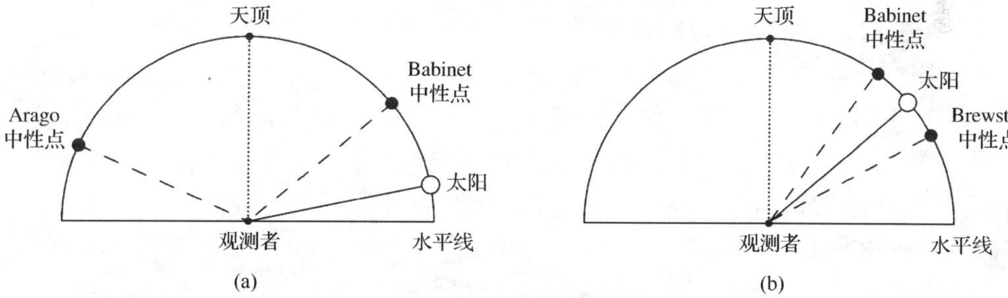

图 8.1　不同太阳高度角主平面上天空中性点的位置

对于大气中性点产生的一个合理解释是这样的(Berry et al.，2004)：单次散射条件下，天空光的偏振一般为正值，但大气粒子的多次散射造成负偏振。正负偏振交叉处的天空偏振度为零，就产生了大气中性点。一般处于太阳与天顶所在的主平面上。多次散射越强烈，大气中就有越多的负偏振，同时中性点位置就会离理想状态的位置更远。

8.1.2　大气中性点的性质

从上面的观测可以看出，大气中性点的位置与太阳高度、大气状况、观测波段等都有着紧密的关系。下面从理论上对大气中性点的性质进行说明。

1. 大气中性点与太阳高度角的关系

图 8.2 是大气光学厚度为 0.10 时大气中性点的角度位置与太阳入射角在主平面上的关系曲线(Horvath and Varju，2004)。横坐标为太阳天顶角，纵坐标为相应的中性点与天顶的角距离。这是 Chandrasekhar 利用大气辐射传输计算得到的中性点的理论位置。

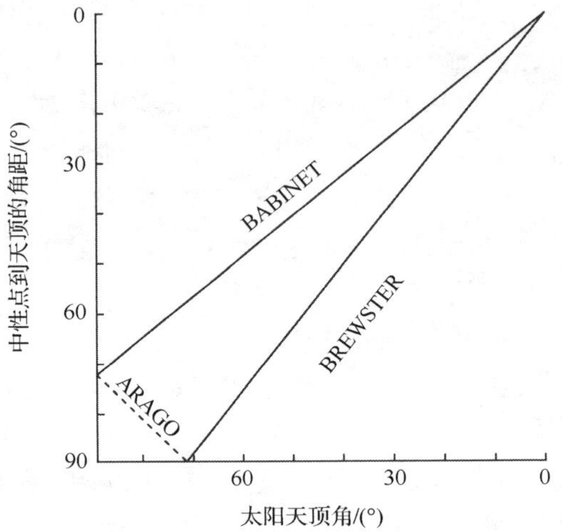

图 8.2　大气光学厚度为 0.10 时大气中性点位置与太阳高度的关系图(Horvath and Varju,2004)

对于 Babinet 中性点,在太阳高度角为零,即太阳升起时,其位置大概在太阳上方 18°;然后随着太阳的升起,其位置也在慢慢升起,在太阳高度角为 90°时与太阳的位置重合,Babinet 中性点与太阳可以说是如影相随,伴随着太阳升起到落下的全过程。

对于 Brewster 中性点,当太阳高度角约为 70°时 Brewster 中性点出现,当太阳向天顶方向移动时,Brewster 中性点的位置与太阳的位置近乎呈线性相关,表现一致。

对于 Arago 中性点,只有当太阳天顶角为 70°～90°时才会在天空中出现,也就是在早晚的时候才能观测到 Arago 中性点,它与太阳之间的角距离几乎是保持一致的。

图 8.2 也说明了在一般情况下,晴朗天空中只能同时观测到两个中性点。当太阳天顶角在 70°～90°时,Arago 中性点和 Babinet 中性点同时存在;当太阳天顶角小于 70°时,Babinet 中性点和 Brewster 中性点同时出现。

图 8.3 是大气光学厚度为 0.20 时主平面上不同太阳入射角的偏振度分布曲线(Chandrasekhar and Elbert,1954)。图中 1、2、3、4 和 5 分别表示的是天顶角为 90°、80.8°、60.0°、30.7°和 0°。粗实线是没有经过地面校正的,虚线是地面反照率为 0.20 时的结果,细实线是地面反照率为 0.10 时的结果。曲线与横轴相交的点是偏振度为零的点,即为中性点的位置。

当太阳天顶角为 90°和 80.8°时,天空中有两个中性点同时出现,分别为 Babinet 中性点和 Arago 中性点;当太阳天顶角为 60.0°和 30.7°时,在天空中同时出现的是 Babinet 中性点和 Brewster 中性点;当太阳天顶角为 0°时,也就是太阳垂直入射时,中性点的位置与太阳的位置重合,所有的中性点都汇集在太阳的位置。

2. 大气中性点与大气状况的关系

图 8.4 是 Sekera(1956)给出的当太阳天顶角为 53.1°,地面反射为零,对应于三个光学厚度时在太阳垂面内偏振度的分布。曲线与偏振度为零的线的交点为 Babinet 和 Brewster 两个中性点,在太阳周围一个区域内出现一个小的偏振度小于零的区域,这意味着电矢量平行于太阳垂面的分量超过了垂直分量。当光学厚度较大时,多次散射的影

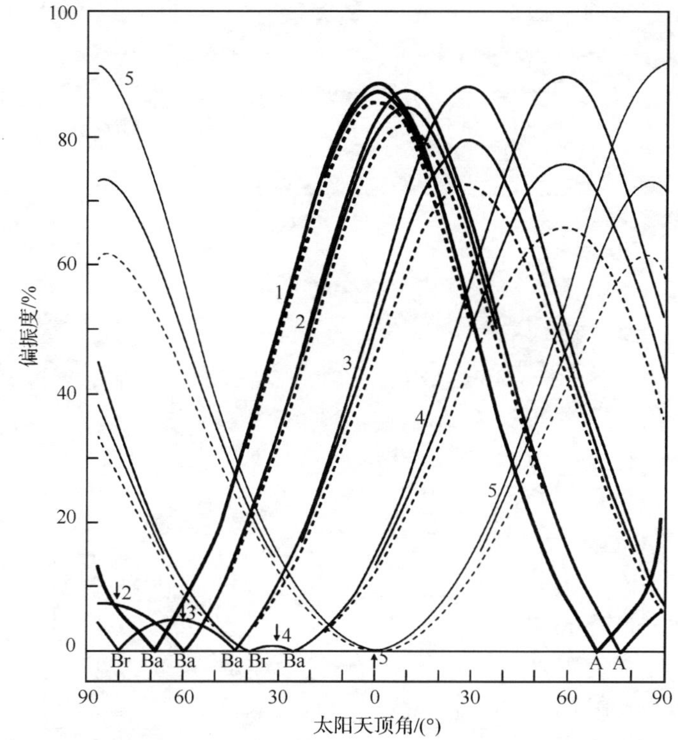

图 8.3　光学厚度为 0.20 时主平面上不同入射角度的偏振度分布(Chandrasekhar and Elbert,1954)

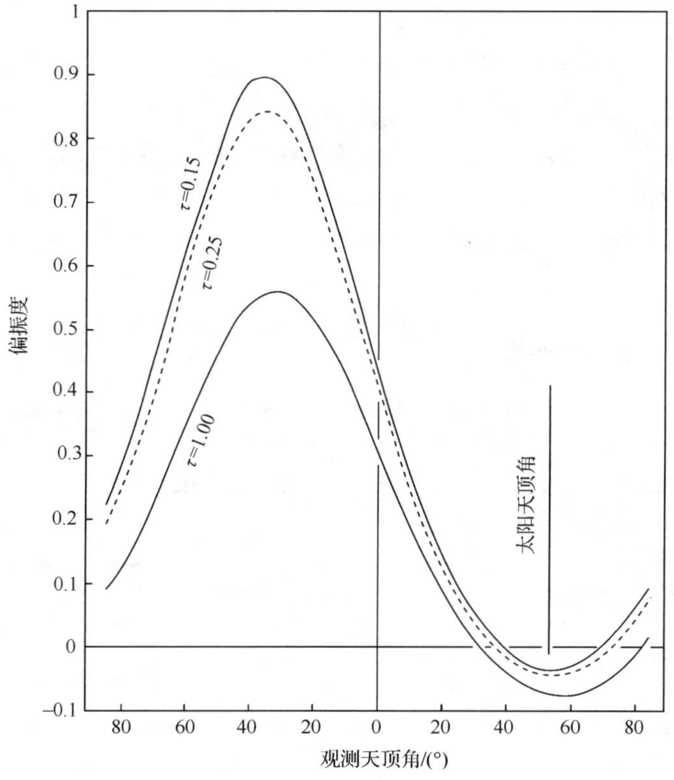

图 8.4　分子大气的三个不同光学厚度在主平面内的偏振度分布曲线(Chandrasekhar and Elbert,1954)

响较为显著，其主要影响是使偏振度减小，其次是使偏振度为负的区域稍为加大，中性点的位置有所移动。

图 8.5 所示的是分子大气在不同光学厚度时的偏振度曲线，太阳天顶角为 79.15°，地表反照率为 0。

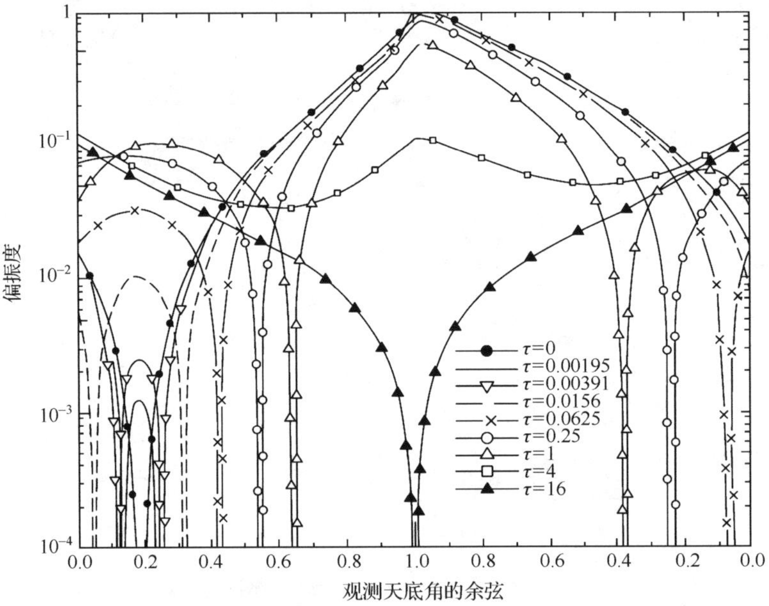

图 8.5　分子大气不同光学厚度的偏振度曲线(Sekera,1956)

当观测天底角为 79.15° ($\mu = 0.18817$) 时，由单次散射粒子产生的零偏振的中性点，随着光学厚度的增加，两个中性点慢慢地出现在反太阳方向的水平线上。当 $1 < \tau < 2.5$ 时，有四个中性点出现，当 $\tau > 2.5$ 时，由于多次散射增强而无法观测到任何一个中性点。这也说明当大气光学厚度增大到一定程度时，大气状况对中性点的位置和性质有很大的影响，地面无法观测到中性点。从图 8.5 中可以看出大气光学厚度对天空的最大偏振度有着较大的影响。

3. 大气中性点与观测波段的关系

图 8.6 是 Horvath 在不同波段观测到的 Arago 中性点的偏振度位置图，其中黑点为 Arago 中性点的位置(Kattawar et al. ,1976)。

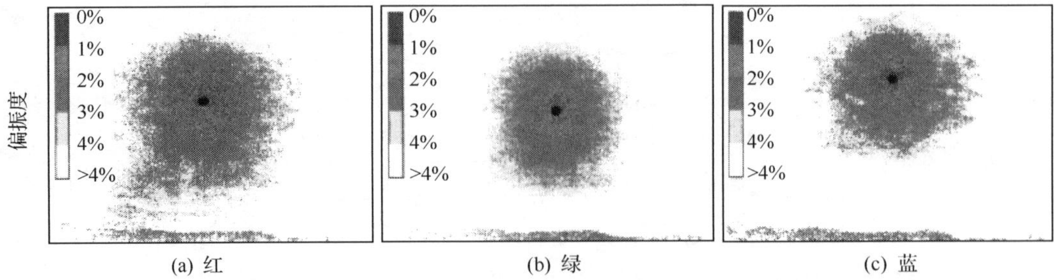

(a) 红　　(b) 绿　　(c) 蓝

图 8.6　不同波段 Arago 中性点的偏振度位置图(Kattawar et al. ,1976)

从图 8.6 中可以看出，不同波段观测到的 Arago 中性点的位置是不尽相同的。在正常的天气条件下，一般的规律是光的波长越短，天空的偏振度越小。当波长较大($\lambda>$500nm)时，有一定的波谱性质，对于短波段而言有偏振度很强的散射特征，这主要是由多次散射引起的，在短波长时，负偏振的强度增强，这就造成正偏振向中性点的位置移动。围绕太阳或反太阳点的负偏振区域在短波长时比长波长时更大。在图 8.6 中，红波段观测到的 Arago 中性点离地平线最近，绿波段稍稍远离地平线，蓝波段离地平线最远。

图 8.7 是 Horvath 等(2002)拍摄于突尼斯沙漠的红(650nm)、绿(550nm)、蓝(450nm)三个波段的天空偏振度影像的散点分布图。拍摄时间为 1999 年 8 月 26 日，当地时间 6:00。可以看出，天空最大偏振在绿波段最大，红波段最小，这是因为地面是黄色或红色的沙漠土地，地表反射的红、黄光最大，导致了红波段的天空偏振度的减小。对于中性点而言，不同观测波段的位置(曲线与横坐标的交点)也有一定的差异。这说明中性点有一定的波谱特性。

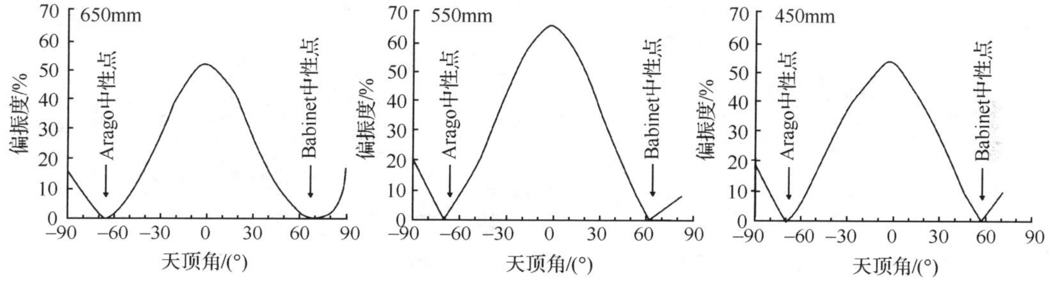

图 8.7　不同波段的大气的偏振度散点分布(Horvath et al.,2002)

图 8.8 所示的是不同观测波段的大气偏振分布，曲线与 $y=0$ 线的交点为中性点位置，图中不同的数字表示的是不同的波长大小，单位为微米。从图中可以看出，不同观测波段中性点的位置有所不同。但在太阳方向的 Babinet 中性点的位置变化小于 Brewster 中性点的位置。

4. 大气中性点与地表反照率的关系

图 8.9 是太阳高度角为 53.1°时瑞利大气中太阳垂面不同地表反照率的天空偏振度分布。光学厚度为 0.25，五个不同的地表反照率(分别为 0、0.10、0.25、0.50、0.80)。反照率是对某表面而言总的反射辐射通量与入射辐射通量之比，是反映地表对太阳短波辐射反射特性的物理参量；也反映遥感器接收到的信息的程度。从图 8.9 中可以看出，随着地表反照率的变化，曲线与偏振度为零的点的交点几乎没有变化。这也意味着地表反照率的变化对中性点的位置几乎没有影响。

从图 8.9 也可以看出，地表反照率的作用对中性点的预测位置不产生影响。中性点的这种与地面反射之间的独立性不难理解。瑞利散射理论给出的是散射光的最大偏振，其他理论给出的是更小的偏振。根据朗伯定理，地面反射产生的偏振仅匹配瑞利散射，地面的反射偏振的影响因而就是一个已表达的自然光的一部分。但是地面反射对整个天空的偏振分布还是有一定影响的，地面反射非常显著地影响着天空的最大偏振度，缺少地面校正的情况下，最大偏振在 89%～94%的变化依赖于大气光学厚度。

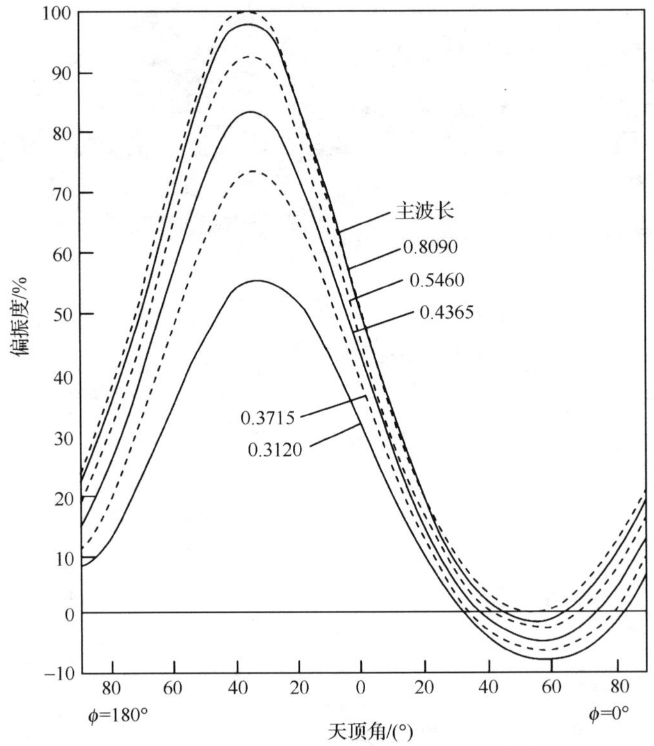

图 8.8　不同波长的大气偏振分布(Horvath et al. ,2002)

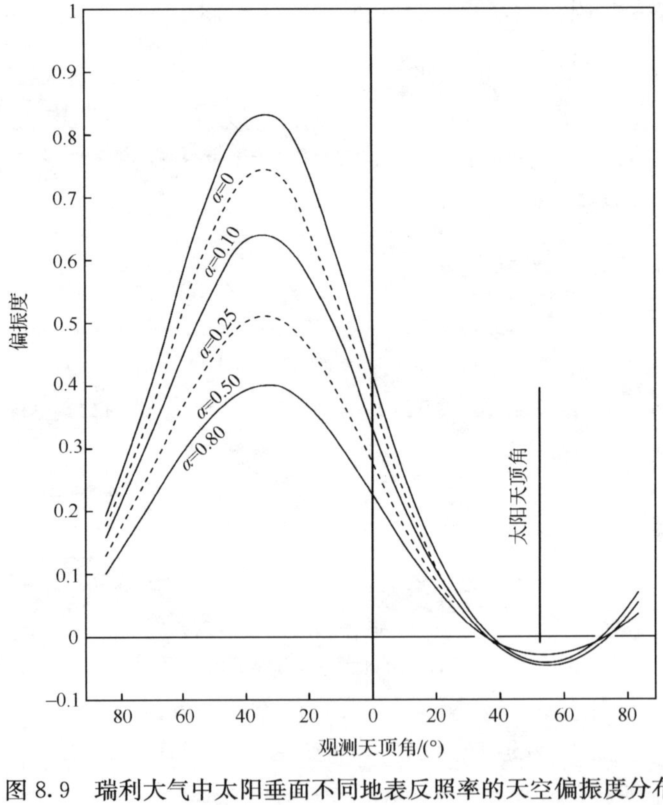

图 8.9　瑞利大气中太阳垂面不同地表反照率的天空偏振度分布

8.1.3 大气偏振中性线

19 世纪中性点的存在和表现是大气光学研究里一件大事。很多学者投入了大量的精力去关注中性点。其中，Dorno 作了大量的卓越工作。Dorno 不仅观测主平面的中性点，还详细调查这些中性点在整个半球的连续变化，他称为中性线。这些线将正、负偏振分开。中性线与太阳的位置密切相关。图 8.10(a)显示了 Dorno 于 1917 年 5 月 17 日对偏振线研究的主要观测结果。图 8.11 中不同的线代表不同的观测时间。

从图 8.11 可以看出，当太阳接近地平面时，中性线通过一个双纽线形的对称封闭曲线连接 Babinet 中性点和 Arago 中性点，这也叫做 Busch 双纽线。当太阳升起时，这个双纽线变得更加对称，当入射角度接近 70°时，双纽线被打开，部分的轨迹出现在地平面太阳之下，同时通过正在升起的 Brewster 中性点。中性线由两个这样的分裂线组成，直到入射角度变成约 45°，相对的两个尾端才连接到一起组成一个新的封闭曲线。对于更小的入射角度，中性线倒向中心并最终在太阳的天顶时变成一个点。图 8.10(b)为中性线的理论计算值。不同的线代表不同的天顶与太阳的距离。将这个与图 8.10(a)的 Dorno 的观测结果比较，可以看出这两个图匹配得很好。

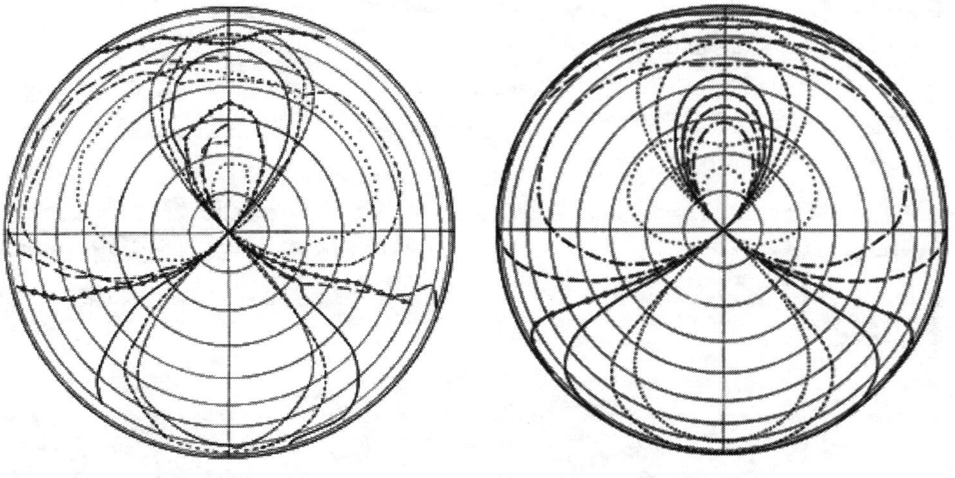

(a)　　　　(b)

图 8.10　中性线的观测值(a)与理论计算值(b)的比较

本节利用偏振中性线的观测与理论，不但证明了偏振点的存在性，也说明了中性点是有规律性分布的。偏振中性线的这种连续分布也有可能用于对地偏振遥感的观测。

8.2　基于偏振模式图的大气偏振中性点区域观测

全天空的偏振度分布及中性点位置不是固定不变的，偏振度围绕偏振中性点呈环状分布，而整个天空的偏振度分布是两个环状分布的叠加。偏振角围绕两个角度汇聚点作有规律的条带状分布，全天空的偏振角分布也具有一定的对称性。大气偏振中性点的位置与太阳高度、大气状况、观测波段等有着紧密的关系。同时，偏振角汇聚的点与偏振中性点的位置重合，对偏振角的研究也表明，偏振角受大气条件等外界因素的影响较小，其分布的规律性更强。

8.2.1 偏振度随偏振中性点的规律性分布

在不同的天气条件下，以图 7.17 的实验为例，从单个的偏振度分布影像来看，大气偏振度围绕偏振中性点呈现有规律的环状分布，从中性点向外偏振度逐渐变大，达到最大的黑色区域后又逐渐减小至另一个中性点。这说明在太阳高度角比较高的时候，我们能看到两个偏振中性点，整个偏振度分布围绕两个偏振中性点展开，而在太阳高度角比较低的时候，我们只能看到一个偏振中性点，整个偏振度分布好像只围绕一个偏振中性点展开，这和第 3 章介绍的偏振中性点的分布理论相符合。

在不同的观测波段下，从图 7.19 晴朗天空条件下的偏振度分布图可以直观看出，紫、蓝、红三波段的天空偏振度均围绕偏振中性点（图中红色区域）有规律地分布，与模型结果相近，但三个波段偏振中性点的位置有所差异，最大偏振度（图中黑色区域）出现的区域也不尽相同，这说明中性点的位置以观测波段的不同而不同。从图 7.20 阴雨天条件下的天空偏振度分布可以直观看出，明显的有两个中性点出现，偏振度围绕两个中性点分布，虽然在不同波段偏振度的分布基本相似，但三个波段偏振中性点的位置有所差异，而且偏振度的值相对较小，多数分布在黄、绿颜色区域。

图 8.11 为 2010 年 1 月 22 日（天气晴朗，有 3～4 级风）上午 10 点至下午 16 点每隔 1h 对全天空进行拍摄，连续 7h 观测到的中关村地区天空偏振光在不同波段的分布情况，实验地点为北京大学遥感所 5 楼平台。从单个的偏振度分布影像来看，大气偏振度围绕偏振中性点呈现有规律的环状分布，从中性点向外偏振度逐渐变大，然后又逐渐减小至另一个中性点。天空偏振度的分布尽管与太阳高度角密切相关，但在整个观测时间段，均可以观测到两个偏振中性点，也就是说可以观测到两个环状分布，整个天空的偏振度分布是这两个环状分布的叠加。

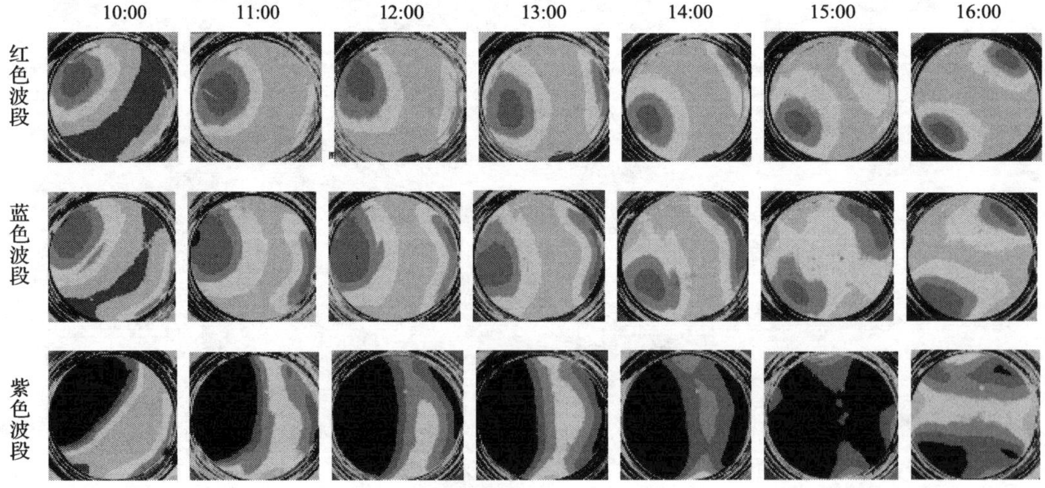

图 8.11 晴朗天空不同波段的偏振度随太阳高度角变化情况

8.2.2 偏振角随偏振中性点的规律性分布

从晴朗天空的图像可以看出，天空光偏振角围绕偏振中性点呈有规律的对称分布，从偏振中性点向外沿顺时针方向偏振角从蓝色区域的 0°逐渐增大到紫色区域的 30°～60°，然后再从黄色区域的－60°逐渐减小到绿色区域的－30°回到 0°，偏振角由一个中性点汇聚出发，然后汇聚到另一个偏振中性点(由于视场角的原因，这个中性点在图中没有表达出来)，这与模型计算的结果相似。有云状态的影像与晴朗天空的影像相比较有一定的相似之处，天空的偏振角围绕偏振中性点呈对称分布，但这个分布不是十分规则，角度不是渐变的，而是有大小交叉出现(边界不明显，而且黄色、紫色区域重叠)。

图 8.12、图 8.13、图 8.14 分别是晴天、阴雨天和林荫遮挡三种天气条件下天空偏振角在紫、蓝、红三个波段的分布情况。每组图中的三幅图像拍摄的时间大致相同，前后相差不到 2min。

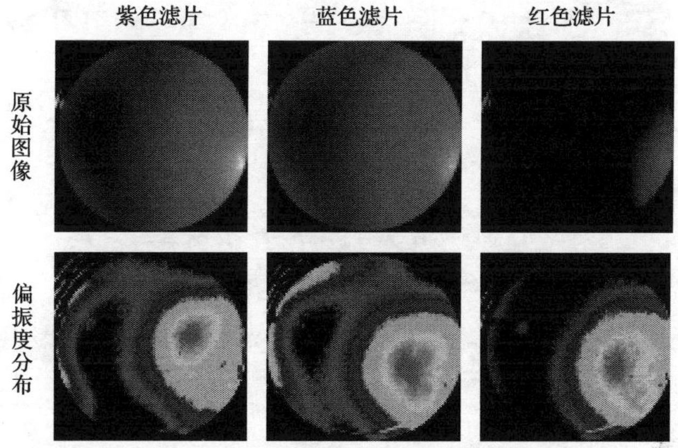

图 8.12　晴朗天气条件下不同波段的天空偏振角分布

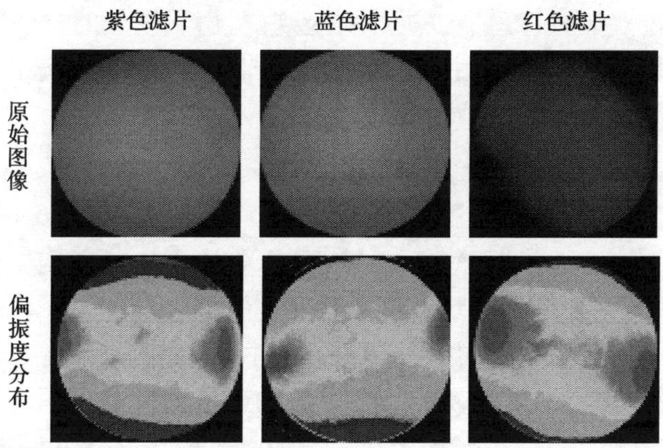

图 8.13　阴雨天气条件下不同波段的天空偏振角分布

在前面已经说明了，偏振角的汇集点也就是中性点的位置，由于天空偏振角比天空偏振度的分布更稳定，所以可以用偏振角的图像来表示中性点的分布。可以直观地看出，天

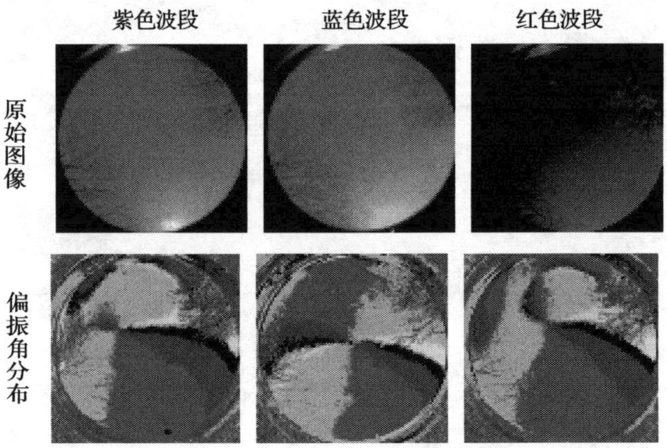

图 8.14　林荫遮挡条件下不同波段的天空偏振角分布

空偏振角在不同波段下分布相似但各不相同。相对而言，在较长波段(红波段)更稳定。阴雨天气由于完全无阳光照射，天空的偏振角分布相对其他两组图像要无序一些。

8.3　基于大气偏振中性点区域的地-气分离方法

在偏振遥感对地探测中，特别是在可见光波段，大气散射光具有很强的偏振特性，因此目前国际上实用的一些星载偏振传感器都主要是探测大气的性质，研究大气光学厚度、气溶胶粒径大小等物理性质和大气光学性质等。由于地表物体也具有比较强的偏振性质，如水体、植被、建筑物等，这种偏振性质可以用作遥感探测，因此法国的 POLDER 传感器在设计时曾试图对地表目标进行多角度偏振观测，但在使用过程中发现大气的偏振作用过于强烈，常将地物的偏振反射信息淹没。大气的偏振效应因而成为偏振遥感对地观测的一个瓶颈问题。如何将偏振遥感图像中的地物的偏振反射信息与大气的偏振效应分离开来成为一大国际性研究难题，目前在国内外都还没有一个较好的解决方案。本章将试图在大气中性点位置放置传感器以进行对地观测，由于该点的线偏振度的值为零，就能够最大限度地去除掉大气偏振作用，从而直接获取地表目标的偏振信息，达到地-气偏振效应分离的目的。

8.3.1　大气中性点的天基观测

遥感是一件自上而下的过程，与地基观测的方式正好相反，利用偏振中性点进行对地偏振遥感，其最基本的问题是从天基能否观测到大气中性点。

图 8.15 是 Horvath 等利用全偏振天空探测相机在地面以及在 3500m 高空探空气球上拍摄的大气中性点，图中以青色表示。拍摄时的当地太阳高度角均为 0°，黑点为太阳，红色区域为曝光过度区，拍摄波长分别为 450nm、550nm、650nm，分别对应红(R)、绿(G)、蓝(B)三个波段。左边三幅图像为地面拍摄结果，右边三幅图像为气球上拍摄结果。这是一个太阳高度角较小的情况，地面与空中并非同步拍摄，中性点位置有所偏差，但差异并不很大。右侧三幅从气球上拍摄到的中性点影像证明了在大气上端可以观测到大气中性点。

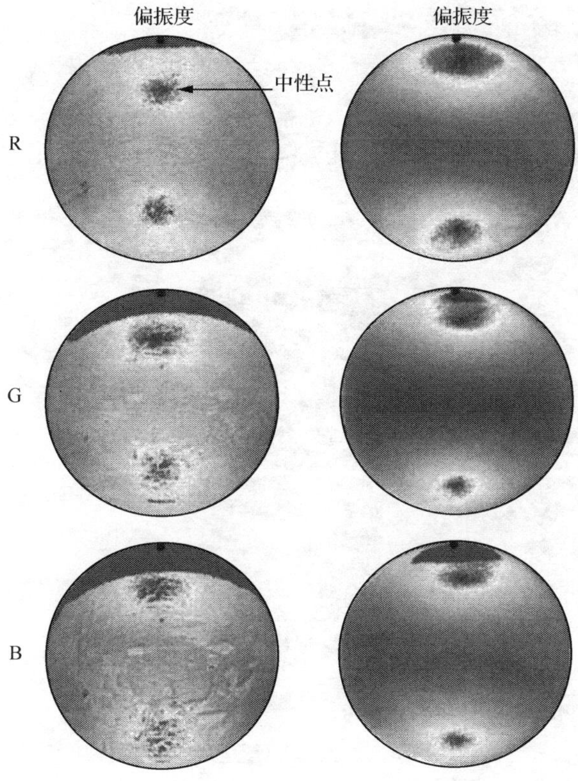

图 8.15　地面观测(左)与 3500m 高空(右)观测到的大气中性点比较

图 8.16 是偏振传感器遥感影像的偏振度分布图,图像取自 POLDER 2003 年 10 月 5 日的一个序列(Pass No. 034,level-1 数据),波段为 443nm,近似垂直方向探测。区域 A、B 分别为陆地和海洋。偏振度在影像中呈现有规律的分布,中间部分(区域 C)的偏振度较小,向图像的两侧偏振度慢慢变大,这与地面观测的结果类似。区域 C 的偏振度小于等于 0.01,接近于零,可以认为是偏振中性点区域。

图 8.15 和图 8.16 都说明了天基偏振传感器是可以观测到大气中性点的。

8.3.2　天基观测的大气中性点性质

1. 中性点的上行辐射与下午辐射计算

对分子大气天光的光谱强度和偏振状态已进行了相当透彻的研究。大部分工作都是基于 Chandrasekhar 在 1950 年提出的斯托克斯参数方法。Coulson(1960)于 1960 年给出了考虑多次散射后天光强度和偏振度的详细数值表。这些数值表包括的参数有光学厚度(在 0.02～1.00 取 7 个值)、太阳天顶角(取 7 个值)、观测天顶角(16 个值)、相对的方位角(从 0°到 180°间隔为 30°)以及地面反射率(0,0.25,0.80)。基于上述参数的组合,计算了斯托克斯参数、偏振度和偏振方位角,给出了上行辐射和下行辐射的共 142688 种组合的数值表。下面是 Coulson 的上行辐射和下行辐射的计算过程。

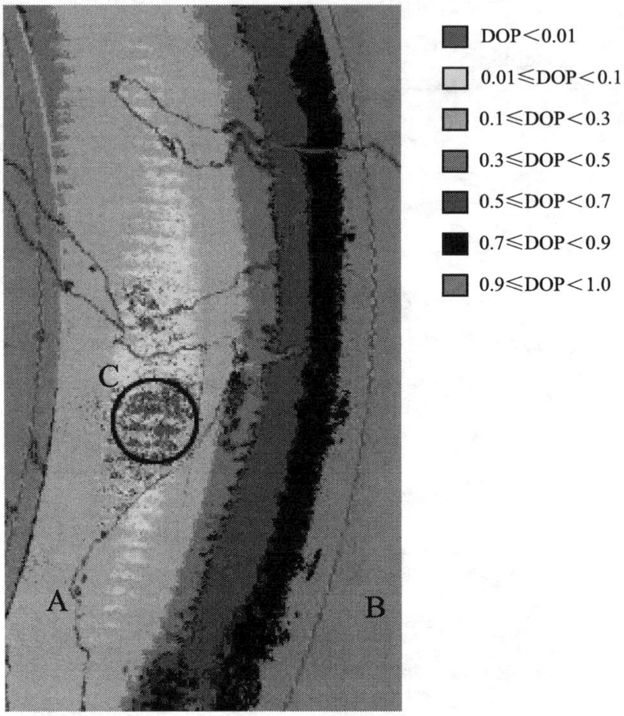

图 8.16 POLDER 偏振传感器遥感影像的偏振度分布图

I_e、I_r 分别表示通过偏振器为垂直方向和平行方向上的光强度，则有

$$I_{e,r}(\tau;\mu,\varphi)=I_{e,r}^{(0)}(\tau;\mu,\mu_0)+I_{e,r}^{(1)}(\tau;\mu,\mu_0)\cos\varphi+I_{e,r}^{(2)}(\tau;\mu,\mu_0)\cos2\varphi \tag{8.1}$$

式(8.1)中的方位不相关式对于大气底部的散射辐射(天空光)有

$$\begin{cases}I_e^{(0)}(\tau;-\mu,-\mu_0)=\dfrac{C}{\mu-\mu_0}[K\xi(\mu)+L\eta(\mu)-M\psi(\mu)-N\varphi(\mu)]\\I_r^{(0)}(\tau;-\mu,-\mu_0)=\dfrac{C}{\mu-\mu_0}[K\sigma(\mu)+L\theta(\mu)-M\chi(\mu)-N\zeta(\mu)]\end{cases} \tag{8.2}$$

对于大气顶的散射辐射为

$$\begin{cases}I_e^{(0)}(0;\mu,-\mu_0)=\dfrac{C}{\mu+\mu_0}[K\psi(\mu)+L\phi(\mu)-M\xi(\mu)-N\eta(\mu)]\\I_r^{(0)}(0;\mu,-\mu_0)=\dfrac{C}{\mu+\mu_0}[K\chi(\mu)+L\zeta(\mu)-M\sigma(\mu)-N\theta(\mu)]\end{cases} \tag{8.3}$$

其中

$$\begin{cases}K=\psi(\mu_0)+\chi(\mu_0), & L=2[\phi(\mu_0)+\zeta(\mu_0)]\\M=\xi(\mu_0)+\sigma(\mu_0), & N=2[\theta(\mu_0)+\eta(\mu_0)]\end{cases} \tag{8.4}$$

$$C=\frac{2}{32}\mu_0F_0 \tag{8.5}$$

$\psi,\phi,\chi,\zeta,\xi,\eta,\sigma,\theta$ 这八个函数都是 X_e,Y_e,X_r,Y_r 两对方程的线性组合，它们满足如下的非线性积分方程组：

$$
\begin{cases}
X_i(\mu) = 1 + \mu\int_0^1 \psi_i(\mu')[X_i(\mu)X_i(\mu')] - [Y_i(\mu)Y_i(\mu')]\dfrac{d\mu'}{\mu+\mu'} \\
Y_i(\mu) = e^{-\tau/\mu} + \mu\int_0^1 \psi_i(\mu')[Y_i(\mu)X_i(\mu')] - [X_i(\mu)Y_i(\mu')]\dfrac{d\mu'}{\mu-\mu'}
\end{cases}
\quad (i = e, r) \tag{8.6}
$$

其中，$\psi_e(\mu) = \dfrac{3}{4}(1-\mu^2)$ 和 $\psi_r(\mu) = \dfrac{3}{8}(1-\mu^2)$。

式(8.1)中的方位相关式对于大气底部的散射辐射有

$$
\begin{cases}
I_e^{(1)}(\tau;-\mu,-\mu_0) = \dfrac{4C}{\mu-\mu_0}\mu\mu_0(1-\mu^2)^{\frac{1}{2}}(1-\mu_0^2)^{\frac{1}{2}}W^{(1)}(\mu,\mu_0) \\
I_r^{(1)}(\tau;-\mu,-\mu_0) = 0 \\
I_e^{(2)}(\tau;-\mu,-\mu_0) = \dfrac{-C}{\mu-\mu_0}\mu^2(1-\mu_0^2)W^{(2)}(\mu,\mu_0) \\
I_r^{(2)}(\tau;-\mu,-\mu_0) = \dfrac{C}{\mu-\mu_0}(1-\mu_0^2)W^{(2)}(\mu,\mu_0)
\end{cases} \tag{8.7}
$$

对于大气顶的散射辐射有

$$
\begin{cases}
I_e^{(1)}(0;\mu,-\mu_0) = -\dfrac{4C}{\mu+\mu_0}\mu\mu_0(1-\mu^2)^{\frac{1}{2}}(1-\mu_0^2)^{\frac{1}{2}}M^{(1)}(\mu,\mu_0) \\
I_r^{(1)}(0;\mu,-\mu_0) = 0 \\
I_e^{(2)}(0;\mu,-\mu_0) = -\dfrac{C}{\mu+\mu_0}\mu^2(1-\mu_0^2)M^{(2)}(\mu,\mu_0) \\
I_r^{(2)}(0;\mu,-\mu_0) = \dfrac{C}{\mu+\mu_0}(1-\mu_0^2)M^{(2)}(\mu,\mu_0)
\end{cases} \tag{8.8}
$$

其中

$$
\begin{cases}
W^{(j)}(\mu,\mu_0) = X^{(j)}(\mu_0)Y^{(j)}(\mu) - Y^{(j)}(\mu_0)X^{(j)}(\mu) \\
M^{(j)}(\mu,\mu_0) = X^{(j)}(\mu_0)X^{(j)}(\mu) - Y^{(j)}(\mu_0)Y^{(j)}(\mu)
\end{cases}
\quad (j = 1,2) \tag{8.9}
$$

$X^{(j)}$， $Y^{(j)}$ 满足以下方程：

$$
\psi^{(1)}(\mu) = \frac{3}{8}(1-\mu^2)(1+2\mu^2), \quad \psi^{(2)}(\mu) = \frac{3}{16}(1+\mu^2)^2 \tag{8.10}
$$

斯托克斯参量的 U 分量可以表示为

$$
U(\tau;-\mu,\varphi) = \frac{2C}{\mu-\mu_0}[2\mu_0(1-\mu^2)^{\frac{1}{2}}(1-\mu_0^2)^{\frac{1}{2}}W^{(1)}(\mu,\mu_0)\sin\varphi - \mu(1-\mu_0^2)W^{(2)}(\mu,\mu_0)\sin 2\varphi] \tag{8.11}
$$

$$
U(0;\mu,\varphi) = \frac{2C}{\mu+\mu_0}[2\mu_0(1-\mu^2)^{\frac{1}{2}}(1-\mu_0^2)^{\frac{1}{2}}M^{(1)}(\mu,\mu_0)\sin\varphi + \mu(1-\mu_0^2)M^{(2)}(\mu,\mu_0)\sin 2\varphi] \tag{8.12}
$$

斯托克斯中的入射光总光强 I 和第二分量 Q 为

$$
I = I_e + I_r \tag{8.13}
$$

$$
Q = I_r - I_e \tag{8.14}
$$

可分别计算出上行辐射和下行辐射的偏振度和偏振角。

2. 不同太阳高度角比较

图 8.17 是 Coulson(1959)等利用平面平行大气模型计算得到的大气上行辐射与下行辐射的偏振中性点曲线图。显示的是太阳到中性点的角度距离与太阳高度角的函数曲线。横坐标为太阳高度角,纵坐标为中性点离太阳的角距。大气光学厚度为 1.0。实线和虚线分别是上行辐射和下行辐射曲线。曲线 a 为 Brewster 中性点的上行和下行辐射曲线,曲线 b 为 Babinet 中性点的上行和下行辐射曲线。对于 Brewster 中性点,当太阳高度角在 60°~90°时,其上行辐射与下行辐射的中性点位置完全一致;当太阳高度角在 25°~60°时,上行辐射与下行辐射的中性点位置虽然离太阳的角距的趋势相同,但已经有了很大的分化;当太阳高度角小于 25°时,由于太阳位置较低,Brewster 中性点无法在天空中出现。对于 Babinet 中性点,当太阳高度角在 32°~90°时,其上行辐射与下行辐射的中性点位置完全一致;当太阳高度角在 5°~25°时,上行辐射与下行辐射的中性点位置开始出现不同,太阳高度角小于 5°时,上、下行辐射都没有 Babinet 中性点出现。

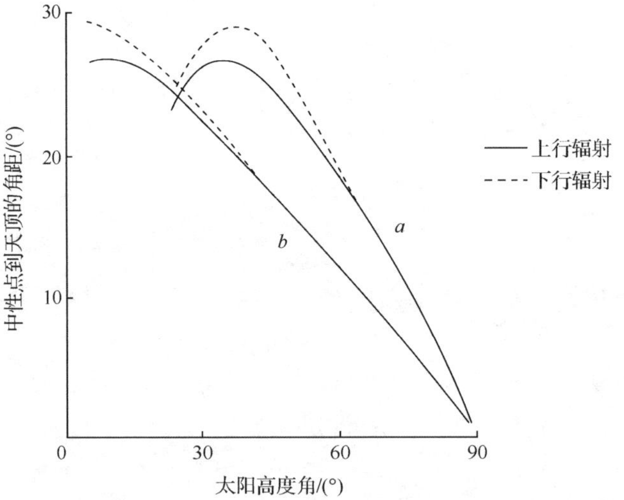

图 8.17　太阳到中性点的角距与太阳高度角的关系曲线

图 8.17 表明大气顶端观测到的 Brewster 中性点,当太阳高度角在 60°~90°时,其上行辐射与下行辐射的中性点位置完全一致;观测到的 Babinet 中性点,当太阳高度角在 32°~90°时,其上行辐射与下行辐射的中性点位置完全一致。也就是说大气中性点与在地面观测到的大气中性点的位置在太阳高度角较高时一致。一般情况下,在利用卫星对地进行资源探测时,卫星过境的太阳高度角都比较高,这时的上行辐射和下行辐射的中性点位置与行为相差不大。

3. 不同大气光学厚度比较

图 8.18 给出了瑞利大气层下行辐射的中性点位置随光学厚度的曲线图(Coulson,1959;Kattawar et al.,1973)。观测时的太阳天顶角为 31.43°。Babinet 中性点和 Brewster 中性点的观测天底角为正($\phi=180°$),Arago 中性点的观测天底角为负($\phi=0°$)。图 8.18 中的地表反照率(A)分别为 0、0.2 或 1。

图 8.19 给出了瑞利大气层上行辐射的中性点位置随光学厚度的曲线图。太阳天顶角为 31.43°。横坐标是大气的光学厚度，纵坐标为观测天底角的余弦值。Babinet 中性点和 Brewster 中性点的观测天底角为正($\phi=180°$)，Arago 中性点的观测天底角为负($\phi=0°$)。虚实线分别表示地表反照率(A)为 1 或 0。

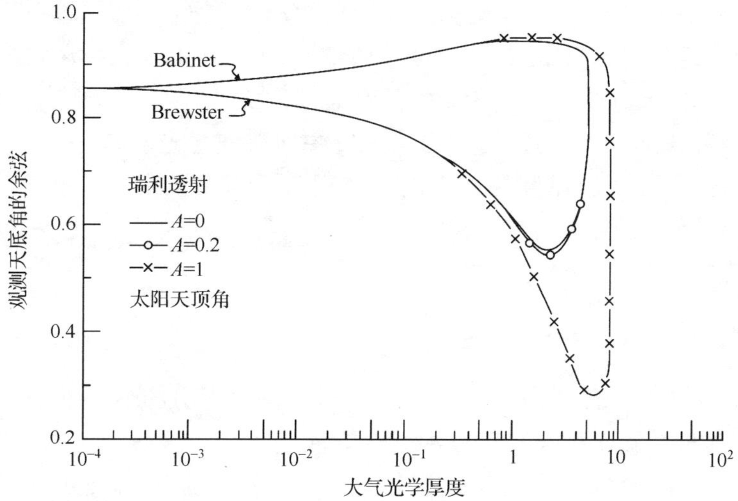

图 8.18 瑞利大气层的下行辐射的中性点位置随光学厚度的曲线图

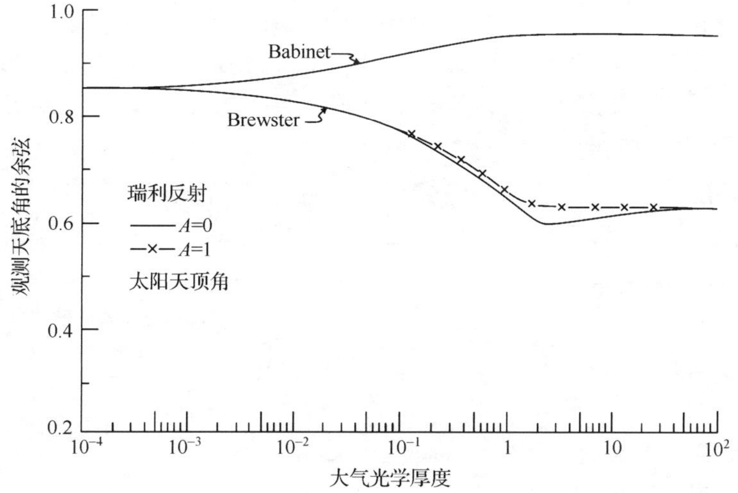

图 8.19 瑞利大气层的上行辐射的中性点位置随光学厚度的曲线图

图 8.19 所示的是太阳天顶角为 31.43°时的中性点位置。这也是太阳接近天顶位置的一个典型状况。对于上行辐射而言，这个天顶角至多有 Babinet 和 Brewster 两个中性点出现。对比上行辐射和下行辐射中中性点的位置，首先对比地表反照率为 0 的情况。

对于 Brewster 中性点，当光学厚度小于 0.1 时，上行辐射和下行辐射的曲线几乎相同。随着光学厚度的增加，上行辐射和下行辐射的曲线的形状就有了很大的不同，光学厚度在 10^{-3}到 5 的范围内，下行辐射的曲线比上行辐射的曲线变化要快；而光光学厚度大于 5 以后，上行辐射的曲线逐渐变得水平，而下行辐射中 Brewster 中性点慢慢地与

Babinet 中性点重合了。这也说明了，当光学厚度大于 6 时，下行辐射无法看到 Brewster 中性点。

对于，Babinet 中性点，在下行辐射中，当光学厚度它的位置从太阳方向逐渐移向天顶方向，当光学厚度约 1.3 时，Babinet 中性点达到了最大值，然后慢慢向回移动，在光学厚度为 5.2 的时候与 Brewster 中性点相遇，两个重合为一个中性点。在下行辐射中，光学厚度大于 6 以后无法看到 Babinet 中性点。在上行辐射中，Babinet 中性点在光学厚度增大时向天顶方向移动，在光学厚度约为 1 的时候其位置不再随光学厚度的增大而变化。

从图 8.18 和图 8.19 中可以看出，Babinet 中性点随着光学厚度的增大而变化很小，但 Brewster 中性点随光学厚度的增大而变化很大。当光学厚度小于 5 时，上行辐射中 Babinet 中性点的位置几乎与下行辐射中的位置相同。这也说明了地基观测和天基观测 Babinet 中性点的位置几乎相同。

4. 不同地表反射率比较

图 8.20 表示了主平面内漫反射和透射辐射的偏振度分布（Plass et al.，1973；周秀骥等，1991）明显地依赖于地面反射率和大气混浊度。T1、T2 表示不同的混浊大气模式，R 表示分子大气时的曲线。随着地面反射率的增大，偏振度下降。随着气溶胶含量增加，混浊度加大，漫透射辐射偏振度下降，但漫反射辐射偏振度却有微弱的增加。这是由于随着气溶胶的增加，大气的光学厚度随之增加，反射回空间的大气的散射辐射超过由地面直接反射回空间的非偏振辐射。从图 8.20 中可以看到，透射辐射曲线在太阳周围有一个负偏振区，相应出现中性点（跟太阳约 15°）。图 8.20(a)的地面反射率为 0，图 8.20(b)的地面反射率为 0.25。图 8.20(a)的中性点位置几乎是对称的，也就是地基观测和天基观测的中性点位置基本接近；图 8.20(b)的中性点位置不同，上行辐射有一个中性点，下行辐射有两个中性点。上行辐射的一个中性点位置与下行辐射的两个中性点之一的位置相近，这个中性点应该是 Babinet 中性点。图 8.20 说明了不同地表反射率对天空偏振分布

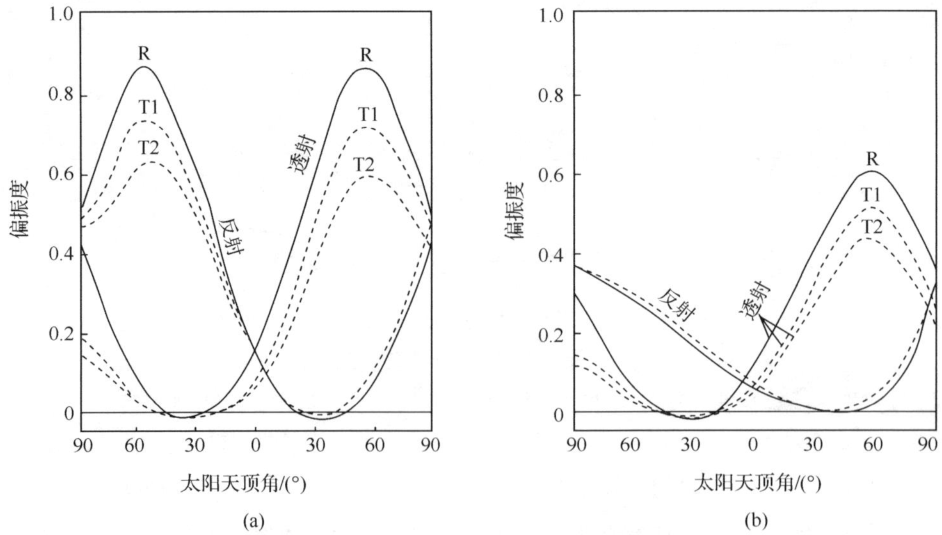

图 8.20 不同地面反射率的主平面内漫反射和透射辐射的偏振度分布

有一定的影响，特别是对天空的最大偏振分布，随着地表反射率的增大，天空的最大偏振有很大程度上的减小，这是由于地表反射光增加了大气的多次散射，产生了退偏振效应。但地表反射率的增大，对中性点位置的影响并不大，透射辐射的中性点位置几乎没有变化，在反射辐射中 Babinet 中性点的位置变化不大。

8.3.3 选取遥感适用大气中性点

Arago 中性点、Brewster 中性点和 Babinet 中性点是晴朗天空中常见的三个中性点，由于中性点受外界条件如太阳位置、大气状况、地面反照率以及观测波段等的影响都较大，要选取适用于对地偏振遥感观测的中性点，其条件是首先其位置便于遥感观测；其次受外界干扰或影响较小。下面分别分析该三个中性点的各种影响因素。

对于 Arago 中性点，从图 8.7 可以得知，只有当太阳天顶角较大时(一般为 70°～90°)时才会在天空中出现，也就是在早晚的时候才能观测到 Arago 中性点，它与太阳之间的角距离几乎是保持一致的。Arago 中性点在天空中出现的位置也是比较低的，与地平线的夹角低于 20°。由于其不位于太阳一侧，便于肉眼或简单仪器的探测，故其被探测得最多。在可见光-近红外波段的遥感探测中，为了获取充足的光照条件，一般情况下卫星过境或航空遥感飞行都选择在太阳高度角比较高，光照条件较好的情况下进行，Arago 中性点只能在早晚观测到，而且其位置较低，不适合用于对地偏振遥感观测。

对于 Brewster 中性点，首先，当太阳高度角约为 20°时 Brewster 中性点出现，当太阳向天顶方向移动时，Brewster 中性点的位置与太阳的位置近乎呈线性相关，表现一致，当太阳达到天顶时，Brewster 中性点和 Babinet 中性点重合于太阳。Brewster 中性点出现在太阳一侧，其位置总是比太阳低，在低纬度地区太阳高度角较高，Brewster 中性点的位置伴随太阳位置会比较高，但在高纬度地区，太阳无法达到天顶位置，Brewster 中性点的位置势必会更低，这种在天空中出现的位置较低的劣势与 Arago 中性点类似。其次，考察图 8.5 和图 8.16，Brewster 中性点在上行辐射时受大气状况和地表反射的影响也比较大，故 Brewster 中性点也不适用于对地偏振遥感。

相对而言，Babinet 中性点是对地偏振遥感的理想选择，原因如下：

(1) Babinet 中性点位于太阳的同一侧，在太阳高度角为零，即太阳升起时，其位置大概在太阳上方 18°；然后随着太阳的升起，其位置也在慢慢升起，在太阳高度角为 90°时与太阳的位置重合，Babinet 中性点伴随着太阳升起到落下的全过程，且始终处于太阳的上方。Babinet 中性点这种全天都可以观测，且高度角较大，在遥感应用中有利于获取较好的光照条件，也方便遥感观测。

(2) Babinet 中性点受大气状况的影响较小，从图 8.5 可以看出，在上行辐射中，Babinet 中性点在光学厚度增大时向天顶方向移动，在光学厚度约为 1 时，其位置不再随光学厚度的增大而变化。也就是说，Babinet 中性点在光学厚度小于 1 时，位置有些微变化，光学厚度大于时，变化则无影响。也就是说，Babinet 中性点对大气状况不敏感，在大气状况变化时其位置比较稳定。

(3) Babinet 中性点的位置受观测波段的变化也小于 Brewster 中性点的位置，如图 8.6 所示。在 Babinet 中性点观测对于多光谱遥感更有意义。

8.3.4 大气中性点在偏振遥感中的应用

1. 航空遥感应用研究

将大气中性点应用于航空遥感探测中，也就是在 Babinet 中性点位置对地表进行观测，由于 Babinet 中性点主要的影响因素是太阳高度角，所以其最主要的问题是确定观测的时间。

同一地点一天内太阳高度角是不断变化的，某地的太阳高度角可以通过太阳高度角的公式计算，太阳高度角的公式为

$$\sin h = \sin\phi\sin\delta + \cos\phi\cos\delta \cdot \cos t \tag{8.15}$$

式中，ϕ 是地理纬度；δ 为太阳赤纬角，可以由天文年历查出；t 为太阳时角，由时间划算为度。根据此计算方法，可计算出地球上任一点(经度、纬度)在任一时刻的太阳高度角。

对于 Babinet 中性点，其位置与太阳高度有一定的函数关系，在光学厚度为 0.10 时，如图 8.15 所示，其曲线有一定的弯曲，为方便起见，将图中的 Babinet 中性点曲线分成两个线性曲线考虑，即太阳高度角为 0°～30°拟合成一线段，30°～90°拟合为另外一线段。

即

$$\begin{cases} y = 0.9x + 18, & 0 < x < 30 \\ y = 0.75x + 22.5, & 30 \leqslant x < 90 \end{cases} \tag{8.16}$$

式中，x 为太阳高度角；y 为中性点的高度角。

对于赤道地区，正午时刻太阳高度角为 90°，垂直照射地表，所有的中性点都汇集在太阳点，这时候垂直观测地表，偏振传感器处于中性点区域，这是一种特殊情况。

对于非赤道地区，正午时刻的太阳高度角达不到 90°，可以根据当地时间计算当地太阳高度角，代入式(8.15)计算相应的中性点大致位置，得出适合的遥感时间。需要说明的是，即使遥感器不能位于天空中性区域的中心，围绕中性点有区域也是偏振度较小区，也有利于偏振对地观测。

2. 航天遥感应用研究

将大气中性点应用于航天遥感探测中，最主要的问题是如何设计卫星的轨道。考虑到 Babinet 中性点的位置与太阳位置的相对关系较为一致，太阳同步轨道是利用中性点对地遥感的最佳选择。

太阳同步轨道的太阳照射轨道面的方向在一年内基本保持不变，即轨道平面法线与太阳方向在赤道平面上的投影之间的夹角保持不变，卫星通过赤道节点的地方时不变。在太阳同步轨道上，卫星于同一纬度的地点，每天在同一地方时同一方向上通过，因此太阳光的入射角几乎是固定的，这对利用太阳反射光的被动式遥感器来说就具备了观测条件固定的优点。例如，Landsat-1～5 的光照角都为 37°30′，卫星与太阳同步，使卫星以同一地方时通过地面上空，Landsat-1～5 降轨运行时为当地时间 9:42 通过赤道上空。

太阳同步轨道的这种太阳入射角度基本固定的轨道性质使中性点在偏振遥感对地观测中成为可能。图 8.21 是太阳同步轨道的示意图。θ 角是太阳同步轨道的光照角，这个

角在卫星运动的过程中始终保持不变。在轨道设计的时候，首先会确定卫星过境的时间，即卫星对过当地的地方时，可以计算太阳高度角和 Babinet 中性点在天空中的位置，进而可以求解太阳与 Babinet 中性点之间的夹角大小，即 Babinet 中性点与太阳之间的角距。将轨道的光照角设置成标准大气的太阳与 Babinet 中性点之间的夹角大小，此时卫星过境时，偏振传感器可以始终在 Babinet 中性点的位置对地表进行观测，以达到消除大气偏振效应、获取地表偏振特征信息的作用。

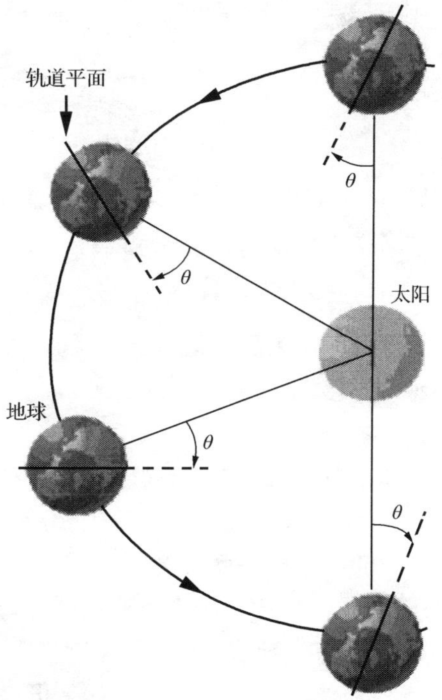

图 8.21　太阳同步轨道示意图

当然，此处如何设计轨道以及如何进行有效匹配的问题，还有待会同航天遥感领域研究人员共同进行进一步研究。在这里只是提供一种新的星载偏振遥感的方法，以期达到对地偏振遥感观测中大气偏振效应消除的目的。

本节从理论上分析了大气偏振中性点区域的存在及其对遥感的重要意义，即新的遥感观测窗口以实现对地观测，为获取地表信息提供了全新的理论与方法。

8.4　基于中性点的地-气分离基本实验

本节将基于 8.3 节的中性点区域观测理论，设计相关实验完成地气分离实验验证利用中性点实现地-气分离方法的可行性。

为了验证利用中性点进行地-气偏振效应分离的理论可行性，作者设计了一个地面的验证实验。实验是在中性点位置和非中性点位置分别对同一区域进行偏振成像，然后对成像的偏振参数结果进行比较。图 8.22 为地面实验验证的观测几何示意图，图 8.23(a)

为在中性点位置观测，图 8.23(b)为在非中性点位置观测。地表与中性点所示的连线上偏振度为零。实验所使用的成像装置是尼康 D200 单反数码相机，在相机前放置碘偏振片，改变偏振片的透光轴与参考轴的角度，分别获取 0°、60°、120°三个角度下的数据。

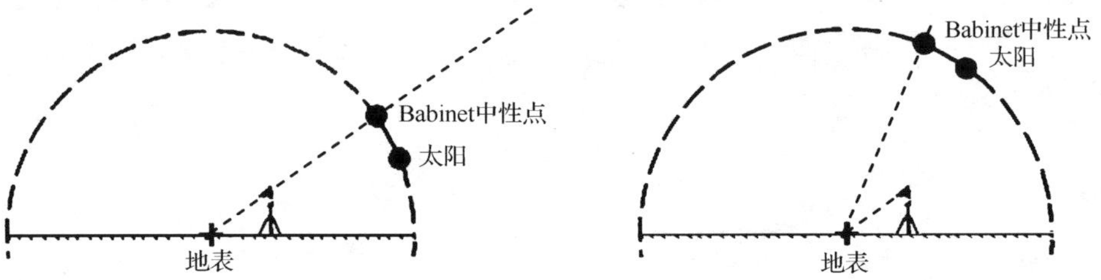

(a) 中性点观测(早上)　　(b) 非中性点观测(中午)

图 8.22　地面实验验证的观测几何示意图

图 8.23 为中性点位置成像与非中性点位置成像的偏振参数对比图。观测时间分别为 2010 年 4 月 29 日早上 7 点 20 分和中午 11 点 20 分。天气条件晴朗，无风，观测地点为北京大学遥感所 5 楼平台，目标区域为颐和园景区。图 8.23 左边图像为非中性点观测的影像，右边图像为中性点观测的影像。

图 8.23(a)为没有加偏振片拍摄的图像，大气能见度较高，无论在中性点区域观测还是在非中性点区域观测，图像都比较清晰；图 8.23(b)为计算得到的 Q 分量偏振影像，两幅 Q 分量影像受大气的影像都比较小，能够较清晰反映地物的信息，特别是对人工建筑物以及山上裸露的土壤都有很好的表现力；图 8.23(c)为计算得到的 U 分量偏振影像，中性点观测的影像(右)上反映的地物信息比非中性点观测的影像(右)反映的地物信息要丰富。图 8.23(d)的偏振度影像需要重点研究，因为偏振度反映的是地物偏振程度的大小的物理量，在前文所说的地-气效应难以分离的影像也就是指偏振度影像。在中性点观测的偏振度影像(右)上，无论近处的颐和园万寿山佛香阁(距拍摄点直线距离约 3.1km)还是远处西山(距拍摄点直线距离 6～8km)都清晰可见，特别是山上的裸土(或道路)信息与无偏振图像有很好的吻合。而在非中性点观测的偏振度影像(左)上，近处的地物信息有不错的表现(如佛香阁可见)，但远处山的信息却要弱得多，仅能依稀显现山的轮廓。这就说明远处山的偏振信息在非中性点观测时无法获取到。这也说明随着拍摄点到地物的距离增大，大气的偏振效应增大，地物的偏振信息变弱。比较图 8.23(d)的两幅影像，中性点观测的偏振度影像(右)上地物的信息量远大于非中性点观测偏振度影像(左)上地物的信息量，特别是对远距离的地物目标。这就说明了中性点区域成像可以达到消除大气偏振效应，增强地物偏振效应的效果。从实验上论证了利用中性点进行地-气分离方法的可行性。

非中性点观测　　　　　　中性点观测

(a) 无偏振影像

(b) Q分量偏振影像

(c) U分量偏振影像

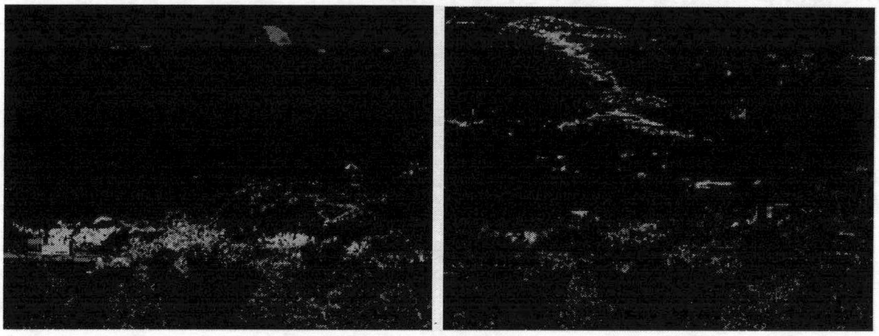

(d) 偏振度影像

图 8.23　中性点位置成像与非中性点位置成像的偏振参数对比图(北京颐和园)(彩图附后)

参考文献

周秀骥，陶善昌，姚克亚. 1991. 高等大气物理学. 北京：气象出版社.

Adams J, Kattawar G. 1997. Neutral points in an atmosphere-ocean system. 1: Upwelling light field. Applied Optics, 36(9): 1976-1986.

Berry M, Dennis M, Lee R. 2004. Polarization singularities in the clear sky. New Journal of Physics, 2004, 6(162): 1-14.

Bullrich K, Eiden R, Nowak W. 1996. Sky radiation, polarization and twilight radiation in Greenland. Pure and Applied Geophysics, 64(1): 220-242.

Chandrasekhar S, Elbert D. 1954. The illumination and polarization of the sunlit sky on Rayleigh scattering. Transactions of the American Philosophical Society, 44: 643.

Chandrasekhar S. 2003. Radiative Transfer. New York: Dover Publications Inc.

Coulson K. 1959. Characteristics of the radiation emerging from the top of a rayleigh atmosphere. 1. Intensity and Polarization. Planetary and Space Science, 1(4): 265-276.

Coulson K, Dave J, Sekera Z. 1960. Tables Related to Radiation Emerging from a Planetary Atmosphere with Rayleigh Scattering. Berkeley: University of California Press.

Coulson K. 1988. Polarization and Intensity of Light in the Atmosphere. Hampton: A. Deepak Publisher.

Horvath G, Gal J, Pomozi I, et al. 1988. Polarization portrait of the Arago point: video-polarimetric imaging of the neutral points of skylight polarization. Naturwissenschaften, 85(7): 333-339.

Horvath G, Bernath B, Suhai B, et al. 2002. First observation of the fourth neutral polarization point in the atmosphere. Journal of the Optical Society of America a-Optics Image Science and Vision, 19(10): 2085-2099.

Horvath G, Varju D. 2004. Polarized Light in Animal Vision: Polarization Patterns in Nature. Berlin: Springer Verlag.

Kattawar G, Plass G, Hitzfelder S. 1976. Multiple scattered radiation emerging from Rayleigh and continental haze layers. 1: Radiance, polarization, and neutral points. Applied Optics, 15(3): 632-647.

Kattawar G, Plass G, Catchings F. 1973. Matrix operator theory of radiative transfer. 2: Scattering from maritime haze. Applied Optics, 12(5): 1071-1084.

Liou K. 2002. An Introduction to Atmospheric Radiation. Boston: Academic Press.

Pikin S, Osipov M. 1989. Polarization Properties of Liquid Crystals. Routledge : Harward University Publisher.

Plass G, Kattawar G, Catchings F. 1973. Matrix operator theory of radiative transfer. 1: Rayleigh scattering. Applied Optics, 12(2): 314-329.

Sekera Z. 1956. Recent developments in the study of the polarization of sky light. Advances in Geophysics, 3: 43-104.

第 9 章　大气偏振特性及多角度观测立体层析

大气气溶胶粒子定量化研究是大气偏振遥感物理的聚焦点，因为它们直接成为遥感大气窗口的决定性要素。进一步地，大气偏振特性可以通过天空偏振模式图理论和大气偏振中性点区域理论描述，等效为天空偏振场理论，用以描述大气偏振特性。具体包括：大气散射的偏振物理基础，以获知其偏振表征的重要性；非球形气溶胶单次散射特征及偏振观测证明，以偏振手段对大气加以定量刻画；基于非球形模型的多次散射及全天空偏振场多角度平面分布，以实现不同观测角度的大气立体层析；基于天空偏振场理论的非球形气溶胶与地表信息分离反演，以第 7、8 章理论结合成为偏振场矢量表征，以推进遥感地-气分离的状态。

9.1　大气散射的物理基础

本节主要介绍利用偏振遥感信息进行气溶胶反演的物理基础，即大气粒子的散射特征，包含瑞利散射与米散射。

9.1.1　大气的单次散射

定量地计算大气散射需要计算斯托克斯参数中所有的输入与输出参数。在粒子与观测点位置距离 R 较大时，即远远大于波长，这时可用散射矩阵 $\boldsymbol{P}(\xi)$来表示这个过程：

$$\boldsymbol{I}(\xi)=k_{\mathrm{e}}\omega\frac{\mathrm{d}v}{4\pi R^{2}}\boldsymbol{P}(\xi)\boldsymbol{I}_{0} \tag{9.1}$$

式中，$\boldsymbol{I}_0$ 是入射的斯托克斯矢量；$\boldsymbol{I}$ 是散射的斯托克斯矢量；ξ 为入射与出射之间的散射角；$\mathrm{d}v$ 是包含了散射体的微立体单元。$\boldsymbol{I}_0$ 与 $\boldsymbol{I}$ 的单位均为辐照度。k_{e} 为消光系数，即单位体积内散射体对光的消光作用，与散射体的消光截面有如下的关系：

$$k_{\mathrm{e}}=\frac{\sigma_{\mathrm{e}}}{\mathrm{d}v}=\frac{1}{\mathrm{d}v\sum\limits_{i}\sigma_{\mathrm{e},i}} \tag{9.2}$$

式中，σ_{e} 单位为 m^2，代表单个粒子能够截获光子的面积。单位体积内的粒子总截面即是所有粒子的截面和。由于散射与吸收各自所引起的消光可以用单次散射反照率表示。单次散射反照率 ω 表示散射占总消光的比例：

$$\omega=\frac{\sigma_{\mathrm{s}}}{\sigma_{\mathrm{e}}}=\frac{\sigma_{\mathrm{e}}-k_{\mathrm{a}}}{\sigma_{\mathrm{e}}}=\frac{k_{\mathrm{s}}}{k_{\mathrm{e}}}=\frac{k_{\mathrm{e}}-k_{\mathrm{a}}}{k_{\mathrm{e}}} \tag{9.3}$$

式中，k_{s} 为散射系数；k_{a} 为吸收系数；σ_{s} 为散射截面。对于单次散射反照率为 1 的情况下，散射体为完全散射，无吸收。单次散射反照率为 0 的情况即为完全吸收无散射。

对于各向同性的粒子而言，k_{s} 及 ω 不随散射角变化而变化。但是无论空气分子还是其他宏观粒子，其对电磁波的各向散射都是不同的。因此需要用一个散射相函数矩阵 $\boldsymbol{P}$

来表示粒子在各个散射方向散射能力的差异。散射相函数矩阵确定了在每个不同的散射角方向上散射能力，即可表征为将入射 $\boldsymbol{I}_0$ 转化为出射 $\boldsymbol{I}$ 的旋转矩阵。在散射相函数矩阵 $\boldsymbol{P}$ 中，$\boldsymbol{I}$ 分量是归一化的，即

$$\int_{4\pi} P_{1,1}(\xi)\,\frac{\mathrm{d}\Omega}{4\pi}=1 \tag{9.4}$$

式中，$\mathrm{d}\Omega$ 为立体角。另外一个可以用来衡量散射的方向性特征的物理量为不对称因子 g。一般的情况下认为散射体是球形的，其垂直散射截面的分量是相等的，不确定因子可以认为是前后向散射权重量，可认为与相函数等价。但对于大粒子气溶胶而言，一般不是球形的，这时，不对称因子与相函数就不是等价的。不对称因子可以表示为

$$g=\int_{4\pi} \cos P_{1,1}(\xi)\,\frac{\mathrm{d}\Omega}{4\pi}=1 \tag{9.5}$$

若 $g=1$，则认为前向散射占主导，$g=-1$ 则表示后向散射占主导，而 $g=0$ 则表示前后向散射比例相当。

$\boldsymbol{F}(\xi)$是 4×4 的散射矩阵，在某些情况下可以表述为

$$\boldsymbol{F}(\xi)=\begin{bmatrix} a_1(\xi) & b_1(\xi) & 0 & 0 \\ b_1(\xi) & a_2(\xi) & 0 & 0 \\ 0 & 0 & a_3(\xi) & b_2(\xi) \\ 0 & 0 & -b_2(\xi) & a_4(\xi) \end{bmatrix} \tag{9.6}$$

在这上式中，散射矩阵进行了化简，其中含有 6 个独立变量，而非 16 个独立变量。将散射矩阵化简为上式需要符合以下条件之一：

(1) 散射粒子是随机分布的，散射平面是对称的(如球形)；

(2) 散射粒子是随机分布的，且有相同数量的镜像粒子；

(3) 散射粒子尺度远远小于入射光波长，瑞利散射为散射矩阵的决定项。

在本书的研究中，大气散射可以被看作瑞利散射或米散射，而两者都符合上述条件，因此，散射矩阵可以被简化为式(9.6)。瑞利散射是指当散射粒子尺度远远小于入射光波长时发生的散射，而米散射则是发生在粒子尺度与入射波长相当时的散射。米散射可以用以描述球形及非球形的粒子散射情况。在实际中，气溶胶，尤其是大颗粒气溶胶一般都不是球形的，目前已经对非球形气溶胶散射进行研究，如使用 T-Matrix 方法对气溶胶的散射进行近似。

9.1.2 瑞利散射

当电磁波入射与非常细小的粒子相互作用发生散射时，会诱发偶极子发生振荡并发射电磁波，即散射辐射。这种散射称为瑞利散射。瑞利散射发生的条件是当粒子的尺度远远小于入射电磁波的波长。定义粒子的尺度数为 x，与入射电磁波的关系为

$$x=\frac{2\pi r}{\lambda} \tag{9.7}$$

式中，λ 为入射电磁波的波长；r 是粒子的几何半径。当粒子尺度数为 0.002～0.02 时表明可以用瑞利散射近似散射过程，即可见光与近红外在大气中的散射过程。

瑞利散射系数可以表达为

$$k_s = \frac{8\pi^3(m^2-1)^2}{3\lambda^4 n}\left[\frac{6+3\delta}{6-7\delta}\right] \tag{9.8}$$

式中，m 是折射指数；n 指单位体积内的分子数量；δ 则是用以纠正分子散射的轻度不对称性(即空气分子并不是理想的偶极子，并不会在 90°方向产生完全偏振光)。对于空气而言，在可见光波段，δ 约等于 0.03 而 m 约为 1.000277。如果折射指数是复数，那么在瑞利散射中需要考虑到吸收的作用。在 RSP(research scanning polarimeter)和 APS(aerosol polarimetric sensor)的近红外波段即有这种情况的出现，如在 1.6μm 波段的二氧化碳吸收和 2.2μm 波段的甲烷吸收。对于其他的 RSP 波段而言，单次散射反照率约为 1，即空气的吸收几乎可以忽略。瑞利散射系数近似与入射电磁波的四次方成反比，对于 RSP 而言，意味着蓝光波段的瑞利散射要强于近红外波段。

由于偶极子振荡与电磁波传播方向垂直，因此散射是具有方向性的，可以用式(9.6)所描述的简单的散射矩阵来描述这个过程，但是这个方向性的散射矩阵要对参数进行适当修改，其中

$$\begin{aligned} a_1(\xi) &= \Delta_r \frac{3}{4}(1+\cos^2\xi)+(1-\Delta_r) \\ a_2(\xi) &= \Delta_r \frac{3}{4}(1+\cos^2\xi) \\ a_3(\xi) &= \Delta_r \frac{3}{2}\cos\xi \\ a_4(\xi) &= \Delta_r\Delta_{r'} \frac{3}{2}\cos\xi \\ b_1(\xi) &= -\Delta_r \frac{3}{4}\sin^2\xi \end{aligned} \tag{9.9}$$

在式(9.6)中的其他参量均可以设置为 0。在式(9.9)中，Δ_r 与 $\Delta_{r'}$ 与分子的各向异性相关，可用以下式表达：

$$\begin{aligned} \Delta_r &= \frac{1-\delta}{1+\frac{\delta}{2}} \\ \Delta_{r'} &= \frac{1-2\delta}{1-\delta} \end{aligned} \tag{9.10}$$

在本书所研究的 RSP 传感器中，瑞利散射的强度是与路径中的空气分子总量成正比的。其原因是，如果空气分子吸收可以忽略的话，那么散射系数是一个常量。对于处于静力平衡状态的空气而言，大气层顶至某一高度的瑞利光学厚度可以利用该高度的气压值精确计算出来。因此，分子与气溶胶散射可以在辐射传输模型中分离开来。故气溶胶光学性质是辐射传输模拟中需要优化与精确反演的重要参量。

9.1.3 米散射

对于粒子尺度与入射波长相当，即粒子尺度数为 0.2～2000(即气溶胶粒子及云滴粒子尺度)时，采用瑞利散射计算空气中的散射已经不准确了。在 20 世纪初叶，Lorenz 和 Mie 分别独立利用麦克斯韦方程组推导出了米散射公式。本书利用米散射理论最重要的部分是可以通过单位体积内球形粒子的浓度、尺度及复折射系数计算出球形粒子的散射特征。

米散射的相函数，以式(9.6)来表示，其中，参数可以表示为

$$
\begin{aligned}
a_1(\xi,x,m) &= a_2(\xi,x,m) = \frac{1}{2}(S_1S_1^* + S_2S_2^*) \\
a_3(\xi,x,m) &= a_4(\xi,x,m) = \frac{1}{2}(S_1S_2^* + S_2S_1^*) \\
b_1(\xi,x,m) &= \frac{1}{2}(S_1S_1^* - S_2S_2^*) \\
b_2(\xi,x,m) &= \frac{1}{2}(S_1S_2^* - S_2S_1^*)
\end{aligned}
\tag{9.11}
$$

式中，S_1 及 S_2 是散射函数，由米散射方程推导而出，是一个复杂的无穷数组。S_1 及 S_2 的值依赖于散射角、粒子大小和折射系数。符号“ * ”指的是复共轭。散射函数可以表达为

$$
\begin{aligned}
S_1(\xi,x,m) &= \sum_{j=1}^{\infty} \frac{2j+1}{j(j+1)}[a_j\pi_j(\cos\xi) + b_j\tau_j(\cos\xi)] \\
S_2(\xi,x,m) &= \sum_{j=1}^{\infty} \frac{2j+1}{j(j+1)}[b_j\pi_j(\cos\xi) + a_j\tau_j(\cos\xi)]
\end{aligned}
\tag{9.12}
$$

式中，a_j 和 b_j 是散射粒子的尺度和折射系数的函数，而 π_j 和 τ_j 是散射角的函数。π_j 和 τ_j 则与勒让德多项式相关，即

$$
\begin{aligned}
\tau_j(\cos\xi) &= \frac{\mathrm{d}}{\mathrm{d}\xi}\mathrm{P}_j^1(\cos\xi) \\
\pi_j(\cos\xi) &= \frac{\mathrm{d}}{\sin\xi}\mathrm{P}_j^1(\cos\xi)
\end{aligned}
\tag{9.13}
$$

式中，P_j^1 是勒让德多项式。对于比较复杂的 a_j 和 b_j 的计算是米散射数值计算中计算强度最大的部分。这些散射系数与散射粒子的尺度及折射系数相关，需要进行多次迭代运算，计算过程复杂。

计算出的米散射系数可以用于计算粒子的散射与消光系数。散射系数与消光系数也是与散射粒子尺寸及折射系数相关的无穷序列组成。而体散射系数可以表示为

$$
k_{\mathrm{s}} = \frac{n\lambda^2}{2\pi}\sum_{j=1}^{\infty}(2j+1)(a_ja_j^* + b_jb_j^*) \tag{9.14}
$$

而体总消光系数则为

$$
k_{\mathrm{e}} = \frac{n\lambda^2}{2\pi}\sum_{j=1}^{\infty}(2j+1)R(a_j + b_j) \tag{9.15}
$$

在式(9.14)和式(9.15)中，n 表示粒子在单位体积内的数量深度；R 表示复折射系数的实数部分。由于复折射系数的虚数部分表示的是粒子的吸收性，单次散射反照率可以表达为

$$
\omega = \frac{\sum_{j=1}^{\infty}(2j+1)(a_ja_j^* + b_jb_j^*)}{\sum_{j=1}^{\infty}(2j+1)R(a_j + b_j)} \tag{9.16}
$$

在实际中，以上述各参量的确定需要对数组的数量 j 进行确定。而 j 的确定依赖于计算机的资源。一般来说，j 项要比粒子的尺度参数 x 稍微大一些为好。因此，米散射的

计算会随着粒子大小增大而变得更为复杂。如果计算数量过大，会导致计算结果可能不收敛而出现错误。因此，在对于粒子的尺度参数 $x>2000$ 时，应该改用几何光学的方法来进行辐射计算。在气溶胶及分子散射的计算过程中，粒子尺度参数远小于 2000，因此一般不需要进行几何光学的计算。

对于粒子尺度数非常小的情况下，米散射计算结果趋近于瑞利散射的结果。即前向与后向散射部分趋于相同($g=0$)，且垂直于传播方向的散射分量最小。随着粒子尺度数增大，前向部分散射分量增大，不对称因子也增大。当粒子的大小增大到如云滴大小时，散射旁瓣开始出现，并产生云弓、云冠和云辉。云弓可以运用偏振辐射亮度来精确表达，并且对云中的云滴大小十分敏感，因此可以用作区分云和气溶胶产生的散射。气溶胶产生的散射的旁瓣效应并不明显。

通过本节内容的介绍，主要介绍了大气粒子群的单次散射性质的计算方法以及大气粒子主要的散射特征：瑞利散射与米散射，为利用偏振信息进行气溶胶反演提供了理论基础。

9.2 非球形气溶胶单次散射特征及偏振观测证明

为什么要研究气溶胶单次散射特征呢？实际中大气中的颗粒(分子和气溶胶)与光的作用是一个多次散射过程，而多次散射过程又是由无数的单次散射过程叠加而成。对于多次散射的计算需要在已知单次散射性质的基础上进行数值运算。也就是说，本节所研究的单次散射内容是研究多次散射的基础，是进行多次散射计算及辐射传输计算的输入。

大气中的气溶胶与分子是主要的散射体。对于大气分子而言，分子尺度远小于入射波波长，可用瑞利散射来表达分子散射。实际中大气分子成分较为稳定，其散射特性研究较为透彻。气溶胶粒子尺度跨度达 5 个量级，相当部分的气溶胶粒子的尺度要与入射波波长相当甚至大于入射波波长，在假设气溶胶为球形的条件下，一般采用米散射理论求解气溶胶的散射特征。采用米散射计算气溶胶的散射特征一般需要有三个假设条件：①理想球形；②粒子成分均匀，随机分布；③粒子表面为镜面。虽然某些粗模态的气溶胶粒子并非严格遵守米散射理论中关于粒子形状的要求，但是米散射理论与真实结果还是较为接近的。

9.2.1 非球形粒子的偏振散射特性

在某些情况下，非球形气溶胶粒子的影响较大(如大气气溶胶中占主导成分为沙尘型)时，单纯采用米散射理论对大气气溶胶的单次散射特征进行模拟则会有较大的误差。由于沙尘型气溶胶主要为机械作用所产生，其颗粒较大(一般为 1μm 以上)，其形状一般无法用规则球形描述。国际上针对沙尘型气溶胶的反演采用球形粒子比的方式来近似，以假定气溶胶为球形与非球形两种粒子组成，非球形粒子为不同长轴短轴比的椭球形气溶胶平均而成(Dubovik et al.，2006)。这种方法一般用以 AERONET 观测网中地面光度计观测，其结果较为精确。在气溶胶反演中，MODIS 陆地气溶胶的反演算法中也引入了非球形气溶胶性质的计算(Levy et al.，2007)。针对非球形气溶胶粒子，采用了 TMatrix 及几何光学方法计算了非球形粒子的单次散射特性。

实际上国际上对沙尘型气溶胶模型的描述也没有非常精确的模型，一般采用 AERONET 观测中所采用的结合了 TMatrix 计算方法与几何光学算法的气溶胶模型，将沙尘型气溶胶简化为25组不同长短轴半径比(0.33、0.37、0.40、0.44、0.48、0.53、0.57、0.63、0.69、0.76、0.83、0.91、1.00、1.09、1.20、1.31、1.44、1.58、1.73、1.89、2.07、2.27、2.49、2.73和2.99)的椭球形气溶粒子以一定比例进行混合的方法对非球形气溶胶粒子进行假设(Yang and Liou,1996;Dubovik et al.,2011)。TMatrix方法是采用直接解算麦克斯韦方程式的方法对非球形平面对称的粒子的散射特性进行计算的方法(Martonchik and Diner,1992),是目前进行非球形粒子计算的最强大的工具之一,一般的情况下可以解算粒子尺度数在50以内的粒子群的散射特性,并且可以计算椭球体、圆柱体等多种非球形粒子的散射特性。但是当粒子的形状越来越偏离球形,以椭球体为例,当粒子的长短轴之比越大或越小(偏离1越远),TMatrix方法进行计算则会越来越慢,而且能够计算的尺度数也会相应地减少,而且极易出现不收敛的现象。

在实际过程中,当入射波长为550nm时,采用TMatrix方法很难计算气溶胶半径大于5μm时的情况,这与球形气溶胶计算一般达到20μm的情况差距较远。当粒子尺度数增加的时候,粒子的散射特性越来越偏离米散射而接近于几何光学。采用几何光学与TMatrix方法结合的方法,既可以处理尺度数较小时粒子的散射特性,也可以处理尺度数较大的非球形的沙尘粒子的散射特性。

采用非球形粒子计算所得的粒子的单次散射特性与球形粒子有较大的差异,其主要的差异体现在后向方向,也就是对地观测遥感中主要应用的方向。以860nm(550nm在结果类似,在以下不再详述)为例,分析了不同形状气溶胶散射矩阵(如式(9-6))中F_{11}、F_{12}及F_{33}这三个主要影响线偏振散射参数的差异。

图9.1是不同形状气溶胶粒子的散射相函数F_{11}的差异,图9.1(a)为球形粒子及25种不同长短轴比粒子混合而成的气溶胶粒子的散射特性差异,图9.1(b)为球形粒子与8种不同形状气溶胶粒子的散射特性差异,其中,气溶胶参数:对数正态分布(复折射系数为1.52-0.008i;中位数半径为0.5μm;标准差为1.09)。计算模型为几何光学模型结合TMatrix模型(计算散射角个数为181)。从图9.1(b)可以看出,8种不同长短轴比的椭球体粒子的散射特性在后向部分有一定的差异,这些方向是对地观测中的主要观测方向。而将各种形状的粒子按一定的比例进行混合,所得到的粒子散射特性也与球形粒子有一定的差异。因此,采用非球形粒子模型进行反演非常重要。

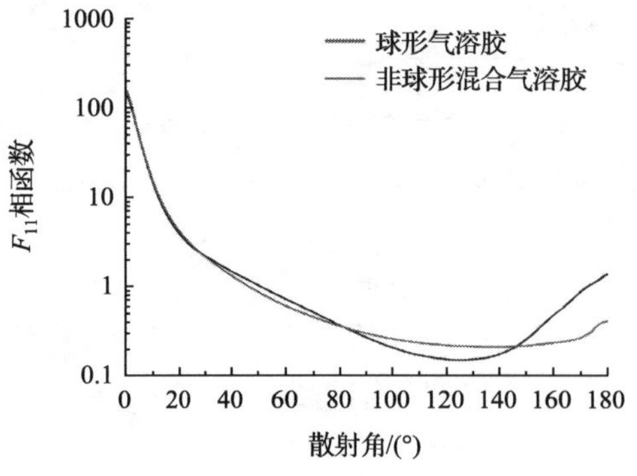

(a) 球形与非球形平均模型差异

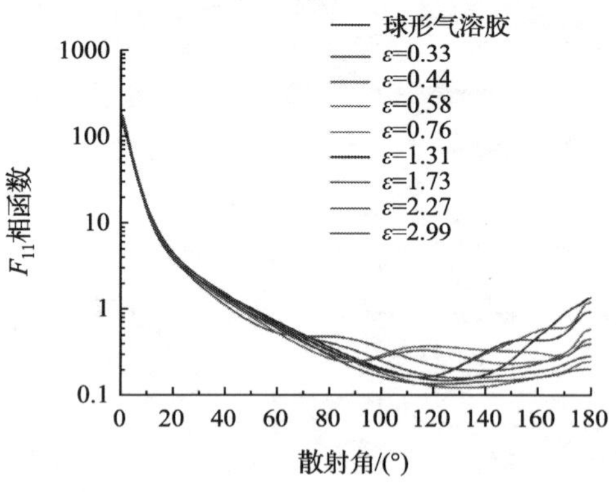

(b) 不同非球形模型差异

图9.1 几何光学模型与TMatrix方法860nm波段不同粒子形状气溶胶散射相函数F_{11}

图 9.2 是不同形状气溶胶粒子的散射相函数 F_{12} 的差异，图 9.2(a)为球形粒子及 25 种不同长短轴比粒子混合而成的气溶胶粒子的 F_{12} 散射特性差异，图 9.2(b)为球形粒子与 8 种不同形状气溶胶粒子的 F_{12} 散射特性差异，其中，气溶胶参数：对数正态分布(复折射系数为 1.52－0.008i；中位数半径为 0.5μm；标准差为 1.09)。计算模型为几何光学模型结合 TMatrix 模型(计算散射角个数为 181)，F_{12} 是主要的起偏因子，对气溶胶粒子的偏振散射特性具有重要的影响。可以看出，不论是各种不同形状的粒子，还是混合粒子，其 F_{12} 散射特性均与球形粒子的特性有较大的差异，这也说明利用偏振进行气溶胶粒子的反演，采用非球形粒子进行气溶胶反演非常必要。

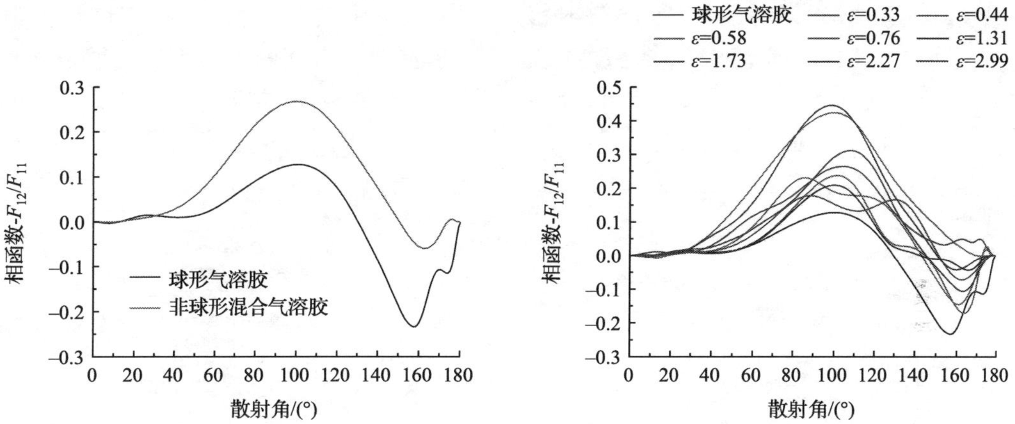

(a) 球形与非球形平均模型差异　　(b) 不同非球形模型差异

图 9.2　几何光学模型与 TMatrix 方法 860nm 波段
不同粒子形状气溶胶散射相函数 F_{12}

图 9.3 是不同形状气溶胶粒子的散射相函数 F_{33} 的差异，图 9.3(a)为球形粒子及 25 种不同长短轴比粒子混合而成的气溶胶粒子的 F_{33} 散射特性差异，图 9.3(b)为球形粒子与 8 种不同形状气溶胶粒子的 F_{33} 散射特性差异，其中，气溶胶参数为对数正态分布(复折射系数为 1.52－0.008i；中位数半径为 0.5μm；标准差为 1.09)。计算模型为几何光学模型结合 TMatrix 模型(计算散射角个数为 181)。

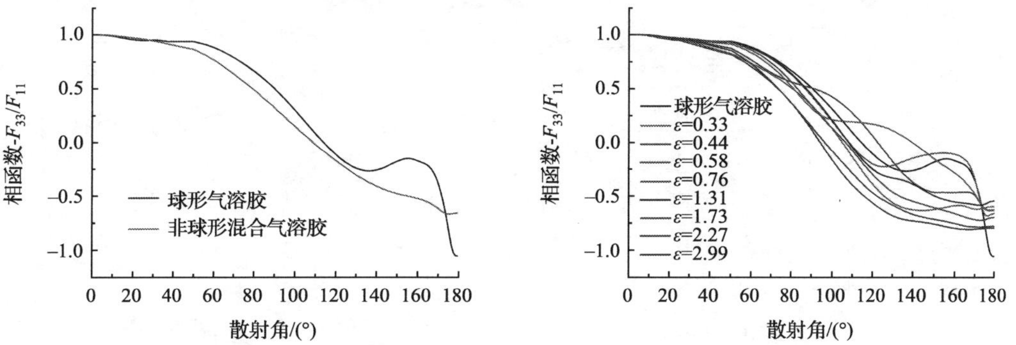

(a) 球形与非球形平均模型差异　　(b) 不同非球形模型差异

图 9.3　几何光学模型与 TMatrix 方法 860nm 波段
不同粒子形状气溶胶散射相函数 F_{33}

在 F_{33} 参数中，球形与非球形的散射特性依旧具有较大的差异，因此，需要利用非球形模型计算的粒子散射特性来计算大气层顶部（top of atmosphere，TOA）处的反射与偏振反射信号。

9.2.2 粗细模态气溶胶粒子的偏振散射差异

以上分析的情况是粗模态的气溶胶情况，那么对于细模态气溶胶的情况呢？是否对于细模态气溶胶就不需要非球形建模呢？哪些气溶胶粒子需要利用非球形来进行计算，哪些气溶胶利用球形近似就可以了？对于细模态气溶胶与粗模态气溶胶分别选取了 Mod4 及 Mod9 来计算其单次散射特性。以 860nm 为例，分别计算在球形及非球形情况下相函数 F_{11} 参数及 F_{12} 参数的区别。图 9.4 即为粗细两种模态气溶胶散射相函数 F_{11} 及 F_{12} 在球形与非球形粒子情况下的区别图。可以看出，实际上对于细模态而言，采用球形与非球形粒子的差异非常小，因此，对于细粒子而言，采用球形近似计算的相函数与非球形计算的结果基本一致。而对于粗模态而言，采用球形与非球形粒子的差异则非常大。

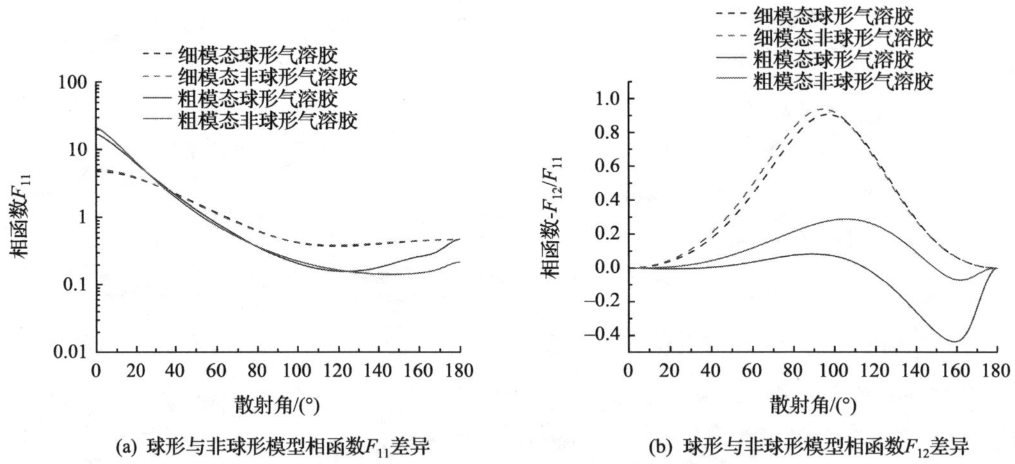

图 9.4 几何光学模型与 TMatrix 方法 860nm 波段粗细模态气溶胶散射相函数

9.2.3 非球形粒子模型对气溶胶反演的影响

在大气层顶部层次上传感器接收到的信号有什么差异么？是不是在采用非球形与球形气溶胶模型在 TOA 层次上传感器接收到的信号则差异不大呢？本节将采用对数正态分布模式对气溶胶的谱分布进行描述，分别分析在不同粗细模态及不同形状的粒子在 TOA 层次上接收到的反射率信号与偏振反射信号之间的差异及其与气溶胶光学厚度（aerosol optic depth，AOD）。

图 9.5 则是采用球形与非球气溶胶模型进行 AOD 反演的差异，图 9.5(b)为 AOD 为 0～0.6 情况下两者差异，可见两者在 AOD 在 1 以下的差异较为明显，采用非球形与球形气溶胶模型的结果差异可达到 30%。图 9.5(a)为 AOD 为 0～4 情况下的差异，可见在气溶胶光学厚度较大情况下两种情形结果较为相似。总的来说两种模型的结果有差异，但

是趋势基本相同。那么需要进一步研究考虑，这种差异有在气候上到底有多大的影响呢？据 IPCC2007 年报告显示，人类活动引起的沙尘型气溶胶造成的辐射强迫为 $-0.3\pm 0.1\ W\cdot m^{-2}$。采用非球形沙尘气溶胶与球形沙尘气溶胶计算得到的短波辐射强迫与长波辐射强迫之间的误差会分别有 13% 和 6%（Wang et al.，2013）。这样的差距是巨大的，因此，在对气溶胶，尤其是粗模态气溶胶的模拟中需要采用非球形气溶胶模型。

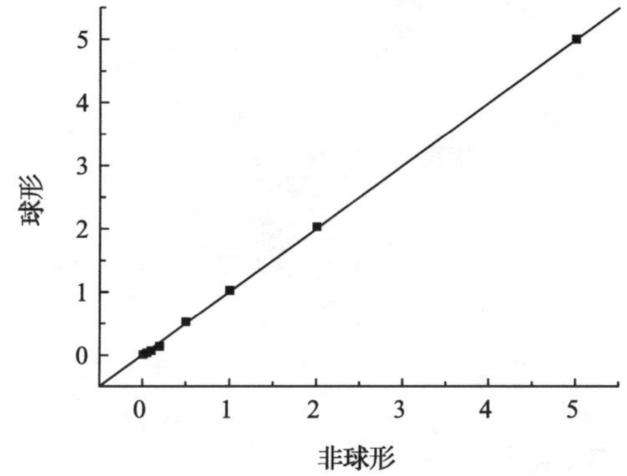

(a) AOD为0~4情况下(大范围)

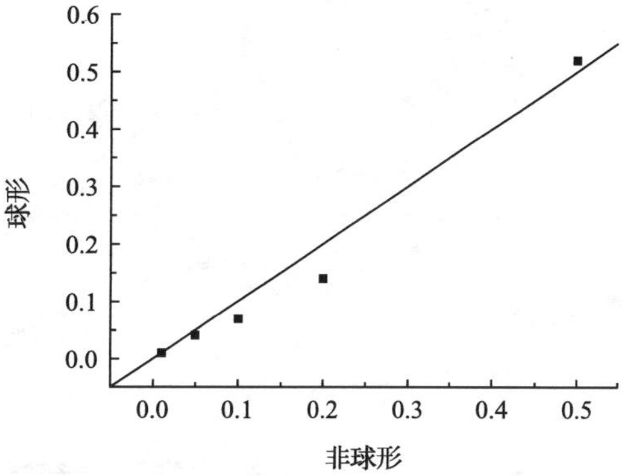

(b) AOD为0~0.6情况下(小范围)

图 9.5　采用球形与非球形粒子反演 AOD 差异

气溶胶粒子群的单次散射特性是进行气溶胶反演的基础。采用合适的气溶胶模型作为当地气溶胶类型的先验知识是十分重要的。对于气溶胶模型选择的误差会导致极为严重的反演误差甚至错误。影响气溶胶单次散射特性的因素有气溶胶谱分布函数、气溶胶吸收性、气溶胶粗细模态及其形状。传统的反演中，气溶胶的模型一般都作为球形来计算其单次散射特性，而实际上气溶胶的形状并不是球形，或是绝大部分的气溶胶均非球形。而采用球形模型计算的结果与非球形计算的 TOA 反射率差异可达 5%，TOA 偏振度差异最大可达 30%。这样的结果表明，采用非球形模型是非常必要的。

本节主要介绍了利用偏振遥感反演气溶胶的微观基础理论：非球形气溶胶粒子群的单次散射特征，为计算大气粒子的多次散射特征提供了数据基础。

9.3　基于非球形模型的多次散射及全天空偏振场多角度平面分布

本节主要介绍基于 9.2 节非球形气溶胶单次散射模型计算全天空偏振场的平面分布特征，是利用偏振信息反演气溶胶特征提供了直观模型。

9.3.1　基于非球形气溶胶模型的 TOA 多次散射计算

单次散射是多次散射计算的输入项与基础项。首先需要考虑的是，进行微观层面上计算的非球形气溶胶单次散射特征，包括偏振特征是否经过多次散射计算后还有相应的偏振分布？这样的分布与气溶胶信息是否有关联呢？另外，采用非球形计算的 TOA 信号与球形计算结果是否有关系？

实际上球形与非球形细模态气溶胶的散射特性差异不大，因此，在这里仅区分粗模态粒子中球形与非球形情况下的TOA差异。假设大气中仅有粗模态气溶胶。在不同的AOD水平上进行计算,可以得到两种情况下计算的TOA的反射率与偏振度(860nm)会有如图9.6所示差别。

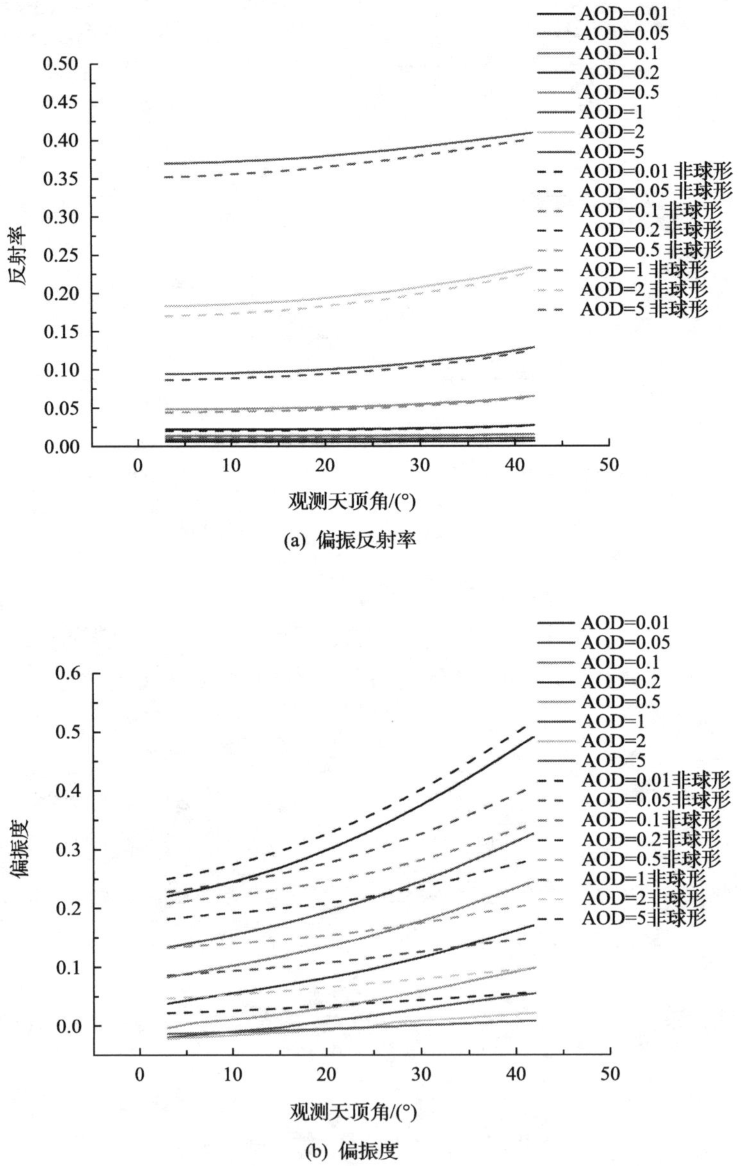

图9.6　860nm波段粗模态气溶胶球形非球形计算偏振参量差异(彩图附后)

可以看出的是,两种情况下TOA反射率有一定的差异但是并不大(一般在5%以内),但是TOA的偏振反射的差异却是非常大的(最大可达30%)。因此,如果采用球形假设进行气溶胶单次散射特性计算,计算的结果则会与真实的情况有一定的差异。如果采用球形粒子进行粗模态建模,不仅在TOA的反射率计算上会有一定的差别,在TOA偏振反射率的计算也会有较大的误差。

9.3.2 基于非球形气溶胶模型的天空偏振模式图对偶分布

TOA 偏振信号与气溶胶信息具有一定的联系。那么,偏振信号在全天空(全观测方位)又是一种什么样的分布规律呢? 遥感传感器分为两类:一类是天基传感器(搭载在飞机或卫星平台上);另一类是地基传感器(地面光度计等)。天基传感器利用大气及地表的反射信号进行大气或地表参数的反演,而地基传感器一般直接利用直射或散射太阳光进行大气信号反演。

在前期的研究中,吴太夏等利用地基的偏振观测仪对天空偏振模式图进行了研究,发现天空中存在着相对较为稳定的偏振模式分布,并利用天空偏振模式图中出现的位置相对固定的大气偏振中性点区域进行地气分离与大气校正方面的工作,并完成了其博士论文(吴太夏,2010;吴太夏等,2013)。针对地基观测到的天空偏振模式图,关桂霞等、晏磊等更是借助于仿生学原理,利用天空中的固定偏振模式进行导航研究(晏磊等,2009;关桂霞等,2011)。那么天基传感器观测到的偏振信号是否有一定的规律呢? 是否可以将其应用到①大气中性点进行对地观测研究;②采用偏振模式图对气溶胶信息进行反演呢? 本节及下节将重点回答上述两个问题。针对第一个问题,地基观测到的天空偏振模式图是否在天基观测平台上也能观测到呢? 或是观测到类似的现象呢? 也就是说,在天基传感器观测时,地表(均一地表,本书不考虑非均一地表问题)是否也有一个相对较为固定的偏振模图呢? 如果是,那么地基观测到大气中性点区域在天基观测时是否也存在呢?

为了回答这个问题,采用矢量辐射传输模型模拟均一的海洋上空观测到的地基与天基全天空偏振信号的分布特征。在本节中所采用的气溶胶模型为标准辐射大气(SRA)气溶胶模型是 1983 年国际气象与大气物理协会(International Association of Meteorology and Atmospheric Physics,IAMAP)的辐射委员会提出无云大气气溶胶模型。在对流层,气溶胶由四种对数正态分布的基本成分叠加而成,它们是沙尘型、水溶型、海洋型和煤烟型。气溶胶的粒子形状为非球形模型。

在开阔海洋地区海洋下垫面基本可以被认为是均一的地表,其反射特征基本可以表示为三个部分:水体的散射、水面浮沫反射及耀斑反射。在实际研究中,水体的散射(离水散射)可以被认为是无偏振的,主要由海洋中色素浓度及盐度等条件引起的(Dubovik et al.,2011)。水面啊浮沫反射与耀斑反射是主要的偏振来源,主要是海浪引起的。在本节中,海洋的偏振效应被认为是水面波浪引起的破碎单元引起的镜面反射所造成的。在模拟中,设定气溶胶的为散射型的海洋型气溶胶。通过模拟 TOA 处天基观测地表的全天空偏振模式图与地面观测天空的全天空偏振模式图,可得到其对照关系如图 9.7 所示,图中极径表示观测天顶角而极角表示观测方位角,太阳入射天顶角为 30°,太阳入射方位角为 0°。

可以从图 9.7 中看出,在海洋下垫面情况下,天基(传感器观测平台位于航空或航天平台对地观测)与地基(传感器平台位于地面对天观测)的全天空偏振具有一定的对偶性(镜面方向除外)。镜面方向中由于受水面镜面反射影响严重,现有的辐射传输模型及地表 BRDF(bidirectional reflectance distribution function)模型均无法有效地描述这一方向的反射信号与偏振反射信号。在本节中采用美国国家航空航天局(National Aeronau-

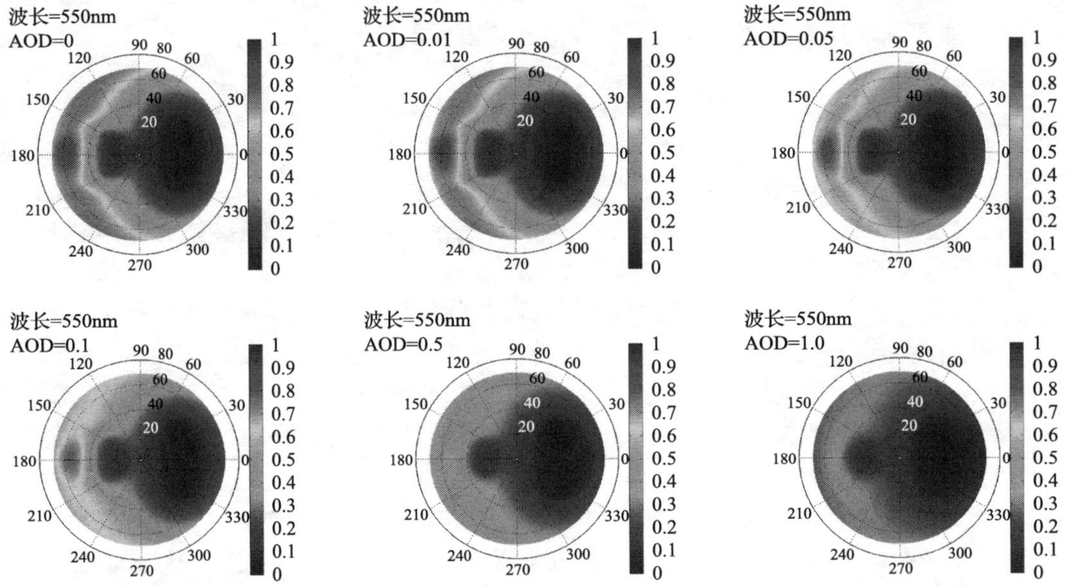

(a) 海洋下垫面情况下全天空偏振分布天基(波长为550nm，AOD=0，0.01，0.05，0.1，0.5，1.0)

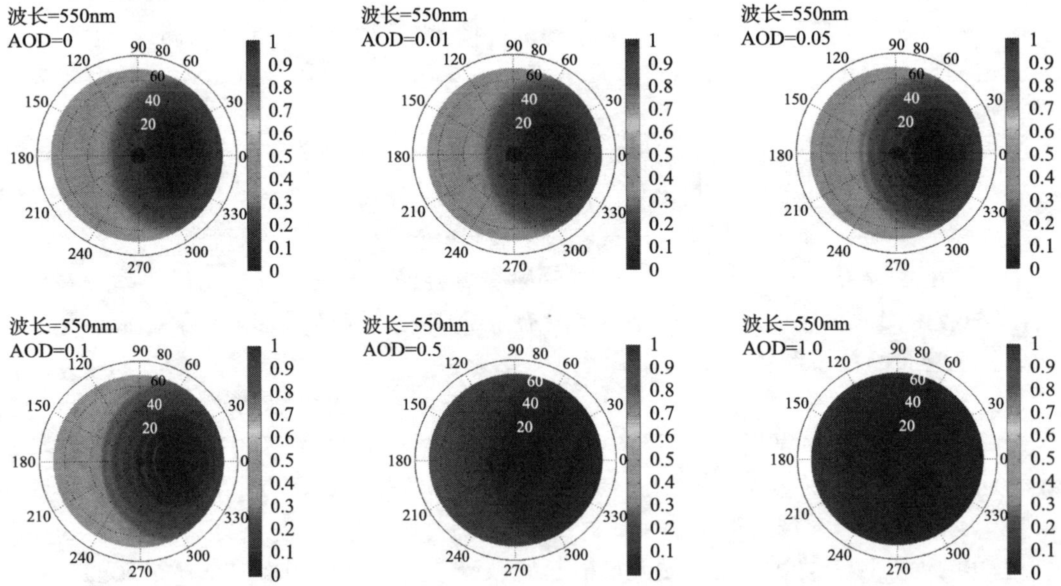

(b) 海洋下垫面情况下全天空偏振分布地基(波长为550nm，AOD=0，0.01，0.05，0.1，0.5，1.0)

图 9.7　海洋下垫面情况下全天空偏振分布对偶分布(彩图附后)

tics and Space Administration，NASA) AERONET(aerosol robotic network)气溶胶反演的 SOSRT(successive oder of scattering radiative transfer)模型是 AERONET 进行全球气溶胶反演的辐射传输模型，也是 PARASOL/POLDER(polarization and directionality of the earth's reflectance)进行反演的辐射传输模型。

可以看到，天基天空偏振模式图与地基天空偏振模式图具有一定的对偶性，首先，偏振度最低的均是太阳入射方向附近，也就是说在太阳入射方向附近有大气偏振中性点及中性点区域的存在，而且这个区域对于天基与地基观测都是通用的。其次，偏振度均基本以太阳为圆心，向外依次递增，偏振度最大的区域在反太阳方向的大观测天顶角区域，在这个区域中，大气路径较大，大气散射更大，光的偏振效应更大。地基与天基偏振分布的量级基本是处在同一量级上，也就是说上行与下行的偏振度是相当的。这个原因是海洋在 550nm 处的反射率基本在 0.5%左右，海洋反射贡献非常小，基本可以忽略。另外，随着气溶胶光学厚度的增加，地基全天空偏振与天基全天空偏振度均有显著的下降，在气溶胶光学厚度达到 0.5 的情况下，全天空的偏振度均在 30%以下，在太阳入射方向附件基本没有偏振信号的存在。这表明气溶胶的增加会减少天空偏振度。

虽然天基与地基偏振模式图上有一定的对偶性，但是也有一些微小的差异。地基观测中，偏振度在 0.1 以下的部分相对分布较大，在太阳方向偏振度普遍较弱，其原因是这个方向受太阳直射影响强烈，偏振作用相对较小。在纯瑞利天空中，地基观测到的偏振度要大于天基偏振度，而随着气溶胶的出现及增加，地基观测到的偏振度会迅速下降，而天基相对下降速度小于地基观测。

在分析了海洋均一地表情况下的偏振信号的分布特征，可以看到：利用地基仪器平台观测到的全天空偏振分布模式图在天基平台观测也可以观测到类似的信号分布。两者的共同特征是均以太阳或太阳附近的中性点为圆心，偏振度随着离圆心的极径增大而增大。也就是说地基与天基的偏振信号存在一定的对偶关系。也就是说，地基仪器平台观测到的大气偏振中性点区域在天基平台上也可以观测到，只是其区域与地基平台相比更小一些，也更集中一些。

在这里，可以看到，不仅天基平台可以有效地观测到大气偏振中性点，使得利用天基平台以大气中性点为大气窗口进行地-气分离成为可能，并且天基观测平台观测到的偏振信号也存在着一定的分布模式。这样的模式与气溶胶光学厚度、气溶胶的模型又有着何种关系与关联呢？是否可以用来进行气溶胶的反演呢？接下来的一节将重点分析天基平台观测的全天空偏振信号分布与气溶模型、气溶胶光学厚度之间的关系。在分析过程中，还是假定地表为均一地表，异质性地表在本书中将不被考虑。

9.3.3 基于非球形气溶胶模型的天空偏振模式图分布

上节利用 SOSRT 辐射传输模型计算了在以海洋为下垫面，太阳天顶角为 30°的情况下，观测天顶角为 0°～70°情况下几乎整个天空范围内传感器接收到的光强信号及偏振信号。由于即使天空中没有气溶胶粒子，空气分子也可以有强烈的偏振作用，因此，需要考虑在不同 AOD 水平情况下天空光强及偏振的变化。在本节，考虑了 AOD 在 0.0、0.01、0.05、0.1、0.5 和 1.0 共计 6 个级别上全天空的反射率、偏振反射率及偏振度的分布模式。图 9.8 及图 9.9 分别为 550nm、860nm 波段的全天空偏振度分布。极径为观测天顶角，极角则表示观测方位角。

从图 9.8 中可以看出，在气溶胶光学厚度较小的情况下，天空中会出现偏振度大于 0.8 的区域。但是这些都是观测天顶角较大的区域，一般可以不做分析。而在观测天顶角为 30°～50°的情况下，天空偏振度也经常会达到 30%。这表明在一般情况下天空的偏振度会比较高。在完全后向方向，偏振度非常低，甚至会有接近于 0 的区域，这些区域也就是大气偏振中性点区域。随着气溶胶光学厚度的增加，天空中的偏振度逐渐减小并开始在全天空范围内均匀化。

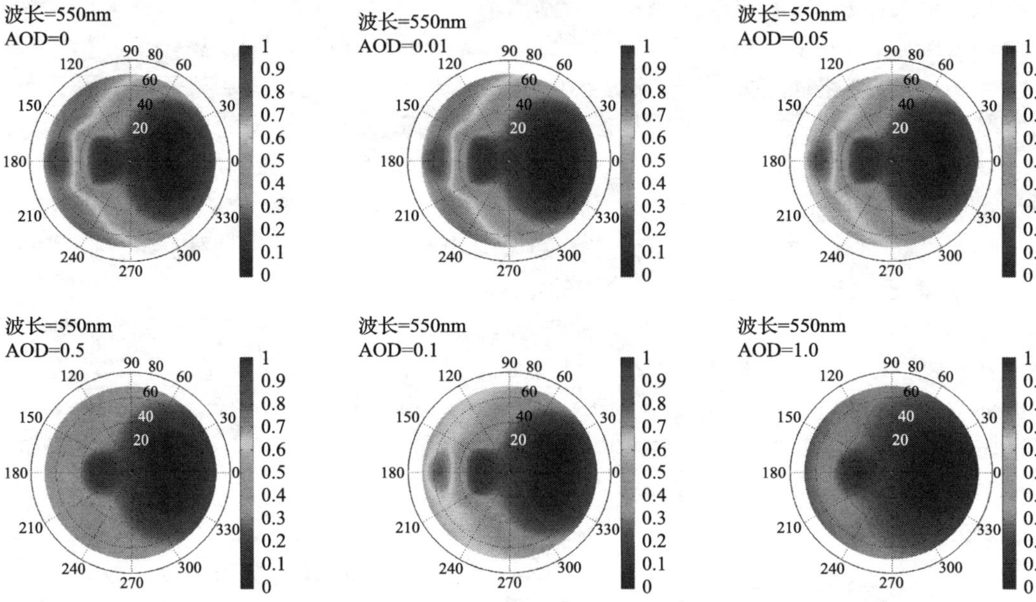

图 9.8　海洋型非球形气溶胶全天空偏振度 550nm 波段分布图

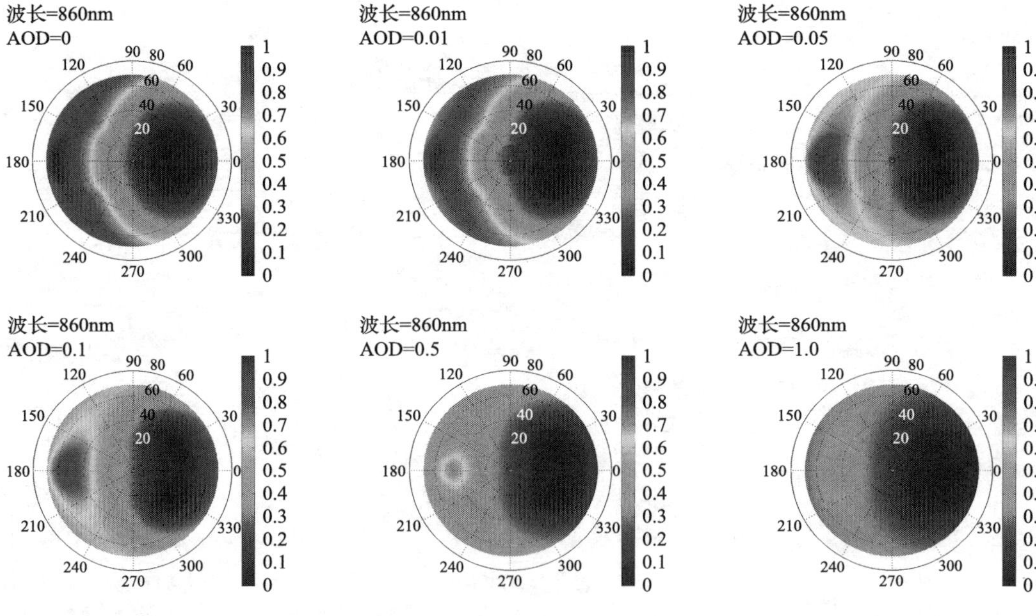

图 9.9　海洋型非球形气溶胶全天空偏振度 860nm 波段分布图(彩图附后)

对于吸收型的煤烟气溶胶,全天空偏振模式图的分布是否有一定的差异呢?

图 9.10 为 550nm 波段波段的煤烟型气溶胶全天空反射率分布及偏振度分布。相比海洋型气溶胶,煤烟型气溶胶对光强的削弱更加明显,可以看出在高 AOD 及低 AOD 的情况下,除了后向方向的大气中性点区域附近有着低的偏振度外,其他区域都有着 30% 以上的偏振度,尤其是在一些大观测方位角方向,天空的偏振度更是随着 AOD 的增加而增大。这与第 3 章阐述的强吸收性的气溶胶有较为明显的偏振特性相吻合。这也表明如

果采用偏振的手段可以有效地去反演吸收性气溶胶，也就是可以一定程度上反演复折射系数。这是传统单纯利用光强信息进行气溶胶光学性质反演所无法做到的。

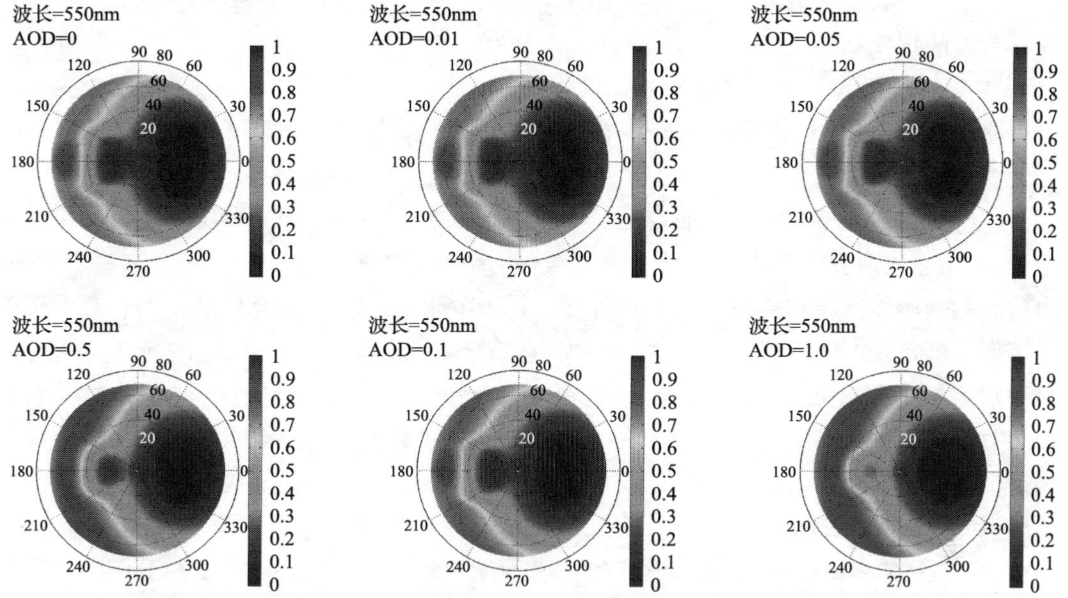

图 9.10　煤烟型非球形气溶胶全天空偏振度 550nm 波段分布图(彩图附后)

图 9.11 为 860nm 波段波段的煤烟型气溶胶全天空偏振度分布。860nm 波段反射率与 550nm 波段结果较为类似。而从偏振度的全天空分布看来，860nm 波段的偏振度随着 AOD 的增大而增加更为明显，甚至有较多的方向偏振度接近于 100%。

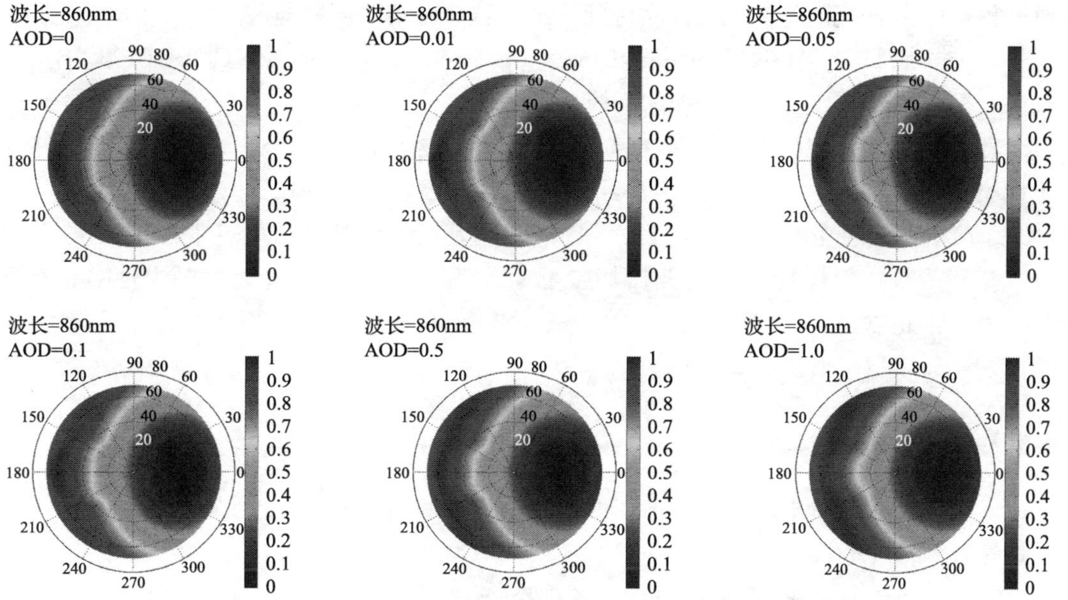

图 9.11　煤烟型非球形气溶胶全天空偏振度 860nm 波段分布图(彩图附后)

不同角度反映的不同偏振效果，反映了不同方向气溶胶的差异，可以视为立体“切片”或称为立体多角度层析，为气溶胶特性立体重建、不同角度定量化分析奠定了基础。

本节讨论的非球形模型全天空偏振场分布特征针对海洋型、煤烟型大气偏振场观测，具有重要的理论和应用意义。

9.4 基于天空偏振场理论的非球形气溶胶与地表信息分离反演

国内外进行气溶胶反演的研究已经有 30 余年的历史。由于气溶胶反射信息相对较弱，卫星遥感气溶胶信息本质上是从较为微弱的信号中提取大气信息。一般来说，进行较为精确的气溶胶反演需要以下几个条件：①较为精确的辐射传输模型；②较为合理的下垫面模型；③较为合适的大气气溶胶模型。辐射传输模型是反演精度的重要条件，如 MODIS(moderate resolution imaging spectroradiometer)进行海洋气溶胶反演时所选取的辐射传输模型为 RT3 矢量辐射传输模型，可以有效地表达大气中空气分子及气溶胶的偏振效应。由于通过后向散射信号获取的信号本身较为弱，下垫面性质的描述也成为制约遥感气溶胶精度的重要因素。目前气溶胶反演一直限制于地表反射率较低的地区，如植被、海洋上空，对于地表反射率较高的荒漠及城市地区，地表反射信号占卫星接收信号的主体，气溶胶贡献几乎无法从中剥离。即使有多角度遥感的方法，此时地表的 BRDF 建模精度又有一定的限制，使得反演不确定度进一步增大。气溶胶模型预设也是气溶胶反演中的重要一环。卫星遥感气溶胶与地基光度计反演最大的不同是地基遥感直接对准太阳直射光，受散射光影响较小，而卫星遥感信号较弱，且视场内均为地表目标，受环境散射光影响强烈。地基光度计反演不需要气溶胶模型的预设，而卫星遥感则直接受气溶胶模型预设的影响。经过 30 年的气溶胶反演模型，针对不同环境地区的气溶胶模型均有一定的研究，MODIS、MISR(multi-angle imaging spectroradiometer)、POLDER 均有一套气溶胶模型用以进行全球气溶胶的反演。

气溶胶分离既包括对粒子的分离与反演，也包含与地-气分离概念联系起来并服务于地-气分离，因为后者体现了遥感明确的地表反演应用目标。同时天空偏振模式图(图 9.7)中包含有中性点区域，因为尽管很小但天空偏振模式图里有中性点区域，因此可以描述为天空偏振场。天空偏振场包涵天空偏振模式图和大气偏振中性点区域即“面”和“点”的关系，它们两概念同等重要。应该说是这两者支撑大气分析与效应剔除、地-气分离与反演。

9.4.1 基于偏振的地气分离方法研究

本研究针对海洋与陆地两种不同的地表反射模型，探索基于偏振光信息的地表与大气偏振反射信号分离方法。

海洋表面较为均一，且海洋在近红外波段几乎为黑体。在海洋上利用光强反演气溶胶也有较高的精度(如 MODIS)。海浪干扰的洁净海面的建模已经有成熟的模型，且精度较高。海洋表面的双向反射率分布函数(bidirectional reflectance distribution functions，BRDF)

效应需要考虑到白帽、太阳耀斑及海洋叶绿素浓度信息。虽然海洋在可见光近红外的反射率较低，但是其在可见光区域也有一定的偏振效应。海洋表面的偏振效应主要是由海洋表面的镜面反射效应引起的。考虑到海洋水体中的水溶胶及水分子对太阳光的散射作用可能会产生一定的起偏作用，本书利用 RSP 数据对非镜面方向的航飞数据进行了模拟。海洋的信号主要有两部分：一为海洋自身的漫反射，即离水辐射，表征海洋对入射光的散射作用；二为镜面反射效应。在本书中，海洋的离水辐射在模型中认为是无偏振效应的，仅对总光强有影响而对偏振光没有影响。海洋的偏振效应主要是由于海洋表面小的镜面元的镜面反射综合作用的结果。因此，本书采用考虑了波浪分布的菲涅耳方程来进行海洋表面的 BPDF 效应建模。对于海洋表面而言，如果将其考虑为朗伯平面作为边界条件是不合适的，因此需要考虑表面水面面元的分布。

陆地下垫面的情况相对于海洋表面较为复杂，主要的原因是地表的异质性明显，地表的 BRDF 效应较为复杂。目前对于陆地表面的 BRDF 效应有较多的模型，如核驱动模型广泛应用于 MODIS 的陆地反射率反演，RPV 模型则被广泛应用于 MISR 的数据处理中。一般来说对于多角度观测可以采用 RPV 模型来进。可利用 RPV 模型进行地表建模。对于地表 BPDF 的建模，2009 年，法国的 Maignan 等在 Nadal 等模型的基础上，提出了一种只有一个参数的地表 BPDF 模型，且其精度与前 Nadal 等提出的两参数模型几乎一致(Maignan et al.，2009)。其原理是，在研究中发现，随着植被的增加，地表的偏振反射率在下降。因此，可以看到，表征植被参数的归一化植被指数(normalized difference vegetation index，NDVI)与地表的偏振反射率有一定的关系。而在一般的遥感情况下，NDVI较为易于获取(或者可以粗略获取)。可以将可见光近红外地表的偏振反射模型表达为(陈伟，2013)

$$R_{\mathrm{p}} = \frac{C\exp(-\tan(\alpha))\exp(-v)F_{\mathrm{p}}(\alpha,n)}{4(\mu_{\mathrm{s}}+\mu_{\mathrm{v}})} \tag{9.17}$$

式中，C 为唯一的自由度参数；α 为在某一反射元上的入射角；v 为通过光强测量所得的 NDVI 值；n 为地表的折射系数；μ_{s}及 μ_{v}分别为入射天顶角及出射天顶角。这样就有了表征地表 BPDF 的单参数的模型。需要确定的值则是经验值 C 及通过可见光和近红外波段计算得到的 NDVI 值。一般情况下，采用该模型计算的地表偏振反射率误差一般在 10%左右，大部分在 20%以内。对于不同的地表，经验值 C 有不同的选择。

9.4.2 偏振遥感航飞数据 RSP

本书所采用的美国 NASA 的 Goddard Institute for Space Studies APS 项目组所研发的机载多角度多波段偏振传感器 RSP。RSP 是美国 Glory 卫星计划搭载的两个载荷中 APS 的机载样机。Glory 卫星在 2011 年 3 月 4 日正式发射升空，但不幸的是 Glory 卫星未能进入预定轨道而发送失败，但是目前 APS-2 计划已经提出，并在未来几年内再次搭载卫星升空。RSP 在过去的几年中也积累了大量航飞数据，本书将基于 RSP 的航飞数据，结合地面观测点的信息进行气溶胶的反演与验证工作。

RSP 是 NASA 研制的试验型机载偏振传感器，其瞬时视场角为 14 mrad，共可在沿轨方向进行±60°共计 152 个角度的扫描。目前 RSP 共有 9 个波段，分为两组：可见光近红外及短波红外。其波段为:410nm、470nm、550nm、670nm、860nm、960nm、1590nm、1880nm、2250nm。与APS的设置稍有差异。在本书的研究中,410nm、470nm受海洋影响较大,在本书中暂不涉及。仅采用550nm、860nm及2250nm进行反演海洋气溶胶。陆地气溶胶则采用550nm、670nm及860nm三个波段参数。RSP进行偏振测量的精度可以得到较高保证,其绝对辐射不确定度为3.5%,偏振测量不确定度为0.2%。RSP由6个精确瞄准的视镜组组成。RSP通过采用一个偏振补偿扫描镜装置(即非起偏的装置)来扫描6个精确瞄准的视镜组,其扫描范围为±60°。每组视镜都是由一对视镜组成,每组视镜测量三个波段。每组视镜中的一个视镜测量与仪器子午面成0°和90°的线偏振强度,而另一个视镜则测量仪器子午面成45°和135°的线偏振强度。这样可以保证测量时对同一目标同时进行偏振测量。每次测都会计算出9个波段的光强、偏振度、偏振方位角信息。一般的光学系统自身会有起偏效应,RSP通过采用双镜系统,其中一块反射镜会对另一个反射镜产生的偏振进行偏振补偿,这样即RSP的扫描系统是偏振中性的,避免了仪器本身的偏振因素对偏振测量的影响。

在2009年9月28日,RSP在美国东海岸Chesapeake地区以东的大西洋海域进行了一次航飞实验,在地面有海洋AERONET气溶胶站点为地面观测控制点作为验证值点,同时,本次实验还有同时有MODIS卫星观测数据。所获取的RSP数据如图9.12所示。需要注意的是,RSP本身是一个非成像式的扫描仪,图9.12所示的图像是由不同位置152个扫描数据拼合而成,与实际的成像式的传感器所成影像不同。在图9.12中,扫描开始是由右下角开始,每一列表示同一个位置在152个扫描角,黑色区域表示没有相应角度的观测。每行则表示的是不同的观测点。在本次实验中,RSP航高约为9km,对应天底观测的地面分辨率约为140m。图中蓝色区域表示的是在非耀斑观测方向接收到的信号,而亮白斑则表示这些观测角度处于耀斑观测方向,在这些方向镜面反射效果大,在反演中这些角度信息要去除。在航飞中,耀斑的出现与消失是因为航飞方向发生了变化,在中部没有耀斑信号的区域是进行反演的区域。在航飞当时,地面光度计站点附近天气较好,没有云的干扰,海面风速约为2m/s。对于陆地气溶胶反演,本书采用RSP在2005年

图9.12　海洋RSP航飞结果图

伪彩色合成:红(2250nm)、绿(860nm)、蓝(550nm)

9 月于美国俄克拉何马州的 SGP(Southern Great Plains)实验站点的航飞实验结果进行反演。此次实验共进行了 5 天,在 9 月 16 日、17 日、19 日及 20 日获取了有效数据并可以进行反演,航高约为 6 km。在航飞的同时有地面 AERONET 气溶胶的站点 Cart_Site 数据进行验证。例如,在 9 月 20 日所获取的 RSP 数据如图 9.13 所示。黑色区域表示经过数据配准后无数据值的部分。白色直线表时同名点所对应的不同观测天顶角的数据。绿色区域表示的是植被,而黄褐区域则是土壤或土壤与植被的混合像元。可以看出,理论上的同名点在不同扫描角情况下的结果出现一些差异。

图 9.13 陆地 RSP 航飞结果图(彩图附后)

伪彩色合成:红(2250nm)、绿(860nm)、蓝(550nm)

9.4.3 基于天空偏振模式图理论的非球形海洋气溶胶与地表信息分离反演与实验验证

采用多角度多波段偏振方法进行气溶反演需要考虑不同气溶胶成分在不同波段的散射及偏振性质。由 9.2.2 节的讨论中可知,粗模态气溶胶在不同波段间的散射性质相近,而细模态气溶胶则在波长较长的 860nm 及 2250nm 波段影响较小。这种性质可以由不同气溶胶模态在不同波长的消光系数得知。因此,可以得出,在 2250nm 波段处,细模态气溶胶所产生的效果较弱,与空气分子的效果类似,一般在反演中难以区分。而粗模态气溶胶在这个波段还有一定的效果,尤其对于沙尘型气溶胶而言,在这个波段还有较大的影响。而对于 860nm 及 550nm 而言,粗细气溶胶的作用均较大,传感器接收到的大气信号为粗细气溶胶的混合信号。对于传感器接收到的偏振信号而言,在 2250nm 波段,首先大气分子作用微弱,大气场景中的本底偏振效应较小,而粗细模态气溶胶对于大气偏振场的影响也较小。因此,在 2250nm 波段,粗细模态所产生的偏振效应均可以忽略不记。因此,可以得出,在 2250nm 波段的大气反射光强信号只受粗模态气溶胶影响,可以通过 2250nm 波段光强信号反演粗模态气溶胶性质,而利用 550nm 与 860nm 波段偏振信息与粗模态信息共同反演细模态气溶胶的性质。通过建立查找表可以进行气溶胶的反演,利用 RSP 的航飞实验可以得到反演结果如图 9.14 所示。

从图 9.14 中可以看出,采用多偏振多波段反演的结果与 AERONET 地面观测值相符较好,误差约为±0.02(550nm),而在同点 MODIS 反演的误差约为±0.12(550nm)。

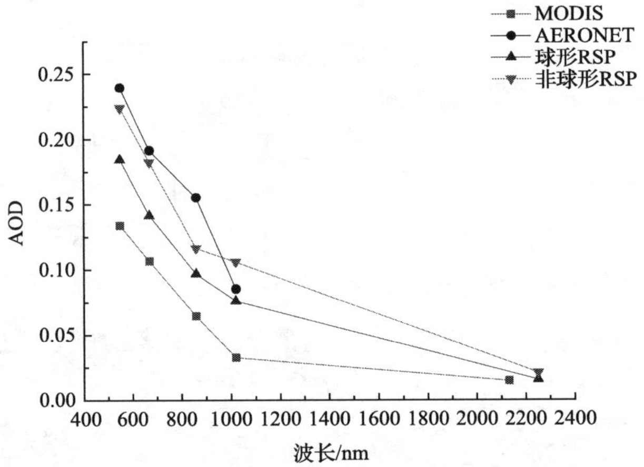

图 9.14　RSP 反演结果与 AERONET、MODIS 反演对比

采用非球形气溶胶模型反演精度比采用球形气溶胶模型反演精度要高。可以看出，采用多角度多波段进行气溶胶反演可以更精确地进行气溶胶反演。当然，MODIS 与 RSP 反演的误差也可能是由于分辨率的影响：MODIS 气溶胶产品地面分辨率为 10km，而本书进行 RSP 反演的数据地面分辨率为 140m。

9.4.4　基于天空偏振模式图的非球形陆地气溶胶分离反演与实验验证

对于陆地表面的气溶胶反演，目前也发展了一系列的方法研究，其中，最为常用的是 MODIS 所采用的暗目标方法。其基本原理是利用地表浓密植被地区可见光波段与短波红外波段之间的经验线性关系来获取地表反射率，再通过查算表的方式对两个可见光波段的气溶胶光学厚度进行最优计算，再通过插值的方法获取 550nm 波段的气溶胶光学厚度。不过这种方法对于亮目标的地表不适用。MISR 等多角度观测则通过相应的地表 BRDF 模型进行统计最优化方法计算。PARASOL POLDER 则假定陆地上空的大气偏振信息完全是大气中细模态气溶胶的贡献进行细模态气溶胶的反演。实际上对于陆地上空气溶胶的反演尚无较好的方法。原因是地表的异质性及 BRDF 效应使得反演较为困难。本书则首先利用地表的偏振信息对典型的沙尘及烟尘气溶胶这两种气溶胶反演进行理论分析，然后利用 RSP 陆地航飞数据对气溶胶信息进行反演。

针对陆地气溶胶，传统采用光强的信息较难将地表信息与大气信息剥离开来(除非在暗植被上空)。地表的 BRDF 效应限制了采用光强信息进行陆地尤其是亮地表的陆地气溶胶的反演。在无法有效获取地表光强反射信息时，利用偏振信息进行陆地气溶胶就有了其独特的优势。POLDER 传感器在进行陆地气溶胶反演时假定传感器接收到的偏振信号均贡献自细模态的气溶胶。实际上这种假设是不准确的。粗模态气溶胶对天空偏振贡献也不容忽视，尤其是考虑了非球形因素的粗模态气溶胶信息。

那么，当无法有效地获取地表光强反射信息时，单独利用天空偏振分布是否可以进行气溶胶的反演呢？答案是肯定的。已经知获知①地表的偏振反射信号较弱；②地表的偏振信号可以用覆盖类型和 NDVI 计算而得。也就是说，如果得知下垫面的基本属性(植被、土壤等)时，结合 NDVI 就可以计算得到粗略的地表偏振反射信号。实际上 NDVI 计算有一定的误差，对反演结果精度影响在可接受的范围内。接下来的问题就是，如何获取 NDVI 呢？NDVI 是需要进行大气校正之后才能获取的，而反演气溶胶是大气校正之前进行的。

陆地的气溶胶与海洋气溶胶的形态不同，采用标准辐射大气中的四种气溶胶模型作为构建查找表的基本气溶胶类型。在反演过程中，假定沙尘型与海洋型是粗模态气溶胶，而水溶型与煤烟型为细模态气溶胶，且大气中仅存在一种粗模态气溶胶与一种细模态气溶胶，通过查找表进行反演，实验当天的 Cart Site 观测站对本书所选取的 4 天的全天气溶胶变化如图 9.15 所示(图 9.15(a)、(b)、(c)、(d)分别为 2005 年 9 月 16 日、17 日、19 日及 20 日变化图)。可以看出，总的来说，航飞的 4 天气溶胶光学厚度较低，大气较为干洁。但在 9 月 17 日及 9 月 20 日，气溶胶有一定的波动。其原因可能是因为陆地气溶胶时空变异较为剧烈。

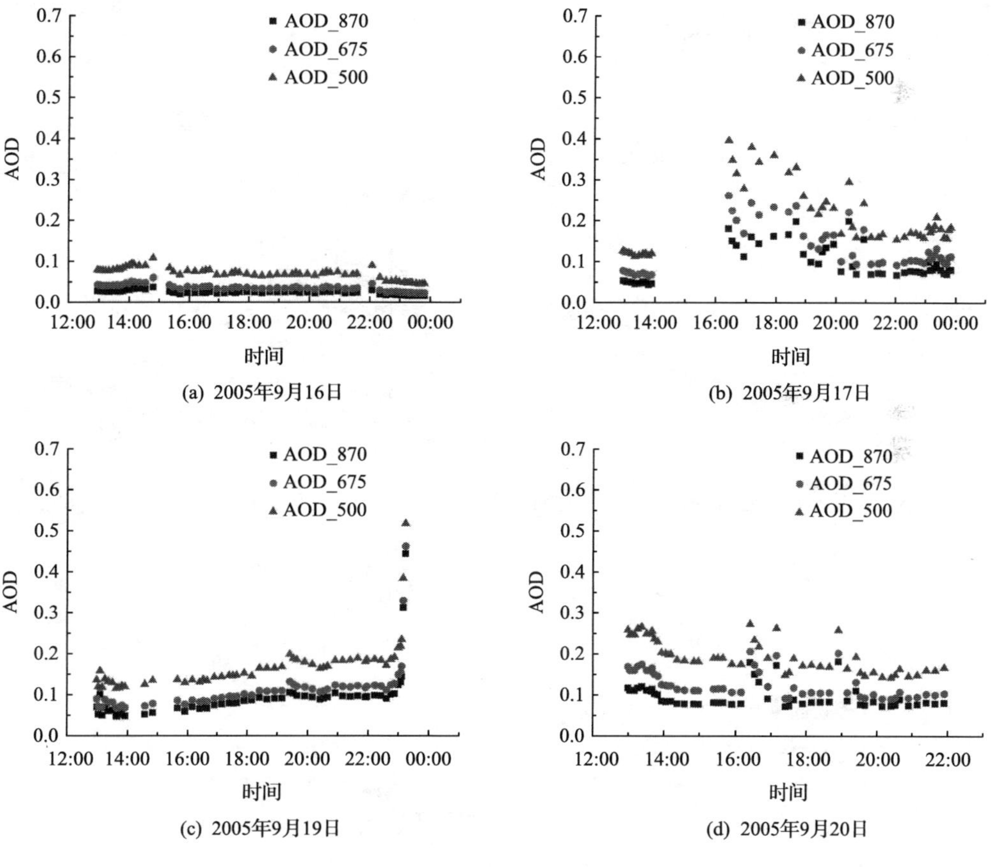

图 9.15 RSP 航飞 AERONET 反演值

反演结果如图 9.16 所示(图 9.16(a)、(b)、(c)、(d)分别为 2005 年 9 月 16 日、17 日、19 日及 20 日反演结果图)，AREONET 数据的 550nm 的值为 AERONET500nm 及 675nm 数据插值而成。从 AERONET 反演数据可以看出，在实验的 4 天中，550nm 的气

溶胶光学厚度为 0.05～0.2，而本书所采用的 RSP 反演结果与 AERONET 反演结果较为相似，但有约为 0.03 的系统误差，而在 9 月 20 日反演误差最大，反演的误差约为 0.06。初步的 RSP 航飞结果及反演结果显示，利用偏振的反演方法可以有效地进行陆地气溶胶反演。不过，由于此次航飞实验次数有限，尚需更多的验证实验，这样的验证还需要 APS-2 发射后利用全球站点进行验证。

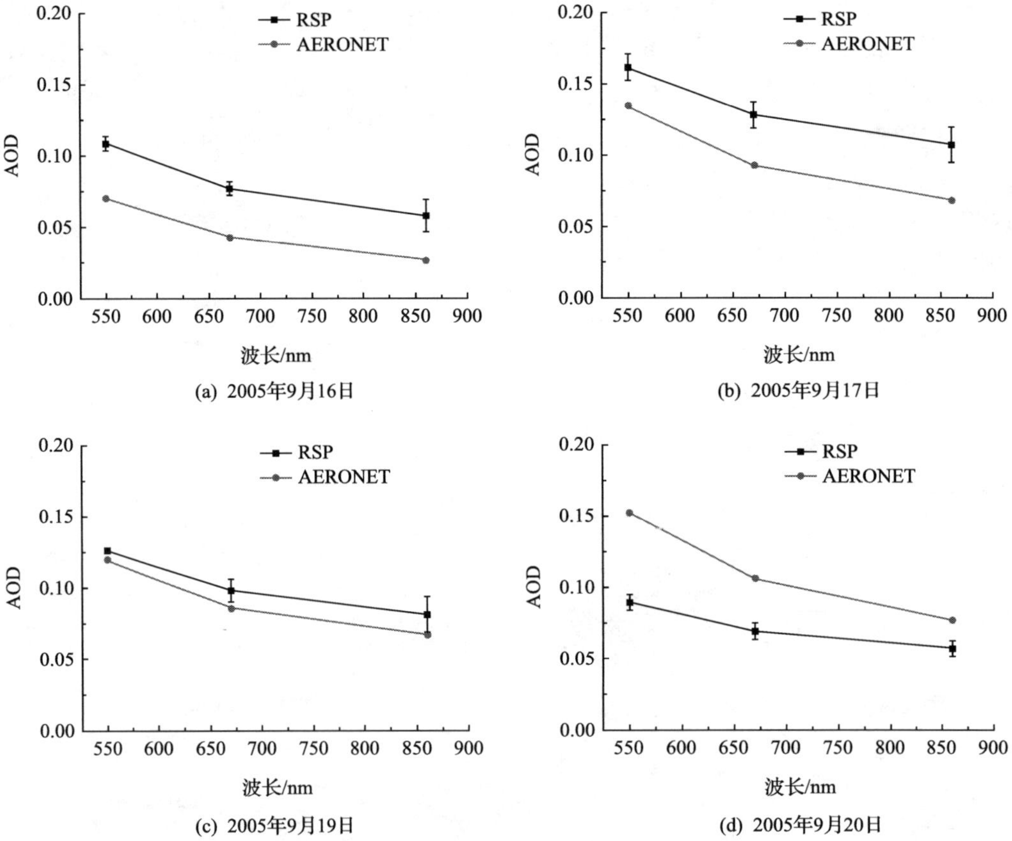

图 9.16　陆地气溶胶反演结果

参 考 文 献

陈伟. 2013. 非球形气溶胶偏振特性及其光学性质反演方法研究. 北京大学博士学位论文.

关桂霞，晏磊，陈家斌，等. 2011. 天空偏振光分布的实验研究. 兵工学报，32(4)：459-463.

吴太夏，张立福，岑奕，等. 2013. 偏振遥感的中性点大气纠正方法研究. 遥感学报，17(2)：241-247.

吴太夏. 2010. 偏振遥感中的地物性质及地-气分离方法研究. 北京大学博士学位论文.

晏磊，关桂霞，陈家斌，等. 2009. 基于天空偏振光分布模式的仿生导航定向机理初探. 北京大学学报(自然科学版)，45(4)：616-620.

Dubovik O，Herman M，Holdak A，et al. 2011. Statistically optimized inversion algorithm for enhanced retrieval of aerosol properties from spectral multi-angle polarimetric satellite observations. Atmospheric Measurement Techniques，4：975-1018.

Dubovik O，Sinyuk A，Lapyonok T，et al. 2006. Application of spheroid models to account for aerosol particle nonsphericity in remote sensing of desert dust. Journal of Geophysical Research, 111(D11208). DOI: 10. 1029/2005jd006619.

Levy R, Remer L, Mattoo S. 2007. A second-generation algorithm for retrieving aerosol properties over land from MODIS spectral reflectance. Journal of Geophysical Research, 112(D13211). DOI: 10. 1029/2006JD007811.

Maignan F, Breon F, Fedele E, et al. 2009. Polarized reflectances of natural surfaces: Spaceborne measurements and analytical modeling. Remote Sensing of Environment, 113(12): 2642-2650.

Martonchik J, Diner D. 1992. Retrieval of aerosol and land surface optical properties from multi-angle satellite imagery. IEEE Transactions on Geoscience Remote Sensing, 30: 223-230.

Wang Z, Zhang H, Jing X, et al. 2013. Effect of non-spherical dust aerosol on its direct radiative forcing. Atmospheric Research, 120: 120-126.

Yang P, Liou K. 1996. Geometric-optics-integral-equation method for light scattering by nonspherical ice crystals. Applied Optics, 35: 6568-6584.

第三部分　偏振遥感物理新领域应用

偏振遥感物理的新领域应用。给出基于地球偏振矢量场的仿生偏振自主导航(第 10 章),给出先进空间探测与全球变化研究的偏振遥感手段(第 11 章),以证明偏振遥感物理的客观性、独特性和稳定可重复性,以承担起中国在国际偏振遥感物理理论、方法、应用上的引领责任。综上,探索建立一套新的偏振遥感系统化方法,为遥感地物与大气分离提供新手段,为先进空间探测、远端星球极微弱信息获取、全球第三个自然场域(前两个为重力场、地磁场)——天空偏振场导航等应用提供一套崭新的系统化物理分析手段和模型理论基础。

第 10 章　基于地球偏振矢量场的仿生偏振自主导航

部分爬行类生物(如蚂蚁)利用天空偏振场矢量线与其身体轴线夹角实现导航。这是偏振遥感应用稳定可重复性的最有效证明。具体包括:基于蚂蚁路径整合行为的偏振模式图导航机理,以给出生物敏感天空偏振矢量场的生物特征;偏振遥感的仿生导航理论基础与模型分析,以剖析仿生偏振导航的物理本质;仿生偏振导航测角装置设计与功能实现,以实现硬件系统搭建;基于云计算的仿生偏振导航模型与精度度量,以实现多单体、多时相、多角度稳定可重复偏振导航原理;仿生偏振导航的实验验证与精度分析,以分析导航达到的实用化水平。

10.1　基于蚂蚁路径整合行为的偏振模式图导航机理

偏振光导航是自然界中天然导航方法之一。很多动物,包括蚂蚁、蜜蜂、蟋蟀和候鸟,都具有偏振视觉系统,它们利用太阳光在大气中散射的偏振特性进行导航。偏振导航属被动式导航,隐蔽性好;不受电磁干扰;无论是晴朗还是多云,甚至在日出前后,都可以利用天空偏振光定向;特别适合于在不能使用磁罗盘导航的高纬度地区;其导航定位的计算量小,每一次定位所需的时间短,接近于实时的导航,可以对运动载体等进行导航。偏振光导航具有精确的导航能力,根据 2006 年 8 月 11 日的 *Science* 报道,候鸟通过日出和日落的偏振光图案来校准它们的地磁罗盘的积累误差,使其在每年数千千米的季节性迁徙中,仍能准确地回巢或到达目的地。

本书探索的是一种新型的导航手段,是以不易受电磁干扰的偏振光为基础的被动式导航。本书提出实验的开展,可以为飞行器、运动载体提供新的导航手段,丰富导航理论与技术;同时,可以为偏振导航仪、仿生导航仪的研制提供实验与模型基础。另外,偏振导航技术还可以为水下目标的导航提供新思路,可见光中蓝光对水的穿透性超过 200m,通过测量水下蓝波段的偏振模式图,进一步研制水下偏振光导航仪,实现对水下目标的导航;结合其他辅助导航手段,可以很大程度上提高现有导航手段的精度,减少潜艇等水下目标浮出水面接收 GPS 信号的次数,实现水下目标的连续无缝导航。仿生武器是近年来开展的前沿领域,自主导航与控制是其重要的组成部分,但同时拥有视觉是精确控制的另一个重要保障,而偏振导航就是二者的完美结合,利用偏振进行导航,实际上就是一种人工视觉的表现。进一步地,偏振导航还可以与其他导航手段(惯性导航或卫星导航)相组合,在提高导航精度的同时又能保障任务的可靠性。

10.1.1　蚂蚁偏振导航原理

蚂蚁在外出觅食时有着航迹推算能力,具有很强的记忆和计算能力。对于觅食的蚂

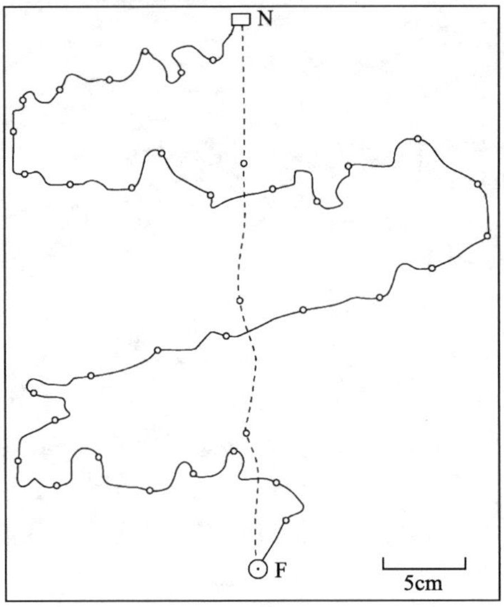

图 10.1　蚂蚁的捷径返巢示意

实线为蚂蚁从 N 点(巢穴)外出觅食时的路线，当找到食物点(F 点)后，蚂蚁立即以近乎直线的路线返回巢穴

蚁来说，其外出觅食的路径是陌生的、随机的，找到食物后返回洞穴时并非沿原路返回，而是走直接返回洞穴的路径，这就是路径整合在起作用，蚂蚁保存了所在位置与洞穴之间的矢量关系，因此可以捷径返巢(图 10.1)。尽管路径整合在空间定位中起很大作用，但它表现出很大的局限：随着不断运动，矢量关系得到不断更新，这种更新并不像机械仪器那样准确和严格，而是会有累积误差出现，因此必须被修正后才能对空间定位进行比较准确的指导，这种校正信息就来自于天空中的偏振光信息，用偏振光信息确定天空中光源(如太阳或人工光源)的空间位置。实验验证了这一点。

瑞士生物神经学家对沙蚁的研究表明(Rossel and Wehner，1986)，沙蚁视网膜是由数百个面向不同方向的视神经感杆组成，每一感杆仅对与它同向的偏振光敏感。单个感杆是由 8 个互相交叉垂直的单向感光器组成(图 10.2)，而所有的偏振敏感神经感杆又模拟偏振光在天空中的分布在视网膜上形成一个偏振敏感阵列图，如图 10.3所示，外圈短杆表示天空中不同方向的偏振光分布，内圈短杆表示神经感杆阵列。这一结构使每一感杆对特定方向偏振光的刺激响应为正弦曲线，是一个严格的方向分析器(图 10.4)。

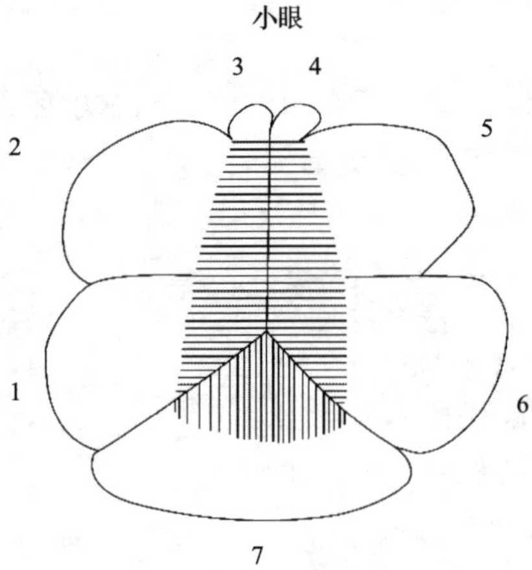

图 10.2　偏振敏感神经感杆

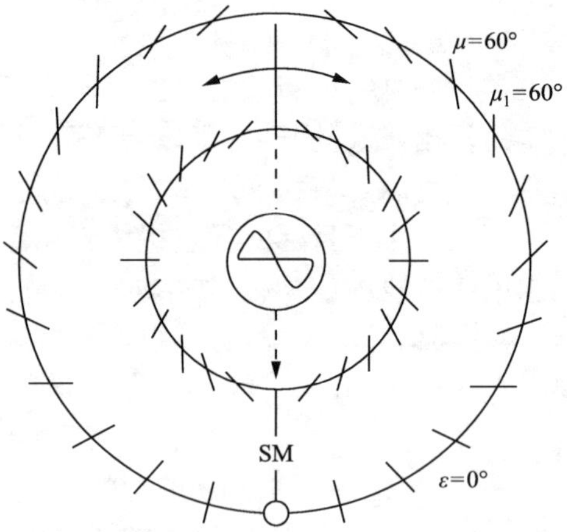

图 10.3　视网膜感杆阵列示意

这样，当沙蚁绕头部转动身体时，神经响应发生系统变化。当沙蚁体轴与太阳子午线重合时，视网膜神经感杆的响应达到极值。

视网膜偏振敏感神经感杆的响应作为输入汇合到中枢神经层的视神经叶部。视神经

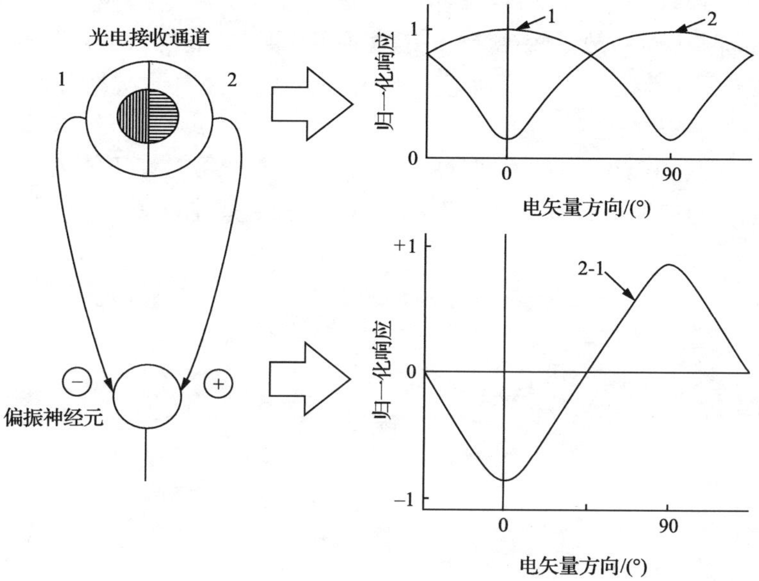

图 10.4　神经感杆对 E 矢量的响应曲线

叶部的中间神经元分为三种类型，这三类神经元是偏振正交神经元，接受视网膜上最大敏感方向互相垂直的视神经感杆的输入。这三种中间神经元对视网膜输入的响应也是正弦曲线，在沙蚁体轴与太阳子午线夹角分别为 0°、60°、120°时，达到最大的响应值(图 10.5)。中间神经元的响应结果作为输入汇合到沙蚁脑部的罗盘神经元，经过其计算和译码就可以得出沙蚁体轴与太阳子午线的夹角，从而实现其导航功能。

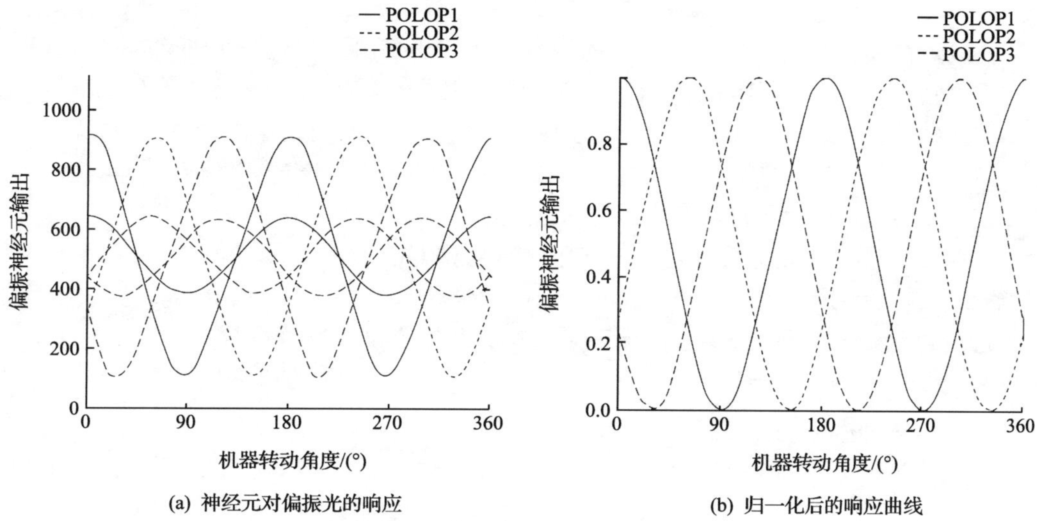

(a) 神经元对偏振光的响应　　(b) 归一化后的响应曲线

图 10.5　神经元对偏振光的响应曲线

苏黎世大学的马库斯・克纳登研究证实，蚂蚁不但通过路标来确定方向，还拥有一种名为“路径整合器”的备份系统(Wittlinger et al.,2006)。该系统会对走过的距离进行测量并通过体内的罗盘不时地重新测算蚂蚁所在的位置。这使得蚂蚁即便在离开巢穴时走过的路跟迷宫一样时，也能找到直线返回巢穴的路径减少路程。在沙蚁返巢的过程中，将沙蚁的腿进行加长(stilt)或截短(stump)的处理，结果发现腿加长的沙蚁捷径返巢时越过了巢穴，而腿截短的沙蚁则在还没到达巢穴时就停下了，经过几次反复回巢的过程，无论加长或截短腿的沙蚁又能准确回巢(Wenher，2003；Wittlinger et al.，2006)，这说明沙蚁对距离的量算与其步长有关，还说明沙蚁的行走具有自学习自修正能力，如图 10.6 所示。当一种导航系统有导航定位和自我校准能力时，这种导航系统就是一个完备可用的物理系统，可以服务于人类。

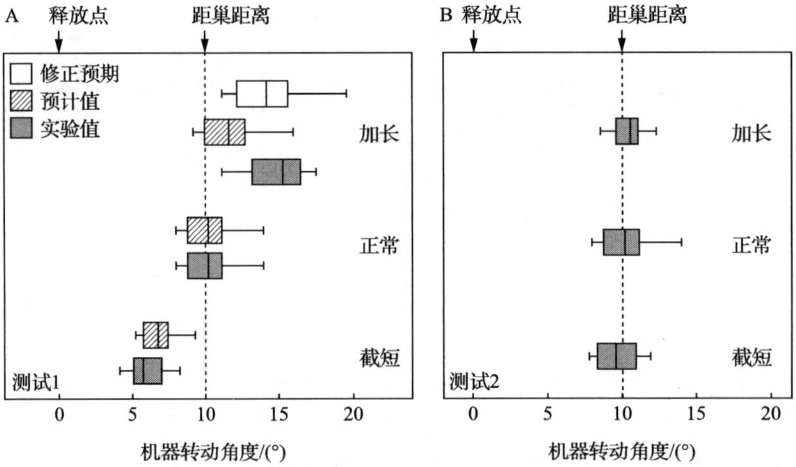

图 10.6　蚂蚁捷径返巢与步长的关系

10.1.2　偏振导航及路径整合导航试验

生物的行为一般是多种因素和多种策略共同作用的结果，要研究其生物学机理，将每个因素、策略分离出来，分离出独立的因子，摒弃干扰因子的影响，逐一进行讨论是必要的。要突出蚂蚁的偏振光导航以及路径整合导航两种导航方式的影响和作用，要将这两者独立出来，分别进行讨论，然后总结二者间的关系，要做到这一点需要通过一些巧妙的实验设计才能完成。本团队通过中国科学院沈钧贤研究员指导，开展了实验设计工作。

实验主要工作是先定量确定蚂蚁在阳光直射、阳光遮挡、月光、人工光照和无光条件下，捕获食物后的返巢运动，通过偏振罩实验、被动位移实验、移动光源实验等实验手段，对其进行运动记录与路径分析，在此基础上分别进行蚂蚁航迹推算导航方式的影响因子和机理以及蚂蚁偏振光导航的导航要素和机理，总结两种导航方式间的关系，从而进行二者组合导航模式的建模。

1. 偏振罩实验

在图 10.7 实验区的上空，放置一块大的偏振片，改变偏振片的方位，观察蚂蚁返巢行为。如果蚂蚁使用偏振光导航策略，则蚂蚁会随着偏振片方位角变化而变化，得出这种变化的相关性，分析其原理。并据此分析天空中的偏振光模式图。图 10.8 表示是太阳高度角约为 60°时的天空偏振光模式图，图 10.8(a)是立体图，图 10.8(b)是平面图，图中黑色条棒的方向和宽度分别代表偏振方向和偏振度。本实验在阳光直射、阳光遮挡、人工光源、月光等有光条件下进行并对比分析结果。

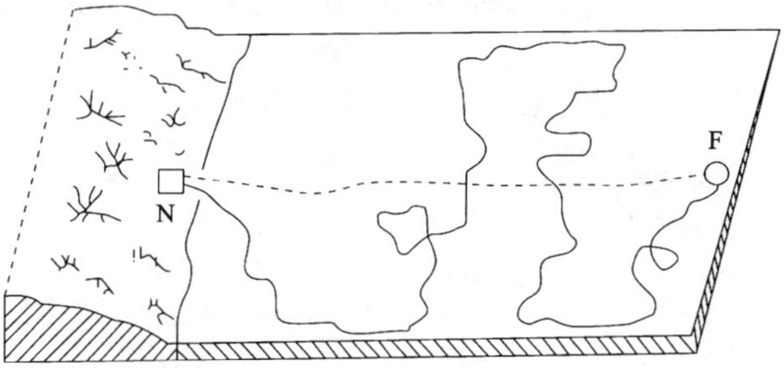

图 10.7　偏振罩实验

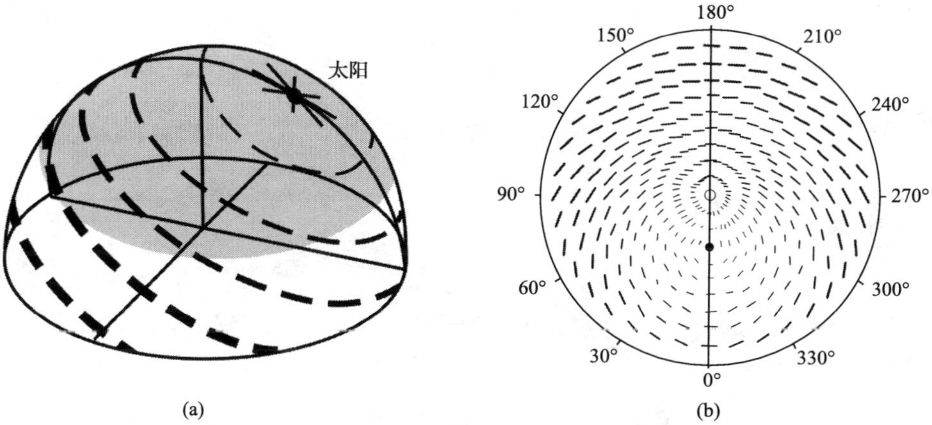

图 10.8　太阳高度角 60°时天空偏振模式

2. 移动光源实验

如图 10.9 所示，在暗室内将一个 15W 的人工光源，依次放置在图上的 L_0～L_7 的八个方位上，观察铺道蚁(下简称蚂蚁)的行为反应。如光源从 L_0 到 L_2，其方位改变了 90°，蚂蚁的方向也随之改变了 90°左右。表明光源的空间位置是蚂蚁导航的要素之一。

3. 被动位移实验

在蚂蚁获取食物的瞬间，将蚂蚁连同食物平移，观察其返巢行为。一般情况下，蚂蚁在获取食物后立即计算回巢的方向和距离，平移后蚂蚁会平行于计算好的方向前进，朝记忆中的巢穴位置行走，当走过的距离相当于位移前返巢应走的距离时，就在“虚巢”附近停下。图 10.10在阳光直射下实验，d 表示位移的距离，R 至 N_f 的线表示蚂蚁的实际行走路线。

4. 阳光遮挡实验

没有阳光直射的情况下，如阴影、阴天等，将此种状态与阳光直射条件下的偏振罩实验、被动位移实验等实验进行对比实验，得出蚂蚁在阳光和阳光遮挡条件下导航模式的异同。另外，还可以进行人工光源实验，包括室外与室内的人工光源实验。室外实验主要是在夜间，在没有自然光干扰的情况下，使用人工光源作为光照条件，同时结合进行偏振罩、被动位移和光源移动等实验。室内实验主要是在暗室利用人工光源重复室外的实验。室内实验如图 10.11 所示。

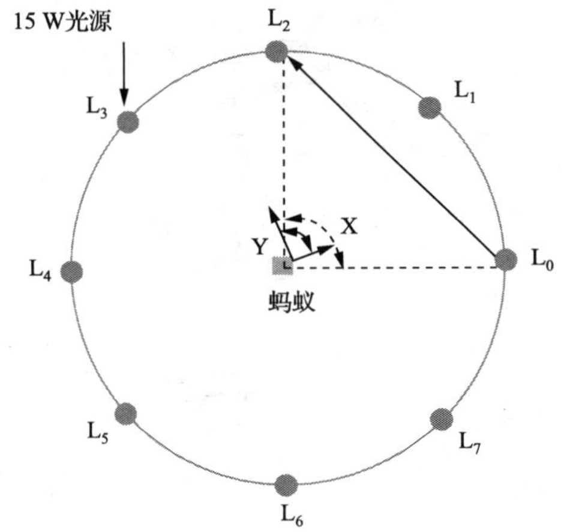

图 10.9 移动光源实验示意

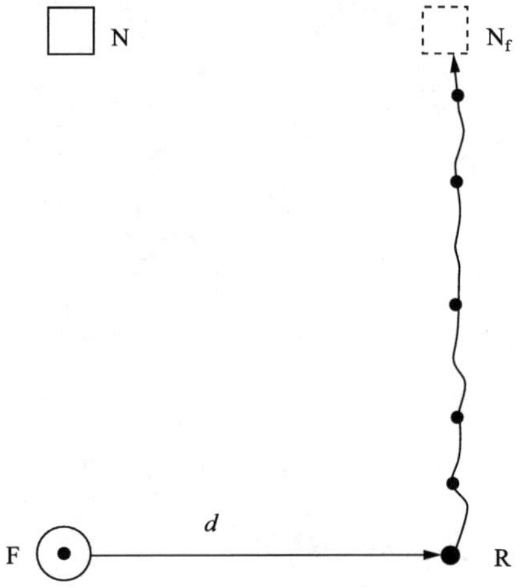

图 10.10　被动位移实验示意

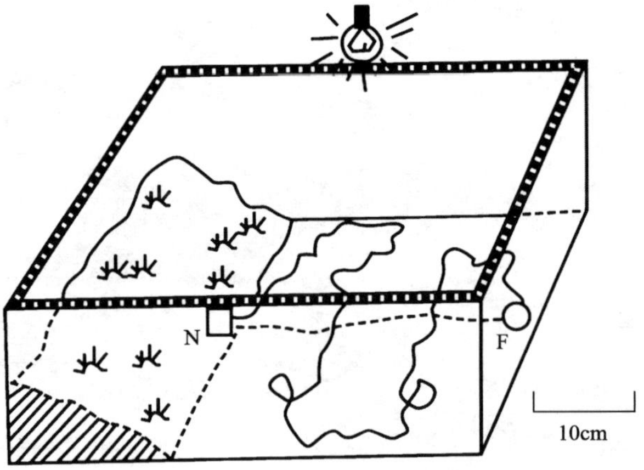

图 10.11　人工光源实验示意(室内)

5. 步长计算实验

在沙蚁返巢的过程中，将沙蚁的腿进行加长或截短的处理，结果发现腿加长的沙蚁归巢时越过了巢穴，而腿截短的则不到巢穴就停下了，这说明沙蚁距离的量算与其步长有关；同时如果将沙蚁重复进行几遍这样的试验后，它又能准确地找到巢穴。拟根据此实验，探讨蚂蚁如何计算步长以进行路径综合导航的机理。

图 10.12 表明蚂蚁行走的变化角与偏振光源方位变化角间呈线性相关。当变化光照方位角时，它们作相应的方位角补偿，即其返巢运动方位角的变化与光照方位角变化相关。

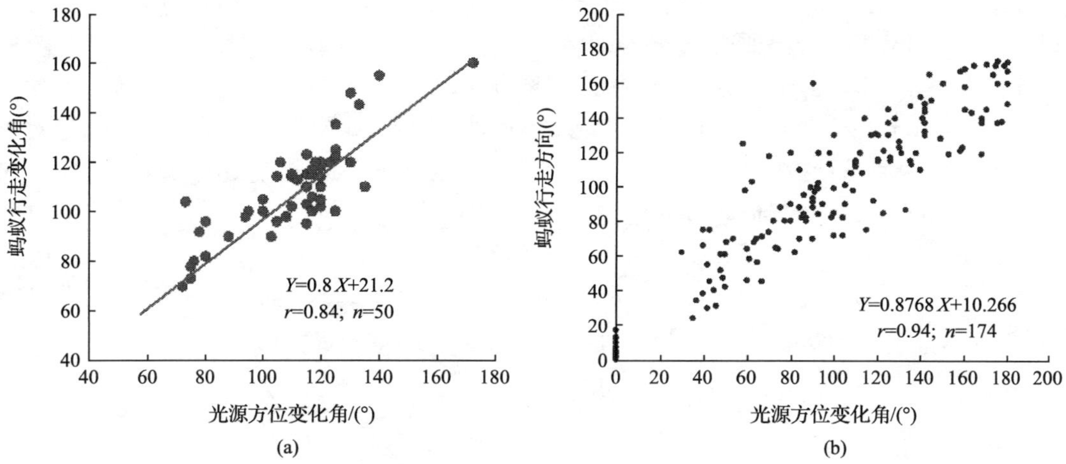

图 10.12　蚂蚁行走的变化角与光源方位变化角间的线性关系

另外,生物实验表明,沙蚁所使用的三个主要策略是路径综合、视觉领航和系统搜索。而基于天空偏振模式方向信息的路径综合是其主要的导航策略,在何时利用何种导航策略进行导航,并且不同导航方式之间如何转换,是偏振导航机理分析的一个主要方面。根据蚂蚁的生物学行为实验,首先要分析偏振导航的影响因子与导航要素,以及各因子之间的相互影响与作用;其次分析不同导航模式之间的关系与转换,推导在不同时刻、不同地理位置天空中的偏振光分布模式,并计算其偏振度和偏振方位角,分析偏振光模式图的影响因素(如光线波长、室内等阳光遮拦、环境背景等)以便利用偏振光模式图进行导航和定位。

10.2　偏振遥感的仿生导航理论基础与模型分析

偏振光导航的基本原理是:当太阳光或月光进入大气层被大气分子散射以后,在天空中就形成了一个对称于天顶与太阳连线的偏振模式图,动物就是依据自身的偏振视觉从中获取导航所需的方向信息,完成导航功能。那么太阳光被大气分子散射以后偏振状态如何?大气环境对太阳光散射有何影响?如何通过测量手段获取被大气分子散射以后的偏振光的状态信息,以剖析仿生偏振导航的物理本质是本节将要讨论的主要内容。

10.2.1　扫描式模型

对于扫描式模型,主要是利用偏振正交单元对天空偏振模式图的方向敏感性首先发现太阳子午线,然后把这个方向作为本体系统的零度参考方向。在基本的扫描式模型中,仅需要一个方向的偏振敏感正交单元就足以确定被导航物的方向。当被导航物绕自己的身体长轴旋转来扫描天空时,偏振正交单元将在被导航物的身体轴线与天空偏振模式图的对称线(太阳子午线或反太阳子午线)平行时产生最大的响应:

$$p(\varphi_{\max}) \geqslant p(\varphi), \quad \forall \varphi \in [0°, 360°], \quad \varphi_{\max} \in \{\varphi_{sol}, \varphi_{asol}\} \tag{10.1}$$

式中,φ 是偏振正交单元的当前方向相对于太阳子午线的输出角度。这个函数具有两个局部最大值,分别对应于太阳子午线和反太阳子午线。太阳子午线和反太阳子午线可以通过安装在头部的方向光强度传感器来判定。这一模型结构形式简便,易于光电实现,但是却存在一个缺陷:由于局部极大值附近的响应曲线非常平坦,从而使极大值位置的检测不精确。Lambrinos 等(1997)的解决办法是利用另外两个偏振正交单元提取的信号对于局部极大值区域进行精微调制。这里,三个基本偏振正交单元的最大 $\boldsymbol{E}$ 矢量的响应方向分别是 0°,60°,120°。扫描过程的响应曲线可以表示为

$$f(\varphi)=p_1(\varphi)-\|p_2(\varphi)-p_3(\varphi)\| \tag{10.2}$$

基本模型(POLOP1,POLOP2,POLOP3 的响应曲线)以及 Lambrinos 等(1997)的改进模型(点线式的响应曲线)如图 10.13 所示。

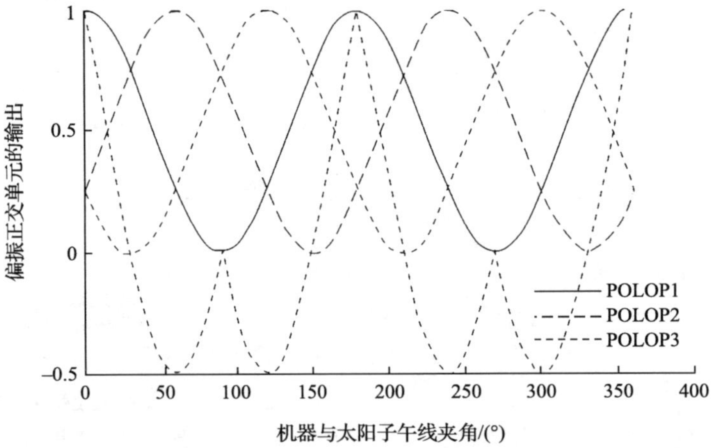

图 10.13　Lambrinos 等改进的扫描式模型

显然,改进后的模型在 0°和 180°时的局部极大值处响应曲线更加尖锐,同时 $f(\varphi)$ 是准线性函数,可以使整个模型系统易于实现和计算。尽管如此,与局部极大值接近的角度值仍然较多,仍不容易精确地搜索到极大值。国内褚金奎等(2007)研究发现,POLOP2 和 POLOP3 两条响应曲线的交点分别对应角度 90°、180°、270°和 360°,这种情况是否偶然?能否利用 POLOP2、POLOP3 响应曲线的这一特点,更精确地搜索到极大值的位置?于是进行了这样的推导,令 $p_2(\varphi)=p_3(\varphi)$,从而有

$$\lg\left[\frac{1+d\cos\left(2\varphi-\frac{2\pi}{3}\right)}{1-d\cos\left(2\varphi-\frac{2\pi}{3}\right)}\right]=\lg\left[\frac{1+d\cos\left(2\varphi-\frac{4\pi}{3}\right)}{1-d\cos\left(2\varphi-\frac{4\pi}{3}\right)}\right] \tag{10.3}$$

经过整理后得到

$$\cos\left(2\varphi-\frac{4\pi}{3}\right)=\cos\left(2\varphi-\frac{2\pi}{3}\right) \tag{10.4}$$

则当 $\varphi\in[0,2\pi]$ 时,得到 $\varphi=90°,\varphi=180°,\varphi=270°,\varphi=360°$。这样,就可以对扫描型模型作进一步改进,在三个偏振正交单元绕体轴旋转 360°的过程中,当 $p_2(\varphi)$ 与 $p_3(\varphi)$ 的输出响应相等时,则体轴与太阳子午线之间的夹角分别为:$\varphi=90°,\varphi=180°,\varphi=270°,\varphi=360°$。通过比较偏振正交单元的输出响应,就可以准确地找出参考方向。

10.2.2 并发式模型

对于并发式模型来说，被导航物的身体长轴相对于太阳子午线的夹角需要通过将当前三个偏振传感器的输出结果与运动初始时生成的查找表进行比较，查找出来的两个最优匹配值经过邻近光强度传感器判别后就可以确定出相应的角度。要匹配查找表，无疑在增加计算量的同时也降低了精度。本书对原有的并发型模型进行了改进，提出的算法不需要查找表，只要在原有的算法基础上通过进一步分析计算就可以确定参考方向，一个偏振单元的输出可以描述为

$$s(\varphi)=KI[1+d\cos(2\varphi-2\varphi_{\max})] \tag{10.5}$$

式中，I 是总的光强度；d 是偏振程度；φ 是被导航物长轴相对于太阳子午线的当前方向；$\varphi_{\max}$ 是使 $s(\varphi)$ 取得最大值的方向；K 是一个常数。这样，偏振正交单元的输出方程为

$$p_1(\varphi)=\lg\left[\frac{1+d\cos(2\varphi)}{1-d\cos(2\varphi)}\right] \tag{10.6}$$

$$p_2(\varphi)=\lg\left[\frac{1+d\cos(2\varphi-2\pi/3)}{1-d\cos(2\varphi-2\pi/3)}\right] \tag{10.7}$$

$$p_3(\varphi)=\lg\left[\frac{1+d\cos(2\varphi-4\pi/3)}{1-d\cos(2\varphi-4\pi/3)}\right] \tag{10.8}$$

式中，$p_1(\varphi)$，$p_2(\varphi)$，$p_3(\varphi)$ 分别是偏振轴调制成 0°，60°，120°时的偏振正交单元的输出值。

因为偏振正交单元的输出经过对数比例运算，所以其值与光强无关，但与偏振度紧密相关。偏振度随着太阳的位置以及天气条件的变化而变化，这一变化直接影响偏振正交单元的输出。解决办法是通过归一化偏振正交单元的输出来消除偏振度的影响。这种方法首先应用 sigmoid 函数进行反对数变换，从而得到

$$\frac{1}{10^{p(\varphi)}+1}=\bar{p}(\varphi) \tag{10.9}$$

这样三个输出方程就变为

$$1-2\bar{p}_1(\varphi)=d\cos(2\varphi) \tag{10.10}$$

$$1-2\bar{p}_2(\varphi)=d\cos(2\varphi-2\pi/3) \tag{10.11}$$

$$1-2\bar{p}_3(\varphi)=d\cos(2\varphi-4\pi/3) \tag{10.12}$$

式中，d 、φ 是未知数，三个方程式中含有两个未知数，则通过其中任意两个方程式都可求出未知数。若选用前两个方程，则有

$$d=\frac{1-2\bar{p}_1(\varphi)}{\cos(2\varphi)} \tag{10.13}$$

将式(10.13)代入式(10.11)，得到

$$\tan(2\varphi)=\frac{3-2\bar{p}_1(\varphi)-4\bar{p}_2(\varphi)}{\sqrt{3}(1-2\bar{p}_1(\varphi))}$$

进一步地，有

$$\varphi=\frac{1}{2}\arctan\left\{\frac{\bar{p}_1(\varphi)+2\bar{p}_2(\varphi)-3/2}{\sqrt{3}[\bar{p}_1(\varphi)-1/2]}\right\} \tag{10.14}$$

因为 $p_1(\varphi)$，$p_2(\varphi)$，$p_3(\varphi)$ 是已知的(传感器读出的)，而 $\bar{p}_1(\varphi)$，$\bar{p}_2(\varphi)$，$\bar{p}_3(\varphi)$ 是由 $p_1(\varphi)$，

$p_2(\varphi)$,$p_3(\varphi)$ 推出的，于是就可根据传感器的读出值确定方向角 φ 的值。显然，计算出的 φ 值与偏振度无关，而且计算 φ 值只用了三个方程中的两个，那么第三个方程有什么作用呢？我们对 0°、60°、120°三个偏振正交单元的输出 $p_1(\varphi)$，$p_2(\varphi)$，$p_3(\varphi)$ 进行如下的函数变换：

$$1-\frac{2}{10^{p(\varphi)}+1}=\tilde{p}(\varphi) \tag{10.15}$$

这样就有

$$\tilde{p}_1(\varphi)=d\cos(2\varphi) \tag{10.16}$$

$$\tilde{p}_2(\varphi)=d\cos\left(2\varphi-\frac{2\pi}{3}\right) \tag{10.17}$$

$$\tilde{p}_3(\varphi)=d\cos\left(2\varphi-\frac{4\pi}{3}\right) \tag{10.18}$$

则当任意 $d\in(0,1]$ 时：

$$\tilde{p}_1(\varphi)/\tilde{p}_2(\varphi)=\cos(2\varphi)/\cos\left(2\varphi-\frac{2\pi}{3}\right) \tag{10.19}$$

$$\tilde{p}_1(\varphi)/\tilde{p}_3(\varphi)=\cos(2\varphi)/\cos\left(2\varphi-\frac{4\pi}{3}\right) \tag{10.20}$$

$$\tilde{p}_2(\varphi)/\tilde{p}_3(\varphi)=\cos\left(2\varphi-\frac{2\pi}{3}\right)/\cos\left(2\varphi-\frac{4\pi}{3}\right) \tag{10.21}$$

在上述的推导过程中，$\tilde{p}_1(\varphi)$,$\tilde{p}_2(\varphi)$,$\tilde{p}_3(\varphi)$ 可以直接由三个偏振正交单元的输出值 $p_1(\varphi)$,$p_2(\varphi)$,$p_3(\varphi)$ 得到。这样就可以通过式(10.21)、式(10.20)和式(10.19)三个方程中的任何一个求得 φ 值，这与 Wehner 等(2002)给出偏振角 φ 与偏振度 d 无关的结论相同。同时，对式(10.21)、式(10.20)和式(10.19)三个方程联立相加，经过和差化积变换，很容易得到 $\tilde{p}_1(\varphi)$,$\tilde{p}_2(\varphi)$,$\tilde{p}_3(\varphi)$ 的关系：

$$\tilde{p}_1(\varphi)+\tilde{p}_2(\varphi)+\tilde{p}_3(\varphi)=0 \tag{10.22}$$

这一结论可以用来进行精度校验。

需要注意的是，传感器的输出是周期为 π 的函数，这两个 φ 值分别是载体运动方向与太阳子午线之间的夹角和载体运动方向与反太阳子午线之间的夹角。要确定载体运动方向与太阳子午线之间的夹角，就需要借助环境光传感器作辅助判断，通过环境光传感器的输出粗略地估计载体运动方向和太阳的位置关系，从而确定载体运动方向与太阳子午线之间的夹角。

本节主要介绍了仿生偏振导航产生的原理，即大气散射使天空中产生了较为稳定的偏振模式，剖析了仿生偏振导航的物理本质，并在初步理论上证实了在硬件层面上的实现原理。

10.3 仿生偏振导航测角装置设计与功能实现

生物学家的研究表明，沙蚁之所以具有神奇的导航定位本领，是因为沙蚁复眼的视神经结构对天空偏振光分布极其敏感。随着导航和定位需求的日益增长，开发基于沙蚁复眼偏振光导航定位原理的仿生偏振导航测角传感器就凸显出其重要意义。研发仿生偏振导航测角传感器，首先必须进行相应的仿沙蚁偏振光测试方面的实验。本章根据前面章节介绍的仿沙蚁偏振导航测角模型，设计并实现了一个简单的基于天空偏振光的仿生偏振导航测角试验平台，这为测角实验乃至整个仿生偏振导航系统的开发奠定了良好的基础。通过对蚂蚁的导航方式进行分析，拟采用的实验方案如图 10.14 所示。

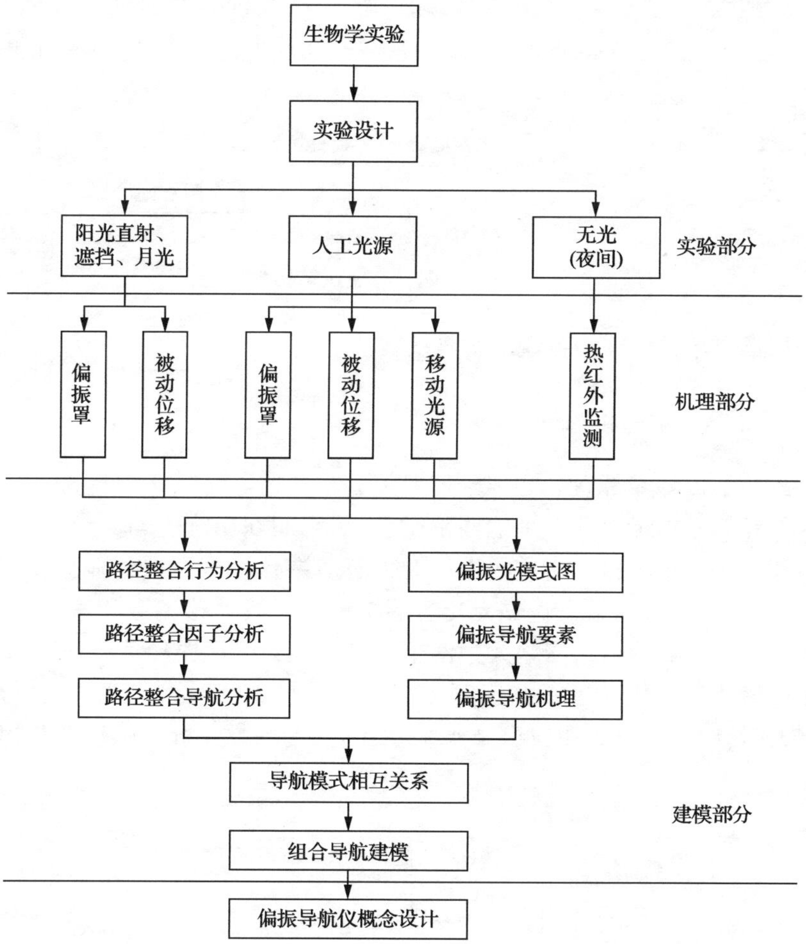

图 10.14　试验方案框图

10.3.1　仿生偏振导航测角试验平台总体设计

偏振导航测角试验平台总体设计如图 10.15 所示。整个系统由光电接收模块、信号处理模块、数据采集模块和角度计算模块组成。

光电接收模块模仿沙蚁的偏振敏感复眼结构，对天空偏振光的方向和强度进行感知，并将感知到的光信号转换为电信号；信号处理模块负责将光电接收模块输出的电流信号转换为电压信号，方便后续的数据采集工作；数据采集模块主要完成模拟信号到数字信号的转换工作；角度计算模块采用相关的导航模型计算出载体的航向，完成系统的最终目标。

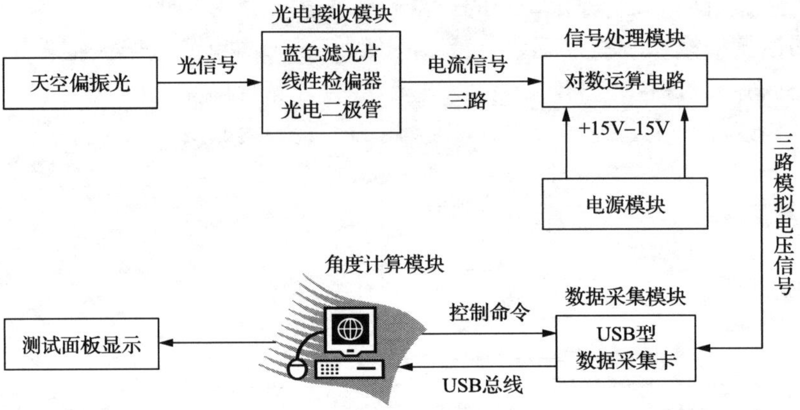

图 10.15　偏振导航仪结构框

10.3.2　偏振正交单元模拟与实现

1. 偏振正交单元光电模拟

基于沙蚁的偏振导航原理，人们尝试着利用无机光电材料研制偏振敏感罗盘模型。偏振光敏感罗盘的基本组成部分是偏振正交单元，它们在功能上与昆虫神经系统中的偏振神经元相似。每一个偏振正交单元由一对带有对数比率放大器的偏振光传感器组成，如图 10.16 所示(Zhao,2009)。偏振光传感器由配置了线性检偏器和蓝色滤光片的光电二极管构成。在每一个偏振正交单元中两个偏振传感器的偏振轴互相垂直用来模仿昆虫复眼中感杆交叉垂直的结构。每个偏振光传感器的输出经对数比率放大以后输出。而且，每个偏振光传感器的输出相应遵循 $\cos^2$ 函数，这与沙蚁视神经感杆功能相似。

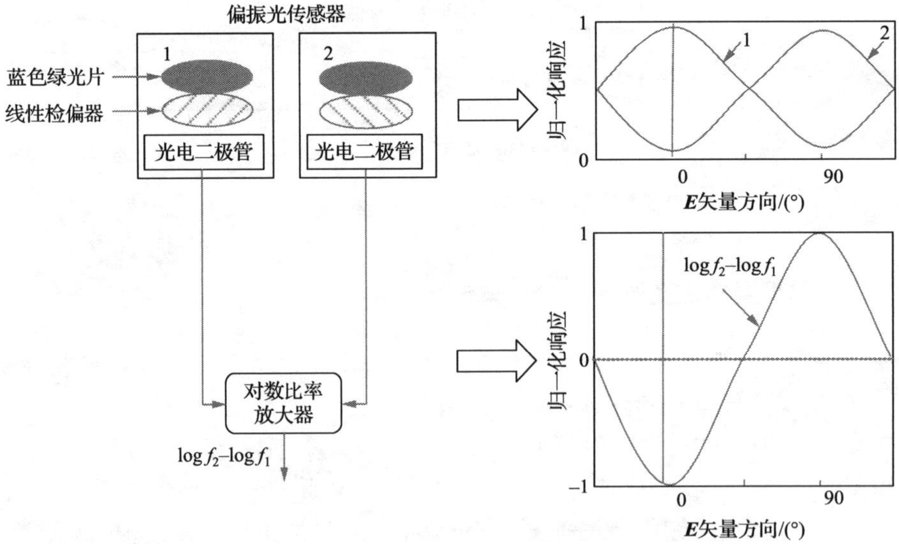

(a) 结构示意图　　(b) 对E矢量的响应曲线

图 10.16　单通道偏振正交单元模型

仿沙蚁三类偏振正交神经元模型主要由三个通道的偏振正交传感器单元组成。将其中一个通道的偏振正交传感器单元的方向定义为0°方向,其他两个模型的主方向依次为60°和120°。这样仿三类偏振正交神经元模型就构成了三个偏振方向分析器(0°,60°和120°),每个方向的分析器对应一个方向的仿沙蚁视神经感杆模型。仿三类偏振正交神经元模型如图10.17所示,如果把0°方向分析器的主方向定义为整个试验模型的主方向,那么0°方向分析器的主方向就是被导航物长轴方向。

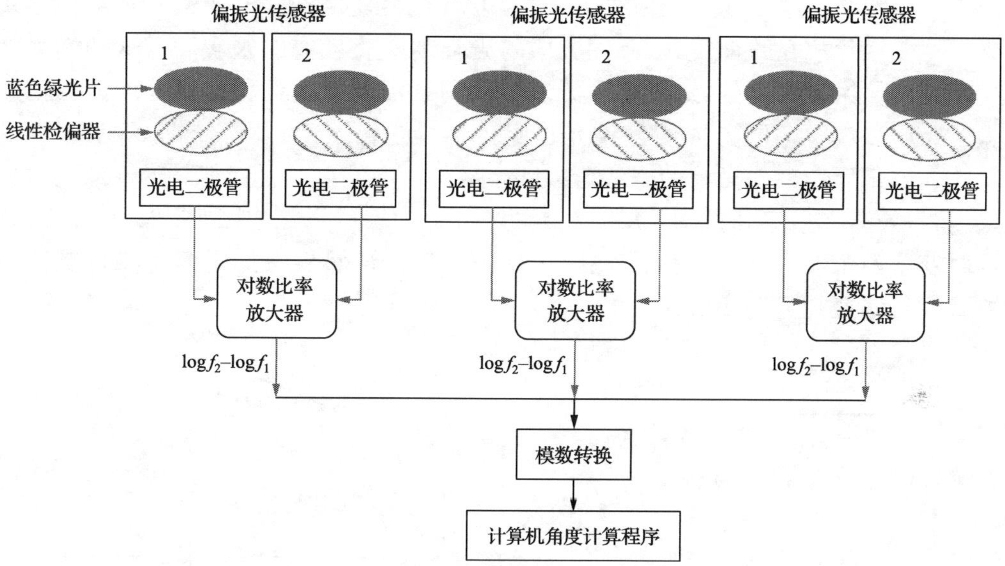

图10.17　三通道偏振正交单元模型

一个偏振传感器的输出描述为

$$s(\varphi)=KI[1+d\cos(2\varphi-2\varphi_{\max})] \tag{10.23}$$

式中,I是总的光强;d是偏振程度;φ是被导航物长轴相对于太阳子午线的当前方向;$\varphi_{\max}$是使$s(\varphi)$取得最大值的方向;K是一个常数。这样,偏振正交单元的输出就可以描述为

$$p_1(\varphi)=\lg\left[\frac{1+d\cos(2\varphi)}{1-d\cos(2\varphi)}\right] \tag{10.24}$$

$$p_2(\varphi)=\lg\left[\frac{1+d\cos(2\varphi-2\pi/3)}{1-d\cos(2\varphi-2\pi/3)}\right] \tag{10.25}$$

$$p_3(\varphi)=\lg\left[\frac{1+d\cos(2\varphi-4\pi/3)}{1-d\cos(2\varphi-4\pi/3)}\right] \tag{10.26}$$

式中,$p_1(\varphi)$、$p_2(\varphi)$、$p_3(\varphi)$分别是偏振轴调制成0°、60°、120°时的偏振正交单元的输出值。式(10.24)～式(10.26)中共有3个方程含有两个未知数,通过去对数变换及解三角运算就可以求得d和φ的值。

依据上述思想,设计一个偏振导航的测角实验模型如图10.18所示,偏振光检测平台由

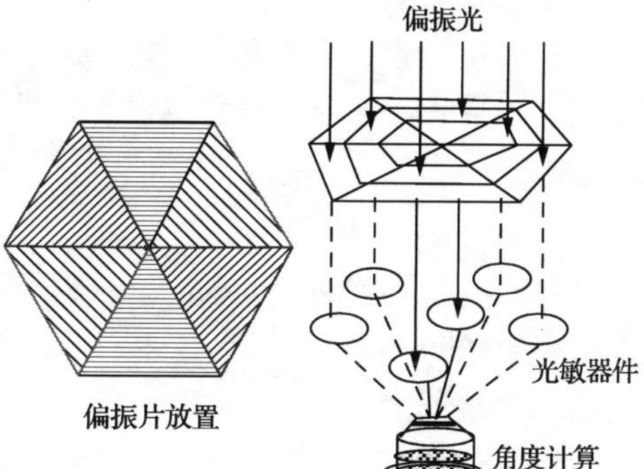

图10.18　偏振光测角实验模型

六个透振方向不同的线性偏振片组成，相邻两个偏振片之间的夹角为 60°且透振方向也为 60°。相对的两个偏振片透振方向互相垂直，每个偏振片下面放置一个光电转换器，光电转换器输出的电信号通过对数比率放大以后联立求解，即可获得载体相对于太阳子午线之间的夹角。

2. 偏振正交单元的实现

自然界中的大部分偏振光为线偏振光，可以利用线偏振片的测量来定量描述线偏振光。将偏振片放在眼前旋转，不同方向的光强度变化就能够被看到。这种光强度的变化就是由偏振光产生的，通过这种方法可以测量不同方向的偏振光。但能否不旋转偏振片而同步获取不同方向的偏振光强呢？答案是肯定的。图 10.19 所示的就是利用特殊的三角形切割偏振片的方法（图中箭头方向指偏振片的透振方向）来达到这一效果，将一长方形偏振片按图 10.19 所示方法切割，然后拼接成图 10.20 的样式，就可以同时获取四个偏振方向，每个偏振方向相隔 45°。自然界中的很多生物也是按照这种方式进行偏振视觉感知的。

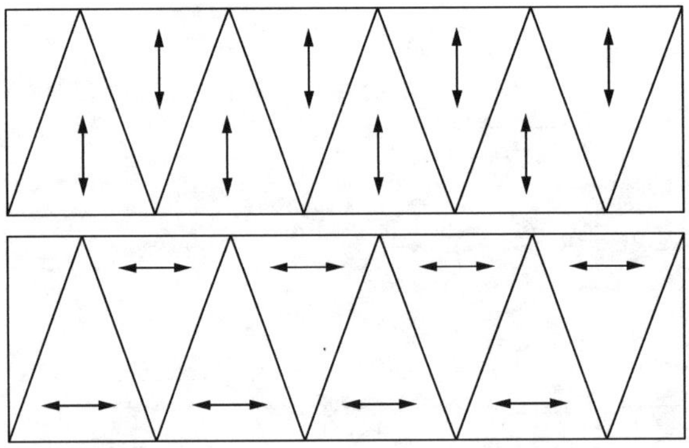

图 10.19　偏振片的切割方式示意图

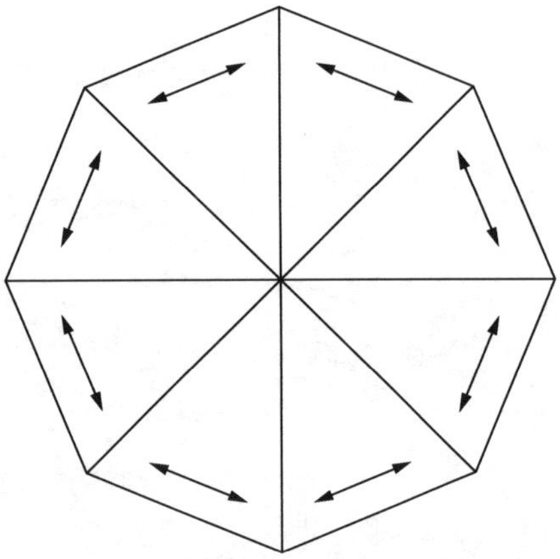

图 10.20　八片组合方式

当然，也可以按照图 10.21 的组合方式，同时获取六个偏振方向，相对的两个偏振片偏振方向相互垂直，相邻的两个偏振片偏振方向夹角为 60°。这样的结构设计能够满足系统三个通道的需求。

进行仿沙蚁偏振光测试，首先要利用光电转换元件把光信号转换为电信号。根据生物学家的研究发现，不同的昆虫对天空偏振光敏感的波段不尽相同，沙蚁复眼主要对蓝紫光比较敏感，其波长范围为 370～520nm。因此，必须选择对此波段比较敏感的光电二极管。本处采用了 UDT Sensors 公司生产的光敏器件 UDT-020UV 作为系统的光电转换元件，如图 10.22 所示。这种光电探测平台对波长为 350～1100nm 的光比较敏感，敏感波长峰值为 950nm，而且具有体积小、灵敏度高及转换精度较高等特点。除了考虑光谱特性，选择光敏器件还要考虑感光面积的大小，以保证获得一定强度的信号，UDT Sensors 公司 UDT-020UV 带内部放大器，工作电压为 15V，感光直径为 4.57mm，面积为 $16mm^2$，可以很好地满足测试系统的需要。

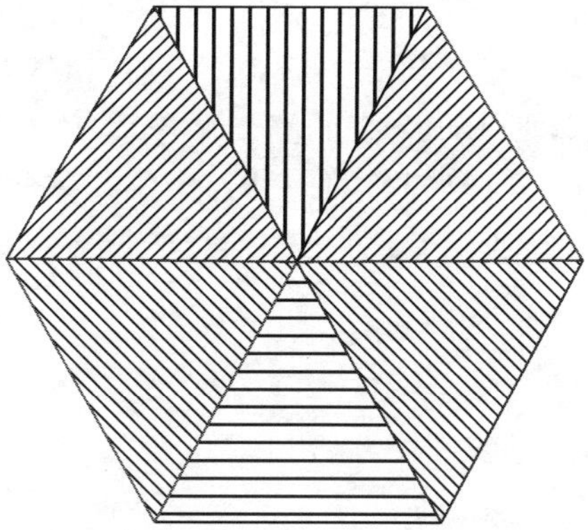

图 10.21　六片组合方式

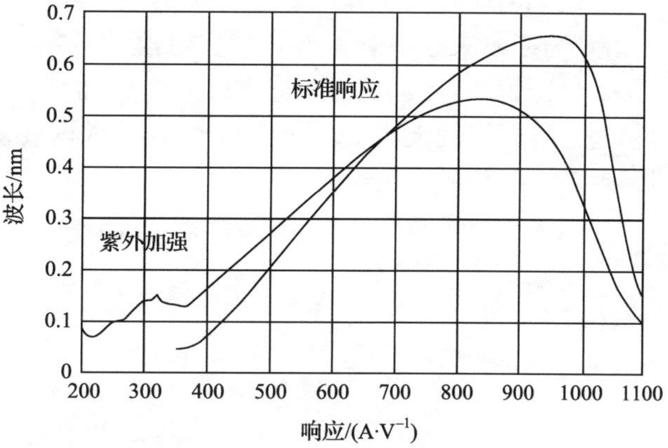

图 10.22　UDT-020UV 敏感波长的范围

偏振光检测平台由六片三角形偏振片拼接而成，系统需要在每个偏振片下面放置一个光敏二极管。考虑系统尽可能小的体积要求，将光敏二极管放置在每个偏振片的正中间位置，如图 10.23 所示。

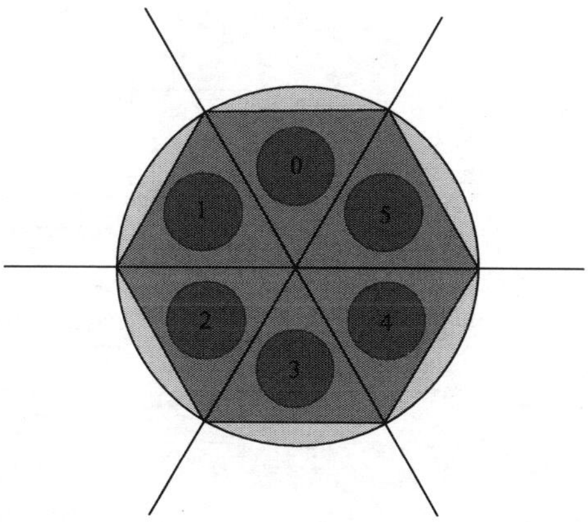

图 10.23　光敏元件位置示意图

光敏二极管直径为 15mm，偏振片为 6 片，每片为正三角形，边长为 35mm，加上金属外框直径为 77mm 标准尺寸

套筒也是光路系统设计的重要组成部分，一方面要使光路系统具有一定的视场，另一方面要使光敏二极管不受杂光的影响，以及发生漏光现象。同时，套筒高度作为影响因素需要试验论证。也就是说，设计时要考虑套筒高度可调，试验过程中通过改变套筒高度，比较试验结果，最终确定套筒高度。

套筒设计关键在于机械结构的设计，其设计要能满足安装滤光片、偏振片的要求，并且能正确安装在电路板上，同时要尽量保证在同一时刻六个偏振传感器接收到的光辐射量基本相同。初步设计的安装方式如图 10.24 所示。要求套筒视场 60°，具有尽量小的漫反射，安装蓝色滤光片、六个方向的偏振片。

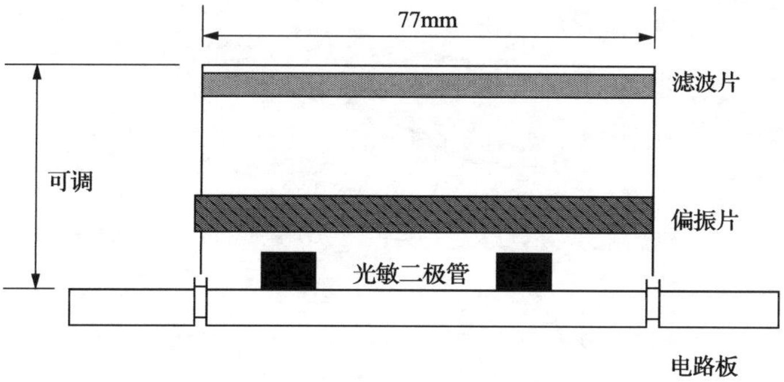

图 10.24　套筒的结构设计

经过光电接收模块输出的信号是电流信号，该电流信号数值极小，范围为 1μA～1mA，其跨越量级达 10^3，无法直接进行模数转化。同时，一般的数据采集模块都是采集电压信号。因此，为了后续数据采集工作的需要，系统采用美国德州仪器（TI）公司生产的精密对数运算放大器 LOG102，每个对数运算放大器 LOG102 将两路光敏电流信号经过运算以后转换成电压信号输出，这样不但实现了电流-电压转换以便后续的 A/D 采集，而且对信号进行了对数比率运算，达到了加强入射偏振光的偏振对比度的目的。对数比率运算电路如图 10.25 所示。

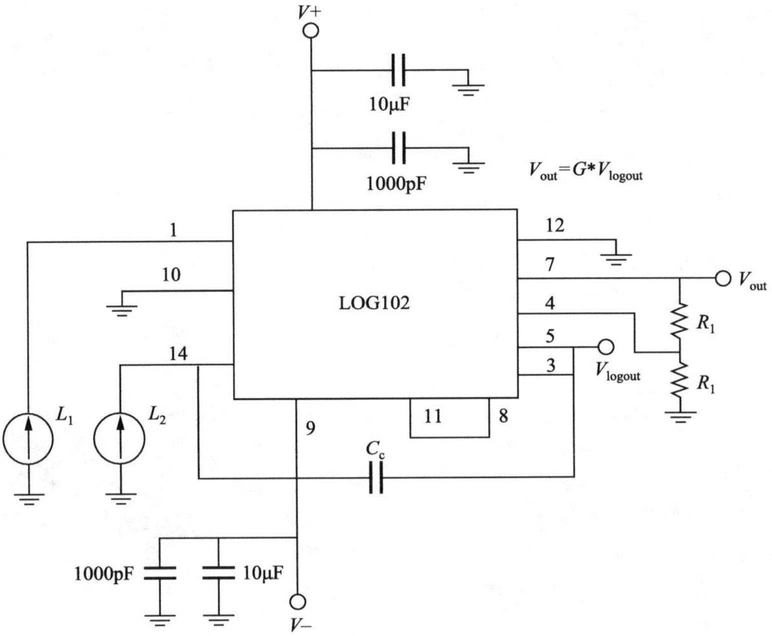

图 10.25　对数比例运算电路

LOG102 的比例运算可以消除外界光强变化对计算角度的影响，同时对数运算还可极大地缩小有用信号的变化范围，为后续数据采集提供便利。除此之外，对数运算放大器 LOG102 采用了先进的集成电路技术，其输入电流或两个输入电流之比在 100dB 范围内变化时，都能保证总的输出误差在满度输出电压的 0.37％以下，偏离理想对数关系不超过 0.1％。由于该芯片将放大器、对数晶体管和低漂移薄膜电阻都集成在一起，因此使用时无须外部元件就可以改变增益，给用户带来极大方便。

试验系统工作时输出的方位信息范围为－180°～＋180°，而且要求分辨率不低于 0.05°，因此要求数模转换芯片位数不低于 13 位。同时，数模转换芯片本身存在着线性误差及温漂等影响精度的因素，因此实际中的数模转换芯片性能很难达到标成值，通常要比标成值低 1～2 位，而且数模转换芯片处在实际的电路中还会受到其他芯片的影响，导致实际精度进一步降低。综合以上分析，采用了中泰研创科技有限公司的高速光电隔离型采集卡 USB7325 作为系统的数据采集模块。SB7325 高速光隔离接口模块主要由多路模拟开关选通电路、高精度放大电路、模数转换电路、光电隔离及 DC/DC 电路、先进先出（FIFO）缓冲存储器电路、开关量输入输出电路、定时/计数器电路和接口控制逻辑电路、供电电路等部分组成。其性能主要包括:16 位转换精度、4μs 转换时间、内置采样保持电路、三态串行数据输出。

数据采集模块的硬件安装非常简单,使用时只需将 USB7325 的 USB 接口插入计算机内任何一个 USB 接口插座中,其 I/O 信号、脉冲输入及脉冲输出信号均由模块上的 J2 双排针插头与外部信号源及设备连接。A/D 转换后的数据结果通过先进先出存储器(FIFO) 缓存后由 USB 总线读出。

角度计算模块以 PC 机为处理平台,依据并发的导航模型对数据采集模块送来的数据进行分析运算,通过程序计算出导航所需要的方位角。

根据上述设计,我们搭建了一个偏振罗盘的试验平台。实验平台采用套筒结构来实现测试功能,套筒结构一方面满足实验系统的要求,另一方面还尽量保证了在同一时间六个通道接收的光辐射量基本相同,如图 10.26 所示。套筒中央有一根中心轴,内部被隔板均匀分成六个通道,每个通道放置的偏振片夹角为 60°。相对的两个通道分别放置着透光轴方向互相垂直的偏振片,并且在每个偏振片下面的底板上都放置着一个光敏二极管,光敏二极管输出的电信号通过对数比例运算以后引出,相当于实验系统的一个方向分析器。我们把其中一个偏振片的方向定义为 0°偏振通道,则其他两个依次为 60°和 120°偏振通道。同时,定义 0°偏振通道的偏振方向为套筒的主方向。这样偏振光线进入六个光敏放大器,获得六路放大的电压信号输出,同时处于相对方向上的两个光敏信号经过对数运算以后输出。六个光敏信号和三个对数信号通过 16 路的 A/D 采集模块转换成数字信号,然后通过 USB 采集进入计算机,参考理论分析部分的算法,即可求解出方位角信息。

图 10.26　测试系统的套筒结构

本节实现硬件系统搭建仿生偏振导航的重要组成部分偏振导航测角装置,从硬件层面上实现了仿生偏振导航的基础。为硬件实现真正仿生偏振导航奠定了基础。

10.4 基于云计算的仿生偏振导航模型与精度度量

仿生偏振导航在实践过程中由于天气、时间等因素的影响可能会出现精度不高、重复度不好的结果。基于云计算的仿生偏振导航模型可以实现多单体、多时相、多角度稳定可重复偏振导航原理，本节主要介绍云计算理论下的仿生偏振导航模型与精度度量。

10.4.1 多导航单元云计算支持系统的提出及并行算法分析

为了使仿生偏振导航系统实现高精度自动运行，常采取多单体、长时间反复操作的“测量-计算-搜寻-分析-描述-提高”研究方案对信息源时间域、空间域误差模型以及特定的时间域、空间域内载体测量误差进行分析，并对抑制误差的信息处理算法及其效果进行实验。

以偏振导航 10m 精度为例，信息源误差的贡献率不超过 10%(小于 1m)为实际使用。信息源的误差主要是由天空偏振模式图随时间、空间的变化造成的，首先就要研究在多大的区域天空偏振模式图的变化引起信息源的误差在 1m 范围内？其次，在确定的范围内，多长的时间间隔内天空偏振模式图的变化引起信息源误差在 1m 的范围内？

测量误差是载体的主要误差，在确定的区域、确定的时间间隔内信息源误差可视为常数，那么载体测量误差是如何变化的？如何提取？首先需要将 100 个同方向的样本放在特定的区域 A 内，在确定的时间间隔 T 内多次采样信息并通过 Kalman 滤波消除单体随机误差，这样就可以得到含系统误差的测量值；然后将 100 个同方向的样本放在上述确定的区域，同时采集 100 个样本的测量值，因为各样本的系统误差是不相关的，通过 Kalman 滤波即可得到消除了测量误差的准真值。然后对仿生偏振导航数学模型进行仿真，将仿真结果与准真值比较即可得到各单体的系统误差，这部分内容可以作为今后使用过程中修正系统误差的基本依据。

上述实验涉及 100 个单体测量系统、10000 个采样时刻、100 次重复性测量与计算以及改进型 Kalman 滤波的递推运算，提取信息源误差和载体测量误差都涉及时间和空间的问题、地理范围与采样间隔的持续变化、中间的运算量巨大；而各单体本身要用到 Kalman 滤波消除随机误差，多单体又要同时进行时域、空域搜寻的评估计算和结果参数的统计学计算，这些问题相互关联，计算复杂，同时并行或串行地运用在多个单体和多次重复性实验中。另外，各种计算又有大量相同的结构和模型，因此可以充分利用计算单元阵列的可重组、可并发特点进行任务划分，提高计算效率。并且，上述基于多单体滤波的误差分析计算阵列结构具有强大的冗余容错能力，不在乎某个单元的计算错误甚至信息丢失，随时可以进行系统重构，保证了计算的实时和有效。在这样一种接近云计算结构的多单元、多进程计算阵列体系下，采用云计算技术及并行算法通过变化的多导航单元网络联合解算显得非常必要(图 10.27)。

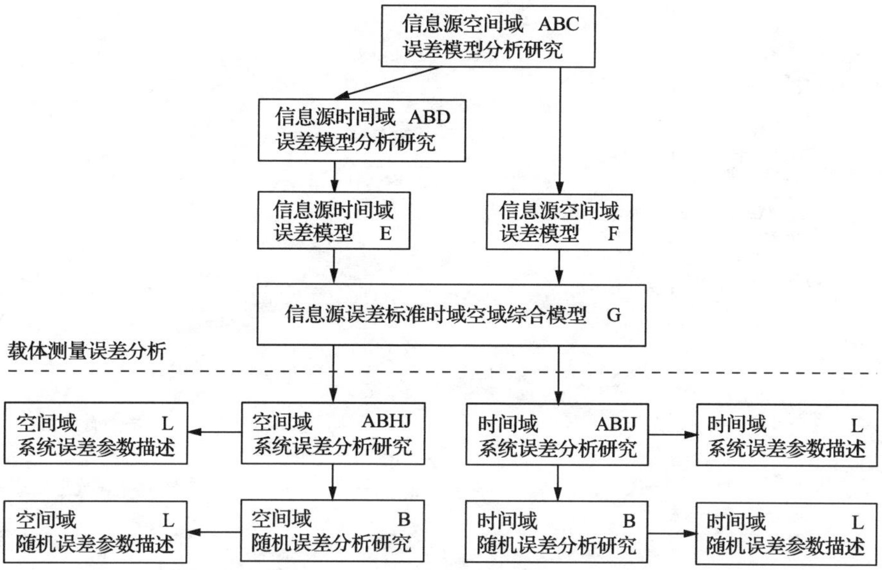

图 10.27　信息源误差与测量误差模型

A. 仿生偏振测量算法；B. 测量结果统计学处理；C. 误差评估及区域半径修正；D. 误差评估计测量时间采样间隔修正；E. 空间域信息源误差模型数学描述；F. 时间域信息源误差模型数学描述；G. 时域空域信息源综合误差模型数学描述；H. 单体方位角测量结果空域数学描述；I. 单体方位角测量结果时域数学描述；J. 无动力方程非线性卡尔曼滤波；L. 各种参量统计学描述

10.4.2　基于云计算的偏振模式图时空分辨率模型

为了提高现场自动运行的基于云计算的仿生偏振导航测量的精确度，首先需要建立普遍适用的信息源的空间域、时间域误差模型。下面以 100 个单体组成的群体运动、10 个单体组成的单体运动、1m 距离的天球信息源系统允许误差(即 10m 的地球表面方位距离误差)为例分别描述空间域、时间域误差模型的建立过程，其模型如图 10.28 所示。信息源时域误差模型如图 10.29 所示。

10.4.3　基于云计算的确定时空范围内多单体测量误差分析

载体的测量误差主要由噪声、热效应等引起的随机误差以及机械结构等原因引起的系统误差造成的，这部分内容就是在上述实验确认的时空范围内对多单体时域、空域随机误差、系统误差进行分析并建立模型。时域实验采用信息源误差模型所规定的采样间隔和区域直径，对多个单体同一时刻进行方位角测量、求其等效长度误差统计平均值，并通过改进的 Kalman 滤波和统计学计算对误差的系统性和随机性进行分析和最终的模型描述，如图 10.30 所示。空域实验采用信息源误差模型所规定的采样间隔和区域半径对区域内多个单体进行长时间方位角测量、并采用改进的 Kalman 滤波和统计学计算进行系统误差和随机误差的分析与模型描述，如图 10.31 所示。

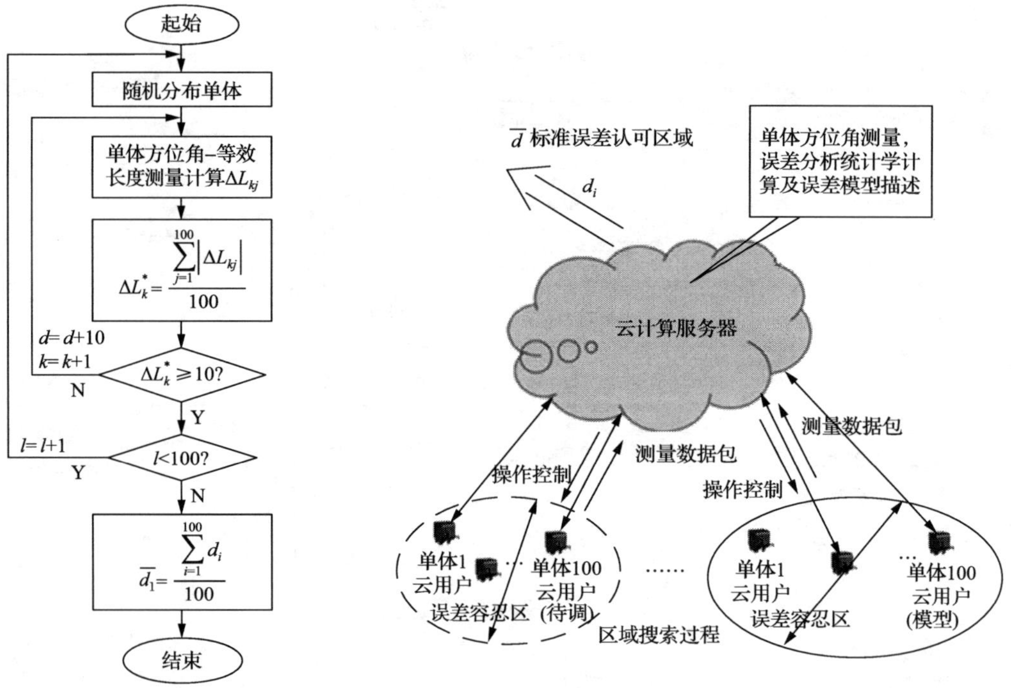

(a) 误差分析流程图　　(b) 实验所依托的云计算系统

图 10.28　信息源空域误差分析实验

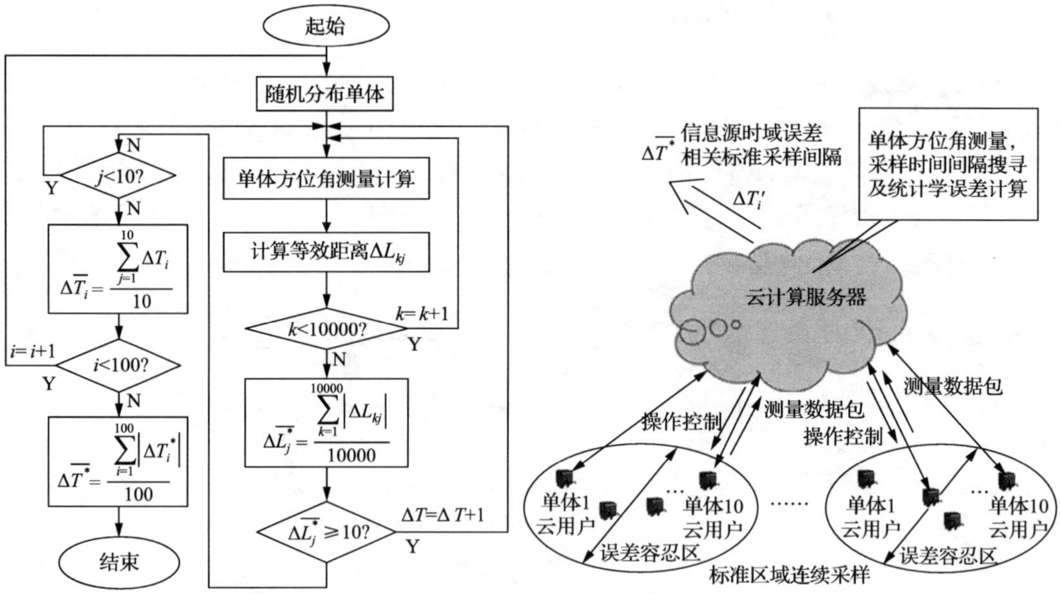

(a) 误差分析流程图　　(b) 实验所依托的云计算系统

图 10.29　信息源时域误差分析实验

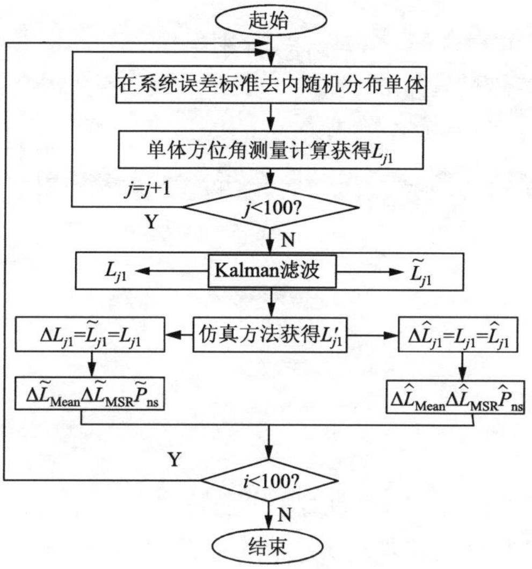

(a) 误差分析流程图

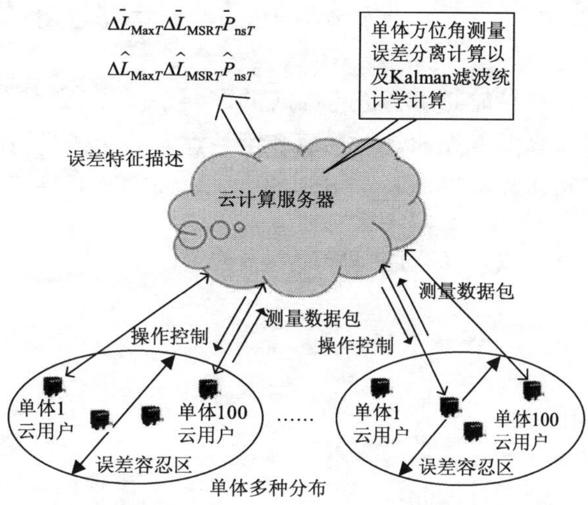

(b) 实验所依托的云计算系统

图 10.30 空域系统测量误差分析实验

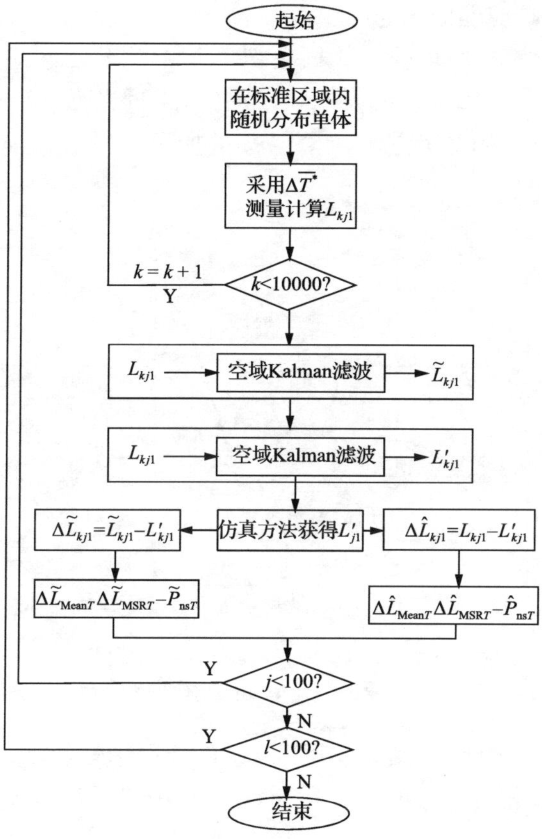

(a) 误差分析流程图

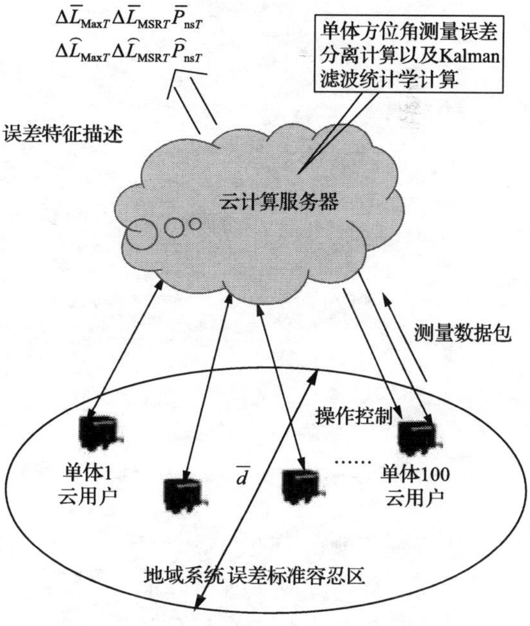

(b) 实验所依托的云计算系统

图 10.31 时域系统测量误差分析实验

10.5　仿生偏振导航的实验验证与精度分析

导航是生物进行导航的重要手段，那么人类利用偏振光进行仿生偏振导航如何实现？其导航性能如何？必须利用一定实验手段进行导航实验验证与精度分析。本节将利用模拟生物偏振导航实验设备进行导航实验并进行精度分析。

10.5.1　仿生偏振导航测角实验

1. 单通道偏振正交单元测试

本实验模拟昆虫的视觉神经元建立偏振正交单元的光电模型，并通过模型感知天空偏振模式图的对称分布，获取导航参考方向。模型如图 10.32 所示，光电转换采用带有蓝色滤光片的光敏二极管，3 个光敏二极管（带有线性放大器功能）置于金属盒上面；光敏二极管由内壁涂有漫反射层的金属圆柱体包围，视场范围 60°且光轴与天顶夹角为 25°；光敏二极管中的其中两个配有偏振片（水平偏振和垂直偏振），放置在圆柱顶部，透振方向互相垂直；另外一个光敏二极管作为光强探测器。水平偏振通道和垂直偏振通道的输出经对数比率放大以后的输出就是偏振正交单元响应偏振光的曲线。

用直流电机驱动旋转轴，每次扫描旋转 360°，即可获得偏振正交单元相对于天空偏振光分布的响应曲线。曲线在太阳子午线和反太阳子午线方向响应最大，通过光强探测器的输出就能确定太阳子午线方向，也就是导航的参考方向，如图 10.33 所示。

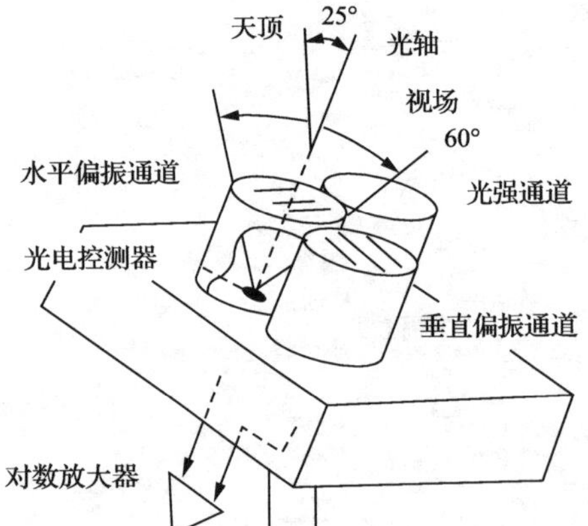

图 10.32　偏振正交单元的光电模型

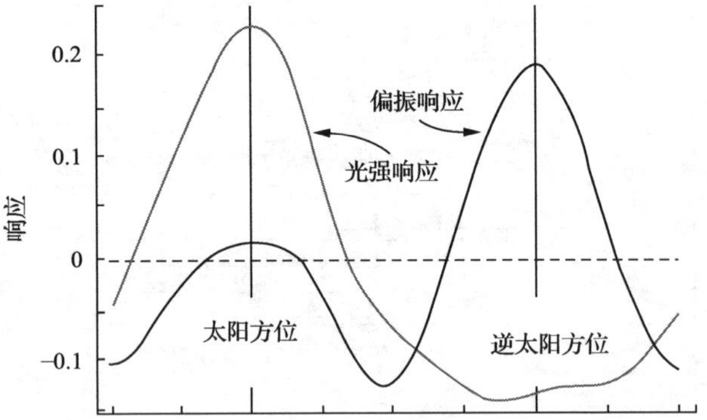

图 10.33　偏振正交单元的响应曲线

在实际的测量中，用直流电机（ZGA20RU1100i）控制支架以 30°/s 的速度匀速转动，带动套筒每旋转 360°完成一次扫描（12s），每次旋转从正南方向开始。图 10.34 是 2010 年 4 月 1 日上午 10：18 采集到的数据。

从图中测量的结果可以看出，单通道的输出响应呈现明显的周期性变化规律，而且在每一个周期输出响应有两个极大值，分别表示太阳子午线和反太阳子午线方向，这和理论完全吻合，说明我们设计的仿生偏振导航测角模型是正确的，能够完成对不同方向偏振光的刺激产生不同强度的反应，并且可以依据反应强度确定参考方向。

实验中加入起偏器，套筒绕轴心连续转动产生的三路信号的波形变化如图 10.35～图 10.37 所示。

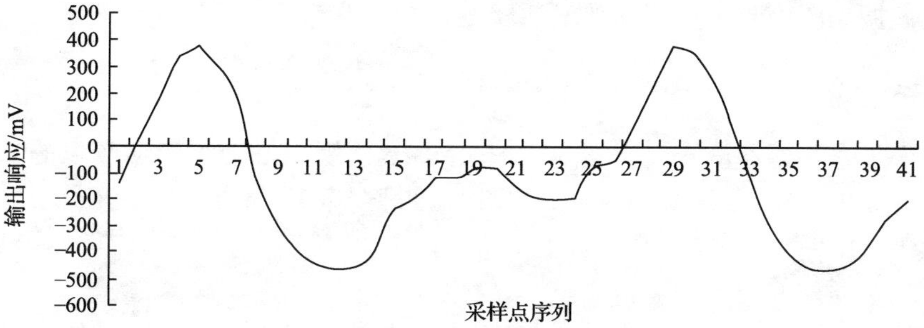

图 10.34　单通道偏振正交单元的响应曲线

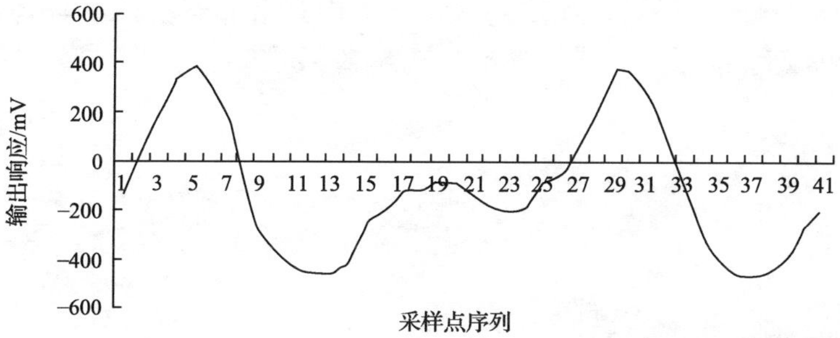

图 10.35　0°方向偏振正交单元的响应曲线

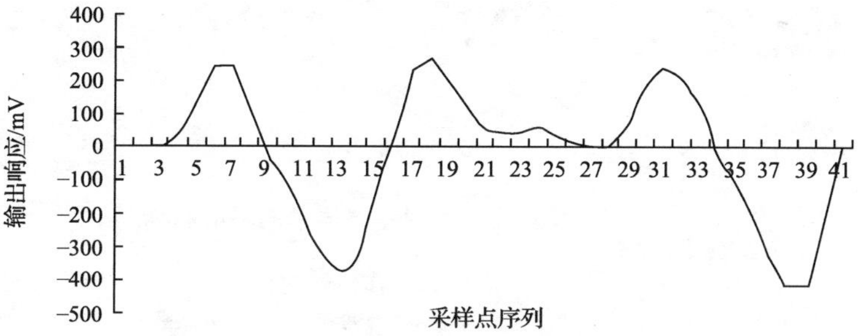

图 10.36　60°方向偏振正交单元的响应曲线

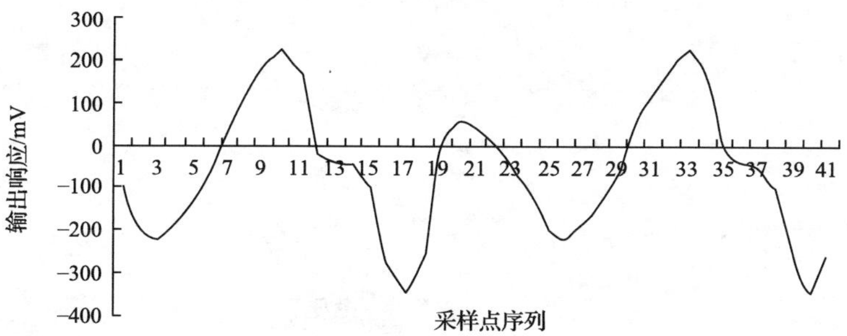

图 10.37　120°方向偏振正交单元的响应曲线

可以看出，当入射光为偏振光时，测角平台绕轴心转动时产生的三路输出信号均呈现出一定的正弦响应的变化趋势。只是由于实际条件的限制，每次最多只能旋转两圈而不能连续旋转，而且由于套筒转动不均匀，使得各通道输出响应不如理想的那么平滑。但总体上来看，三个通道的输出信号波形变化规律基本符合理论模型的响应输出，可以完成对不同方向偏振光的刺激产生不同强度的反应。

2. 三通道偏振正交单元测试

实验中加入起偏器使入射光变为线偏振光，套筒绕轴心连续转动产生的三路信号的波形变化如图 10.38～图 10.40 所示。图 10.38、图 10.39 和图 10.40 分别表示 2010 年 4 月 1 日上午 10:00、2010 年 4 月 1 日上午 10:30 和 2010 年 4 月 1 日上午 11:00 采集到的测角平台三个通道的输出响应。

可以看出，当入射光为偏振光时，套筒绕轴心转动产生的三个通道的输出响应基本呈现正弦曲线的变化规律，而且三个通道的输出响应之间存在着一个相对固定的相位差。结果表明，三个通道的输出响应基本符合前面章节介绍的偏振导航并发模型的响应输出，因此可以利用三个通道的输出响应解算系统当前方向与太阳子午线之间的夹角。

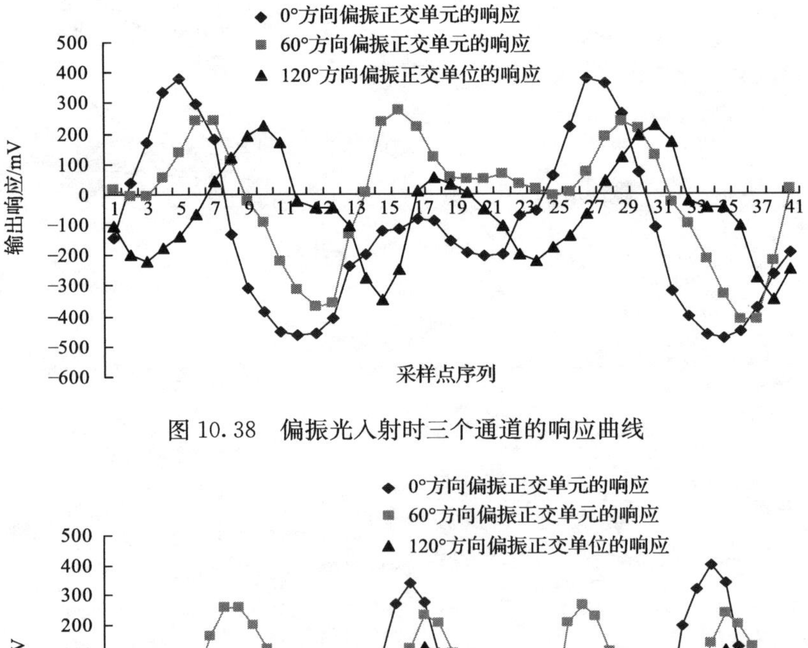

图 10.38　偏振光入射时三个通道的响应曲线

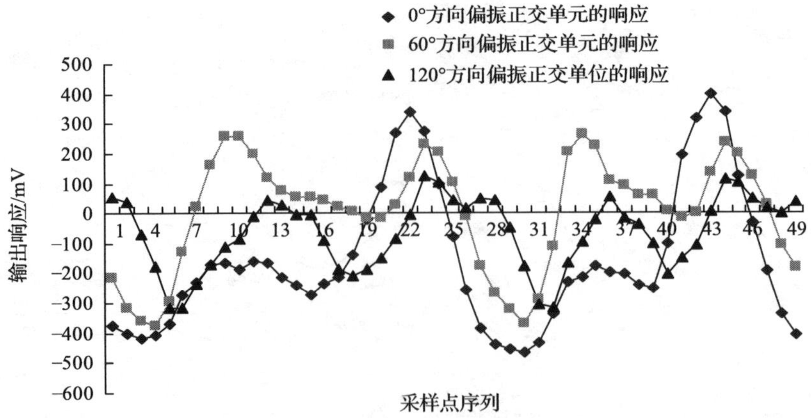

图 10.39　偏振光入射时三个通道的响应曲线

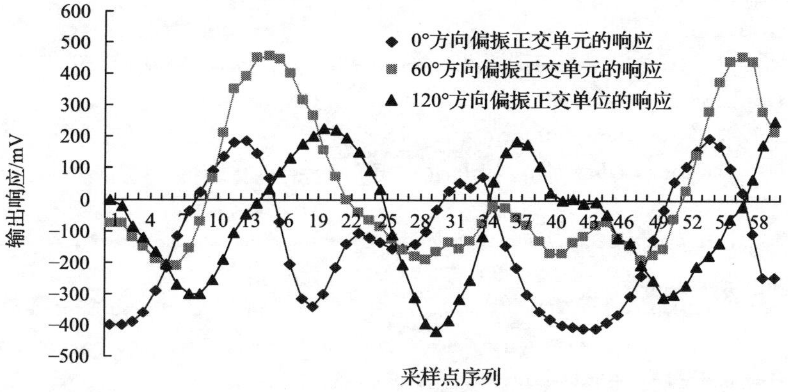

图 10.40　偏振光入射时三个通道的响应曲线

举例分析：根据 2010 年 4 月 1 日上午 10 时 18 分 4 秒采集的数据，得到 $p_1(\varphi)=334.4\ \mathrm{mV}$，$p_2(\varphi)=51.9\ \mathrm{mV}$，$p_3(\varphi)=-179\ \mathrm{mV}$。可以计算出 $\bar{p}_1(\varphi)$，$\bar{p}_2(\varphi)$ 和 $\bar{p}_3(\varphi)$，然后可计算出载体当前的运行方向和太阳子午线之间的夹角 $\varphi=18.72°$。

通过测量的实验曲线以及采样点的计算分析可以看出，三个通道的偏振正交单元模型对偏振光的响应基本符合沙蚁视觉神经系统对天空偏振光方向敏感的响应规律，从而验证了偏振光测角模型的有效性。当然，测角模型的精度还需要结合其他导航手段进行对比验证，还待今后研究推进。

10.5.2　偏振导航测角实验误差分析

由于本书的内容属于一种新理论的探索性研究，目前还处于初始实验阶段，实验所得的结果也只是初步反映了测角验证平台响应天空偏振光的基本趋势。要更精确地表达敏感规律，还有许多问题有待进一步解决。

(1) 模型很关键。偏振传感器的描述 $s(\varphi)=KI[1+d\cos(2\varphi-2\varphi_{\max})]$ 决定了整个系统的测角精度。单通道的两个偏振传感器接收到的光有一定的差异，要想减小光强差异，唯一的办法就是尽可能小地减小仿生偏振导航偏振传感器的体积。

(2) 偏振片的机械结构。每一个偏振正交单元中两个偏振传感器的偏振轴互相垂直用来模仿昆虫复眼中感杆交叉垂直结构，要求其对特定方向偏振光的刺激响应为正弦曲线，是一个严格的方向分析器。所以偏振片的机械设计应尽可能保证相对的两个偏振片透振方向相互垂直，而且每个偏振片均是较理想的线偏振片。此外，还要保证相邻的通道偏振片透振方向夹角为 60°。

(3) 光敏器件的差异，尽可能保证各个光敏元件的参数一致。

(4) 套筒转动不均匀，尽量不使用开关电源或变压器供电，这样可以避免由交流电带来的 50Hz 的工频干扰。

参 考 文 献

褚金奎，赵开春，王体昌，等. 2007. 仿生偏振导航传感器试验模型的构建与标定. 微纳电子技术，44：376-378.

Karl F，Rudiger W. 1985. Oceili：A celestial compass in the desert ant cataglyphis. Science，228：192-194.

Lambrinos D, Maris M, Kobayashi H, et al. 1997. An autonomous agent navigation with a polarized light compass. Adaptive, 6(1): 131-161.

Matthias W, Rudiger W. 2006. The ant odometer: Stepping on stilts and stumps. Science, 312: 1965-1967.

Rossel S, Wehner R. 1986. Polarization vision in bees . Nature, 323: 128-131.

Rudiger W, Randolf M. 1969. Homing in the ant cataglyphis bicolor. Science, 164: 192-194.

Wehner R. 2003. Ant navigation: How miniature brains solve complex tasks. Journal of Comparative Physiology A, 189: 579-588.

Wehner, R, Gallizi K, Frei C, et al. 2002. Calibration processes in desert ant navigation: vector courses and systematic search. Journal of Comparative Physiology A, 188: 683-693.

Wittlinger M, Wehner R, Wolf H. 2006. The ant odometer: Stepping on stilts and stumps. Science, 312: 1965-1967.

Zhao K C, Chu J K, Wang T C, et al. 2009. A novel angle algorithm of polarization sensor for navigation. IEEE Transactions on Instrumentation and Measurement, 08(58): 2791-2796.

第 11 章　先进空间探测与全球变化研究的偏振遥感手段

偏振遥感应用最典型的是在先进空间探测与全球变化研究方面，也是国际重大科学问题解决的重要突破手段。具体包括：恒星、行星天文偏振观测的客观性启示，以考虑天文领域与遥感领域偏振观测手段的互补与转换；全天空偏振矢量场与重力场、地磁场的全域性比较与客观性启示，以确定地球第三个全域场可能对不同天象问题观测手段的突破；采用偏振观测手段证明遥感辐射亮度月球基准的不可替代性启示，以说明偏振“强光弱化”滤除饱和、“弱光强化”凸现辐射亮度极微小波动；全球植被生物量与 C、N 含量正-负相关的国际争论与偏振遥感独特性甄别启示，以改进遥感反演基础理论的不足；偏振遥感物理的系统化理论展望，以实现偏振遥感的重大进步和偏振遥感方法理论的普遍接受。

11.1　偏振 V 分量“相位”特征与天文偏振观测的客观性启示

偏振遥感技术的发展，使其在远端恒星、行星观测方面大量客观性应用，表现出天文领域与遥感领域偏振观测手段的互补与转换意义。偏振光可以用直角坐标系（或旋转一定角度的直角坐标系）和斯托克斯参数来表示，在光学和无线电实测中，最现实的是测强度，由于斯托克斯量(I, Q, U, V)的四个参数都是强度量纲，实测中容易实现，因此大都采用它来进行远端星体的偏振测量。

11.1.1　斯托克斯参量偏振探测原理

关于全偏振图像中的偏振特性通常表述有线偏振、圆偏振或椭圆偏振，地物目标所产生偏振效应基本上是线偏振，圆偏振很小。偏振遥感中常用斯托克斯矢量法表示光的偏振态，其中，$\boldsymbol{S}=[S_0, S_1, S_2, S_3]^{\mathrm{T}}$：

$$
\begin{aligned}
S_0 &= \langle \widetilde{E}_x^2(t)\rangle + \langle \widetilde{E}_y^2(t)\rangle \\
S_1 &= \langle \widetilde{E}_x^2(t)\rangle - \langle \widetilde{E}_y^2(t)\rangle \\
S_2 &= \langle 2\widetilde{E}_x(t)\widetilde{E}_y(t)\cos\delta\rangle \\
S_3 &= \langle 2\widetilde{E}_x(t)\widetilde{E}_y(t)\sin\delta\rangle
\end{aligned}
\tag{11.1}
$$

式中，$\widetilde{E}_x$，$\widetilde{E}_y$ 是电矢量在所选坐标系中沿方向 x，y 的分量；δ 为两振动分量的相位差；符号“$\langle\rangle$”表示对时间的平均。用这一四维矢量可以表示包括偏振度在内的任意偏振光的状态。

在偏振测试技术中，将斯托克斯矢量 $\boldsymbol{S}=[S_0, S_1, S_2, S_3]^{\mathrm{T}}$ 写成 $\boldsymbol{S}=[I, Q, U, V]^{\mathrm{T}}$，其中，$I$ 为辐射总强度的度量（或者非偏振光强），Q 为用于计量水平方向的线偏振度，U 为用于计量与水平夹角 45°的线偏振量，V 代表圆偏振光（李宇波等，2010；Liu et al.，2008）。

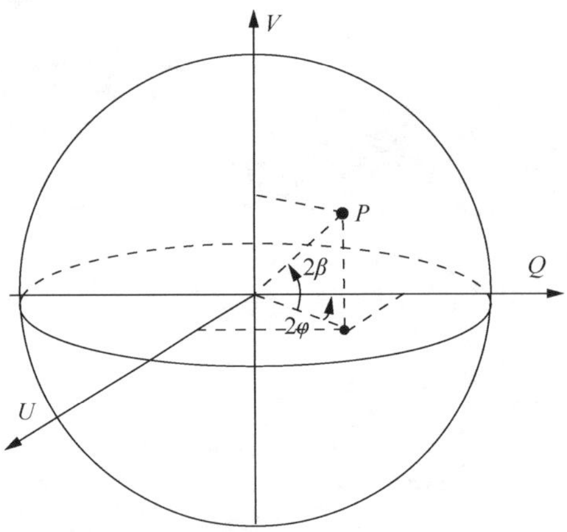

图 11.1　Poincare 球

11.1.2　V 分量运动物体探测相位特性

对地物进行偏振探测，要同步获取相同地物的 I、Q、U、V 四个分量的偏振图像。Poincare（普安卡雷）球（图 11.1）考虑了 V 分量的完整结构。根据 P 点分布的位置，其斯托克斯矢量式 $\boldsymbol{S}$ 应写为

$$\boldsymbol{S}=\begin{bmatrix}I\\Q\\U\\V\end{bmatrix}=I\begin{bmatrix}1\\P\cos2\beta\cos2\varphi\\P\cos2\beta\sin2\varphi\\P\sin2\beta\end{bmatrix}\tag{11.2}$$

式中，β 为椭圆率角；φ 为倾斜角；V 为偏振 V 分量大小。

可以看出 V 分量表征的就是该点向上或向下偏离赤道面的距离量 $P\sin2\beta$，同时也等效为地物反射所具有的偏振相位量。要测量地物的偏振属性，需要对偏振度 P、椭圆率角 β、倾斜角 φ 和自然光强度进行全面的测量。

从四分量能量的角度来看，V 分量信息有足够的强度，因此具有相当的信息熵，V 分量图像能够凸显出其余几个分量不能凸显的图像细节（图 11.2，图 11.3），从这个角度上讲，V 分量是有效的。

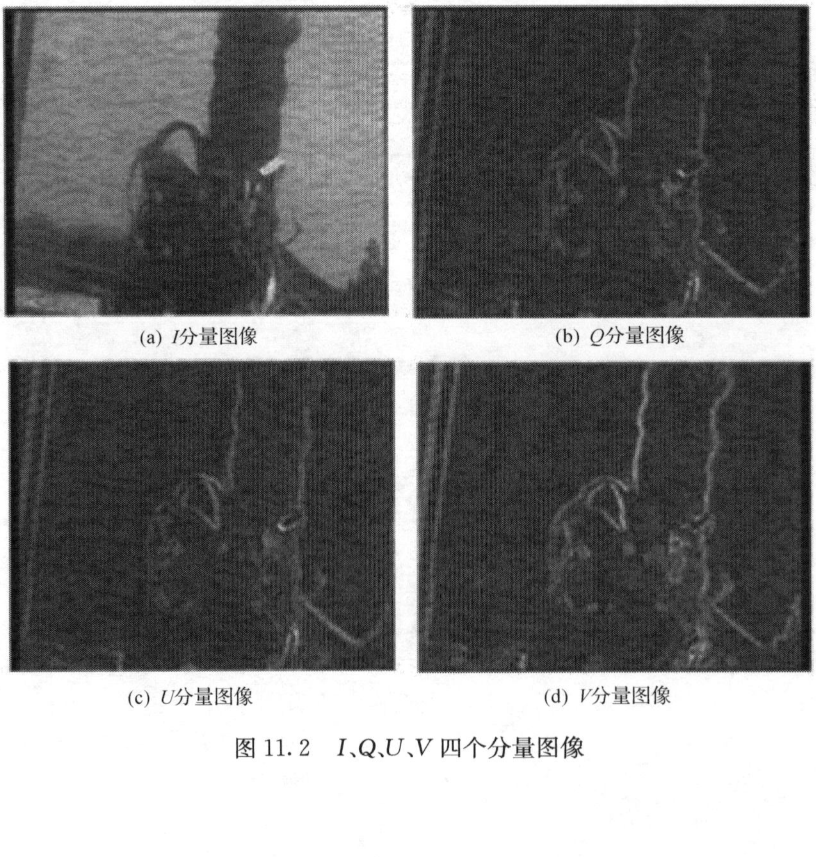

(a) I分量图像　(b) Q分量图像　(c) U分量图像　(d) V分量图像

图 11.2　I、Q、U、V 四个分量图像

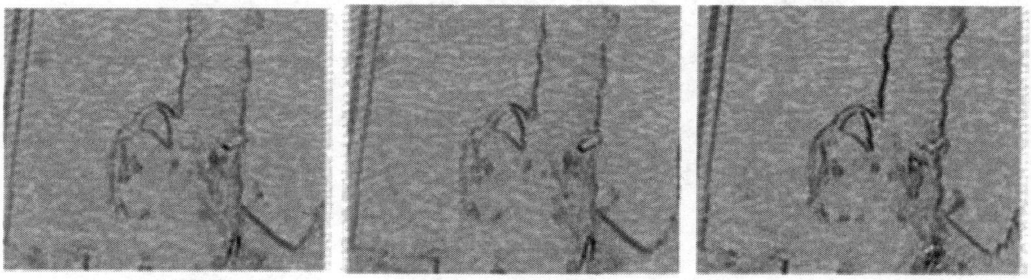

(a) Q分量图像　　(b) U分量图像　　(c) V分量图像

图 11.3　将图 11.2 图像灰度值取反后的图像

如图 11.4 所示为运动物体 I、Q、U、V 分量图，由于成像顺序为 Q,V,U,I，对于每相邻两个分量，每帧图像中的运动目标在前一分量中所在位置比在后一分量中的位置偏后。比较每相邻两帧，经四组相邻分量即(Q,V)、(V,U)、(U,I)、(I,Q)，每组相邻分量 50 帧的统计结果得出以下结论，后一分量中的运动目标经 3 帧可与前一分量中的运动目标重合。所以相邻两个分量之间成像的时间差为 3 帧。在满足视觉暂留视频编辑软件中显示该视频，可知每帧间隔为 1/24s，即可得相邻两分量成像的时间间隔为 3×1/24s＝0.125s，四分量从开始成像到最后完全成像结束的时间是 3×0.125s＝0.375s，从而得到装置中因为分光造成的不同分量图像的延迟时间。四幅分量图中可以看到运动目标既有位置变化，又有行为变化。将它们进行矢量分解，既得到利用全分量成像系统分析运动图像特性的结果，又得到四个分量图像在成像过程中的动作差异；而骑车人在每个分量中的位置均不同，可以看出该人运动方向是自右向左。根据偏振光学理论，入射光经介质反射时，由于不同介质及其表面对光相位的作用各有差异，出射光的偏振相位及其他偏振参数都将发生改变，V 分量图像在运动目标检测中比其余几个分量图像效果更加显著；V 分量对运动目标获取的图像比静止目标获取的图像更清晰，还可以消除强光照的影响，对于

图 11.4　运动物体的 I、Q、U、V 分量图

阳光直射反射出来的强光，V 分量成像图像可以很好地过滤掉强光。运动物体本质上是一阶导数离散化，V 分量对 δ 求导得到 $S'_3 = \langle 2\widetilde{E}_x(t)\widetilde{E}_y(t)\cos\delta \rangle$，在 $\delta=0$ 处取极大值，即对于运动物体的运动特性有很好的捕捉与反映，V 分量会在变化率和梯度方面很好的突出细节，对于图像处理得到的相位图，解译后相位图能够反映原图的轮廓，在运动物体轮廓提取方面则发挥着巨大作用。

11.1.3　V 分量恒星、行星探测的客观性启示

国内外借助偏振观测手段已经进行了恒星、行星探测的客观性应用。Qu 等(2008)利用自主设计的偏振光探测仪器，在 2008 年 8 月 1 日甘肃金塔，首次成功获得太阳闪耀偏振光谱，被美国 *Science* 杂志报道，其成果发表在国际著名天文专业刊物《天体物理学杂志快报》上。*Nature* 杂志于 2012 年 3 月报道了欧洲空间局偏振探测仪器探测到来自月球的"生命信号"，即从月球反射光的偏振信息中筛选出了关于地球的踪迹，非常精确的偏振测量结果显示出清晰的气体吸收峰以及能反映地球上存在植被的特征，为银河系外行星生命信息探测提供了新的手段(Michael et al.，2012)。*Nature* 杂志公布的 2011 年最受欢迎十大研究成果，是匈牙利和瑞典科学家通过检测天空偏振光的性质，发现公元 750～1050 年航海家利用偏振光在大西洋中辨认方向的未解之谜(Gábor et al.，2011)。

图像处理得到的强度和相位图分别解译后，相位图能够反映原图的轮廓，强度图却无法得到原图轮廓，V 分量含有相位特性的客观性启示其能够在远端星球观测中发挥巨大作用。以太阳为例，它本质上是一团高温高压的炽热发光的等离子体球。太阳现在基本上是一个稳定的恒星，同时它还会发生时间比较短暂的太阳活动。太阳活动与太阳大气中的磁场有着紧密关系，太阳大气的矢量磁场是太阳大气的一个非常重要的物理量，它对于我们理解太阳表面各种太阳活动现象起着极其重要作用(Lites et al.，1988；Jeeffries et al.，1989)。将 V 分量表现出相位信息的客观特性应用于太阳大气矢量磁场的测量，给予利用偏振 V 分量进行恒星、行星探测的客观性启示。

11.2　天空偏振场与重力场、地磁场的全域性比较及客观性启示

众所周知，我们的地球上存在着两个常见的全球场，即地球重力场和地磁场。地球重力场可以反映地球内部质量、密度的分布和变化，反映地球物质空间分布、运动和变化。地球重力场是一种物理场，分布于引起它的场源体——地球内部、表面及其周围的空间，它是重力势能的梯度，可以通过重力测量、天文大地测量和观测人造地球卫星轨道的扰动来求得。地磁场包括基本磁场和变化磁场两个部分：基本磁场是地磁场的主要部分，起源于地球内部，比较稳定，属于静磁场部分；变化磁场包括地磁场的各种短期变化，主要起源于地球内部，相对比较微弱。

然而，根据我们多年对偏振光的研究表明，地球上除了重力场和地磁场这两个全球场外，实际上还存在着另外一个并不为人所知的场——地球偏振场。

11.2.1　地球重力场

地球重力是由于地球的吸引而产生的力，严格来说，地球重力不仅是由于地球对物体

吸引这种单一力所造成的，而是由地球对物体的吸引力和地球自转产生的惯性离心力两个力合成的。其中，引力是决定重力大小的根本因素。在地球作用的空间内，其大小与方向和物体所在位置相关。地球重力场是地球周围空间任何一点存在的一种重力作用或重力效应，它可以反映地球内部质量、密度的分布和变化。地球重力场是一种物理场，分布于引起它的场源体——地球内部、表面及其周围的空间。

在地球重力场中，每一点所受的重力的大小和方向只同该点的位置有关。可以说，相同一个物体，在地球的不同地方，它所有的重力是不一样的。图 11.5 是欧洲探测卫星 Goce 绘出的首幅地球重力场图，可以看出在地球的不同地方，重力势能有较大的区别。

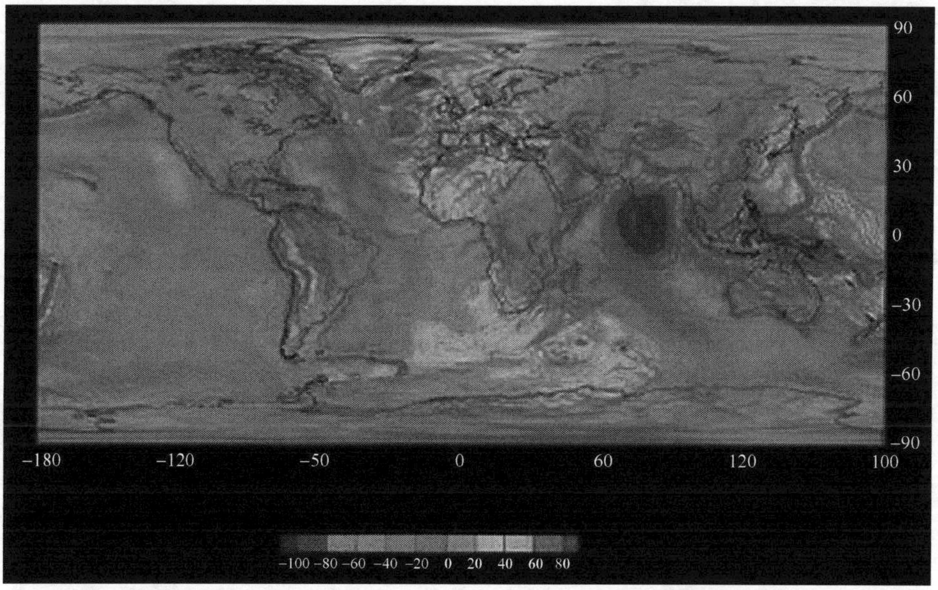

图 11.5 欧洲探测卫星 Goce 绘出的首幅地球重力场图

在地球的有些地方，如水下，地球重力常常存在着重力异常的情况，这时我们需要对重力异常进行校正，图 11.6 是我们针对某块(60×60)的重力异常地图进行插值，在原地图上进行等间隔抽样得到一块 30×30 的地图，然后用分形插值方法进行插值，并对插值地图和原始地图进行比较(冯浩，2004)。

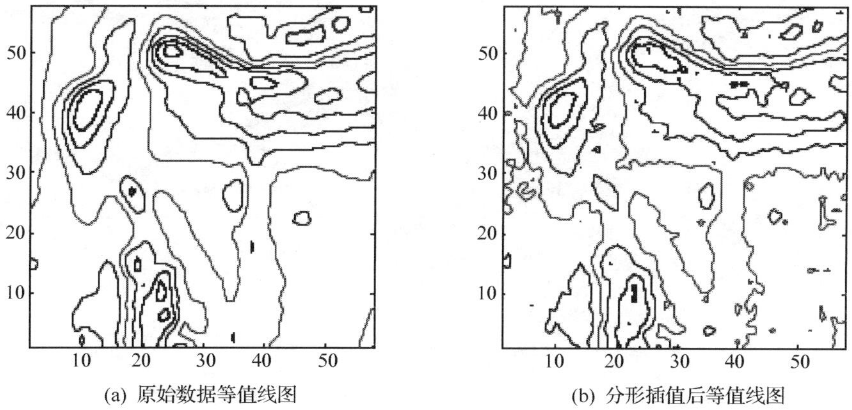

图 11.6 在原始数据上抽样后分形插值结果

研究地球重力场，在大地测量学中可用以推求平均地球椭球的形状，建立国家大地网和国家水准网；在空间科学中用以确定空间飞行器受地球引力场作用的轨道改正；在固体地球物理学中用以研究地球内部结构及资源分布。

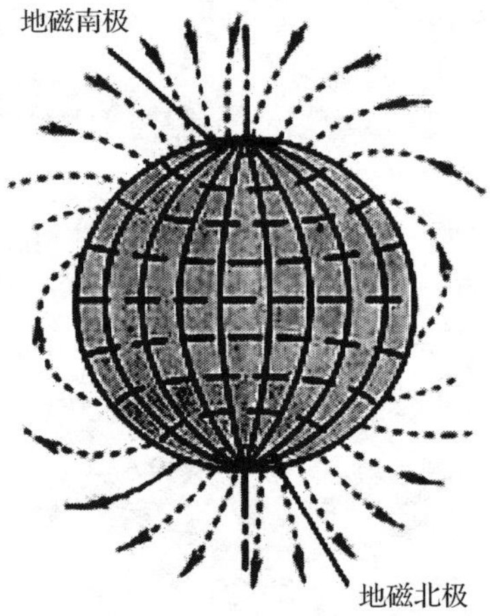

图 11.7　地球上的地磁场

11.2.2　地磁场

地球可视为一个磁偶极，其中一个极位在地理北极附近，另一极位在地理南极附近。通过这两个磁极的假想直线（磁轴）与地球的自转轴大约成 11.3°的倾斜，如图 11.7 所示。

在地球上的某些局部存在着不同的地磁分布，如图 11.8、图 11.9 所示得到的某一海洋的局部地磁分布和地球上某一平面的区域地磁分布（林沂，2009）。

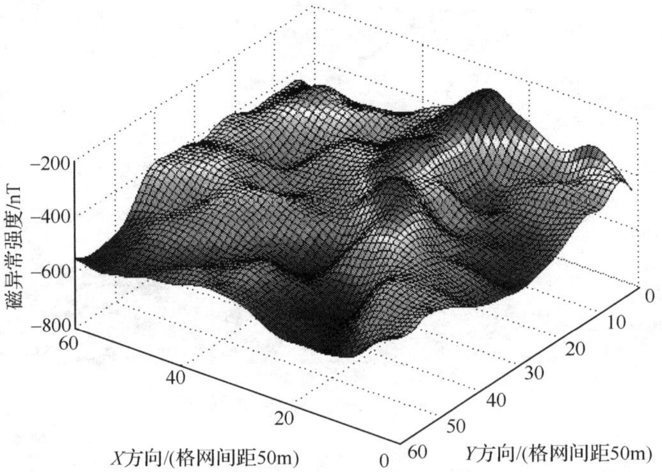

图 11.8　某海洋的局部地磁分布

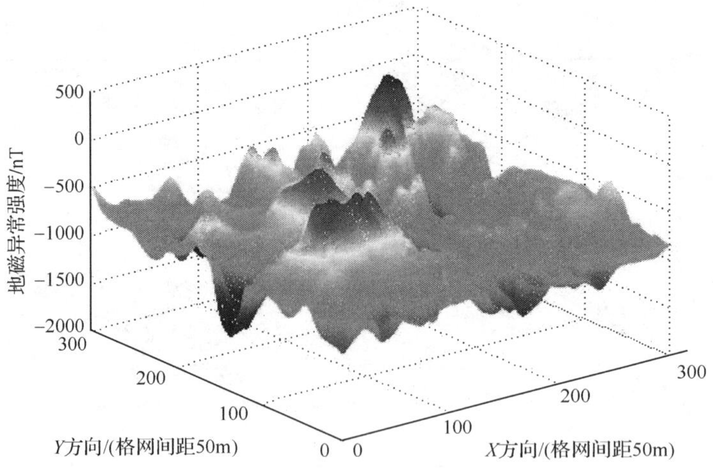

图 11.9　某平面的区域地磁分布

地磁场能为众多动物提供方向信息，如信鸽利用它从遥远的地方飞回而不迷失方向，候鸟利用它走南闯北。最早，人类利用地磁场来辨别方向，到现在，可利用地磁异常探测矿藏，寻找铁、镍、铬、金以及石油等地下资源，甚至可以利用地磁局部异常的"震磁效应"正确做出震前预报。在太阳黑子活动剧烈的时候，地磁场对地球形成一个"保护盾"，阻挡来自太阳的高能带电粒子，是地球生物体免遭危害的天然保护伞。

11.2.3 天空偏振矢量场

太阳光在大气传输过程中，被大气层中的空气分子、尘埃以及气溶胶等粒子散射，使得天空中的光产生偏振作用。偏振的程度和状态取决于粒子的大小、形状、折射率、入射光的偏振态及观测散射光的角度。如果仅考虑空气中的粒子对光的瑞利单次散射，那么在一天的某一时刻、某一位置，天空中具有相对稳定的偏振模式，这个相对稳定的偏振模式可以为一些昆虫如沙蚁、蟋蟀等提供导航的信息。如图 7.4 所示，描述的是比较理想的大气条件下的天空偏振光分布模型，其模拟出来的大气偏振模式图能够大致反映大气偏振分布状态。

当然，由于影响大气偏振分布的因素较多，如大气粒子数的多少、粒子大小、天气状况测量波段以及太阳高度角等都可能对大气偏振模式图造成较大的影响，因此在实际情况下，天空中的偏振光模式图较理想状态有所差异。

图 7.16 中，左右两图拍摄时的天气状况、太阳高度角不同，比较两图可以看出：晴朗天空的偏振度较多云状态更高。且在图中我们可以看到一个红色的圆形区域，这其实就是偏振度近似为零的大气偏振中性点，天空偏振模式图围绕大气中性点呈环状分布。由此，我们可以看出，天空中存在着一个较稳定的偏振矢量场，它是随着时间的变化而变化的，且在不同的条件下有所差别。

跟地球重力场、地磁场一样，天空偏振场在研究全球性问题中的作用不可忽视。目前很多人正在研究偏振场对人类导航的应用，希望有一日能够通过偏振场实现对人、车辆、轮船等移动物体的导航。

11.2.4 三种场的比较及启示

地球重力场、地磁场、天空偏振场不仅都可为我们研究全球性的问题及变化提供可靠的理论基础，而且它们在很多地方有共同之处，如表 11.1 比较了这三种场在各个方面的相同或不同之处。

由表 11.1 可以很明显地看出，这三种场之间的相同和不同之处。三种场都存在着中心点：在重力场中这个中心点表现为地球的地心点；在偏振场中这个中性点表现为大气偏振中性点，而地磁场则表现为南北极地磁点。这些中心点的稳定性也有所不同：地球地心点非常稳定；大气中性点以太阳照射为中心，每天都随太阳高度角发生规律性周期变化，会受到天气条件等因素的影响；南北地磁点会随南北极点发生缓慢而明显的变化，也会受到"太阳黑子"等因素的影响。而对于三种场的强弱性方面，表现为：重力场相对弱且稳定，重力梯度随地球重心而逐渐减弱，随地球表面高低有弱和强的变化；地磁场相对强，并南北两极汇聚很强，其他扩散开来，赤道强度相对弱；天空偏振场中，太阳对地球照射点

0°附近和地球反照射点180°附近偏振度弱，越远离越强，即±90°附近强度最大。地磁场和偏振场的场强大小都会受到各种因素的影响：地磁场会因太空中带电粒子流的影响而产生“磁暴”现象，也会因局部的带磁矿物的影响而产生“磁震效应”；偏振场会因天气条件、太阳高度角等因素的不同而产生不同的偏振度和偏振角。

表11.1　三种场在各个方面的比较

全球场比较方面	重力场	地磁场	天空偏振场
中心点	地球重心	南、北极磁极点	大气偏振中性点
场的稳定性	很稳定	随南北极点发生缓慢而明显的变化，会受到“太阳黑子”等因素的影响	以太阳照射为中心，每天都随太阳高度角发生规律性周期变化，会受到天气条件等因素的影响
场的强弱差异性	相对弱，重力梯度随地球重心而逐渐减弱，随地球表面高低有弱和强的变化	相对强，并南北两极汇聚很强，其他扩散开来，赤道强度相对弱	太阳对地球照射点0°附近和地球反照射点180°附近偏振度弱，越远离越强，即±90°附近强度最大
对周围环境的敏感性	不敏感	易受人工金属物的影响	易受大气效应影响，但以太阳为中心的总趋势不变
主要观测方位	自上而下	自上而下	自下而上
对现实的作用	建立国家大地网和国家水准网，地形分析；飞行器的轨道改正；研究地球内部结构及资源分布	为一些生物（如信鸽）提供方位信息；探测矿藏；做出震前预报；地球免遭外来带电粒子伤害的“保护盾”	为一些生物（如沙蚁）提供导航；对太阳等恒星磁暴等天象灾害进行观测分析，对气溶胶和大气粒子进行反演，利用中性点进行遥感地-气参量分离，实现地物精确反演

这三种场都与地球上的物质环境息息相关，而它们对于周围环境的敏感性却有所区别：重力场对周围环境基本不敏感；地磁场易受人工金属物的影响，而发生局部磁异常；天空偏振场易受大气效应影响，但以太阳为中心的总趋势是不变的。在我们对这三种场进行比较时，观测的方位也有所不同，重力场和地磁场都是自上而下观测的，而对天空偏振场是自下而上观测的。

地球重力场、地磁场、天空偏振场都可为我们研究全球性的问题及变化提供可靠的理论基础。运用地球重力场，在大地测量学中，可以推求平均地球椭球的形状，从而建立国家大地网和国家水准网；在空间科学中，可用以确定空间飞行器受地球引力场作用的轨道改正；在固体地球物理学中，可用以研究地球内部结构及资源分布。运用地磁场，在航海中，可以用以判别方向；在资源勘探中，可利用地磁异常探测矿藏，寻找铁、镍、铬、金以及石油等地下资源；在地震预测中，可利用地磁局部异常的“震磁效应”正确做出震前预报。且地磁场为许多地球生物提供方位信息，如信鸽能利用它准确地将信送达。并且地磁场为地球提供了一个“保护盾”，当太阳黑子活动剧烈时，阻挡来自太阳的高能带电粒子，使地球生物免遭带电粒子流的伤害。同样，天空偏振场在研究全球性问题中的作用也不可忽视。因为天空中存在一个天空偏振模式图，一些生物如沙蚁利用天空中的偏振光准确地进行导航，从而迅速地找到食物并回到巢穴。因偏振模式图中存在一个大气中性点，在这一点处，天空中光的偏振度几乎为零，所以如果在这一点处对地表进行观测，就可以消除光的偏振影响，大大提高图像的清晰度。这为遥感卫星对地观测的位置提供了一个新思路，即可以在大气中性点上对地进行观测。因天空偏振光主要是由大气中的气溶胶散射引起的，所以天空偏振场还可以对大气中的气溶胶进行反演。天空偏振场也对太阳等恒星磁暴等天象灾害进行观测分析。

由以上分析可知，天空偏振场和地球重力场、地磁场一样是全球性的特点，可为人类提供一个全球性的导航场，并且我们可以利用它的特性进行一些诸如地-气分离、层析反演、观测分析恒星（如太阳）的磁暴等天象灾害现象等这些全球性的研究。目前，天空偏振场的不可替代性正逐步得到验证，其应用已经越来越被人们重视和接受。

11.3 偏振手段下的月球密度和辐射基准新观

月球作为距离我们最近的天外星体，其探测和研究越来越受到科学各界的重视。偏振作为一种新的技术手段，为我们探索月球、利用月球提供了新的思路。本章将重点介绍利用偏振手段研究月球密度及以月球基准做辐射定标的方法和成果。

11.3.1 利用偏振手段研究月球密度

密度是月球的一项重要物理性质，其随表面和深度的变化极大影响着月球温度、热导率和介电特性。在1976年出版的《阿波罗的宇宙旅行》一书中，美国航空航天局的科学家莱波特·理查德·路易斯写道，阿波罗11号、12号宇航员带回的月面表层岩石标本的密度为3.2～3.4g·cm^{-3}，通常把月岩标本的密度（3.2～3.4g·cm^{-3}）作为月球的表面密度。这里对于月球有一个异常，即月球的表面密度（3.2～3.4g·cm^{-3}）与它的平均密度（3.33g·cm^{-3}）没有显著差别。通常星体的表面密度要明显小于平均密度，以地球为例，其表面密度为2.9g·cm^{-3}，随着地表的深入，由于压力增大，密度也随之增大，地心的密度可达12.0g·cm^{-3}，地球的平均密度为5.5g·cm^{-3}（马未宇等，2006）。

月球这种表面密度与平均密度几乎相等的结果，使部分科学家提出月球内部空心的猜想。英国皇家天文学会的威尔·金斯博士在《我们的月球》一书中甚至估计月球中有体积约1400万立方英里的空洞。目前人们得到的月表密度信息大多来源于阿波罗11和12号带回的月面岩石标本。阿波罗探月属于实地探测，探测点分布较少而固定，获取的岩石样本仅属于局地信息，并未遍布整个月球表面。以地球为例，当岩石中Fe_2O_3含量较高时，其密度可达5.34g·cm^{-3}，远超过表面的平均密度。

如何测定星体的表面密度是一个难题，国内外目前还没有一种比较好的测定方法。遥感光谱学中的偏振特性提供了月球表面密度估测的新方法，赵虎（2004）曾利用偏振方法对地球表面密度进行模拟验证，得到2.824g·cm^{-3}的结果，与目前公认的2.9g·cm^{-3}有很好的一致性。通过地球上常见的矿物岩石的偏振反射光谱特征研究，可以从如下四个步骤逐步测定和计算表面的密度：

（1）测定与计算岩石表面反射光谱中的偏振度，然后计算该岩石的折射率；

（2）从岩石的折射率计算岩石的密度；

(3) 从岩石的折射率与岩石的密度计算表层总体岩石矿物的平均比折射度 K 值；

(4) 从表层总体岩石矿物的平均 K 值计算表面密度。

通过上述方法，也可以得到月球表面密度的精确信息。事实上，当被测星体自身不发光时，都可以利用光谱的偏振性来推算该星体的表面密度。对于月球这样的星体，其结果会更好。首先，月球自身不发光，它完全在反射太阳光，这就保证了通过探测器观测到全部光谱特征的偏振性是月球表面的物质反射光的偏振性；其次，月球表面没有水、也没有大气包围。这两个条件保证了观测到的反射光偏振特性完全是由月球表面岩石产生的，而不存在水、大气的影响。

这样可以设想，让探测器在环绕月球时，对月球表面不同点进行偏振特性探测，获得各个表面的偏振度，进而估算不同点处月岩的折射率和密度，然后计算与统计月球表层月岩的平均 K 值。利用这个 K 值，按照上述方法对月球的表面密度进行估算。

11.3.2 利用偏振手段研究以月球为基准的辐射定标

定标是遥感定量化的前提，定标的准确度直接影响到数据准确性和图像质量。辐射定标的精度和准确度一直是科学界的难题，利用偏振手段以月球作为定标基准为难题的突破提供了新的方法和思路。

1. 利用月球为辐射定标源的优势

遥感辐射定标共有三种方法：实验室定标、辐射场定标和机上/星上定标。定标仪器实验室设计阶段以精确性和稳定性为目标，但由于实际运行阶段存在的光线波长偏移、光谱通道不同、反射性质变化等问题，影响定标的准确度。在轨的实时辐射场定标系统是利用地面水体和其他卫星来验证辐射定标的准确性，此方法会受到大气、视场夹角、空间环境下搭载仪器退化等影响，产生结果误差。机上/星上定标指辐射源和定标光学系统均在机上/星上，利用搭载的辐射源或者近地星体作为基准进行定标。

由辐射定标的几种方法可以看出，定标基准的选择和质量好坏对于定标的准确性和精度有至关重要的作用。质量低的基准就好比失准的秤砣，会造成辐射测量的较大误差。传感器实验室设计阶段和在轨飞行阶段的定标不准确是遥感界普遍存在的问题，然而有许多空间探测进行长期连续观察，需要较高的辐射定标稳定度，如在宇宙空间内观测全球气候变化时，长期的太阳光谱内的稳定度在十年的周期内要小于 1%。随着科学技术的发展，科学界开始关注利用月球作为传感器辐射定标的基准。

月球辐射观测为对地观测卫星的自动辐射定标提供了新的方法，其不可比拟的表面反射能力的稳定度使其能够成为非常好的定标光源，并且有较高的精度和准确度。目前定标基准，人工普遍只能达到 10^{-3} 稳定度，工程需要至少达到 10^{-6} 的稳定度。月球的亮度是常规太阳的四百万分之一，其辐射特性与地表类似，它是距离地球最近的自然天体，光度稳定度达到 10^{-8}。月球的辐射通量在大多数成像仪器的范围之内，且在反射和辐射波段内均可视为被均匀的低辐射目标(冷空间)所包围，颜色较为柔和单一，因此月球被广泛认为是一个潜在的理想的外定标参考源(Kieffer and Robert，1996)。

月球与太阳相比，其相位与亮度都是在不停变化的，如图 11.10 所示。月相的变化会增加月球定标的难度。但是月球是太空中唯一可行的具有一定亮度，而且其表面几乎不受大气影响的定标源，其在某一特定相位下表面的辐照度变化较小，且月球的辐射定标并不需要特殊的硬件，只需要将仪器观测月球。上述因素均使月球成为卫星传感器的理想定标源。对于一些需要高精度定标的传感器数据，月球定标是目前实际应用中唯一能够达到标准的定标方法。

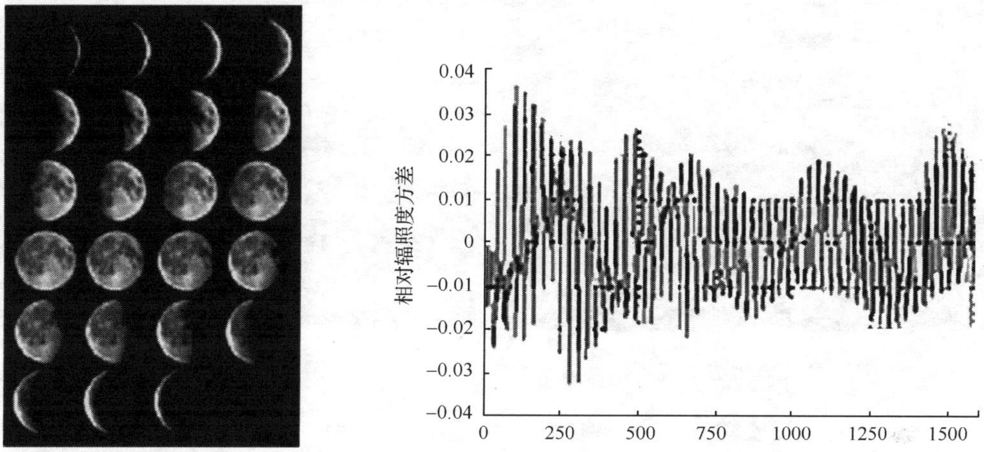

(a) 相位　　(b) 振动

图 11.10　月球相位变化

2. 偏振手段的不可替代性

月球的定标实验往往会出现“饱和-精度”矛盾。传感器在接收月球辐射能量时，会出现过饱和的情况。为了解决过饱和的问题，需要对信号进行衰减，但衰减后的信号会掩盖月亮辐射变化的高精度的信息。普遍认为，月球的辐射波动在 10^{-8} 数量级，而信号衰减以后，此数量级上的波动则不能被观测验证，降低基准精度。上述矛盾是困扰辐射定标学界的长期难题。为了解决如上问题，偏振是很好的技术手段。通过偏振拨片对光谱进行过滤，利用偏振对信背比变化敏感的特性，即能够“强光弱化”和“弱光强化”的独有特征，在过饱和能量被削弱的同时保留并凸显了微小能量的差异，从而获取高精度的细节信息。

目前辐射的能量不确定度大约为 7%，利用偏振的手段能将不确定度提高到 2%～3%。以美国为主体，NASA、NOAA 等空间探测机构也认识到了这一新的方法重要性和不可替代性，邀请中国科学家团队进行偏振手段研究月球为基准的辐射定标的技术，目前已取得进展。

3. 相关实验条件的建立和运行

USGS 成立了月球辐射定标项目，并且建立了基于地表的 ROLO（RObotic Lunar Observatory）观测站，如图 11.11、图 11.12 所示。ROLO 有两个望远镜分别观测 23 个可见光近红外波段（350～950nm）和 9 个短波红外（950～2350nm）波段。工作站持续观测星体进行持续消光矫正，已运行 6 年多，获得了 85000 幅月球图片和几十万张星体图片，如图 11.12 所示，建立了大型数据库。ROLO 观测台站可以进行月相偏振观测，建立月相在不同时间，不同相位不同天气条件下的偏振模型。观测台站位于高山之上，大气稀薄，受到大气气溶胶及其他大气要素扰动较小，因此可以对不同相位乃至不同位置的月球进行较为长时间的精确观测，对于其偏振效应亦可做较为精确的描述。

图 11.11　ROLO 观测站观测仪器图

图 11.12　ROLO 观测台站图

月相偏振的观测实验有地基和机载两种。在利用观测台站进行月相偏振光观测之后，而要进行地基模拟实验，地基模拟的主要思路是：将传感器置于大气中性点（或偏振度接近于零的区域）以及非偏振中性点地区对地表进行观测，在大气中性点进行观测时传感器到地表之间的大气的偏振作用被减为零或减小到一定程度，达到大气偏振效应有效去除，同时地物的偏振信息能够最大限度获取的目的。利用大气偏振中性点进行观测时，地球与月球间的大气信息可以被屏蔽，可以最大限度地获取月光原始的信息，而非偏振中性点观测可以模拟月光在大气影响下的变化与衰减，长时间序列的观测及数据的获取可以获取大量有用的信息用于后续的实验。图 11.13 为航空偏振遥感实验验证的观测几何示意图，图中地表与中性点所示的连线上偏振度为零。

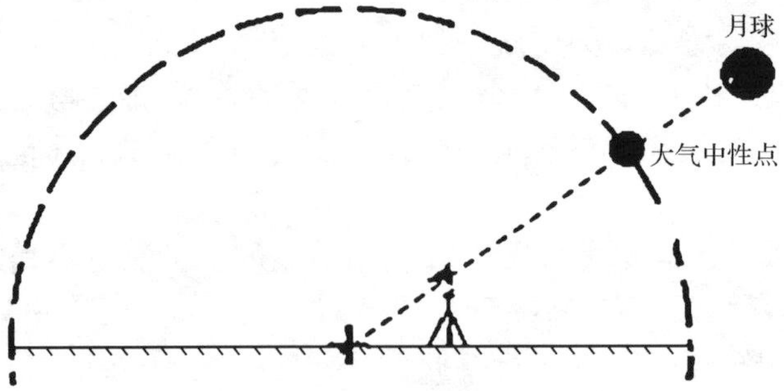

图 11.13　地基观测实验示意图

航天载荷无法进行对地观测能力的近地仿真实验，容易产生载荷升空后的正常工作时间无法保证，技术、经济成本过高等问题。传感器上天之后需要大量的地面验证工作。可用无人机平台搭载各类航天载荷进行实际对地观测方面的仿真模拟及验证工作，极大地降低航天载荷实验运行成本，提高载荷的工作稳定性。

由于航天遥感传感器位于卫星平台之上，其对月球观测较为容易，但是由于目前缺乏相关精确的偏振光模型，无法对现有的卫星传感器进行精确定标，定标精度一直无法突破原有月球模型。而机载传感器可以到达一定高空，模拟各种传感器的条件进行仿真实验，将本研究所建立的平台及实验数据用以实际，达到对机载平台的传感器进行验证的目的。

11.3.3 月球表面密度和辐射亮度基准偏振测估的延伸意义

岩石密度是重要的物理量，其测定对于星体的研究有重要意义。远端星体的密度测量运用目前的技术手段依然是亟待解决的难题，通过测定岩石表面的偏振度直接推算岩石矿物的密度是偏振乃至遥感领域新的探索和应用，是前人没有关注与研究的内容。此方法已经在地球进行了实验和验证，未来尝试推广到地外星体，尤其是月球研究。如果推算的精度较高，则偏振手段为探究任何自身不发光的星体表面密度均提供了强有力的方法和手段，并极大地促进偏振遥感学的应用发展。遥感探测有四大分辨率：时间分辨率、几何分辨率、光谱分辨率和辐射分辨率。辐射分辨率是对能量和光度精确度的度量。目前时间分辨率可达到 10^{-15} 到 10^{-16} s 量级，精度较高，而几何分辨率和光谱分辨率不能保证其自身精度的指标。几何分辨率与每一个像元能量变换能力有关，光谱分辨率则与微小谱段内能量有关，二者精度大小均和辐射分辨率有直接关系。因此，通过偏振手段以月球作为幅亮度基准，可以大大提高辐射分辨率，从而也是突破空间、光谱两个分辨率的瓶颈的关键。辐射分辨率的提高是真正实现辐射、空间、光谱精度突破的核心基准，偏振手段为遥感分辨率的提高提供了新的思路。

通过偏振手段测定月球表面密度和测估月球辐射亮度基准是未来的研究领域和方向。月球表面密度的精确测定是月球研究的重要组成部分，能够更好了解月球的物质组成和物理性质，推进深空探测进展。而建立以自然天体，尤其是月球作为辐射基准的绝对辐射定标方法是高精度在轨辐射定标的关键。而在月球辐射基准中，偏振手段的运用对解决能量过饱和，保留细节精度问题提供了很好的解决思路及手段。用偏振观测技术，以月球作为幅亮度基准在国际上依旧属于前沿领域，一些国家的航空航天部门在进行尝试和实验，已经得到初步的进展。需要更好地研究和实践偏振手段进行空间探测，并为辐射定标问题提供新的思路和解决方法。

11.4 植被生化含量遥感反演与全球气候变化关系理论的偏振甄别独特手段

辐射学和光度学的遥感已经开展多年，偏振遥感的产生是空间遥感技术发展的新方向。偏振遥感与传统遥感相比有其独特之处，它可以解决普通光度学遥感无法解决的一些问题。依据菲涅耳原理，镜面反射会产生偏振效应。在遥感的可见光近红外波段，传感器以接收来自地表的反射能力为主，而地表并非理想朗伯体，因此辐射与地表相互作用后，其反射的辐射属于部分偏振光。偏振的这种辐射传输特征，决定了偏振在反演地表特性具有特殊作用。

11.4.1 植被生化含量遥感反演争议

偏振遥感的特殊应用体现在甄别国际遥感争议方面。2013 年，Knjazihhin 等在 PNAS

(Proceedings of the National Academy of Sciences of the United States of America) 上发表 3 篇论文表明植被在高光谱上的表现除了叶片光学特性、入射/观测方向有关外，还与植被冠层结构有关(Knyazikhin et al，2013a，2013b，2013c)。之前 Ollinger 等发表的一些论文表明植被双向反射率因子(BRF)与氮含量的线性相关关系(Ollinger et al. ，2008)可能只是局部适用性的，之所以局部适用是因为这些研究的样本在阔叶与针叶的分布上基本满足线性关系，若不满足这样的结构条件，这种线性关系将不会存在。在 Ollinger 等(2008)的论文中，其通过大量数据的研究发现了植被在近红外的 BRF 可能与植被氮含量存在正相关的关系，如图 11. 14所示。如果这个关系是正确，那么我们可以依据遥感数据估算全球或区域的氮含量，甚至还可以由氮含量去描述现有遥感的反射率信息，其意义重大。

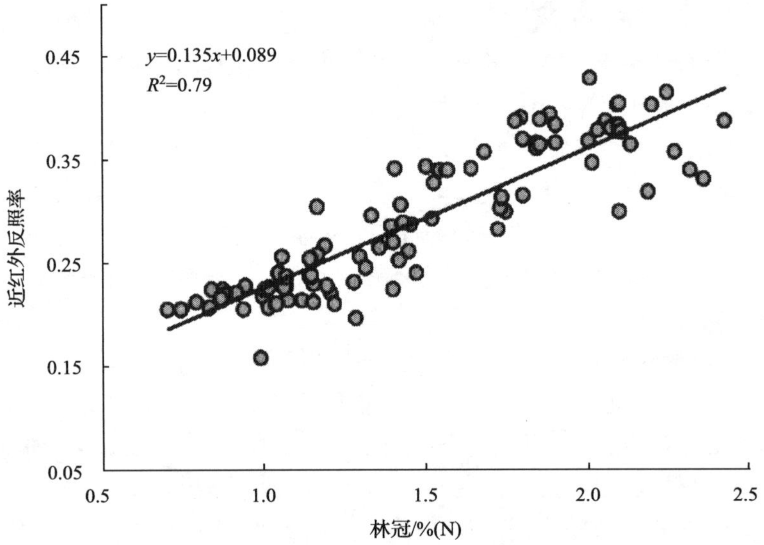

图 11. 14　植被近红外的 BRF 与冠层氮含量的正相关关系

但是从直观感受来说，Ollinger 的结论存在不合理的地方，因为在红外通道，氮含量的增加会导致吸收物质的增加，吸收物质的增加则会使植被吸收更多的辐射，反射更少的辐射，即 BRF 会降低。另外，BRF 与植被的结构是存在饱和效应的(图 11. 15)。也就是说，假设代表植被结构信息的是常用的植被叶面积指数 LAI，当 LAI 较小的时候，随着 LAI 的增大，遥感仪器探测到的 BRF 会随之增大或减少，但是当 LAI 达到一定程度后，BRF 将不会变化，这也就是导致图 11. 15 中没有线性关系的直接原因。而且获得的 BRF 信息其实是光经过表面及内部散射的结果，要想彻底了解叶片内部化学成分，就必须使用偏振的手段剔除表面镜面散射的影响。

11. 4. 2　偏振遥感独特性争议甄别

Knjazihhin 教授与我们对植被冠层氮含量问题进行了深刻的探讨，在双方已有成果的基础上，我们发现，要想解决这个问题，必须首先从叶片尺度上了解叶片的偏振特性，然后将尺度逐渐扩大，研究叶簇尺度，直至冠层尺度，并分别对不同尺度建立对应的植被偏振模型。

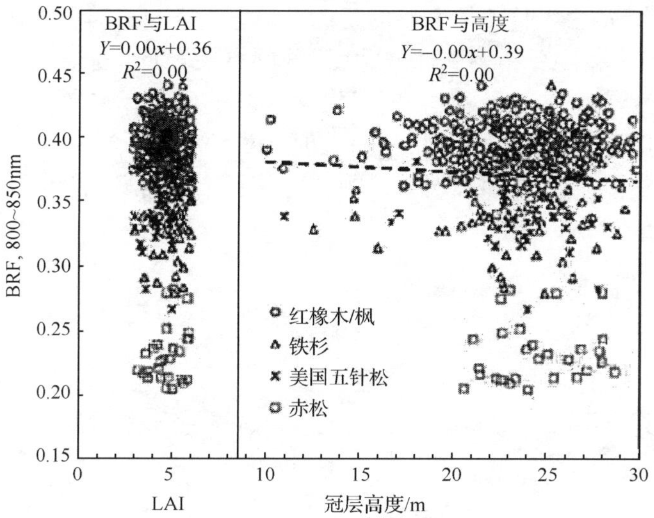

图 11.15　植被的 BRF 与冠层的三维结构的关系

实验前期准备首先对于植被的偏振模型进行了探讨，包括如何获得植被的偏振反射率，如何建立其与光谱不变指数之间的联系。此过程是对植被偏振模型研究的基础和探究过程，为后续实验奠定了理论基础。在上述理论研究的基础上，合作设计并执行了一系列偏振植被遥感实验。通过系列实验发现，植被的偏振反射率可能与观测角度并没有太大的关系，偏振反射率在各个方向上近似常值(图 11.16)。另外，以植被偏振遥感为基础的研究能够有效地扩充最新植被遥感光谱不变指数的内容，将植被偏振特性加入考虑后，光谱不变指数的稳定性得到了提高：

$$\frac{\mathrm{BRF}_i(\alpha,\Omega,\lambda)}{\omega_0(\lambda)}=p_1\mathrm{BRF}_i(\alpha,\Omega,\lambda)+R \tag{11.2}$$

式中，$\omega_0(\lambda)$代表单次散射反照率；p_1 是再碰撞概率；$\mathrm{BRF}_i(\alpha,\Omega,\lambda)$ 是叶片内部散射部分，这部分是非偏振的；R 则代表了逃逸因子。

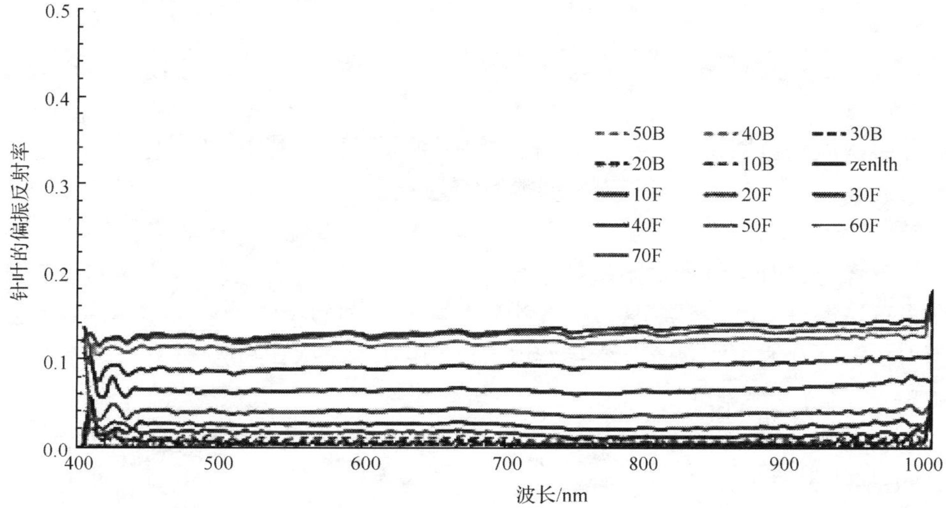

图 11.16　测得的植被偏振反射率随波长的变化规律：基本保持定值(彩图附后)

从图 11.16 来看,由于传感器测量的目标的偏振信息只与目标的表面光学特性(如复折射系数、粗糙度)以及观测与入射的相对方位有关,而目标在传感器测量的 400～1000nm 范围内的折射系数变化很小,所以偏振反射率理应保持常值。图 10.16 中,虚线表示后向散射(用“B”表示),实线表示前向散射(用“F”表示),zenith 表示垂直探测。

从图 11.17 来看,依据式(11.2)获得的线性关系十分明显,表明了我们探测到的目标信息是满足植被光谱不变性的。

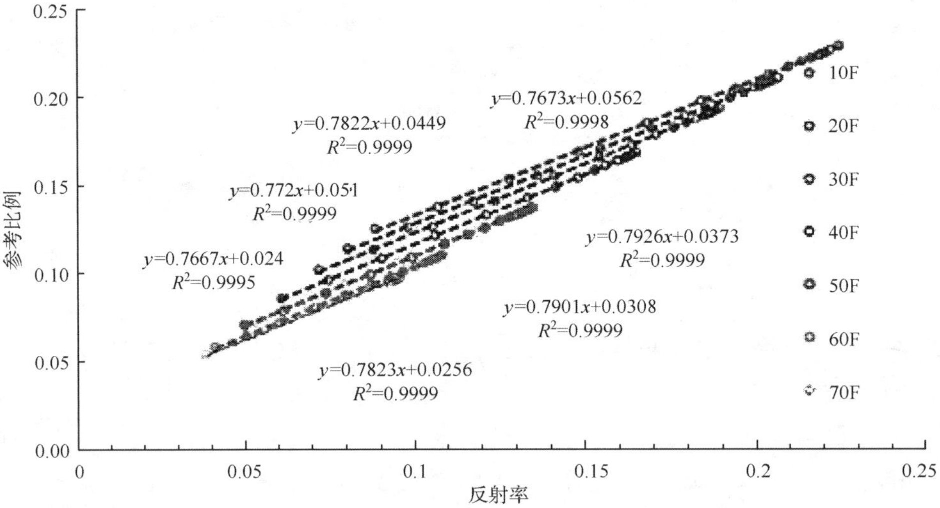

图 11.17　光谱不变指数满足的线性关系(彩图附后)

到目前,国际上对于这个问题的研究还处于初级阶段,地表的偏振信息本身就相对较弱,且存在较大的不确定性。但是依据偏振信息去甄别或者帮助分析这样一个国际性争议却是十分重要的。事实上,偏振的这种作用本质上是由其辐射传输能力决定的,在去除地物表面镜面反射对于反演生物量影响的前提下,可以更精确地描述辐射与地表的相互作用,进而对于研究全球辐射收支、全球气候变化产生巨大作用。

11.5　偏振遥感参量的基础地位和偏振遥感系统化理论展望

高分辨率遥感包括辐射、空间、光谱、时间四大分辨率。其中,辐射分辨率代表遥感器接收电磁波强度,足够的能量保障了对地物的敏感能力,也直接影响高光谱各波段敏感强度及高空间分辨率像元敏感水平。目前情况是,常规遥感只能在 1/3 光线适中的情况下获取优良影像,其余过亮(如太阳磁暴、恒星天体或水体耀斑)、过暗(如重大自然灾害或远端极弱光行星探测)难以获取,这成为先进空间探测和地表重大地质灾害等遥感观测的瓶颈。偏振依据观测物不同物理化学性状具有强烈的反差比,即强光“弱化”、弱光“强化”的物理机理,为破解这一难题提供新的可能。

通过本书第 2～6 章的阐述,分析了偏振遥感地表研究的四大对象五大特征。所谓四大对象,即指地表的四大典型地物:岩石、水、土和植被。而五大特征是指:地表偏振反射的多角度物理特征、地表偏振反射的多光谱化学特征、地表偏振反射的粗糙度与密度结构特征、地表偏振反射的信息-背景高反差比滤波特征和地表偏振反射的地表偏振反射的辐射传输能量特征。也就是说，偏振具有多角度、多光谱、粗糙度和密度、信息-背景反差比和辐射传输特点，对应着物理特征、化学特征、结构特征、滤波特征及能量特征。

从本质上来说，偏振的五大特征，在爱因斯坦的质能方程中，也具有一定程度上的对应关系。爱因斯坦的质能方程 $E=mc^2$ 反映了物质质量与能量之间的关系，从量纲来看，空间单位为 m，光谱单位为 1/m，时间单位为 s，辐射单位为广义 g，它们无法全面代表 E，也许这是遥感四大分辨率无法覆盖、探测遥感特征的根源本质。偏振包含了能量方程的相关量纲，而不受能量强弱限制，成为继几何、辐射、光谱、时间分辨率后的第五维分量的构想，其量纲就是能量本身 E。而从电磁波本身的定义来看，电磁波主要用振幅、频率和相位进行描述，那么偏振能否成为电磁波描述的第四个分量？后续的偏振或许可以解答这个问题。

而从未来偏振理论的发展来看，主要集中在如下方面：恒星观测（如太阳系）信息过强、遥远行星信息过弱，这成为制约远端目标探测的瓶颈。偏振利用其强光弱化，弱光强化的特征，可以有效地实现恒星、远端行星观测；可以利用偏振证明月球作为稳定的辐射亮度基准并辐射定标是亟待解决的科学前沿问题。另外，还可以利用偏振研究月壤月岩密度测估、天空粒子效应和空气污染 $PM_{2.5}$ 探测等。详细包括如下几个方面。

1) 先进空间探测中极微弱远端信息或极强光信息偏振萃取技术

(1) 偏振 V 分量特征研究，以实现对远端极微弱信号的敏感。

(2) 偏振“强光弱化”研究，以实现太阳、行星等耀斑剔除和有效信息获取。

(3) 偏振辐射传输能量研究，以从月球探取地球偏振生物信息。

2) 月球辐射亮度基准有效观测偏振验证和高分辨率载荷偏振定标技术

(1) 月球辐射亮度偏振观测研究，获得月球亮度变化规律。

(2) 偏振强信息-背景比滤波关系研究，证明月球波动不确定度 10^{-8} 量级。

(3) 偏振定标方法研究，以实现遥感载荷的月球辐射亮度定标。

3) 偏振探测与水-冰-岩土密度间接探测转换技术

(1) 岩石表面粗糙度与多角度偏振度波谱关系研究，给出其参量机理。

(2) 水、冰“强光弱化”机理研究，以探测远端水体、冰岩痕迹。

(3) 岩石组成成分、密度与偏振度的关系初探，实现月球密度、地质成分测估。

4) 基于天空偏振矢量场的大气衰减刻画与大气污染源寻找技术

(1) 全天空偏振模式图和偏振中性点区域规律观测，以探索太阳同步偏振观测轨道降低大气窗口衰减方法。

(2) 基于全天空偏振场大气立体层析，以探索不同空气污染物变化规律及 PM2.5、煤烟型大气形成根源。

(3) 地磁-重力-天空偏振场对偶刻画，以确定地球第三个全域矢量场及重大应用突破。

以上四个研究方向，必将成为偏振广泛应用的方向，并使偏振在空间探测、自主导航、空气质量监测等领域产生巨大作用。但是目前，国际上的偏振研究始终较为缓慢，其根本原因是无法证明其客观性、全域性、不可替代性、独特性以及可重复性。本章通过恒星、行星天文偏振观测，全天空偏振矢量场与重力场、地磁场的全域性比较，采用偏振观测手段证明遥感辐射亮度月球基准，在植被生化含量反演与偏振遥感独特性甄别启示方面，对其客观性、全域性、不可替代性、独特性以及可重复性进行阐述和证明。作为反映本领域国内外最新的系统化研究成果，给相关领域研究应用以规律展示和理论参考。

参考文献

冯浩. 2004. 未来水下重力辅助惯性导航微系统中的理论模型与仿真研究. 北京邮电大学博士学位论文.

李宇波，张鹏，曾宇骁，等. 2010. 基于电光调制器的全 Stokes 矢量的遥感测量，红外与激光工程，4，39(2)：335-339.

林沂. 2004. 水下地磁辅助导航理论模型与核心算法研究. 北京大学博士学位论文.

马未宇，徐秀登，张行才，等. 2006. 卫星红外图像与天体引潮力结合地震短临预测初探. 地震地质，28(3)：447-455.

赵虎. 2004. 岩石的多角度反射光谱与偏振反射光谱特征研究. 北京大学博士学位论文.

Gábor H, András B, István P, et al. 2011. On the trail of Vikings with polarized skylight: Experimental study of the atmospheric optical prerequisites allowing polarimetric navigation by Viking seafarers. Philosophical Transactions of The Royal Society B, 366 (1565): 772-782.

Jeeffries J, Lites B W, Skumanich A P. 1989. Transfer of line radiation in a magnetic field. The Astrophysical Journal, 343: 920-935.

Kieffer H H, Robert L W. 1996. Establishing the moon as a spectral radiance standard. Journal of Atmoshperic and Oceanic Technology, 13, 360-375.

Knyazikhin Y, Lewis P, Disney M I. 2013a. Reply to Ollinger et al.: Remote sensing of leaf nitrogen and emergent ecosystem properties. In: Proceedings of the National Academy of Sciences of the United States of America, 110, E2438-E2438.

Knyazikhin Y, Lewis P, Disney M I. 2013b. Reply to Townsend et al.: Decoupling contributions from canopy structure and leaf optics is critical for remote sensing leaf biochemistry. In: Proceedings of the National Academy of Sciences of the United States of America, 110, E1075-E1075.

Knyazikhin Y, Schull M A, Stenberg P. 2013c. Hyperspectral remote sensing of foliar nitrogen content. In: Proceedings of the National Academy of Sciences of the United States of America, 110, E185-E192.

Lites B W, Skumanich A P, Rees D E, et al. 1988. Stokes profile analysis and vector magnetic fields. IV. Synthesis and inversion of the chromospheric Mg I b line. The Astrophysical Journal, 330: 493-512.

Liu B L, Shi J M, Zhao D P, et al. 2008. Mechanism of infrared polarization detection. Infrared and Laser Engineering, 37(5): 777-781.

Michael F, Stefano B, Enric P. 2012. Biosignatures as revealed by spectropolarimetry of Earth shine. Nature, 483(7387): 64-66.

Ollinger S V, Richardson A D, Martin M E, et al. 2008. Canopy nitrogen, carbon assimilation, and albedo in temperate and boreal forests: Functional relations and potential climate feedbacks. In: Proceedings of the National Academy of Sciences of the United States of America, 105, 19336-19341.

Qu Z, Zhang X, Xue Z, Dun G, et al. 2008. Linear Polarization of Flash Spectrum Observed from a Total Solar Eclipse in 2008. The Astrophysical Journal Letters, 695(2): 194-197.

跋

书的完稿，是人生里程的一个标记。屈指算来从开始关注至分析偏振遥感已有17年，实际展开偏振遥感基础理论研究已有14个春秋。但与第五作者赵云升老师起始于1988年的偏振遥感研究相比，我还是新兵。

科学是小溪，涓涓细流；日积月累，水滴石穿。

自1998年完成了我从电子电气自动化领域转向地学领域的第一部专著《资源环境生态巨系统结构控制》后，开始全面审视自己的遥感“领地”。经过3年多追踪观察东北师范大学赵云升教授团队开展的偏振遥感研究，基于我光电学、电磁学背景，认识到偏振这一物理现象的特有作用可成为遥感和光学观测的一个亟待开垦的处女地，并有望成为常规遥感和光学成像观测不可或缺的补充分支。2001年我派博士生首次去东北师范大学3个月，验证了外场实验数据可以重现，它意味着有规律可以探究；同时发现其测量仪器数据只能手工记录、读取，再输入计算机处理分析，效率、可靠性都受到影响，我团队在赵老师团队偏振遥感需求牵引下，编译形成了仪器自动化计算机接口。由此彻底解决了数据自动获取、计算机分析的瓶颈，使得原来13年手工积累起来的10余万组原始数据，在后来的至今14年，达到了30余万组测量数据，其中野外联合测量数据20余万组，加上我团队航飞数据近10万组。由此为偏振遥感理论研究建立起了自动化获取分析的雄厚数据和共同外场实验基础。

2002年，我和赵云升老师团队南下合肥与偏振遥感仪器研制单位中国科学院安徽光学精密机械研究所乔延利研究员团队，首次举行了偏振遥感长期研究战略研讨会，确定：东北师范大学重点聚焦偏振遥感外场地物数据获取与实验分析，中国科学院安徽光学精密机械研究所重点聚焦偏振遥感仪器研制与指标验证，北京大学基于外场地物数据和仪器需求，聚焦偏振遥感理论建立、机理解释、仪器指标与地物参量的理论引导下的链接工作；并推举北京大学团队负责召集各方开展持续的年度会商机制，以聚焦吸引国内科学界加盟偏振遥感研究。这个会商制度在最弱小的时候坚持了下来，并逐步形式多样、不拘一格、持续发展。2004年我团队以中国第一篇偏振遥感机理博士论文的全部成果支持中国科学院遥感所顾行发老师团队与中国科学院安徽光学精密机械研究所偏振遥感仪器团队对接并向国家申请立项成功，2005年我们与东北师范大学合作获得了我国第一个团队联合申请的国家自然科学基金偏振遥感项目，2006年我们成功吸引国内做偏振光学器件优秀团队浙江大学杨建义、李宇波老师团队加盟支持偏振遥感观测研究，并合作于2008年获得我国第一个团队联合申请的国家自然科学基金偏振遥感器件项目；2008年与中国科学院云南天文台屈中权团队建立起了偏振天文观测与遥感偏振观测的学术联系与人才交往，互派研究生进行地表大气偏振遥感与行星偏振观测的互补映射性研究；2007年与大连理工大学王立鼎院士褚金奎教授团队进行仿生偏振导航研究，并于2009年获得我国第一个团队联合申请的国家自然科学基金仿生偏振导航项目。由此实现了偏振遥感国内多团队的联合与交叉，为偏振遥感在我国全面开展建立起了超越经济利益关系的求真求实团队合作基础，并于2012年以多家团队合作成果“偏振遥感的系统化理论、方法及几个发现”获得了北京市科技进步奖（自然科学类）一等奖。

在项目支撑方面，因为偏振方面国家项目偏少，我们就各自想办法解决，我和赵云升老师团队主要是国家各类基金。在航空偏振数据获取方面，顾行发老师团队给了我们无偿的使用帮助。在针对大气偏振中性点区域的世界首次飞行实验中，国家航空遥感产业联盟盟主北京星天地技术公司无偿承担了珠海飞行实验全部费用，总经理张春凤和董事长章超知道这样的飞行将会为我们未来大气衰减的克服提供实验依据，毫不犹豫就给我们安排了半个月的飞行。这些成为我们持续开展研究的不竭的动力。

科学是源泉，滋润土壤，养育后学。

记得第一位偏振博士生赵虎2003年预答辩时，严格的专家们对其偏振遥感理论和密度转换理论进行了评判，基本上未予通过。赵虎委屈得想放弃，我给他谈了一个月，决心继续；我们互相鼓励、坚持不懈，这样他竟然又花了一年时间完善论文，最后征服了所有评委，成为我国偏振遥感基础理论研究的第一个博士。他的祁连山脉、月球表面密度的偏振非接触估测，与样本实测误差都在15％以内，使我们深切感受到偏振遥感的重要作用，由此有了本书第4章的理论构建。在此基础上，赵虎毕业后自己成功申请了国家自然科学基金项目并取得深化结果。

第二位博士生相云将高光谱偏振遥感用于地物研究，30余种岩石密度测估与地质学样本实测，精度都在工程误差允许范围，为我们建立起信心，并由此有了本书第3章的理论构建。她怀着身孕辗转长春、武汉用各种岩土样本证明偏振理论的身影，永远镌刻在偏振遥感的求索路上。

在他们的带领下，博士后、一批硕士生进行了地物遥感的艰苦卓绝的方法研究，由此积累了本书的第2章。

在地物偏振研究取得突破的前提下，我注意到大气衰减是遥感最大的误差源，而大气领域利用偏振散射透射衰减估计气溶胶厚度和大气效应，为何不可用偏振方法向大气窗口这个遥感的定律禁区做点探索尝试呢？于是我把偏振遥感的第三位博士生吴太夏转向于偏振遥感大气衰减研究。他在美国访问研究半年后，给我邮件说发现大气有一个区域是偏振衰减效应为零，用偏振无法度量大气效应，因此研究难以进行。我问他为何研究大气？他说因为大气衰减影响地物反演。我说如果偏振光带有地物信息，在这个偏振效应为零的区域观测或获取偏振地物信息，不正是我们期待的新的、低衰减的大气窗口吗？这使得他的博士课题全部深化为大气偏振中性点区域研究。由此成为本书第8章理论突破的基础。他毕业后与我们合作主持申请到国家自然科学基金。

第四位博士生关桂霞偏振研究始于仿生偏振导航，并发现了大气偏振模式图的大量规律，由此成为本书第10章理论突破的基础。毕业后与我们合作主持申请到国家自然科学基金深化研究，她的研究生也全部加入到北京大学团队中。

基于吴太夏、关桂霞的工作，我们一批硕士生、本科生投入到大气偏振模式图观测中，由此成为本书第7章理论构建的基础。

第五位博士生陈伟在大气偏振模式图和大气偏振中性点区域理论成果的基础上，被派到美国马里兰大学受大气遥感学家 Zhanqing LI 和大气学家 Xinzhong LIANG 团队熏陶，实现了大气偏振效应的立体层析及大气粒子偏振遥感大尺度刻画的方法突破，由此成为本书第9章的核心理论。

第六位博士生杨彬与赵云升老师开展了地物水、土、植被偏振遥感研究，并与国际著名全球生物量遥感反演国际团队合作开展了相关研究，取得了非常积极的进展，由此与赵老师一起形成本书的第5、第6章。在此基础上，他带领研究小组证明了偏振“强光弱化”、“弱光强化”的理论，解决了长期困扰的偏振遥感本质命题。

科学是甘露和养分，恩泽果实，梳理收获。

从2007年开始，我每年都要走出去、请进来，把我们的偏振研究成果与国际前沿和热点问题结合起来，并引起了国内外同行的关注。我们的理论已经开始解释、引导相关学科领域的难题破解，技术与方法应用。2013年我们应邀在 7th International Workshop on Solar Polarization(国际最高的3年一届的恒星、行星天文偏振观测全球会议)会议上做了偏振遥感地球观测大会报告，以引领天文领域与遥感领域偏振观测手段的互补与转换。我们提出的全天空偏振矢量场与重力场、地磁场的全域性比较与客观性启示，以确定地球第三个全域场可能对不同天象问题观测手段的突破，在大气观测、环境、地质、地球物理的相关机构和会议上作了报告，且我们的观测仪器“polarized remote sensing imaging system”获得2013年日内瓦国际发明金奖。美国 NOAA 国家定标中心主任 Changyong CAO 邀请我们中国团队加盟，希望采用偏振观测手段证明遥感辐射亮度月球基准的不可替代性作用，以实现偏振“强光弱化”滤除饱和、“弱光强化”凸现辐射亮度极微小波动的世界难题，目前我们中国科学家团队已经连续加入该观测研究达5年。美国波士顿大学著名遥感植被反演专家 Yuri 教授欧美科学家团队和另一批生态学家国际团队在美国 PNAS 上就全球植被生物量与C、N含量正-负相关的国际争论(其本质是地球或区域温室气体效应的根源寻找，以及全球气候变化生物量贡献与否的依据判断)，指出偏振遥感可望成为独特的甄别手段，我们中国科学家应邀成为中坚力量，以共同更正并完善遥感反演基础理论的不足。偏振遥感物理的系统化理论展望，以实现偏振遥感的重大进步和偏振遥感方法理论的更广泛接受。由此形成本书的第11章的前沿挑战性丰富果实。

我敬畏所有参与这项艰辛而有基础意义的自然规律与科学方法的探究者。我在上述基础上，提出了目前遥感观测中存在的地物反射电磁波谱强度两端强弱限制和大气窗口的衰减误差效应两大瓶颈问题，提炼出偏振遥感三个部分的突破进展:其一，地物偏振遥感“弱光强化”、“强光弱化”的依据，以极大延伸遥感暗-亮两端探测区，并探索新的偏振遥感地物反演方法体系；经过近10年规律分析，我把它归纳为地物偏振遥感的五大特征:多角度反射物理特征(第2章)、多光谱化学特征(第3章)、粗糙度与密度结构特征(第4章)、信息-背景高反差比滤波特征(第5章)、辐射传输能量特征(第6章)。其二，大气衰减的偏振手段精确刻画、规律发现，并探索大气偏振遥感的新大气窗口理论依据；由此得到大气偏振遥感的重要内涵：全天空偏振模式图规律及物理特性(第 7 章)、大气偏振中性点区域规律与地-气参量分离(第 8 章)、全天空偏振矢量场规律下的大气粒子多角度观测立体层析(第 9 章)。其三，给出偏振遥感应用的最新进展，以证明偏振遥感物理的客观性、独特性和稳定可重复性，以承担起中国在国际偏振遥感物理理论、方法、应用上的引领责任。由此，成为引领全书的第 1 章：偏振遥感的物理基础；并串接起其他各章。

第一作者：晏磊

成笔于赴智利圣地亚哥的30小时的飞机旅途中

(首次在南美洲国际会议上受邀作偏振遥感报告)

2014 年 11 月 17 日星期一

索　引

致　谢

对本书做出基础性贡献的主要人员和学位论文

博士后出站报告

张立福.偏振遥感机理及无人机应用实验研究.北京大学博士后研究工作报告,2007

博士论文

陈伟.非球形气溶胶偏振特性及其光学性质反演方法,北京大学博士学位论文,2013

孙仲秋.积雪表面偏振特性及其与积雪性质之间关系研究,东北师范大学博士论文,2013

相云.岩石多角度偏振高光谱测量及相关特性影响初探,北京大学博士学位论文,2011

李博.高光谱反演地表短波净辐射方法研究及真实性检验,北京大学博士论文,2011

关桂霞.仿生偏振导航定向机理及实验验证研究,北京理工大学/北京大学联合培养博士学位论文,2010

吴太夏.偏振遥感中的地物性质及地气分离方法研究,北京大学博士学位论文,2010

赵虎.岩石多角度反射光谱与偏振反射光谱特征研究,北京大学博士学位论文,2004

硕士论文

杨尚强.基于大气偏振中性点的地气分离空基验证,首都师范大学/北京大学联合培养硕士论文,2014

杨文剑.仿生偏振导航误差模型研究及精度分析,中国矿业大学(北京)/北京大学联合培养硕士论文,2013

王娟娟.基于偏振遥感V分量的运动目标检测方法研究,中国矿业大学(北京)/北京大学联合培养硕士论文,2012

高付民.偏振导航光电测试系统设计与实验分析,北京邮电大学/北京大学联合培养硕士论文,2012

吴波.仿生偏振导航实验装置的研究与实现,中国矿业大学(北京)/北京大学联合培养硕士学位论文,2011

唐洪钊.基于MODIS高分辨率气溶胶反演的遥感影像大气校正,北京大学硕士学位论文,2010

周海立.基于多角度偏振多传感器组网对地观测模型研究,北京理工大学/北京大学联合培养硕士学位论文,2010

施健.全天空偏振遥感测量与大气偏振分布研究,北京大学学位论文,2010

李钟铭.偏振度反演液体密度研究-以盐水为例,东北师范大学硕士论文,2008

王海慧.农膜的偏振反射特性研究,东北师范大学硕士论文,2007

吕云峰.水中叶绿素二向性与偏振反射光谱特性的对比研究,东北师范大学硕士论文,2007

张莉莉.利用偏振高光谱反演植被叶绿素含量,东北师范大学硕士论文,2007

杜嘉.土壤表现为非朗伯体的土壤湿度临界值的确定方法研究,东北师范大学硕士论文,2007

赵丽丽.悬浮泥沙的多角度偏振信息量化分析研究,东北师范大学硕士论文,2006

吴太夏.偏振方向反射与二向性反射定量关系研究,东北师范大学硕士论文,2006

胡新礼.水体悬浮泥沙多角度偏振反射特性定量研究,东北师范大学硕士论文,2005

黄睿.岩石多角度偏振反射特征的研究,东北师范大学硕士论文,2004

宋开山.不同土壤的偏振反射特性测量与研究 ,东北师范大学硕士论文,2002

本书国家支持项目

国家自然科学基金-49771057,典型地面目标偏振反射特性研究,1998-2000

北京市自然科学基金-1093016,基于蚂蚁路径整合行为的仿生偏振导航机理研究,2009-2010

国家自然科学基金-40572167,遥感多角度偏振反射光谱分析理论及岩体密度探测机理研究,2006-2008

国家自然科学基金-40671135,土壤湿度的光学偏振遥感方法研究,2007-2009

国家自然科学基金-40771153,地物偏振反射特征信息提取与数学建模研究,2008-2010

国家自然科学基金-61174220,基于云计算的仿生偏振导航模型研究及精度分析,2013-2016

国家自然科学基金-41101328,利用大气中性点进行地-气偏振效应分离的机理研究,2013-2015

国家自然科学基金-60971086,仿生偏振导航定向机理与实验验证研究,2010-2012

国家自然科学基金-60808035,基于电光调制技术的偏振遥感 V 分量测量研究,2009-2011

国家自然科学基金-40971190,混合像元的高光谱偏振反射特性研究,2010-2012

国家自然科学基金-41271350,典型地面目标热辐射偏振特性研究,2013-2016

国家自然科学基金-40802083,一种测定月球表面新方法探索与研究,2009-2011

彩　　图

1. 各章实验与观测彩图

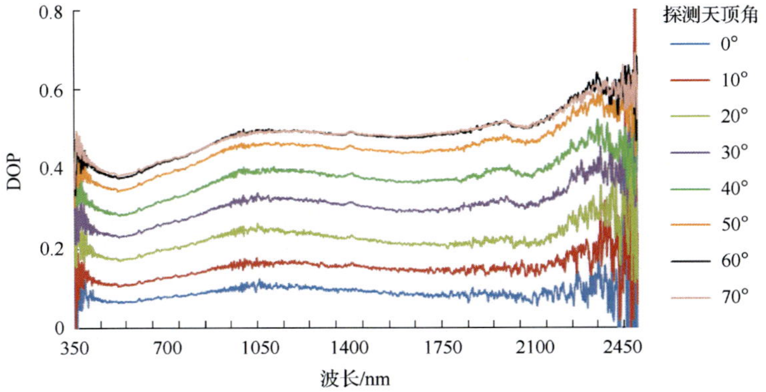

(a) 0°~70°

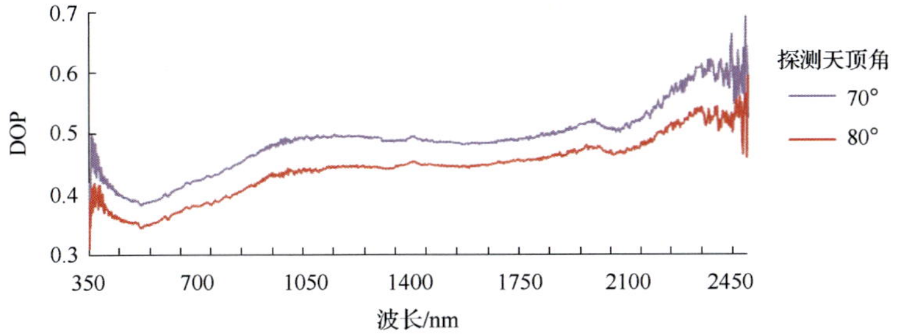

(b) 70°~80°

图 2.30　岩石 h1 在入射天顶角 50°、探测方位角 180°时，不同探测天顶角测量的偏振度

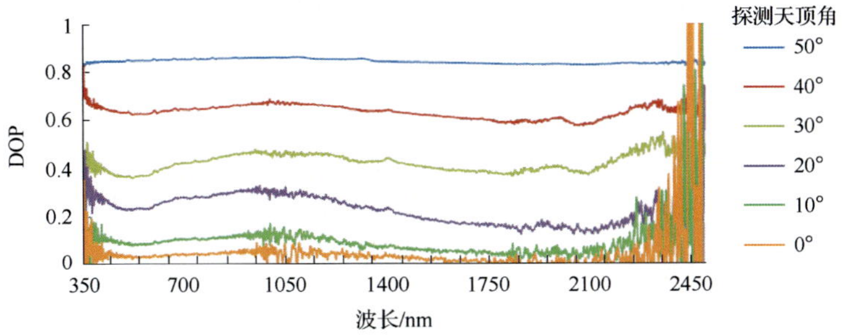

(a) 0°~50°

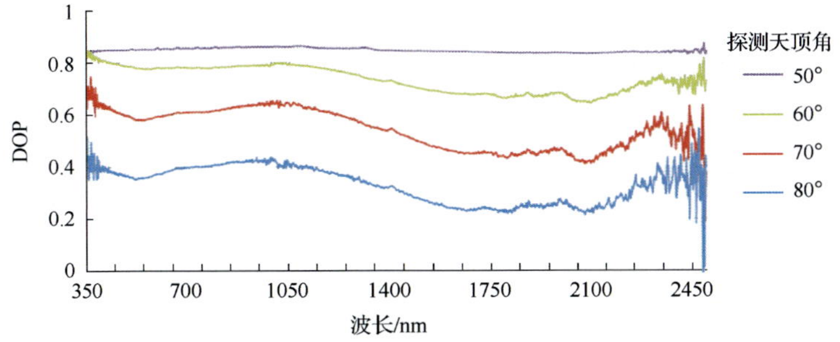

(b) 50°~80°

图 2.31　岩石 h5 在入射天顶角 50°、探测方位角 180°时，不同探测天顶角测量的偏振度

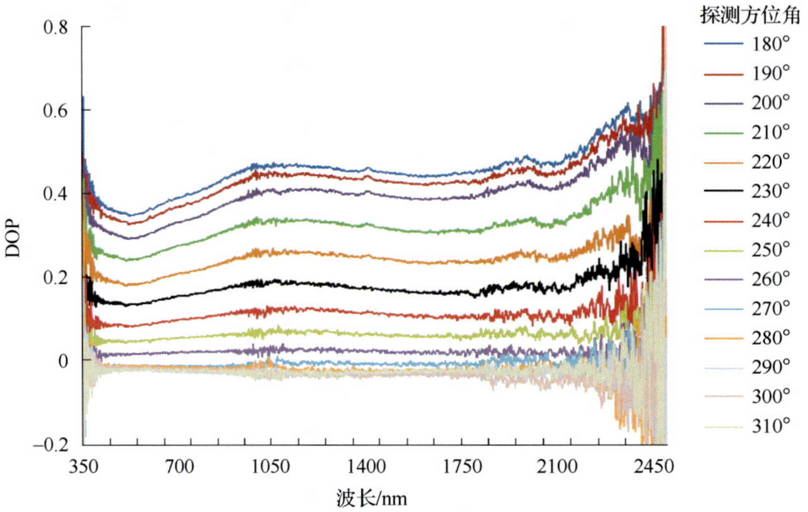

(a) 180°~310°

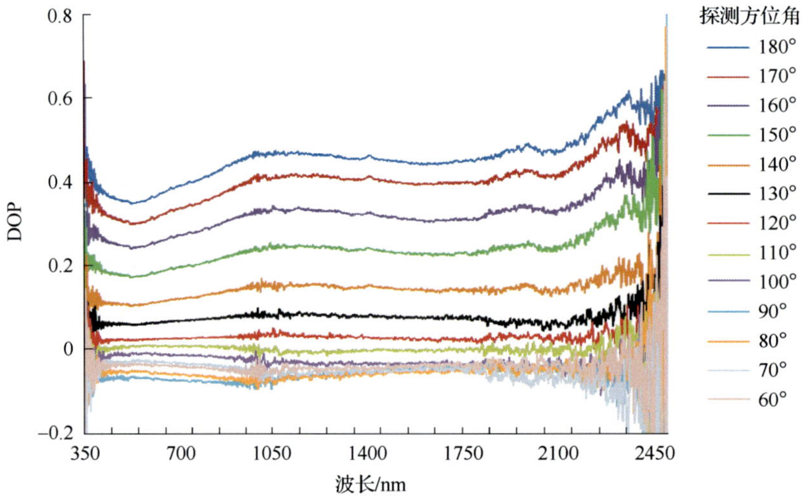

(b) 180°~60°

图 2.32 岩石 h1 在入射天顶角 50°、探测天顶角 50°时，不同探测方位角测量的偏振度

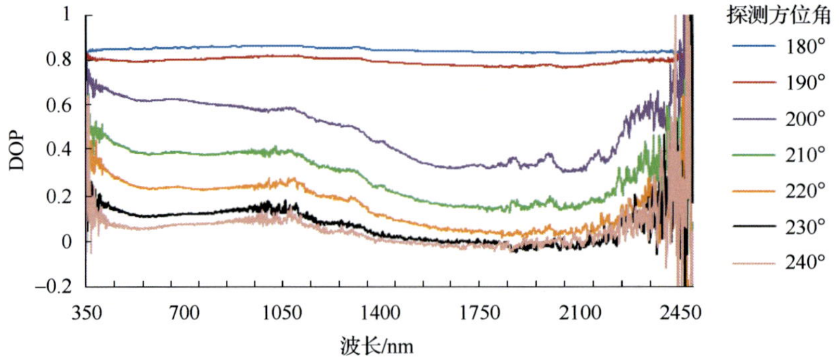

(a) 180°~240°

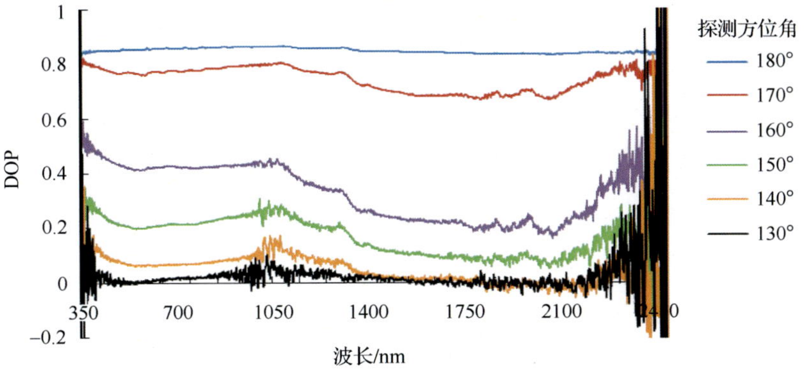

(b) 180°~130°

图 2.33　岩石 h5 在入射天顶角 50°、探测天顶角 50°时，不同探测方位角测量的偏振度

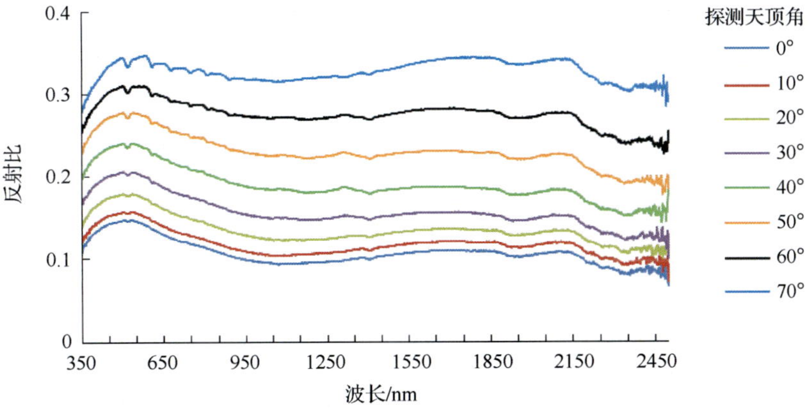

图 2.34　岩石 h1 在入射天顶角 50°、测量方位角 180°时，不同探测天顶角测量的光谱

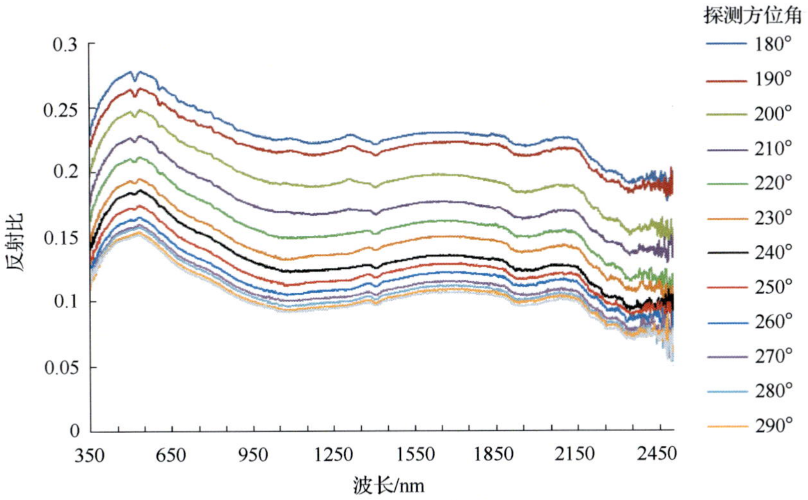

(a) 180°~300°

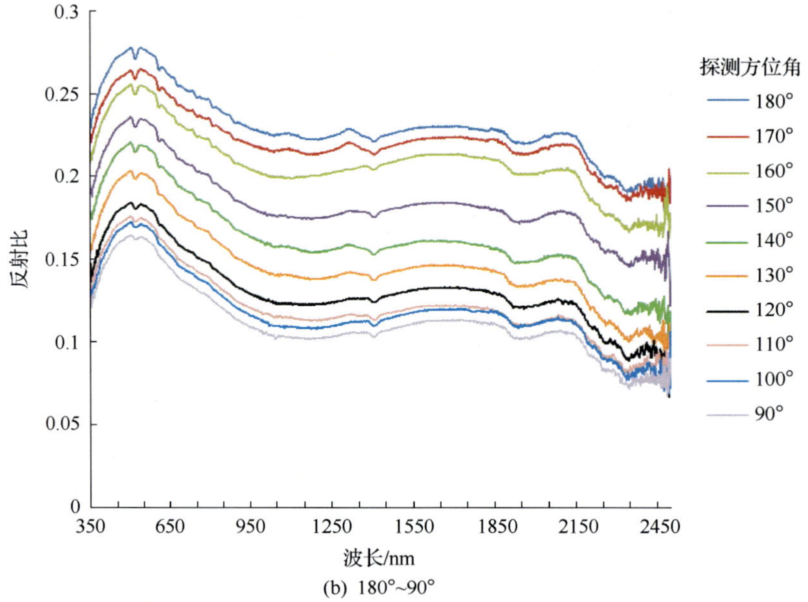

(b) 180°~90°

图 2.35 岩石 h1 在入射天顶角 50°、探测天顶角 50°时，不同探测方位角测量的光谱

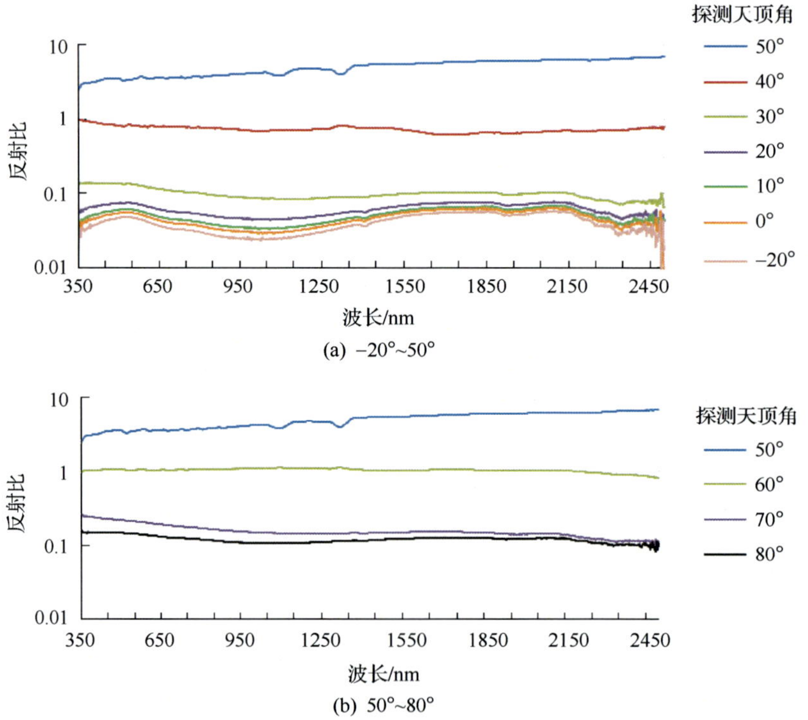

(a) −20°~50°

(b) 50°~80°

图 2.36 岩石 h5 在入射天顶角 50°、探测方位角 180°时，不同探测天顶角测量的光谱

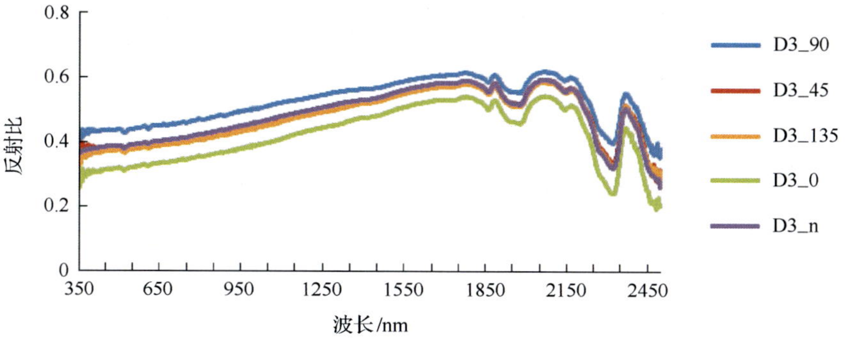

图 3.3　灰质白云岩(D3)的无偏(n)、90°偏振(90)、135°偏振(135)、45°偏振(45)、0°偏振(0)反射光谱

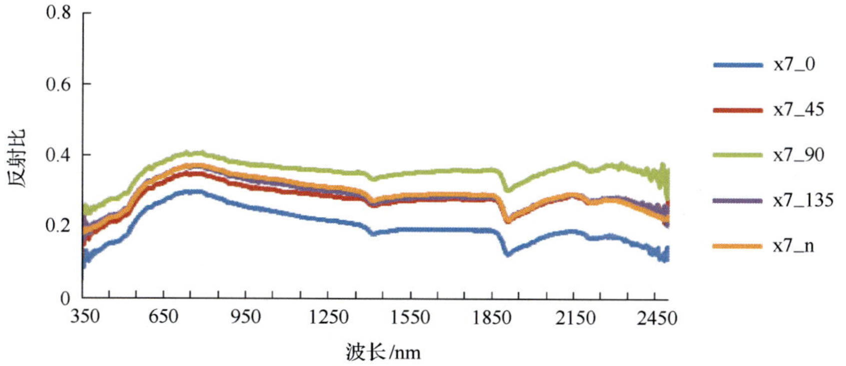

图 3.4　凝灰岩(x7)的无偏(n)、90°偏振(90)、135°偏振(135)、45°偏振(45)、0°偏振(0)反射光谱

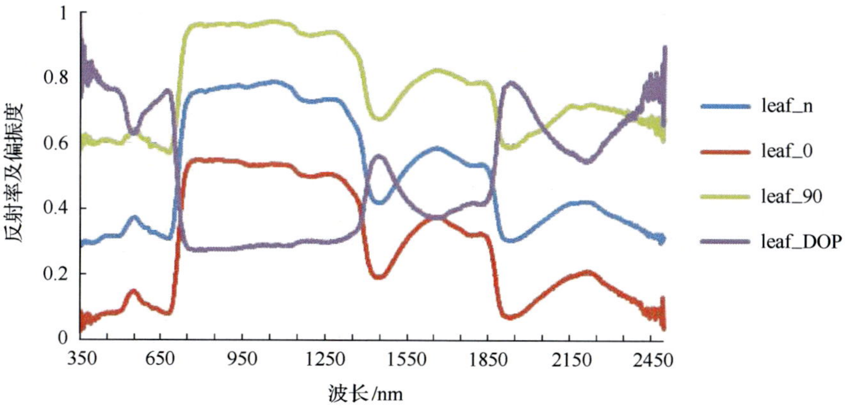

图 3.5　丁香叶片的无偏、90°偏振、0°偏振反射与偏振度波谱

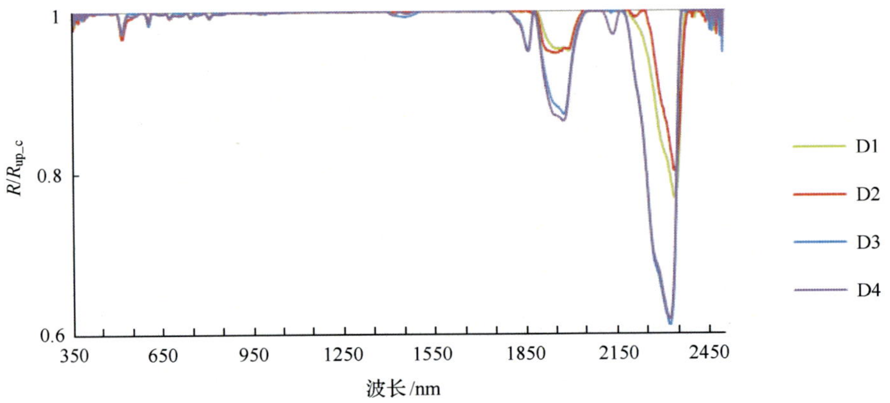

图 3.43　白云岩-灰岩高光谱进行包络线消除后的波谱

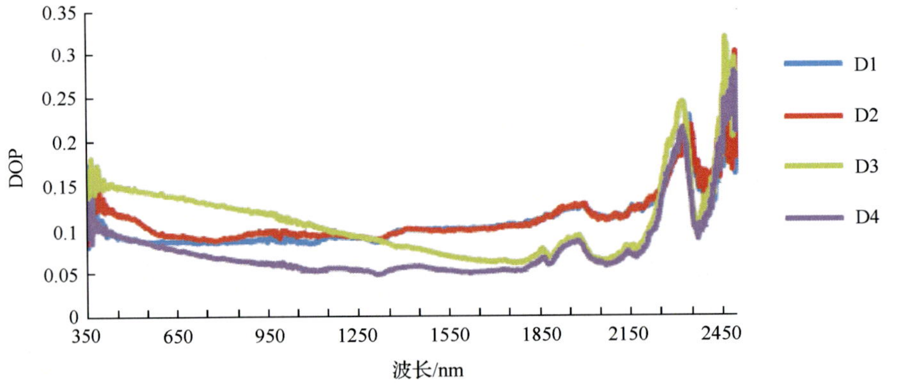

图 3.44　灰岩-白云岩系列样本的偏振度

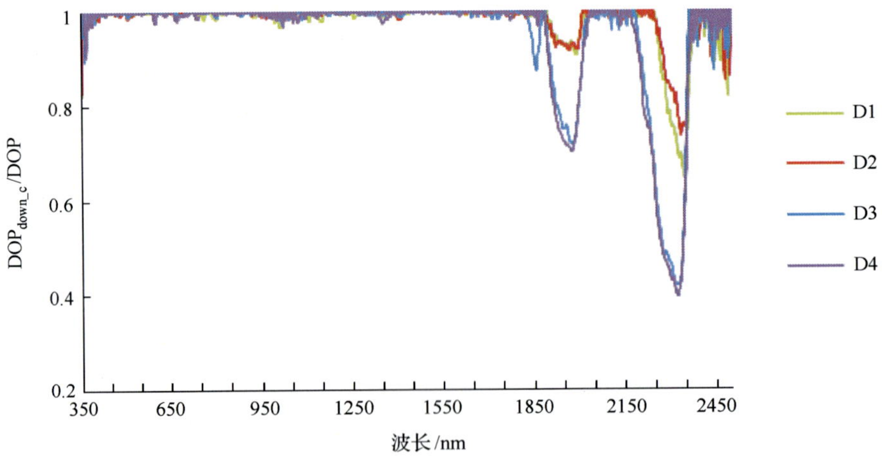

图 3.45　白云岩-灰岩偏振度波谱进行包络线消除后的波谱

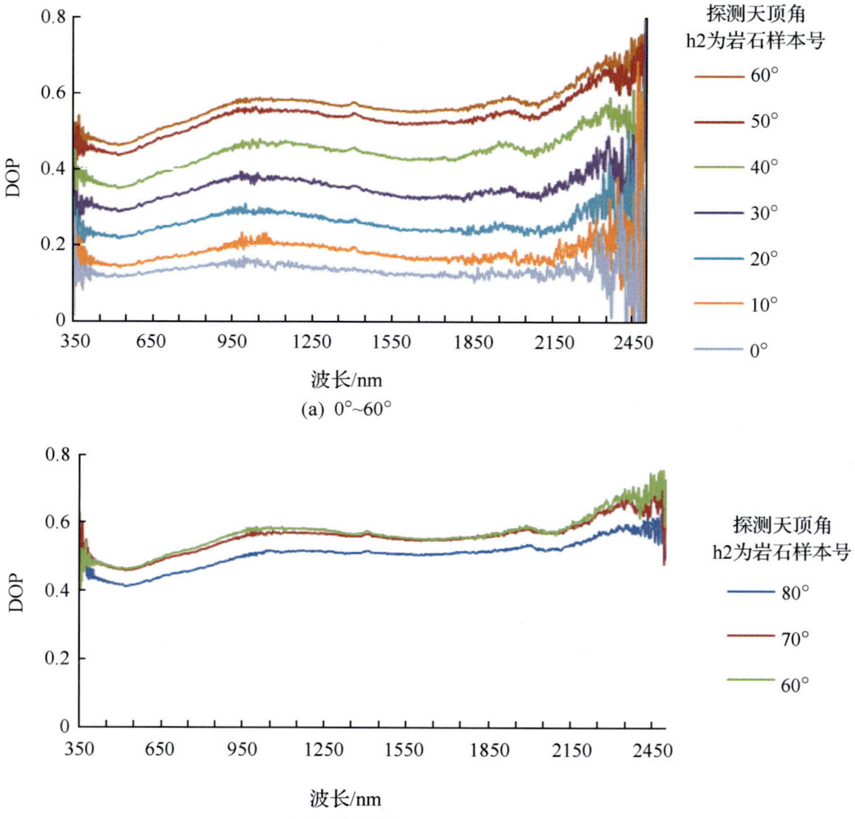

(a) 0°~60°

(b) 60°~80°

图 4.2 岩石 h2 在入射天顶角 50°、探测方位角 180°时，不同探测天顶角测量的偏振度

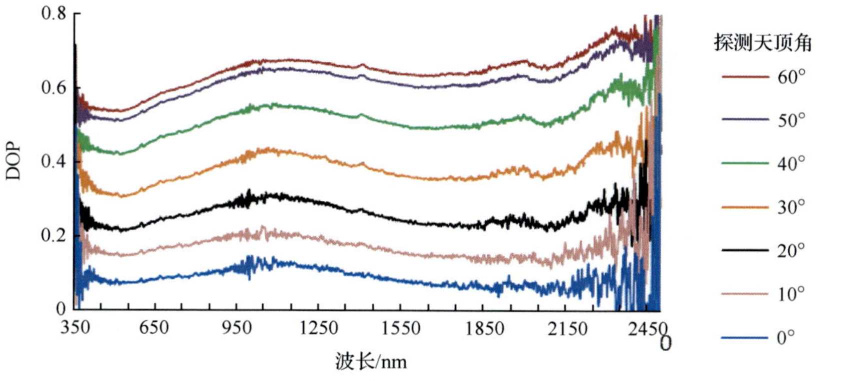

(a) 0°~60°

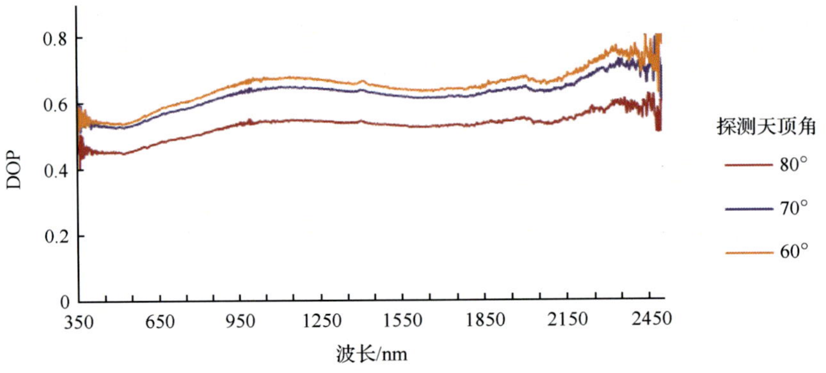

(b) 60°~80°

图 4.3　岩石 h3 在入射天顶角 50°、探测方位角 180°时，不同探测天顶角测量的偏振度

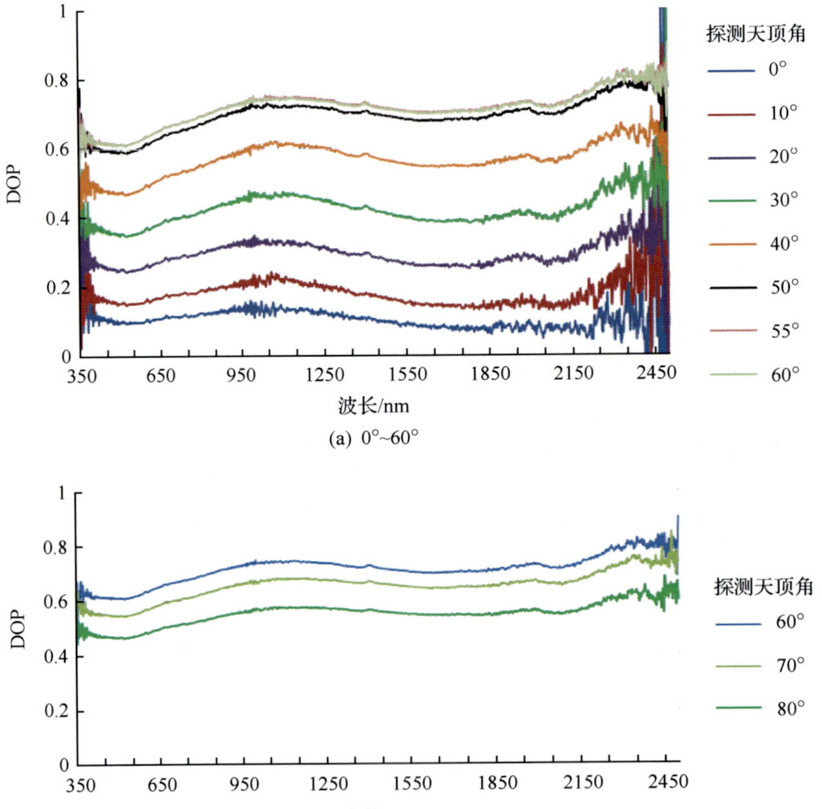

(a) 0°~60°

(b) 60°~80°

图 4.4　岩石 h4 在入射天顶角 50°、探测方位角 180°时，不同探测天顶角测量的偏振度

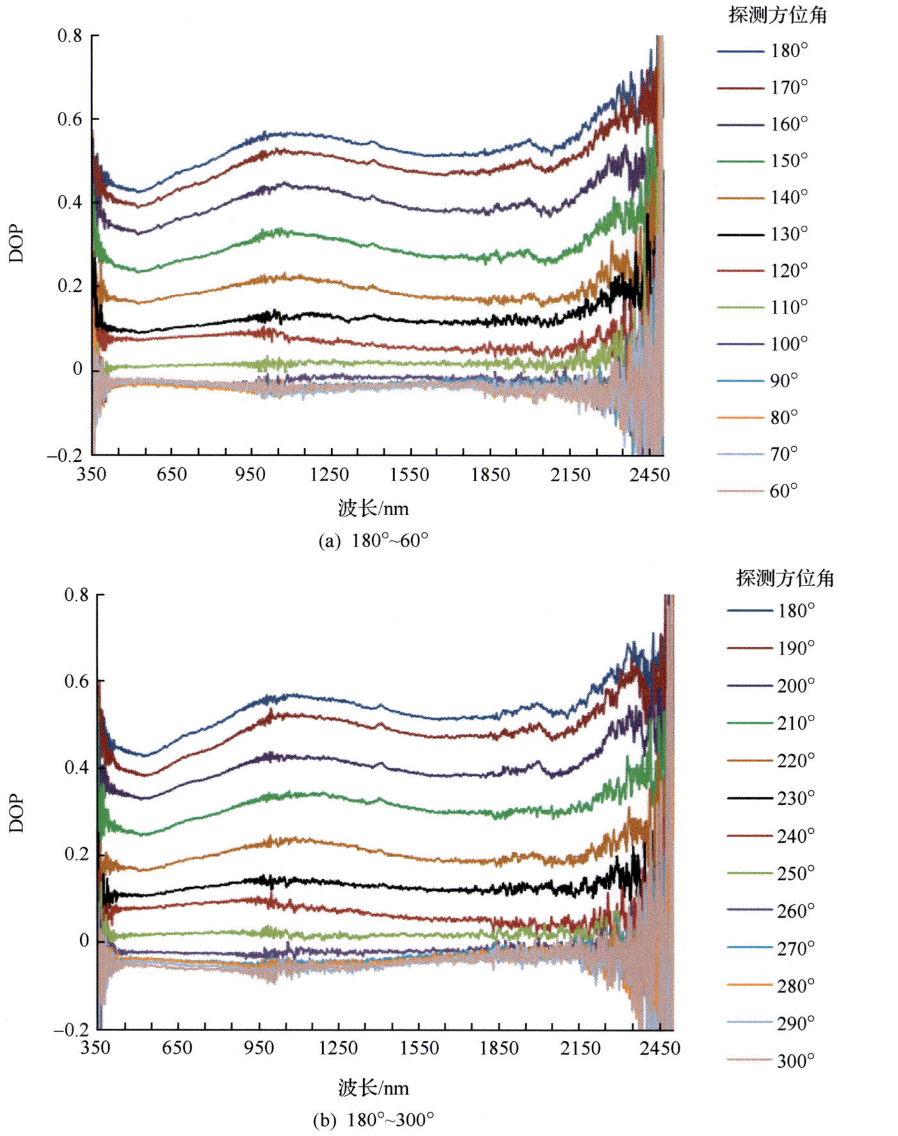

图 4.5　岩石 h2 在入射天顶角 50°、探测天顶角 50°时，不同探测方位角测量的偏振度

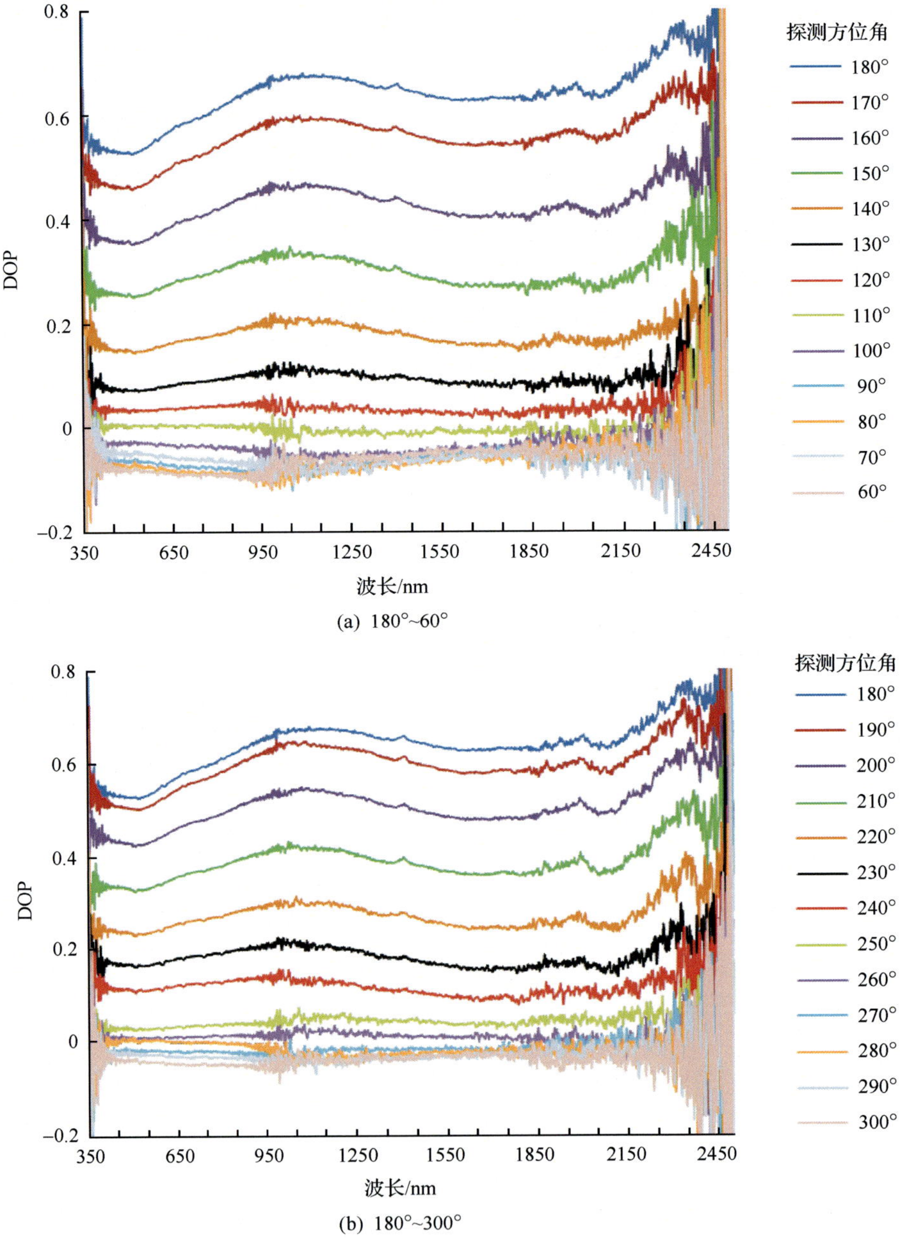

图 4.6　岩石 h3 在入射天顶角 50°、探测天顶角 50°时，不同探测方位角测量的偏振度

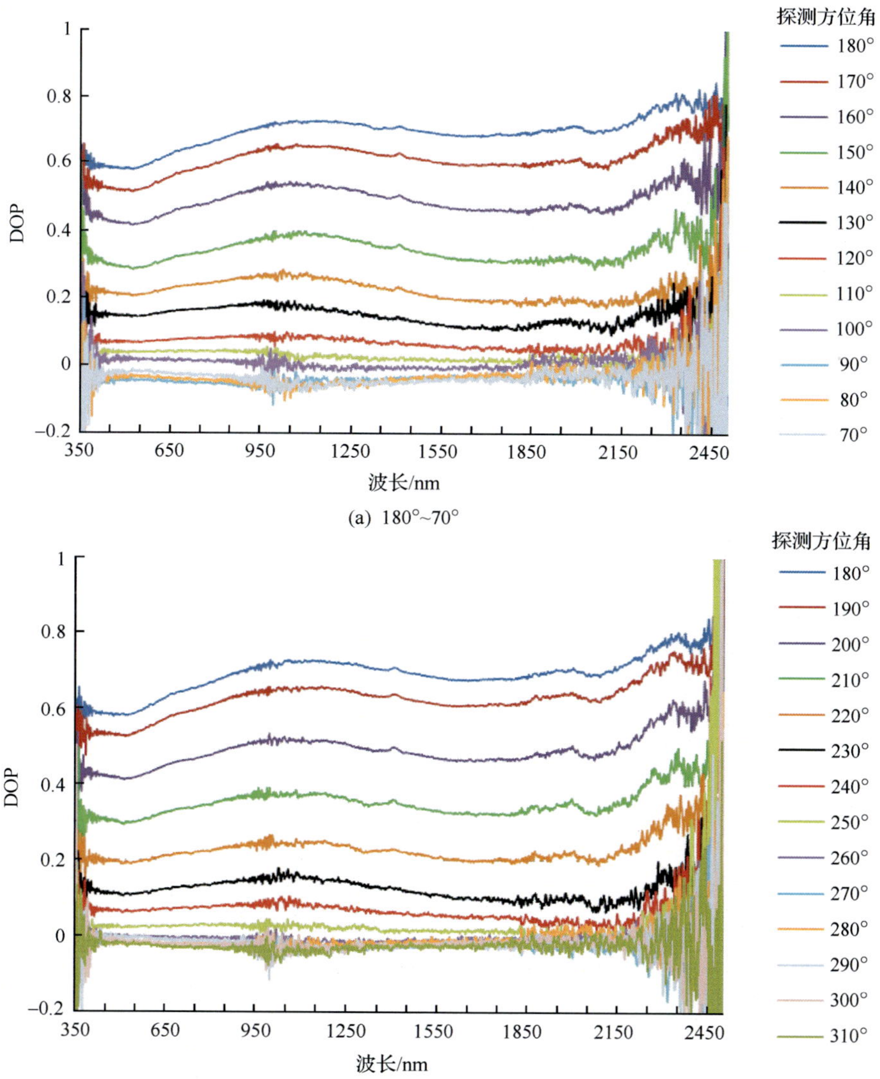

(a) 180°~70°

(b) 180°~310°

图 4.7 岩石 h4 在入射天顶角 50°、探测天顶角 50°时,不同探测方位角测量的偏振度

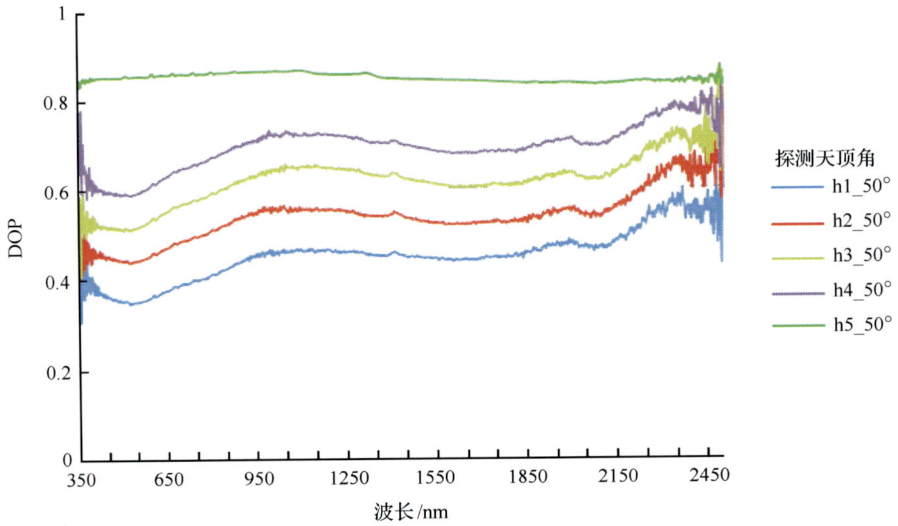

图 4.8　岩石样本在入射天顶角 50°、探测天顶角 50°、探测方位角 180°时，测量的偏振度

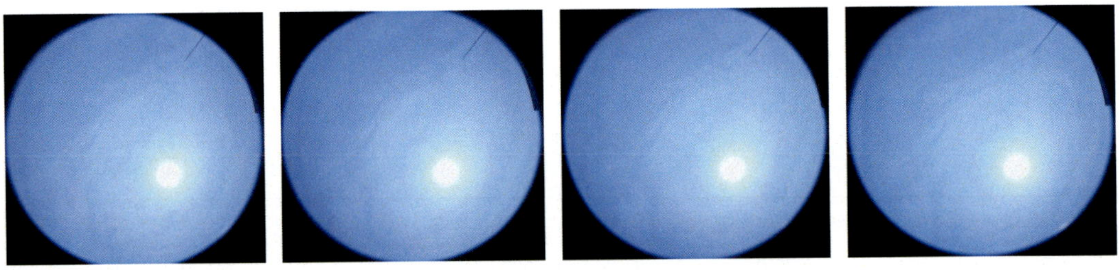

(a) 最初时影像　(b) 旋转45°后影像　(c) 旋转90°后影像　(d) 旋转135°后影像

图 7.5　原始影像

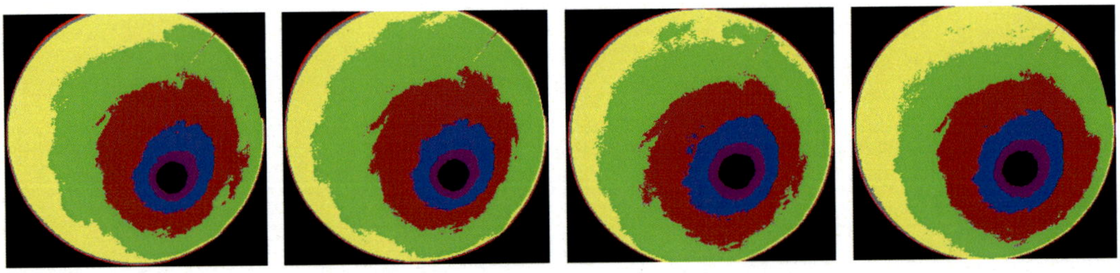

(a) 0°图亮度分割　(b) 45°图亮度分割　(c) 90°图亮度分割　(d) 135°图亮度分割

图 7.6　亮度分割图

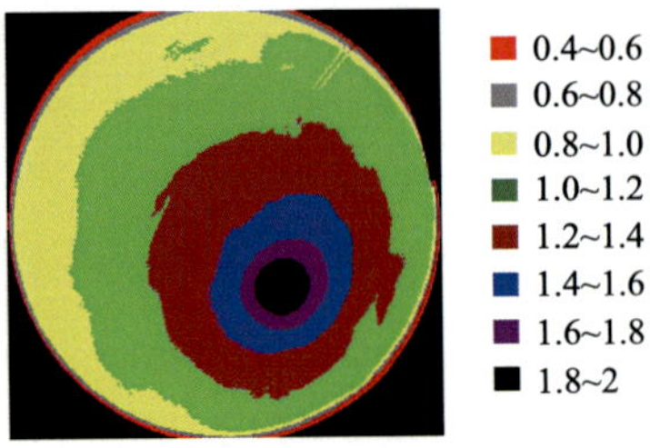

图 7.7　I 分量分布图

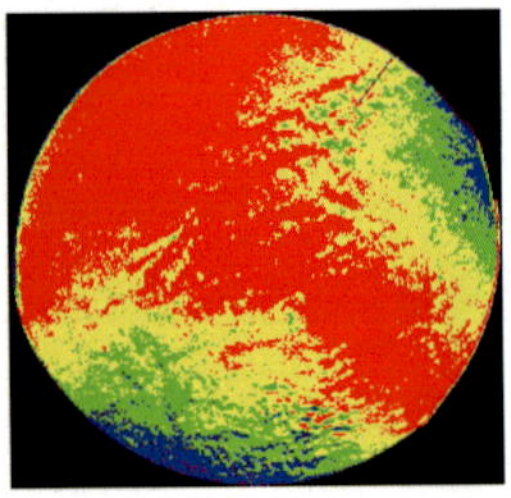

图 7.8　$|Q|$ 分量分布图

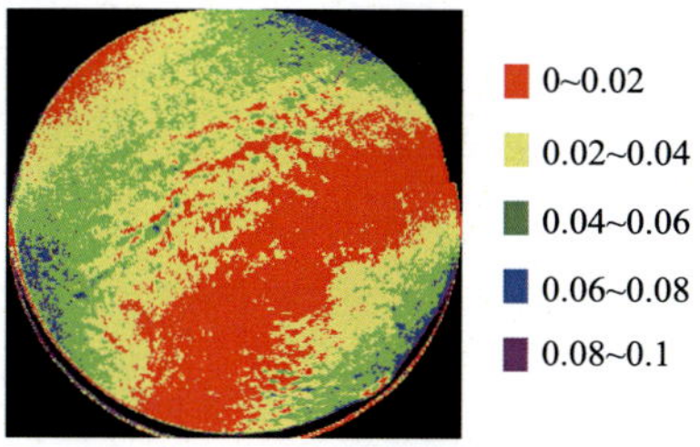

图 7.9　|*U*|分量分布图

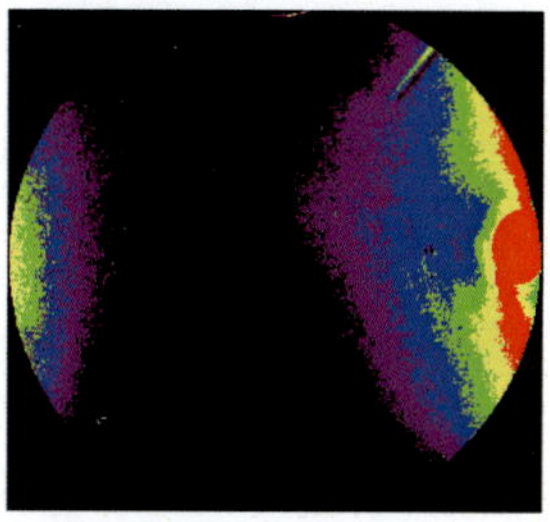

图 7.10　|*Q*|分量分布图

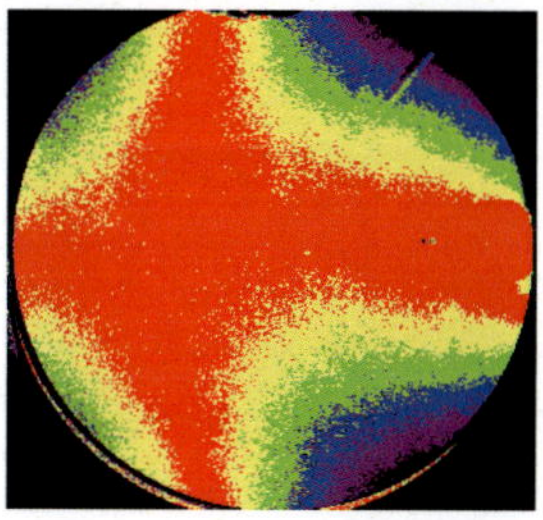

图 7.11　|*U*|分量分布图

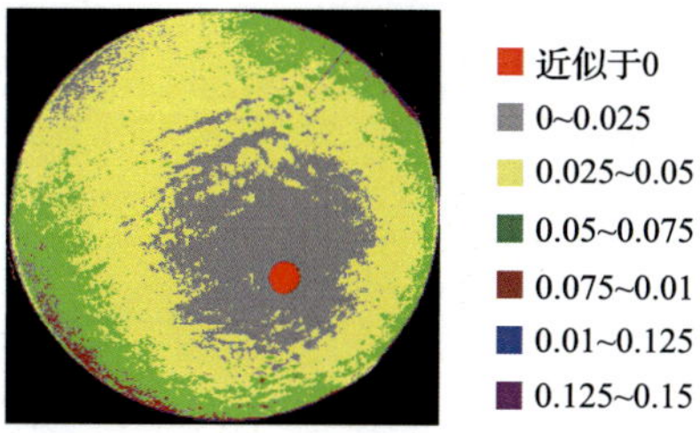

图 7.12　偏振度分布图

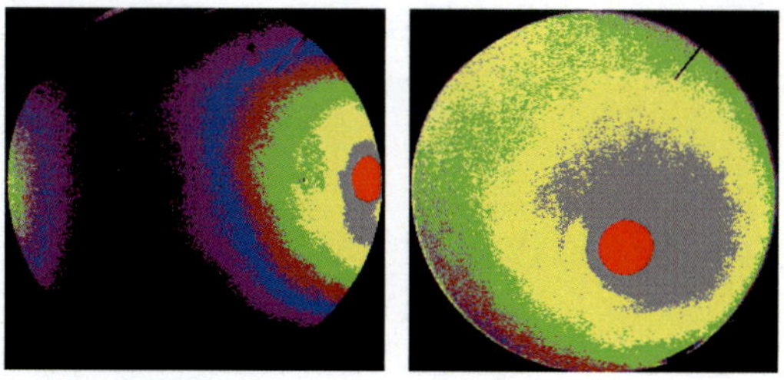

图 7.13　偏振度分布图

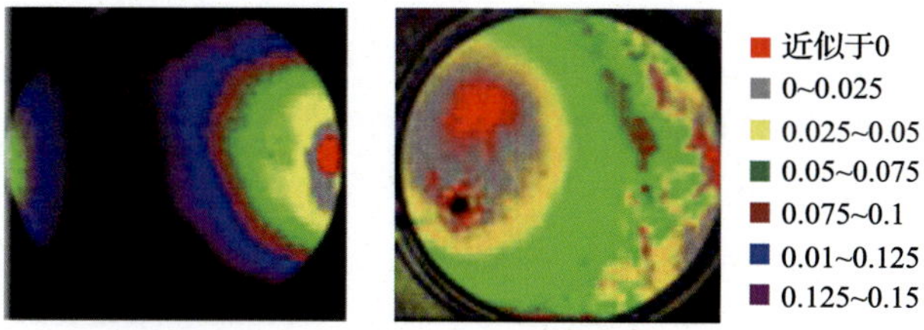

(a) 晴朗天空　　(b) 多云状态

图 7.16　偏振度在不同天气条件下的分布情况

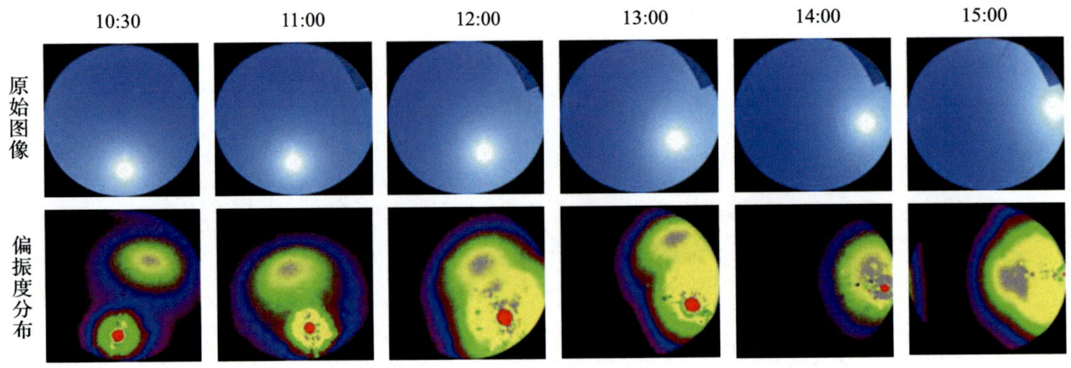

图 7.17　晴朗天空偏振度随太阳高度角变化情况

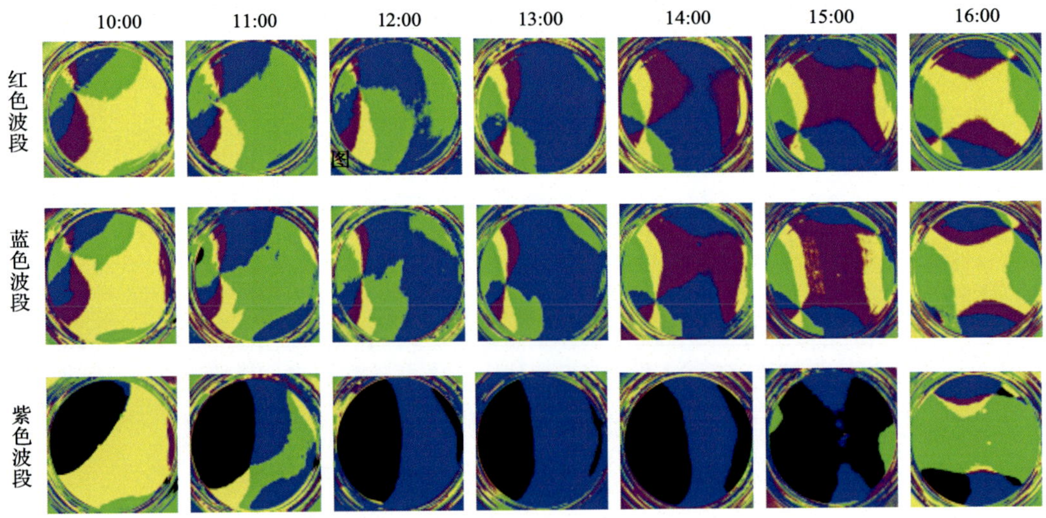

图 7.31　晴朗天气条件下不同波段的天空偏振角分布

(a) 无偏振影像

(b) Q分量偏振影像

(c) U分量偏振影像

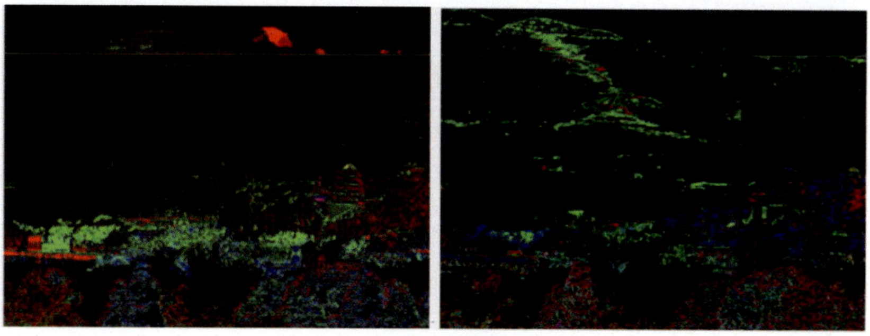

(d) 偏振度影像

图 8.23　中性点位置成像与非中性点位置成像的偏振参数对比图(北京颐和园)

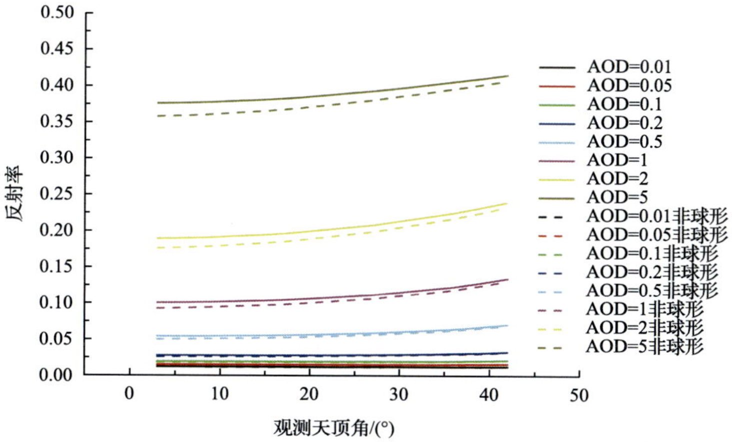

(a) 偏振反射率

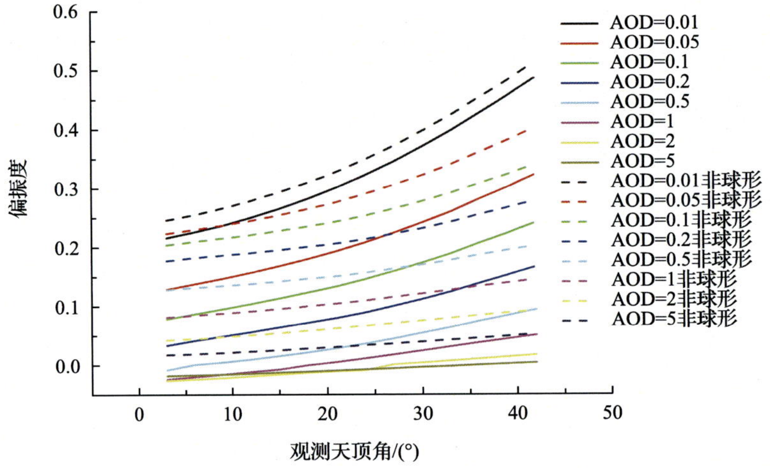

(b) 偏振度

图 9.6　860nm 波段粗模态气溶胶球形非球形计算偏振参量差异

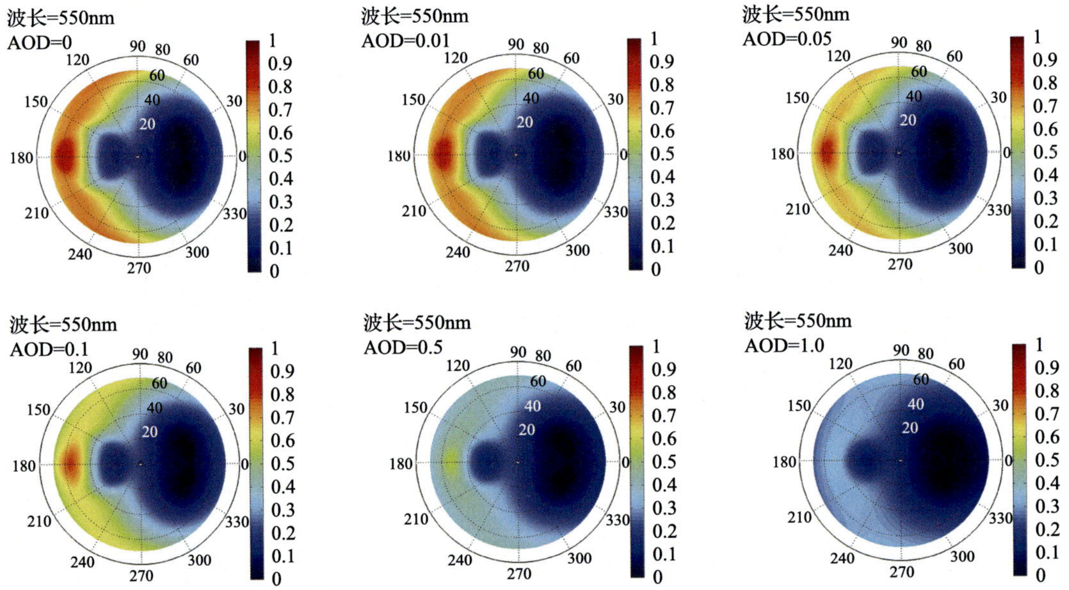

(a) 海洋下垫面情况下全天空偏振分布天基(波长为550nm，AOD=0，0.01，0.05，0.1，0.5，1.0)

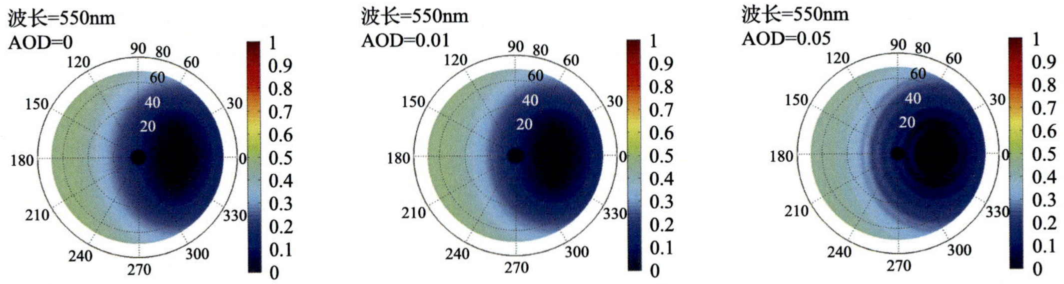

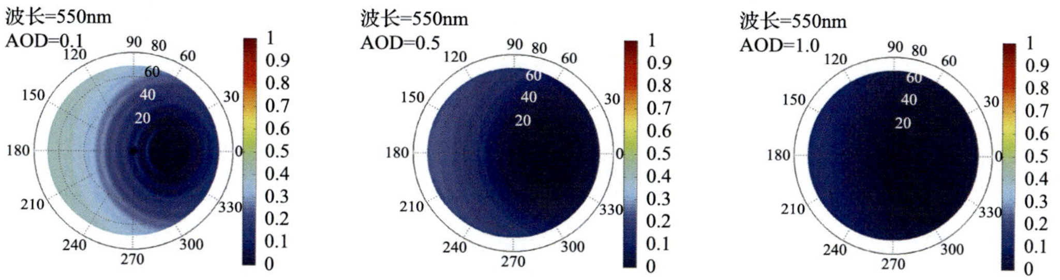

(b) 海洋下垫面情况下全天空偏振分布地基(波长为550nm，AOD=0，0.01，0.05，0.1，0.5，1.0)

图 9.7　海洋下垫面情况下全天空偏振分布对偶分布

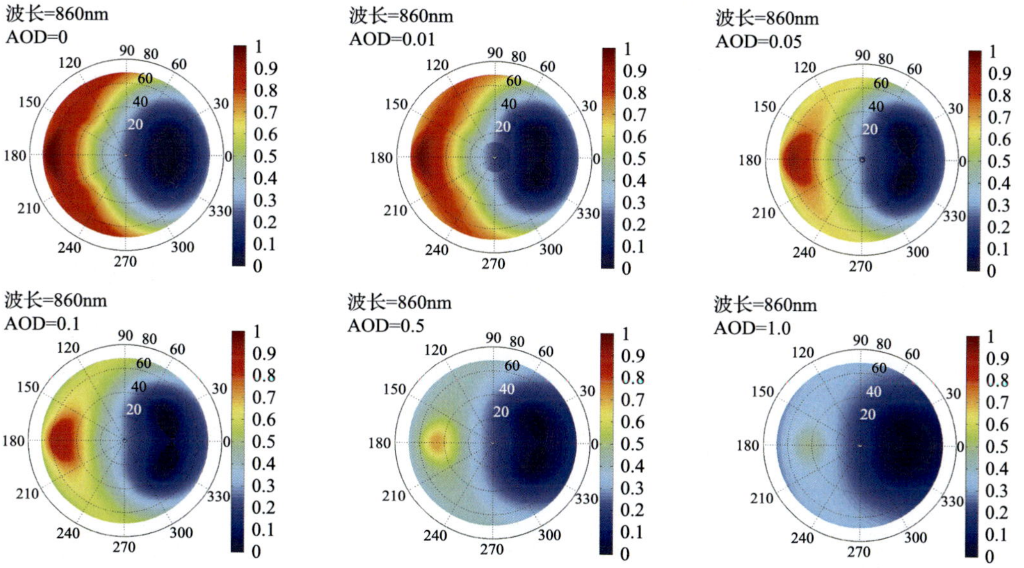

图 9.9　海洋型非球形气溶胶全天空偏振度 860nm 波段分布图

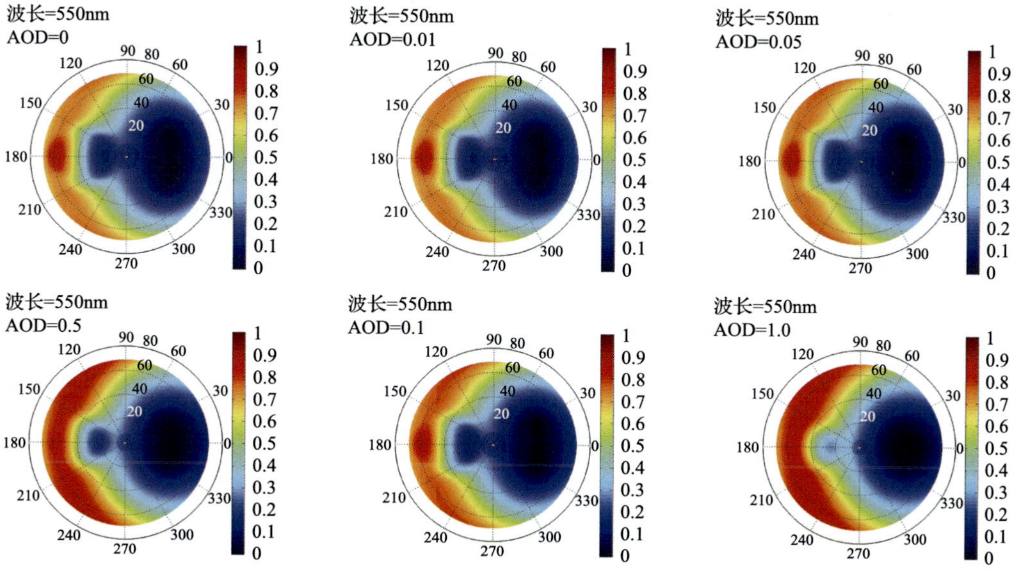

图 9.10　煤烟型非球形气溶胶全天空偏振度 550nm 波段分布图

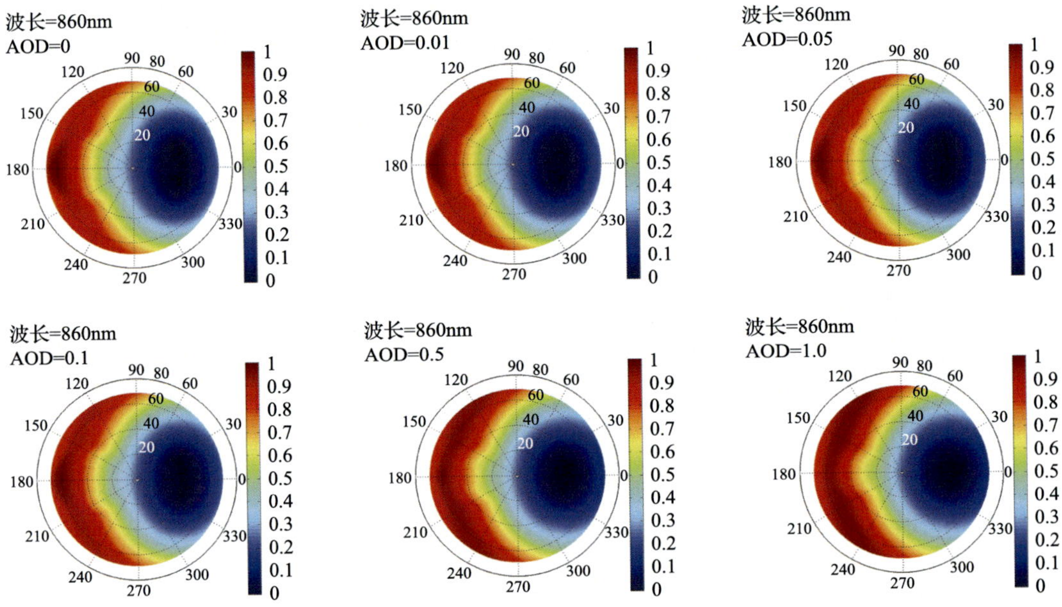

图 9.11　煤烟型非球形气溶胶全天空偏振度 860nm 波段分布图

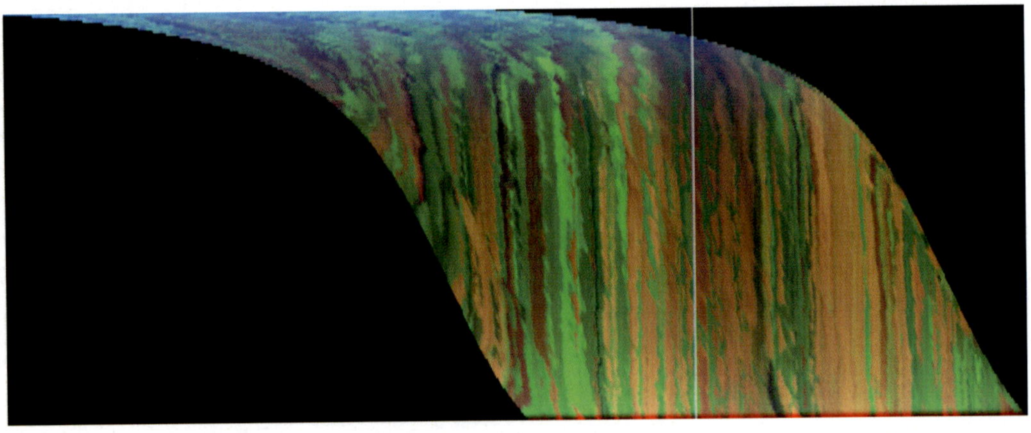

图 9.13　陆地 RSP 航飞结果图

伪彩色合成:红(2250nm)、绿(860nm)、蓝(550nm)

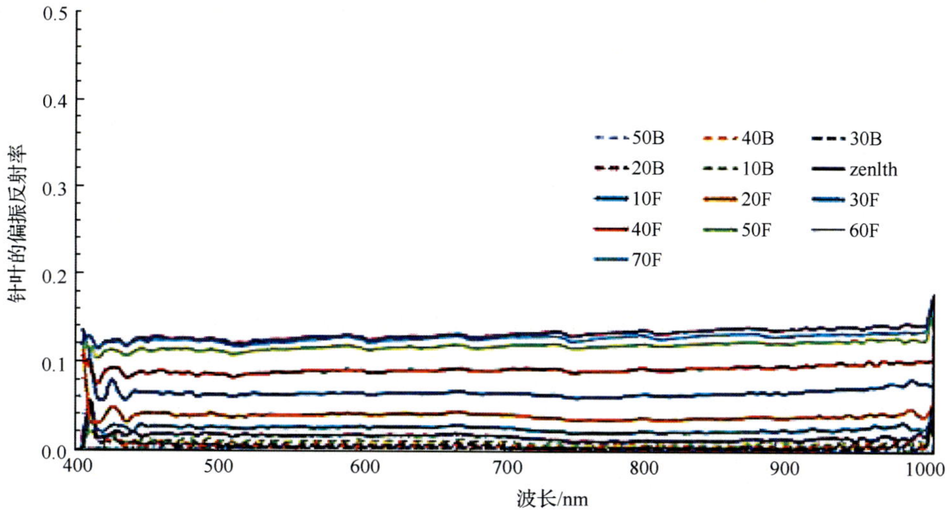

图 11.16　测得的植被偏振反射率随波长的变化规律:基本保持定值

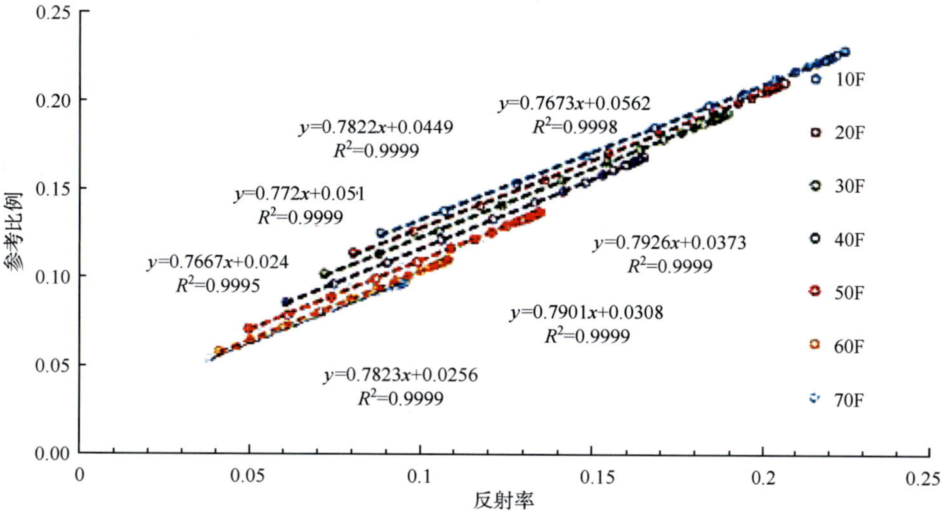

图 11.17　光谱不变指数满足的线性关系

2. 所用到的岩石的图片

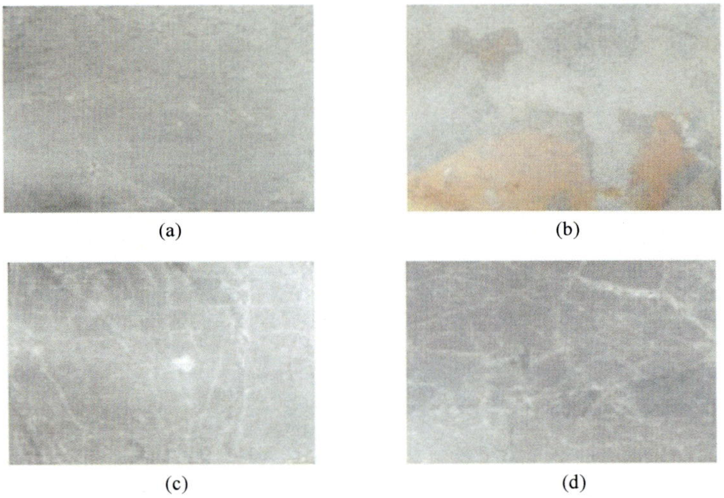

附图 3.1　灰岩白云岩系列四块岩石的中心表面区域

该四块岩石较大，最小可保证 10cm×10cm 长方区域，因此外围未切割，最长达到 20cm

附图 4.1　用于分析表面粗糙度因素影响的黑云斜长片麻岩样本

尺寸 h1：11.5cm×12cm；h2：11.5cm×12cm；h3：12cm×12cm；h4：11.5cm×12cm；h5：9cm×13.5cm